食品物理加工技术与装备发展战略研究

贯敬敦　马海乐　葛毅强　魏　珣　著

科学出版社
北京

内 容 简 介

本书主要从食品物理加工技术的基本概念、发展历程、技术特征、应用前景、产业影响、技术体系建设等方面阐述了食品物理加工技术的整体发展概况，重点介绍了超高压、超声波、电场、磁场、射频、高压微射流、红外、微波、快速物理检测等九类现代物理技术在食品加工中应用的基础理论与技术研究进展，以及装备开发现状，从世界学术论文发表和专利申报的角度分析了食品物理加工技术的发展态势。

本书可供食品产业相关行政管理人员、科研教学人员、企业技术人员等阅读参考，并可为开拓食品产业新领域，推进具有中国优势的现代食品工业体系，引领食品产业持续健康发展提供支撑，为国家科技与行业主管部门提供决策依据。

图书在版编目（CIP）数据

食品物理加工技术与装备发展战略研究／贾敬敦等著. —北京：科学出版社，2016.1

ISBN 978-7-03-046810-9

Ⅰ.①食… Ⅱ.①贾… Ⅲ.①食品加工-研究 Ⅳ.①TS205

中国版本图书馆CIP数据核字（2015）第303891号

责任编辑：李秀伟　夏　梁／责任校对：张怡君
责任印制：赵　博／封面设计：北京铭轩堂广告设计公司

科学出版社出版
北京东黄城根北街16号
邮政编码：100717
http://www.sciencep.com
北京厚诚则铭印刷科技有限公司印刷
科学出版社发行　各地新华书店经销
*
2016年1月第　一　版　开本：787×1092　1/16
2015年1月第五次印刷　印张：22 1/4
字数：505 000

定价：150.00元

（如有印装质量问题，我社负责调换）

编写人员名单

顾问组

组　长

贾敬敦

副组长

孙宝国　朱蓓薇　蒋丹平　赵红光

成　员

王　硕　赵杰文　刘成梅　廖小军　孙大文　刘东红　吴继红

主要编写人

主　编

贾敬敦　马海乐　葛毅强　魏　珣

编写人（按姓氏汉语拼音排序）

葛毅强　韩　忠　黄星奕　贾敬敦　蒋丹平　刘　伟　马广鹏
马海乐　潘忠礼　任晓锋　孙康泰　魏　珣　王　蓓　王永涛
王云阳　杨瑞金　曾新安　赵红光　郑　菲

校　对

朱华平　李　杨　李　强

序 言

我国是全球第一大食品工业国，食品产业已成为我国国民经济最具活力的“新的增长点”和发展现代农业的“新空间”。食品产业是产业原料牵着千家万户农民，产品质量关系千家万户居民的民生产业，也是拉动内需、增加就业、保障民生、促进经济增长，大量转化农产品和增加农民收入的支柱产业。

但是，我国食品产业正面临着近 30 年来最艰难而相对漫长的转型期。相关资料显示，2012 年开始，中国食品工业增速和利润率已经连续 3 年下跌，到 2014 年，中国 37 607 家规模以上食品企业创造了 1.8 万亿美元的产值，虽保持了 8% 的增速，但却是增速首次下跌到个位数。另一方面，伴随人们生活方式、饮食习惯和营养健康需求的变化，“方便、美味、可口、营养、安全、实惠、健康、个性化、多样性”的产品新需求和“智能、节能、低碳、环保、绿色、可持续”的产业新要求已成为食品产业发展的新常态，也对食品产业科技提出了新要求。

因此，如何聚焦资源环境新约束和增长方式新要求下的新常态，把握现代农业新潜力和传统食品新空间下的新机遇，适应食品消费新需求和市场经营新业态下的新模式，迎接食品科技新趋势和创新食品新态势下的新挑战，实现高效利用、新型加工、生物工程、节能减排、清洁生产、智能物流、现代加工和低碳制造等食品高新技术快速发展与不断创新，已成为未来食品产业向方便、营养、健康和高效、节能、低碳方向可持续发展的重大课题，也对我国提出了严峻挑战。面对食品产业发展的新形势和新阶段，我国食品产业科技发展只有瞄准世界高技术前沿，面向国家战略和产业发展需求，全面实施创新驱动食品产业发展战略，才能引领和支撑食品产业不断优化产业结构，改变增长方式。依靠科技创新驱动，是我国食品产业实现可持续健康发展的根本途径。

物理加工方法作为一种引入了声、光、电、磁、力等物理学方法的绿色加工技术，不仅可以显著改善产品的生物学活性，更重要的是减少化学溶剂过多使用的状况，改善了食品食用安全性；避免了传统加工温度过高，降低了食品营养成分被破坏的程度。国际上，不少学者利用红外、射频、微波等热物理场进行果蔬干法杀青，可避免传统热水漂烫杀青引起的养分流失、废水排放、耗水量大等问题；利用红外进行果蔬脱皮，可消除传统碱液脱皮方法因废液排放引起的水体污染问题；利用物理灭霉杀虫，取代传统的硫熏技术，消除二氧化硫排放对大气臭氧层的破坏。我也深信，随着科技的创新发展，并通过我们大家的共同努力，一定能够从食品物理加工技术发展中找到最终的突破口，实现“厨房革命”和餐饮制作模式的“新变革”,从而实现食品加工的革命性发展。近年来，物理加工技术的研发和产业化已成为全球食品领域关注的热点。

作为食品产业高新技术研究的重点领域，“十五”以来，科技部就食品物理加工技术在国家863计划、科技支撑计划等项目计划中给予了长期稳定的关注和支持；特别是“十二五”863计划的现代农业技术领域围绕食品超高压、超声波等加工技术进行了重点部署，全面推进了我国在该领域的快速发展。

《食品物理加工技术与装备发展战略研究》一书的出版，既是对我国近20年来在该领域科技工作的系统回顾和阶段性重要成就的全面总结，也是对该领域国际学术研究、技术发展前沿和装备开发的系统介绍，更是对该领域未来科技发展的预测及展望。

胡小松
中国食品科学技术学会副理事长
中国农业大学食品科学与营养工程学院院长
2015年7月7日

前 言

我国是一个人口众多的国家，食品产业在国民经济中具有举足轻重的战略地位。改革开放30多年来，我国食品工业一直以年均两位数的速度递增，成为了我国增速最快、最具活力的支柱产业，对保障民生、促进国家发展起到了重要的作用。但是近几年，我国的食品工业面临着艰难的转型期，如何通过创新驱动提高食品加工制造的效率、降低工业生产的能耗、淘汰影响食品安全品质的落后生产方式、提高食品的营养特性、改善食品的感官品质，已经成为食品产业迈向新的发展时代的重要课题，也是中国食品工业持续保持健康发展的新常态。

食品物理加工技术——一种通过科技革命赋予新内涵的革命性食品加工新技术在国际上悄然兴起。国际上大量的科学研究结果表明，现代物理学方法在食品加工中的应用，对于食品加工效率和产品安全品质的提升、能源消耗与环境污染的降低，产生了许多意想不到的效果，展现了广阔的应用前景。

食品物理加工分为非热物理加工、热物理加工和物理快速检测。非热物理加工主要采取的物理学手段包括超高压、超声波、紫外线、激光、电场、磁场等。近20年来，非热物理加工在食品杀菌钝酶和分离提取等领域的应用得到快速发展，在理论研究、方法创新、装备开发、产业化应用等方面取得了一系列重大进展。近年世界各国大量的研究发现，非热物理加工技术在酶解反应、微生物发酵、生物大分子改性修饰、膜分离、陈酿等加工领域展现出更加广阔的应用前景，在技术的产业化方面潜力巨大。食品热物理加工主要包括利用微波、红外、射频、脉冲强光等物理学方法，除了过去应用于干燥之外，还在杀菌、灭酶、杀虫、脱皮等加工领域中应用广泛。基于物理学手段的食品品质快速检测技术近些年也得以快速发展，基础理论研究、产业化应用均取得了重大突破，由品质检测向过程参数检测是今后的一个发展方向。

两年来，作者收集了大量国内外资料，查阅和参考了相关学科的各类著作和文献，旨在详细阐释超高压、超声波、高压脉冲电场、磁场、射频、高压微射流、红外、微波、无损检测等技术的基本概念与技术特征，研究应用现状与进展，国内外发展趋势，以及促进技术与产业发展的对策建议，并通过文献计量学方法厘清了食品物理加工技术态势分析。作者试图努力为从事和关心物理加工技术与装备工作的政产学研用的各方面力量提供一些有力的支撑，乃至希望高等院校的师生也能从中得到帮助。但是由于本领域发展日新月异，加之作者的经验和水平有限，书中对于相关技术的阐释和评述难免有不妥之处，敬请广大读者批评指正。

本书的编写得到了“2014 年食品物理加工技术及装备座谈会”和“2015 年食品物理加工技术创新座谈交流会”两次会议的大力推进，也得到了很多同行专家的帮助和支持，中国农业大学胡小松教授为本书做序，在此一并表示衷心感谢！

作　者

2015 年 8 月

目 录

序言
前言

第一章 食品物理加工技术与装备发展战略研究总论

第一节 食品物理加工技术及其发展历程……001
一、食品物理加工技术的内涵……001
二、食品物理加工技术的发展历程……002
三、食品物理加工技术的发展趋势……006
第二节 食品物理加工技术特征及应用……009
一、食品非热物理加工技术……009
二、食品热物理加工技术……013
三、食品物理快速检测技术……014
第三节 物理加工技术对食品产业的影响……014
一、提高食品品质，保障食品安全……014
二、提高加工效率，降低生产成本……015
三、节能减排，促进绿色发展……015
四、变革烹饪方式，推进厨房革命……016
五、实现食品制造业自动化、信息化、网络化与智能化的必然选择……016
第四节 我国食品物理加工技术研究体系建设情况……017
第五节 发展建议……020
一、人才培养……021

二、学科建设……021
三、科学研究……022

第二章　超高压食品加工技术及装备研究进展

引言……023
第一节　基本概念与技术特征……024
一、基本概念……024
二、基本原理……025
三、技术特征……025
四、发展历程……025
第二节　基础研究现状……026
一、杀菌……026
二、超高压对蛋白质的影响……038
三、超高压对食品品质的影响……046
四、技术与装备开发……052
第三节　超高压技术的应用……054
一、超高压在果蔬中的应用……055
二、超高压在肉制品加工中的应用……056
三、超高压在水产品加工中的应用……057
四、超高压在乳制品加工中的应用……057
五、超高压技术在其他食品中的应用……058
六、超高压技术在我国的应用……059
第四节　优势和存在的瓶颈与局限性……060
一、技术优势……060
二、发展瓶颈与挑战……061
三、国内外发展趋势……064
四、对策建议……066
参考文献……067

第三章　食品超声加工技术及装备研究进展

第一节　超声波的基本概念与技术特性……082
一、超声波的基本概念……082
二、超声波的技术特性……082

第二节　超声波在食品加工中的应用进展……083
一、超声波在食品加工中的应用概述……083
二、主要食品超声加工的理论研究、技术与装备开发及产业化推广的进展……088
第三节　技术优势和存在的瓶颈与局限性……105
一、超声波在食品加工中应用的主要优势……105
二、技术瓶颈和局限性……106
第四节　今后的发展趋势……106
第五节　对策建议……108
一、加强以产业化为导向的科学研究工作……108
二、建立研究平台，加强协同创新……108
三、加强国际合作与交流……109
参考文献……109

第四章　高压脉冲电场技术及装备研究进展

第一节　基本概念与技术特征……113
一、基本概念……113
二、基本原理……114
第二节　研究应用现状与进展……118
一、在食品工业中的应用领域……118
二、在主要应用领域理论研究、技术与装备开发及产业化推广的进展……119
三、优势和存在的瓶颈与局限性……129
第三节　国内外发展趋势……131
一、国际发展趋势……131
二、国内发展趋势……132
三、下一步研究方向与重点……132
第四节　对策及建议……134
参考文献……136

第五章　食品磁场加工技术及装备研究进展

第一节　基本概念与技术特性……140
一、基本概念……140
二、基本原理……140

三、技术特征……141
第二节　磁场在食品加工中的应用进展……142
一、食品磁场加工的理论研究……142
二、应用研究……147
三、装备开发……156
四、技术优势和存在的瓶颈与局限性……160
五、今后的发展趋势……160
六、对策建议……161
参考文献……161

第六章　食品农产品射频加热技术及装备

第一节　基本概念与技术特征……167
一、基本概念……167
二、射频加热原理……168
三、射频加热设备……172
四、技术特征……177
第二节　研究进展……177
一、在食品工业中的应用领域……177
二、理论研究、技术与装备开发及产业化推广的进展……179
三、技术优势和存在的瓶颈与局限性……189
四、发展趋势……190
第三节　对策建议……191
一、射频加热装备和介电特性测定设备引进……191
二、专用智能化射频加热高新技术装备研究……191
三、射频加热杀菌杀虫烫漂工艺研究及产业化示范……191
参考文献……192

第七章　动态高压微射流技术及装备研究进展

第一节　基本概念与技术特征……198
一、基本概念……198
二、基本原理……199
三、技术特征……201
四、发展历程……201

第二节 研究应用现状与进展……202
一、在食品工业中的应用领域……202
二、在主要应用领域理论研究、技术与装备开发及产业化推广的进展……220
三、优势和存在的瓶颈与局限性……225
第三节 国内外发展趋势……226
一、国际发展趋势……226
二、国内发展趋势……228
三、下一步研究方向与重点……229
第四节 对策建议……230
一、建议加强开展新型专用型动态高压微射流装备和核心元件的研发……230
二、建议加强开展动态高压微射流技术在食品领域中的应用……230
参考文献……231

第八章 食品红外加工技术及装备

引言……240
第一节 红外辐射的基本概念与技术特征……240
一、基本概念……240
二、基本原理……241
三、技术特征……245
四、发展历程……248
第二节 研究应用现状与进展……249
一、红外加工技术在食品工业中的应用领域……249
二、红外加工技术在主要应用领域理论研究、技术与装备开发，以及产业化推广的进展……254
三、优势和存在的瓶颈与局限性……269
第三节 国内外发展趋势……270
一、下一步研究方向与重点……271
二、对策建议……271
参考文献……272

第九章 微波技术及装备研究进展

第一节 基本概念与技术特征……277
一、基本概念……277

二、基本原理……277
第二节　研究应用现状与进展……283
一、在食品工业中的应用领域……283
二、在主要应用领域理论研究、技术与装备开发及产业化推广的进展……284
三、优势和存在的瓶颈与局限性……289
第三节　国内外发展趋势……293
一、国际发展趋势……293
二、国内发展趋势……295
三、下一步研究方向与重点……296
第四节　对策建议……303
参考文献……304

第十章　食品农产品无损检测技术及装备研究进展

第一节　基本概念与技术特征……308
一、基本概念……308
二、基本原理……309
三、技术特征……310
四、发展历程……311
第二节　研究进展……311
一、在食品工业中的应用领域……311
二、在主要应用领域理论研究、技术与装备开发及产业化推广的进展……312
三、优势和存在的瓶颈与局限性……316
第三节　国内外发展趋势……318
一、国际发展趋势……318
二、国内发展趋势……319
第四节　对策建议……320
参考文献……320

第十一章　食品物理加工技术态势分析

第一节　食品物理加工技术基础研究分析……326
第二节　食品物理加工专利技术分析……334

第一章

食品物理加工技术与装备发展战略研究总论

随着经济全球化水平的提高，高端制造技术、现代网络技术、智能传感技术、尖端生物技术的高速发展对食品产业的技术进步起到了重要的支撑作用。人们健康意识的加强、城镇化速度的加快、工作节奏的加快与生活方式的变化，对食品产业的技术创新与快速发展提供了前所未有的市场需求，2014 年 10.89 万亿元的食品工业总产值及其过去 16 年 18.84 倍的增长幅度印证了我国食品产业蕴含的需求空间。但与此同时，频发的食品安全事件、严重的环境污染、高能耗低效率的传统加工技术导致食品产业面临着巨大的挑战。它山之石，可以攻玉，学科交叉融合是充分发挥现代制造技术优势，迎接食品产业挑战、克服发展瓶颈重要的创新动力，可以为食品产业升级和持续发展提供重要的科技支撑，这正是本研究报告著述的重要起因。

第一节　食品物理加工技术及其发展历程

一、食品物理加工技术的内涵

一门科学技术当经过了几个世纪甚至更长时间的发展之后，其在技术层面提升的空间自然越来越小、理论创新的源泉也越来越匮乏，这时借力其他学科的优势是其实现跨越的重要途径之一，食品科学也是如此，这就是谓之学科交叉的优势。

长期以来，以化学和生物学方法为基础的传统食品加工技术，由于经历了长期的方法研究与参数优化，其加工效率、产品得率、产品活性、能量消耗等关键指标提升的难度越来越大。为此，近年来国内外越来越多的学者，从不同的角度，探索性地将声、光、电、磁、力等物理学方法应用于食品加工的各个环节中，大量的研究数据证明，物理学方法的应用确实产生出了许多意想不到的效果，展现出了广阔的应用前景，一种新的食品加工技术 —— 食品物理加工技术在国际上悄然兴起。

食品物理加工技术是指利用现代声学、光学、电学、磁学、力学等物理学方法，改进传统食品加工过程的一类新技术。食品物理加工技术不仅可被广泛应用于食品酶解、微生物发酵、有效成分提取、杀菌钝酶、菌种诱变、陈化催熟等食品生物化学加工过程的强化；还可以通过对食品品质特性和食品加工过程参数的快速识别，实现食品制造业自动化、信息化、网络化、智能化信号的快速采集。对于传统的在重力场和地磁环境下完成的食品加工过程而言，现代物理学方法的介入，显著促进了加工介质对加工对象的作用效果，因此加工效率、产品品质与安全性、降耗减损、环境友好等指标出现了大幅度提升；对于食品品质及加工过程检测而言，物理快速检测技术突破了化学分析速度慢的难题，可以方便地实现现场、原位、在线信息采集。

二、食品物理加工技术的发展历程

尽管食品物理加工作为一门专门技术，不像食品化学那样有完整的理论体系与技术方法，但是将声、光、电、磁、力等物理学方法应用在食品加工过程中的研究由来已久，而且近 10 年的发展速度迅猛，成为食品领域世界性的研究热点，也对食品产业的发展带来许多期望。

1899 ～ 1914 年，美国学者 Hite 就以牛奶、苹果汁、梨汁、桃汁、葡萄汁为研究对象，进行了超高压杀菌技术的研究。1990 年日本首先将超高压杀菌技术在果汁、沙拉酱、果酱、海鲜、果冻等食品中进行了商业化应用。此后欧洲和北美的大学、公司和研究机构也相继加快了对超高压设备和加工技术的研究。目前，在美国、西班牙、法国、澳大利亚等发达国家，超高压杀菌技术在果蔬制品、肉制品、乳制品、海产品的商业化应用已经达到了较高水平。我国从 2000 年开始了超高压杀菌技术规模化与系统化的研究与应用。十几年来，超高压杀菌技术的研究与应用在中国迅速发展，在增压器、承压框架、耐压容器、泄压阀、密封组件等关键环节实现了技术突破，陆续开发出具有自主知识产权的超高压小型实验设备、中型中试设备和大型生产型设备。

早在 1929 年，Harway E. 等就在 *J. Bacteriol.*（第 17 卷，第 373 ～ 379 页）上报道了其开展高频声波降解发光细菌的研究，1962 年 Hughes D. E. 等在 *Science*（第 138 卷，第 108 ～ 114 页）上报道了其开展超声细胞裂解的研究。之后的几十年，美国、日本、欧洲不断有学者将超声波应用于膜分离、消泡、肉质嫩化、脱气、减黏脱附、冷冻、结晶、除霜解冻、乳化等食品加工过程的强化，不少技术已经进入产业化应用阶段，但是上述加工多数利用的是超声空化效益引起的振动搅拌作用。近几年，更多的学者加速开展超声波在农产品中有效成分提取、食品杀菌灭酶、酶解、发酵等加工过程的应用，这些应用主要利用了超声空化效应引起的声化学效应，其中的超声辅助提取技术已经进入了产业化阶段，提取罐可以达到 1000L 以上。我国关于超声波在食品加工中的应用研究也主要集中在分离提取、酶解反应等方面，近年来在工业化设备研制上实现了重大飞跃，技术成果的产业化迅速推进，超声辅助提取技术已经在工业化生产中广泛使用，超声辅助酶解技术在功能多肽的生产中已经形成多条生产线。

从 19 世纪开始，已经有电流应用于食品加工上的报道。直到 20 世纪 60 年代，才开始有关于高压脉冲电场技术应用研究的报道。国际上目前从事脉冲电场研究的单位有德国 DIL 公司、德国食品科技中心、美国 DTI 公司、美国俄亥俄州立大学、美国华盛顿州立大学、美国农业部东部研究中心、法国 HAZEMEYER 公司、新西兰奥塔戈大学、加拿大圭尔夫大学、匈牙利中央食品研究中心，主要开展电场在细胞降解、液态食品保藏、苹果汁榨取等方面的技术研究与推广工作，工业化规模设备处理量可达 10 000L/h。国内学者紧密跟踪国际发展前沿，从多角度开展电场在食品加工中的应用研究。然而，如果关于杀菌机制尚未明确、安全性无法得到保证等问题不能有效解决，脉冲电场杀菌技术的商业化应用将长期停滞不前。但是脉冲电场技术在果蔬汁榨取、果蔬干燥、肉品加工等方面的商业化应用前景广阔，吸引了不少工业界的高度关注，形成了不少成功产业化的案例。

1962 年 Gerencser V. F. 在 *Nature* 上发表了题为 *Inhibition of Bacterial Growth by Magnetic Fields* 的文章，报道了磁场对细菌活性有一定的抑制作用。但是近年来国际上关于强磁杀菌的研究工作为数不多，我国相关课题组在进行杀菌方法与参数优化的同时，积极探索高强度磁场引起微生物凋亡的理论基础。但是，缘于杀菌效果有待提高，目前高强度脉冲磁场的杀菌技术尚未进入工业化应用阶段。相反，国内外将磁场加工的目标转移到低强度磁场，应用于微生物发酵、酶促反应等生化过程的强化，由于磁场处理效果及其装备制造没有瓶颈问题，因此许多具有广阔应用前景的重要成果开始进入商业化应用阶段。

均质技术最初在 1560 年由 Ambroise Pare H. 用于描述制备乳白色药理学液体的手段。1900 年，在巴黎世界博览会上展示了由 Auguste Gaulin 发明的用于均质牛奶的装置（French Patent No.295 596），并且第一次使用了“homogenized”（均质）这个词。动态高压微射流技术正是基于高压均质的工业应用开发出来的。1985 年，Chardonnet 等采用动态高压微射流设备制备微乳；1999 年，Guerzoni 等研究了高压微射流均质对山羊奶的杀菌保鲜效果，研究表明高压微射流均质 100MPa 处理能够有效控制在短期储藏过程中肠球菌及葡萄状球菌的生长；1992 年，Barenholz 等发表了有关动态高压微射流技术生产大批量脂质体的报道；2011 年，李志报道了利用动态高压微射流技术处理提取甘薯叶中黄酮类化合物的研究工作。近 10 年来，国内外大量的学者还将动态高压微射流技术应用于蛋白质、酶、多糖，膳食纤维等食品生物大分子的改性处理研究。我国的廊坊通用机械有限公司也在积极推进高压微射流装备的研制，成效显著。

在所有的食品物理加工技术方法中，食品微波加工技术应用研究最为广泛，其中约40% 以上应用研究为分离提取，其次是干燥、杀菌、加热等。相对其他物理加工方法而言，微波加热设备相对比较成熟，在技术推广中设备瓶颈问题不显著。微波炉从发明到现在已60 多年了，目前的产量与产值都是非常惊人的，由于价廉物美，受到国内外市场的普遍欢迎。

早在 1957 年，Halford 就发现食品中各种成分混合物的红外光谱是分子机械振动或特定分子聚集在一起非常复杂、相互重叠的结果。近 20 年来，红外加工技术在食品杀菌灭酶、果蔬杀青脱水、果蔬脱皮、稻谷干燥杀虫灭菌、食品解冻等方面得到广泛的应用，部分技术成功实现商业化生产。在传统电红外的基础上，美国率先研制出催化式红外设备，其节能效果十分显著。

1947 年，Moyer 等采用 75W、150MHz 射频装置对很多蔬菜进行了烫漂试验。1974 年，Demeczky 报道了瓶装果汁在传送中经过射频加热灭菌研究。1987 年，Anon 报道了射频在曲奇和脆性饼干的后期烘焙中的应用。近 20 年来，人们对于射频技术在食品农产品杀虫、杀菌、干燥中应用做了大量研究。这一技术在我国的研究工作中也已经起步。

20 世纪 30 年代美国开始研究大豆和花生电子分选机，40 年代研制出水果成熟度检测仪，60 年代开发了与计算机相连的高密度分光光度计用以测定樱桃、苹果、番茄、鸡蛋等多种农产品的光特性，70 年代初国外学者开始采用计算机视觉技术对食品、农产品外观特征进行检测、分级，70 年代中后期开始研究近红外技术在食品成分分析中的应用，90 年代初电子鼻、电子舌、CT、核磁共振等多种高新技术陆续在食品工业中得到开发应用。近 10 年来，高光谱技术在食品农产品无损检测领域崭露头角，以二维成像技术和光谱技术有机地结合在一起而形成的先进技术展示了其对食品农产品内外品质同时检测的独特优势。食品农产品无损检测发展到今天，越来越先进的技术手段被采用，越来越高端的检测技术被开发，形成了多学科交叉、融合的先进检测技术。

为了更为全面地了解国际上食品物理加工技术发展的整体现状与发展趋势，课题组委托中国科学技术情报研究所进行了较为全面的文献检索与数据分析，时间截至在 2014 年 11 月，在 SCI 数据库中共检索到 10 251 篇论文。数据分析结果来看，食品物理加工技术发展的萌芽期最早可追溯至 20 世纪 50 ～ 60 年代（图 1-1），当时文献研究数量年产不足 10 篇。20 世纪 70 ～ 80 年代为徘徊期，每年发表的 SCI 论文不超过 30 篇。快速增长期出现在 1990 ～ 2004 年，每年论文的增长数超过 17 篇，高速增长期为 2004 年以后，每年论文的增长数超过 60 篇。2013 年论文发表量达到最高值，为 949 篇。由此看出，食品物理加工技术随着全球技术创新的快速发展，也得到了各国普遍的重视。

由图 1-1 还可以看出，发文量排在全球前 6 位的国家的技术发展趋势，其中，美国是从 20 世纪 80 年代就持续开展该技术领域的研究，并处于全球的领先地位；西班牙则是在近 20 年发展迅速，成为该技术领域重要的研究国家；中国是近 10 年研究贡献突出，

2012 年起年发文量已经超越美国，为全球第一位。

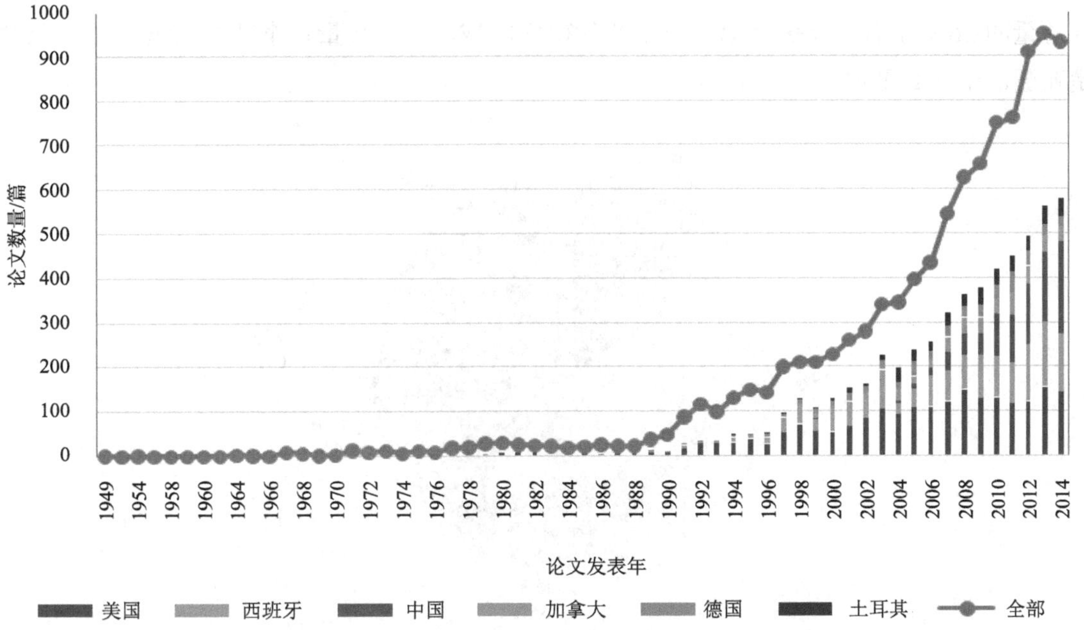

图 1-1 食品物理加工技术基础研究演化趋势与主要国家技术趋势

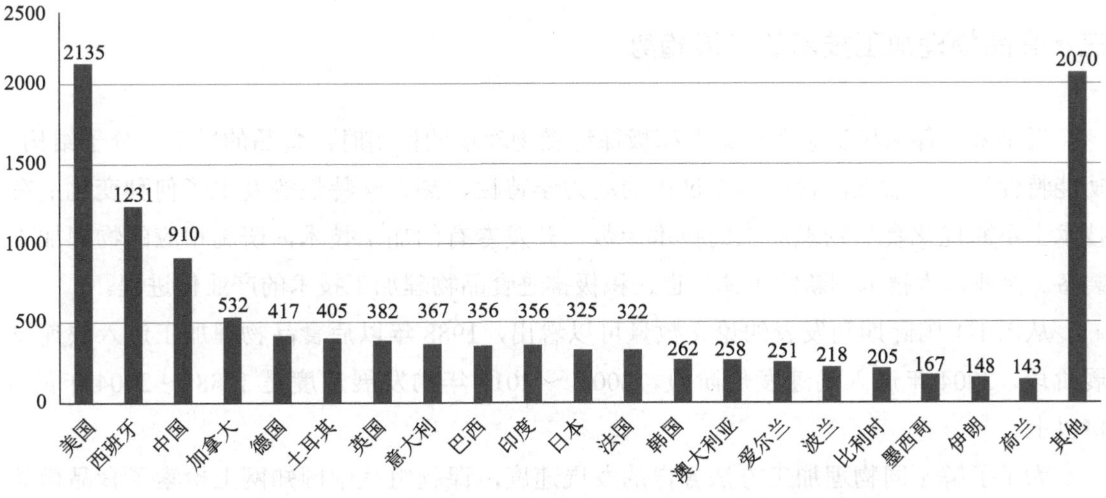

图 1-2 食品物理加工技术基础研究主要国家（地区）分布

关于主要国家或地区分布，通过 SCI 论文统计分析发现，食品物理加工技术基础研究排名前 20 位的国家中，美国实力最强（图 1-2），其论文数量占全球数量 20% 左右。西班牙和中国分列第二和第三位，这两个国家研究论文总量占全球 20% 左右。加拿大、德国、土耳其、英国、意大利、巴西和印度分列第 4 ～ 10 位。

全球有 100 余个国家参与食品加工技术研究，图 1-3 统计了发文量排在前 40 位的国家所属的地区分布，从图中可以看出，欧洲是食品加工技术研究的主要地区，占全球研究总量的 36% 左右，北美是第二个重要的研究区域，论文数量占全球的 22% 左右。其次是亚洲，论文数量占全球的 19%。

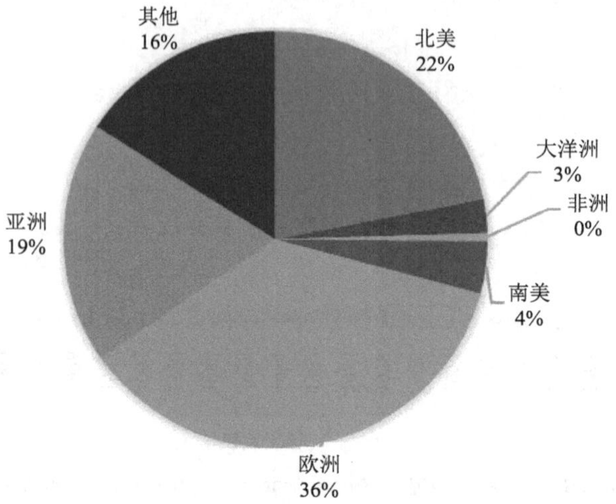

图 1-3　食品物理加工技术基础研究区域分布

三、食品物理加工技术的发展趋势

近年来，各国科学家在理论上积极探讨受物理场的作用时，食品的质地、分子结构、功能特性和生物活性，食品加工过程的动力学特性、热力学特性等发生了何种变化；在技术上不断优化食品物理加工的技术参数，开发专有的加工技术，研制相应的物理加工装备。企业作为技术创新的主体，也在积极推进食品物理加工技术的产业化进程。

从图 1-1 国际期刊发表的论文数量可以看出，1988 年以后食品物理加工进入快速发展阶段，2004 年进入高速发展阶段，2004 ～ 2013 年的发展速度是 1988 ～ 2004 年的 3 倍以上。

为了了解不同物理加工方法各自的发展速度，课题组从中国知网上检索了食品微波加工、超声加工、超高压加工、电场加工、磁场加工、高压微射流加工、射频加工等 7 种食品物理加工学术论文的发表状况，检索结果如图 1-4。由图 1-4 可以清晰地看出，从 2004 年开始食品微波加工、超声加工、超高压加工、电场加工方面的论文数大幅度增加；食品磁场加工、高压微射流加工和射频加工尚处于慢速发展阶段。

中国科学技术情报研究所进行的国际文献检索也发现，超声波、微波、超高压和脉冲电场技术研究论文数量也较多，其中微波和超声波技术由于在各个行业都有较广泛的应用，针对这两个方向的食品加工技术研究数量也较多，均超过4000篇以上。而超高压作为食品领域较为新兴的技术，也得到了较广泛的重视，研究论文数量超过2000篇。脉冲电场技术则有930篇论文。其他技术由于研究数量相对较少，均未超过400篇，故重点针对上述4种技术进行趋势比较分析。

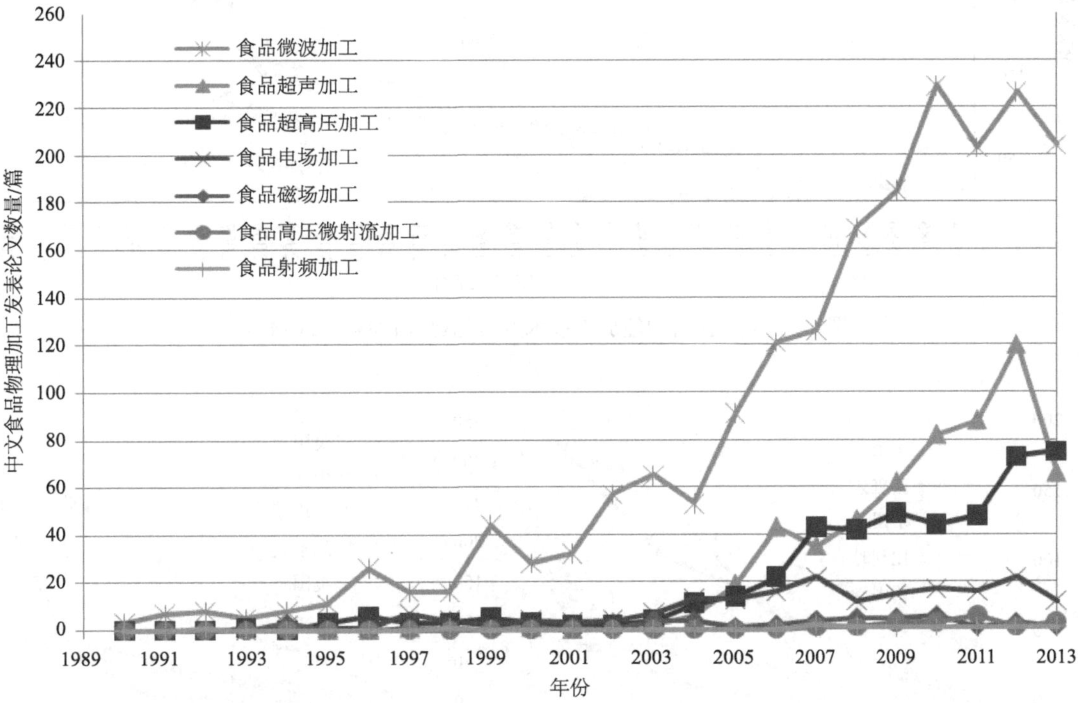

图1-4　1990～2013年在食品类中文期刊发表的关于食品物理加工技术研究论文数量

从图1-5可以看出，超声波和微波技术起步早，很快成为研究关注点，发文数量增长迅速。其中微波技术在20世纪90年代有较快的发展，但在2008～2010年有起伏，近两年也呈现下降的趋势。超声技术的研究则持续增长，特别是近10年发展更加迅速。超高压技术是在90年代初期起步，通过10年的成长期，在2004年进入快速发展阶段，并且未来还将持续得到重点关注。脉冲电场起步于90年代中期，发展速度慢于超高压技术，未来也将呈现增长趋势。

针对不同食品加工技术发表论文数量前5位国家近30年发文趋势分析（图1-6），在食品超高压技术研究中，前5位分别是美国、西班牙、中国、比利时和德国，美国和西班牙优势明显，目前从研究论文数量看，实力相当；中国近10年发展迅速，研究论文数量达到美国的一半左右。

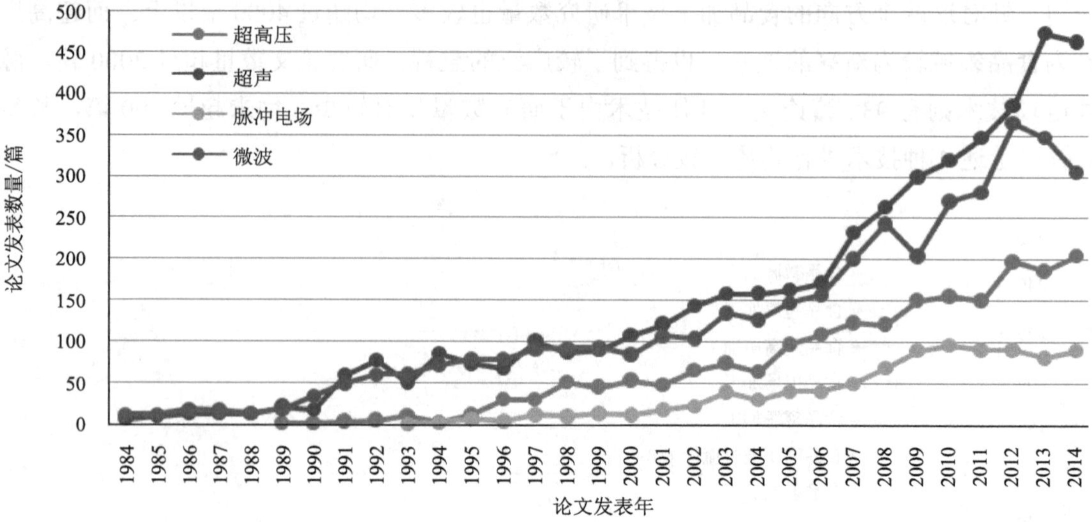

图 1-5　4 类食品物理加工技术发展趋势（1984 ～ 2014 年）

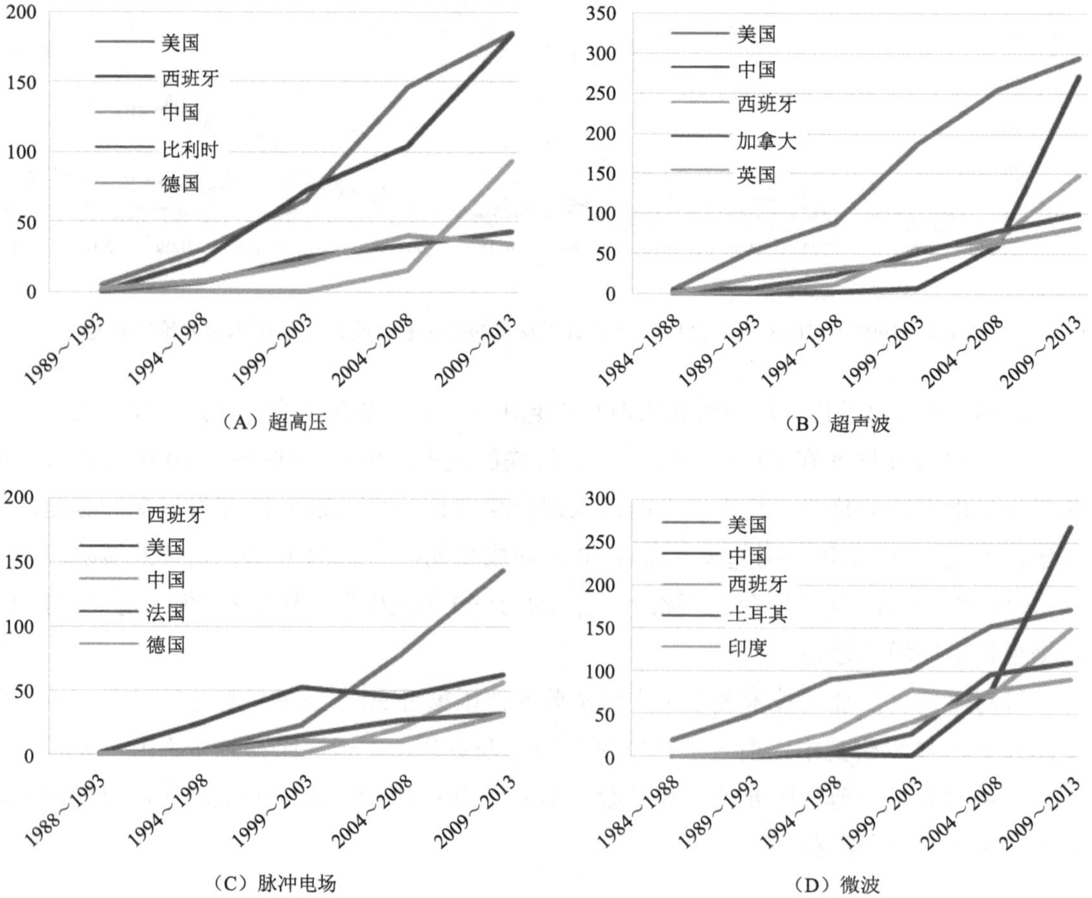

（A）超高压　（B）超声波

（C）脉冲电场　（D）微波

图 1-6　4 类食品物理加工技术 SCI 论文前 5 位国家发文趋势（1984 ～ 2013 年）

在食品超声波技术研究中，美国整体处于领先地位，研究数量遥遥领先，中国则在近 5 年脱颖而出，排在第二位；西班牙、加拿大和英国实力相当。

在食品脉冲电场加工技术的研究中，前 5 位分别是西班牙、美国、中国、法国和德国。在前期研究中，美国具有优势，但近 10 年西班牙在该技术方面处于领先地位。中国则在近 10 年初具研究实力。

在食品微波技术的研究中，前 5 位分别是美国、中国、西班牙、土耳其和印度。美国起步早，并且研究处于持续稳定增长。中国则近 10 年发展迅速，发文数量目前已经超越美国。

对比以上 4 项技术的发展，可以看到，美国和西班牙在各项技术中均具有良好的研究积累，研究力量处于领先地位。中国也分别进入了这 4 项技术的前 5 位国家排名，但其发展主要是靠近 10 年的迅速成长。由此看到，食品加工技术研究的领先国家是美国和西班牙，中国在近 10 年也成为该技术领域重要的研究国。欧洲的德国、英国、比利时、法国等国和北美的加拿大，亚洲的印度则在单项技术上具有优势。

第二节 食品物理加工技术特征及应用

食品物理加工（food physical processing）分为非热物理加工（non-thermal physical processing）和热物理加工（thermal physical processing）。非热物理加工主要包括利用超高压、超声波、紫外线、激光、电场、磁场等物理学手段，进行食品的杀菌钝酶、分离提取、酶解反应、微生物发酵、常温非催化反应、大分子改性修饰、均质乳化、膜分离、消泡、陈酿等加工；热物理加工主要包括利用微波、红外、射频、脉冲强光等物理学方法，进行干燥、杀菌、灭酶、杀虫、脱皮等加工。除此之外，基于物理学手段的食品品质快速检测技术近些年也得以快速发展，基础理论研究、产业化应用均取得了重大突破（图 1-7）。

一、食品非热物理加工技术

大量的研究发现，超高压、磁场、电场、密度 CO_2、超声波、高压微射流、等离子体等非热物理加工具有较好杀菌与钝酶效果，但其面临最大的挑战是杀菌的彻底性和产品的生产成本问题。

值得关注的是，近年来更为广泛的研究发现，食品非热物理加工除了杀菌钝酶之外，可谓别有洞天，在分离提取、酶解反应、微生物发酵、非催化反应、大分子修饰改性等方面作用效果显著，并具有广阔的产业化应用前景，尤其重要的是成本瓶颈问题不突出。

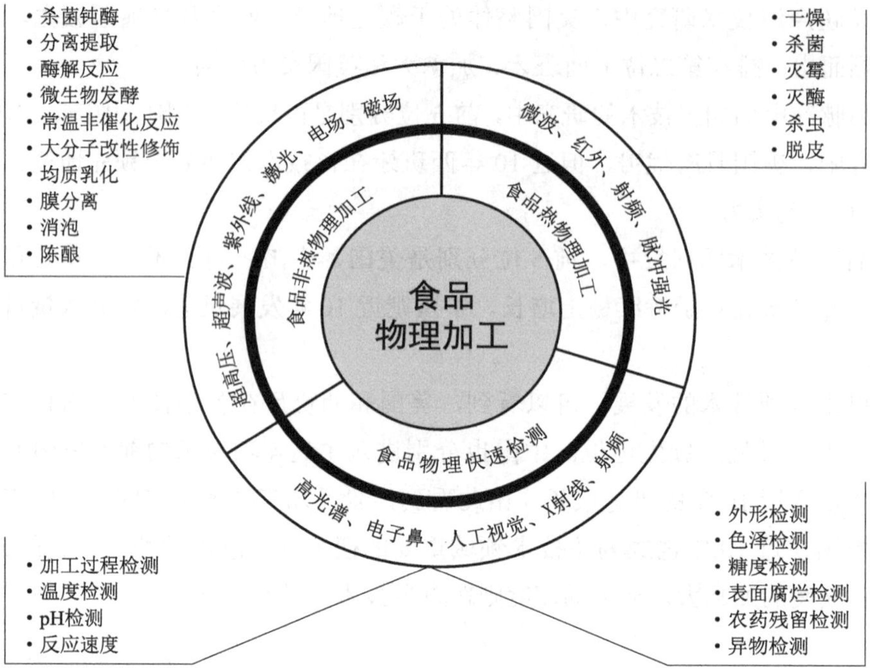

图 1-7　食品物理加工方法的构成

（一）非热物理场在杀灭微生物、抑制酶活性方面的应用

以杀菌钝酶为目的的食品非热物理加工技术近 10 年发展迅速。科技部“十一五”专门设立了国家 863 计划重点项目“食品非热加工技术与设备”、国家支撑计划课题“食品冷加工与高效分离技术研究”、“十二五”国家 863 计划主题项目“现代食品工程化技术与装备”专门设立“食品非热加工装备开发与新技术研究”课题，显著提升了我国食品非热，尤其是超高压杀菌钝酶的技术水平，装备研制处于国际先进水平。

1. 食品超高压杀菌钝酶技术

超高压（high pressure processing，HPP）杀菌钝酶技术是指将食品密封在柔性容器内，以水或其他液体作为传压介质，在常温或稍高于常温（25 ～ 60℃）下进行 100 ～ 1000MPa 的加压处理。

中国农业大学非热加工课题组深入开展了 HPP 的杀菌钝酶机制，成功地将 HPP 技术应用于果蔬、肉制品和乳制品的杀菌钝酶，以及水产品的脱壳、淀粉的改性等。关于 HPP 装备的研制，在增压器、承压框架、耐压容器、泄压阀、密封组件等关键环节实现了技术突破，陆续开发出具有自主知识产权的 HPP 小型实验设备、中型中试设备和大型生产设备，最大处理能力已达 2×350L，最大压力可达 600MPa。我国大陆生产的超高压设备也销往韩国、泰国、荷兰、我国台湾、哥斯达黎加等国家和地区。

2. 食品高强度脉冲磁场杀菌钝酶技术

高强度脉冲磁场（pulsed magnetic field，PMF）杀菌钝酶技术是指将液态食品非接触式的暴露于磁场的磁力线之中，快速形成与消失的脉冲磁场通过磁通量的瞬息变化对液体食品中的微生物细胞产生强大的杀伤力，也展现出显著的灭酶效果，达到杀菌钝酶的作用。

国际上有关脉冲磁场杀菌的基础研究较少，可能与美国华盛顿州立大学发表的18T强磁场对有害微生物没有明显杀灭效果的研究结果有关。江苏大学10余年来经过对西瓜汁、牛奶、生啤酒、牛初乳等液态食品，以及大肠杆菌、金黄色葡萄球菌等有害微生物开展了一系列的杀菌试验研究之后发现，脉冲磁场的杀菌效果并不与磁场强度的增加呈简单的正相关关系，意味着不是磁场强度越大杀菌效果越好，认为这一现象符合生物学上“窗效应”（biological window effect）的特征，并进一步通过微生物细胞的钙离子跨膜行为等的研究对脉冲磁场杀菌发生窗效应的机制进行了探讨。华南理工大学研究团队进行了鲜牛奶、鲜腐乳、草莓汁的PMF杀菌技术研究。江苏大学、长江大学、华南理工大学的相关课题组就磁场钝酶的基础理论与处理效果进行了系统的研究。

3. 食品高强度脉冲电场杀菌钝酶技术

高强度脉冲电场（pulsed electric field, PEF）杀菌钝酶技术是指让液态食品流过电源正负极之间的电场之中，脉冲电场通过电极的快速放电，击穿微生物细胞壁，导致其死亡，同时具有良好的钝酶效果，达到杀菌钝酶的作用。

江南大学在高强度脉冲电场杀菌基础理论研究方面紧密跟踪国际前沿，在我国率先对PEF处理食品货架期的PEF损伤亚致死微生物的存在问题及其形成机制进行了深入的探讨，并在PEF设备的快速脉冲开关开发方面取得重要突破。

（二）非热物理场在促进食品微生物生长、改善食品加工效果方面的应用

1. 食品超声波加工技术

超声波（ultrasound）在食品加工过程中的应用主要利用超声空化效应产生的机械效应和化学效应。机械效应可以显著强化食品有效成分提取、化学反应、生物反应等过程的传质效果，提高加工效率；化学效应为利用空化产生的自由基氧化改变了食品组分的分子结构，因此有利于酶解反应、生物大分子的改性修饰、有害物质降解等食品加工过程的高效进行。除此之外，在国际上超声波技术还被应用于膜分离、消泡、肉的嫩化、脱气、减黏脱附、切割、冷冻、结晶、除霜解冻、乳化、干燥等食品加工过程的强化。

江苏大学食品物理加工课题组首先在限制科研工作走向深入的超声波工作模式和实

验室设备创制上开展了深入的研究工作，取得重要突破；然后再逐步探索多模式超声波技术在食品加工中的应用。设计出 6 对 12 种可以对比试验的超声波工作模式，研制出可以实现上述工作模式的 15 台超声波实验室设备和 2 台工业化设备，克服了传统设备存在的声场不均匀、功率密度过大等问题，首次将扫频超声、顺序多频超声的工作模式引入应用到食品加工领域，建立了食品超声波加工设备的设计准则与设计方法。利用自主研制的一系列实验室设备，深入研究了多模式超声波技术在农产品有效成分提取、蛋白酶解反应、纤维素酶解反应、多糖分子修饰、微生物发酵、膜分离、果蔬农药残留洗脱等食品加工中的应用。在超声波强化酶解反应的机制研究方面取得重要突破，提出了“超声波可定向促进蛋白质疏水键外露、有利于降血压肽片段释放的靶向作用机制”。通过对声场的合理设计，有效地避免了驻波的出现，大幅度提高了超声波对微生物发酵的促进作用。2010 年建成了国际上第一条超声辅助酶解制备功能多肽的生产线，多项成果实现了产业化应用。

2. 食品弱磁场加工技术

弱磁场（low-magnetic field）在微生物生长及代谢促进、酶促反应强化等方面中有着广泛的应用前景。国外在生物技术、医药领域有不少关于食品弱磁场加工技术的探索性研究。长江大学、华南理工大学、江苏大学等高校研究了磁场对黑曲霉、红曲霉、猴头菌、啤酒酵母、茯苓、桑黄菌、枯草芽孢杆菌等发酵、培养过程的促进作用，发现可以显著促进其生长速度。华南理工大学、郑州轻工业学院等单位在腐乳催熟、壳聚糖降解、乳糖降解中研究了磁场对毛霉蛋白酶、木瓜蛋白酶、β-半乳糖酶活性的促进作用。另外，华南理工大学李琳课题组还将磁场应用于枸杞黄酮提取、葛根黄酮磁性树脂吸附、蔗糖结晶、水溶液蒸发等研究。

3. 食品弱电场加工技术

低强度电场（low-electric field）像弱磁场一样，对微生物生长及代谢、酶促反应等有良好的促进作用。华南理工大学相关课题组较为系统地研究了脉冲电场在食品有效成分提取中的应用，研究了脉冲电场对蛋白质、淀粉、脂质等食品组分结构性质的影响，探讨了脉冲电场对乙醇和乙酸无水体系酯化反应的强化作用，研究了电场作用下橡木桶储存白兰地酒的物质溶出及陈酿规律，并研发了基于强电场处理的数字式酒类陈酿设备，成功应用于 20 多家应用酿酒企业。同时，其研发的“脉冲电场低温灭菌器”列入国家重点新产品计划，在多家高校实验室使用。

4. 食品高压微射流加工技术

高压微射流技术（high-pressure microfluidization，HPM）对流体混合物料进行强烈

剪切、高速撞击、压力瞬时释放、高频振荡、膨爆和气穴作用等一系列的综合作用，从而对物料起到很好的机械作用力，达到超微化、微乳化和均一化效果。在国内外被应用于食品工业的脂质体制备、蛋白质、酶、淀粉、脂肪球等食品生物大分子的改性等，南昌大学作为国内代表性的研究单位，在该领域开展了大量的研究工作。国际上，美国 Microfluidics 公司和加拿大 Avestin 公司可以生产微射流均质机，我国廊坊通用机械有限公司也推出了实验室的原型设备。

二、食品热物理加工技术

降了非热物理加工之外，近年来红外、射频、脉冲强光、微波等可以发热的物理学方法尝试性并成功地被应用于除了传统的食品干燥、熟化之外的一些加工，如杀菌、果蔬干法漂烫、食品杀虫、水果脱皮、大分子改性、冷冻食品解冻等。

1. 食品红外加工技术

当红外（infrared）辐射到食品表面时，根据化学键的性质，红外能量以不同的频率通过能级间分子的跃迁被吸收，在食品加工中被广泛应用。近年来，红外原件设计最大的进步在于研制出以天然气为热源的催化式红外设备，它的能耗减少到传统电红外的 1/3 左右，因此是一种低碳的加热方式。美国加州大学戴维斯分校潘忠礼教授开展了近 20 年的食品红外加工技术的研究，主要包括催化式红外在果蔬的杀青脱水、稻谷和干果的干燥杀虫灭菌、果蔬的脱皮等，开展了工业化设备的研制。江苏大学在潘忠礼教授的领导下，积极推进食品催化式红外加工技术的中国化，加速催化式红外设备的研制，以及技术成果的产业化进程，为国内高校和科研机构提供了 10 余台催化式红外设备。

2. 食品微波加工技术

微波（microwave）作为一种传统的加热方式，因其高效节能在食品工业得到广泛的应用，可被应用于萃取、解冻、杀菌、漂烫、改性。华南理工大学在孙大文教授的领导下，积极拓展其应用领域。江苏大学成功地将微波技术应用于谷物胚芽的灭酶稳定化加工，开发出的滚筒式微波处理设备，解决了微波加热不均匀的难题，成功应用于工业生产。

3. 食品射频加工技术

与微波类似，射频（radio frequency，RF）作为一种电磁波，也是通过使极性分子往复旋转和带电离子的往复运动，引起含水物料在整个体积内的同时加热，可以实现食品的快速升温。美国华盛顿州立大学在食品射频加工技术的研究处于国际领先水平，国内西北农林科技大学近年来开启了我国该领域研究的先河。射频具有加热迅速、物料穿透深度大、加热均匀性好等特点，除了被应用于食品干燥之外，还被应用于固体食品的杀菌、农产品的杀虫、果蔬的干法漂烫，我国已经取得了一系列突破性的研究进展。

三、食品物理快速检测技术

物理加工方法除了上述列举的被应用于食品加工过程之外，还可以被应用于食品品质的快速检测（fast detection），有效地解决了化学检测方法存在的检测速度慢的不足。江苏大学 30 年前就将计算机图像处理技术成功地应用于农产品品质的检测，之后伴随着计算机技术、传感技术、控制技术的发展，走过了电子鼻、电子舌、近红外、高光谱、软 X 射线应用于食品品质快速检测的发展之路，近年来还将声学理论应用于鸡蛋隐性裂纹快速检测的研究。江苏大学研制了开展上述研究所需要的主要设备，开发了一系列数据处理方法，对我国食品农产品品质快速检测技术科学研究的发展和发展走向起到了重要的影响。合肥美亚光电技术股份有限公司成功地开发了数字化大米色选机、杂粮色选机、茶叶色选机，该公司 2011 年获批科技部“国家农产品智能分选装备工程技术研究中心”，对我国农产品加工业的健康发展起到了重要的支撑作用。

第三节　物理加工技术对食品产业的影响

传统的食品加工是在重力场、地磁、常压的状况下完成的。传统食品加工中存在诸多问题，例如，传统热杀菌技术存在热敏性成分易被破坏，传统食品加工中相关的生物化学反应、微生物发酵、提取分离等加工效率不高，有害物质传统化学降解方法存在二次污染，液态发酵产品后熟陈酿时间太长，果蔬碱液去皮环境污染严重，果蔬漂烫杀青水耗能耗较大等。大量的试验研究表明，物理学方法的引入在克服传统食品加工存在的问题方面发挥了重要的作用，对于传统食品加工的技术创新有着极其重要的价值，因此在许多情况下有可能使得食品工业发生革命性的变化，促进食品产业快速发展。

一、提高食品品质，保障食品安全

利用声、光、电、磁、力等物理场作用于食品加工过程，可以避免传统加工温度过高导致食品营养成分的破坏，以及化学溶剂过多使用引起的食品安全性问题。在许多情况下，物理场的使用是通过对活性组分分子结构的修饰和反应强度的改善等辅助性作用，显著改善了产品的生物学活性。射频、红外、脉冲强光、紫外、微波等物理学方法具有很好的杀虫、灭霉效果，而且具有成本低、易于工业化推广的特点。

改革开放 30 年来，我国的食品产业正在面临着由温饱型向健康型转化的重要时期，意味着人们对食品的营养品质、安全品质更加关心。物理加工的重要特征就是减少了诸多合成化学品的使用、避免了高温造成营养成分损失、提高了产品生物学活性，因此选择更能满足健康食品生产需求的物理加工技术，是食品产业战略转化期实现根本突破的重要之举。

二、提高加工效率，降低生产成本

利用声、光、电、磁、力等物理场强化食品加工过程的传质效果、改变生物分子的结构及其理化性质，可以显著提升传统食品加工过程的效率，不仅缩短了加工时间，而且提高了原料的转化利用效率。例如，利用超声波加速农产品有效成分的提取，促进生物大分子的酶法降解，加速微生物发酵过程的进行，利用电场促进食醋、黄酒的陈化后熟，利用激光进行微生物菌种的诱变，利用磁场加速食品发酵。许多食品原料由于其结构致密、疏水性强，酶解反应效率非常低，借助高压均质或者胶体磨等高强度机械力作用进行预处理，可以显著提高酶解的效率，节约生产成本。

加工效率提升是食品产业永远面临的主题，尤其是对于我国这样一个人口大国。中国用 7%的耕地养活着世界 20%的人口，如何通过提升加工效率增加处于供给不足的食物资源的有效转化率，提高其综合利用程度，对我国而言尤为最重要，是我国面向未来实现可持续发展重要的主题之一。

三、节能减排，促进绿色发展

物理学方法的应用具有较好的节能减排效果，例如，加工效率的提高就意味着加工时间在缩短，能耗自然降低；在红外加工中，国际上先进的催化式红外能耗是燃气热风的 2/3、电红外的 1/4、电热风 2/9；微波与红外一样，作为一种热源其节能效果显而易见。

红外、射频、微波等热物理加工技术均可以被应用于脱水果蔬生产中的杀青处理。传统的杀青方法多数为热水漂烫法，不仅存在水溶性营养成分流失的问题，最大问题在于漂烫用水的排放会造成环境污染，而物理场干法杀青技术，消除了废水排放的问题，同时还会起到干燥作用，后续脱水干燥的能耗显著降低。通过超声等物理方法强化农产品有效成分的提取，部分或者完全使用水作为溶剂，减少了溶剂回收及排放造成的环境污染。传统的水果去皮，除了少量的机械削皮之外，绝大部分采取的是碱液腐蚀去皮，尤其是软质水果。最新研制的红外辐射去皮技术，不用碱液，极大改善了废水排放对环境造成的污染。

2014 年，我国的食品工业总产值达到 10.89 万亿元，对我国的经济发展与社会进步具有举足轻重的作用。但是传统的食品加工方式能耗大、污染重的问题非常突出。现代非热物理加工通过提升加工效率，可以显著降低能量消耗和化学品的使用；现代热物理加工在淘汰传统污染严重的加工方式、改善传统热能转化效率低的加热方式等方面效果显著，因此在实现食品产业节能减排、环境友好的发展过程中举足轻重。

四、变革烹饪方式，推进厨房革命

在厨房食品烹饪中，新鲜果蔬中农药残留的问题比较突出，超声波洗涤可以有效减少农药残留，提高其食用安全性；油炸食品的高含油量影响着肥胖消费者的食用嗜好，通过红外处理的薯条油炸时将会减少含油量；冷冻食品的快速解冻在厨房烹饪中非常必要，超声、红外、微波等物理方法可以实现高品质的快速解冻。众所周知，微波炉、红外烤箱，不仅简化了厨房食品的加工过程，而且大幅度减少了油炸、爆炒、蒸煮等传统的中式食品加工方式。

随着人们生活水平的提高，人们的餐饮方式正在发生着重大转变，营养、安全、快捷成为厨房食品的基本要求，预制菜肴、中央厨房快速兴起。智能、高效、安全的物理加工技术被选择性地整合在中央厨房和预制菜肴加工中，通过集约化生产提高厨房食品的标准化程度，促进制作工艺和供应方式的颠覆性变革，为中国的饮食文化增添新的元素。

五、实现食品制造业自动化、信息化、网络化与智能化的必然选择

只有通过高光谱、红外线、超声波、电子鼻、人工视觉、X射线、射频等物理学快速检测方法，才能实现食品制造业的自动化、信息化、网络化与智能化，这是以化学、生物学为基础的传统分析检测方法难以实现的目标。

“工业4.0”的概念源于2011年德国汉诺威工业博览会，其初衷是通过应用物联网等新技术提高德国制造业水平。在德国工程院、弗劳恩霍夫协会、西门子公司等学术界和产业界的大力推动下，德国联邦教研部与联邦经济技术部于2013年将“工业4.0”项目纳入了《高技术战略2020》的十大未来项目中，计划投入2亿欧元资金，支持工业领域新一代革命性技术的研发与创新。随后，德国电气电子和信息技术协会发表了德国首个“工业4.0”标准化路线图（图1-8）。

我国的食品制造业比较落后，估计多数尚处于“工业2.3～2.4”时代。“工业3.0”始于20世纪70年代并一直延续到现在，电子与信息技术得到广泛应用，使得制造过程不断实现自动化，机器能够逐步替代人类作业，不仅接管了相当比例的“体力劳动”，还接管了一些“脑力劳动”。德国学术界和产业界认为，未来10年，基于信息物理系统（cyber-physical system，CPS）的智能化，将使人类步入以智能制造为主导的第四次工业革命，即为“工业4.0”时代。产品全生命周期和全制造流程的数字化及基于信息通信技术的模块集成，将形成一个高度灵活、个性化、数字化的产品与服务的生产模式。

因此，食品制造业和其他工业门类一样，正面临着一个逐步全面完成第三次工业革命，并开始迈向第四次革命的巨大的挑战。要实现自动化、信息化、网络化与智能化，在线（on-line）、原位（in-situ）、现场（in-site）、无损（non-destructive）、快速（fast）的数据采集是关键，那么高光谱、红外线、超声波、电子鼻、人工视觉、X 射线、射频等物理学检测方法是不可取代的技术，物理检测技术可以在线原位快速地获得生产过程及产品质量的信息数据，通过运算、推理，实现对制造过程的智能控制。

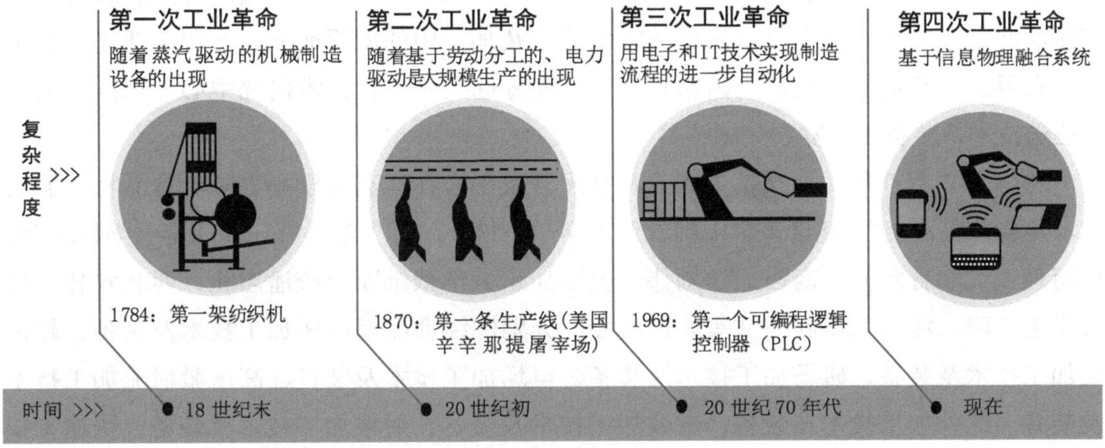

图 1-8　工业革命的 4 个阶段

第四节　我国食品物理加工技术研究体系建设情况

2009 年由中国食品科学技术学会（CIFST）、欧洲食品科技联盟（EFFoST）、美国食品科技学会（IFT）共同主办的第 20 届"非热加工国际研讨会"首次在中国召开，2011 年、2014 年又两次在我国召开，标志着我国在非热加工领域的研究得到国际同行的高度重视。来自不同国家的学者，就食品非热加工的基础理论、技术前沿、产业化发展，以及面临的技术难题、发展困惑，进行探讨交流。2013 年中国食品科学技术学会专门设立非热加工技术分会，将有组织地引导从事不同食品非热物理加工方法的学者开展合作、交流经验、谋划发展，一起提高我国食品非热物理加工的整体水平。

为了拓展物理学方法在食品加工业的应用范围，像化学方法一样，研究物理场作用于食品生物材料之后产生的一些有价值的影响，研究物理场的作用机制，创新食品农产品品质物理快速检测方法，建立系统的食品物理加工及检测新技术，研制相应的技术装备，2010 年江苏大学申请获批建立了"江苏省食品物理加工重点实验室"，也是我国目前唯一专门从事食品物理加工技术研究的省级研究平台，其研究思想、所取得的成果得到建设论证专家和验收评审专家的高度肯定。为了紧跟国际前沿，积极推进我国食品制造业的自动化、信息化、网络化与智能化进程，2013 年江苏大学发挥其在食品物理快速无损检测领域国际先进的技术优势，申请获批开始建设“江苏省食品智能制造工程技术研究中心”，希望在 1 ～ 2 个食品制造过程体现“食品工业 3.0”的思想，积极探索研究“食品工业 4.0”的一些关键要素。

许多国家及省部级研究平台（重点实验室或者工程技术研究中心）都有相应的研究室，我国不少于 50 所高校、研究机构和企业设立了与食品物理加工相关的研究课题组。例如，中国农业大学获批的科技部“国家果蔬加工工程技术研究中心”开展包括超高压技术、高压脉冲电场技术与高密度二氧化碳技术在果蔬加工中的应用研究、合肥美亚光电技术股份有限公司获批的科技部“国家农产品智能分选装备工程技术研究中心”重点开展种子色选技术及装备的开发。

2014 年 7 月 9 日，科技部中国农村技术开发中心在江苏大学举办了“食品物理加工技术及装备座谈会”，邀请来自中国农业大学胡小松、江苏大学马海乐、江南大学杨瑞金、华南理工大学曾新安、南昌大学刘伟、美国加州大学戴维斯分校潘忠礼、西北农林科技大学王云阳、江苏大学赵杰文等 8 位教授，分别围绕食品超高压加工技术及装备、超声波加工技术及装备、磁场加工技术及装备、电场加工技术及装备、高压微射流加工技术及装备、红外加工技术及装备、微波加工技术及装备、射频加工技术及装备、快速无损物理检测技术及装备等主题，就不同物理加工方法的基础理论研究、加工方法建立、核心装备开发，以及技术产业化推进中形成的成果、遇到的问题、面临的挑战，进行了深入的交流。这次座谈会具有里程碑的意义，对进一步凝练食品物理加工的学术思想，梳理关键科学问题，探讨产业化推进途径，产生了重要影响。与会的每一位专家将通过本书，站在推进国际食品科学学科发展、食品产业技术进步的战略高度，对不同食品物理加工方法的科学研究、技术开发、装备研制、成果产业化的进展进行论述，对其今后发展的趋势进行预测，对存在的问题提出建议，因此本书对“十三五”我国食品物理加工技术的科学研究、政府决策，有着重要的参考价值。

近年来，中国农业大学食品非热物理加工研究团队在食品超高压、电场、高密度二氧化碳杀菌钝酶方法建立与机制研究、超高压实验室和生产型设备的研制等方面取得重要突破，多项成果实现产业化，核心成果获得国家科技进步二等奖等奖项。江苏大学食品物理加工研究团队主要在食品超声波加工、磁场加工、红外加工、微波加工技术等方面开展研究工作，在蛋白质多模式超声辅助酶解、高强度脉冲磁场杀菌、低强度磁场促进微生物发酵、食品红外杀虫灭霉 / 干燥 / 杀青 / 脱皮等方法的建立及其机制研究，在多模式超声和催化式红外实验室和生产型设备的研制等方面取得重要突破，多项成果实现产业化，核心成果获得中国机械工业科学技术一等奖、中国食品科技学会科技进步一等奖、教育部科技进步二等奖等奖项。华南理工大学食品电场加工研究团队在电场生物大分子改性、乙醇发酵催熟的方法建立与机制研究，以及实验室和生产型设备的研制等方面取得重要突破，多项成果实现产业化，核心成果获得教育部技术发明奖二等奖、广东省专利优秀奖等奖项。江南大学食品电场加工研究团队在高强度脉冲电场杀菌的方法建立与机制探讨，微生物亚致死现象研究，实验室设备的研制等方面取得重要突破。南昌大学食品高压微射流加工研究团队在食品生物大分子高压微射流改性的方法建立与机制研究等方面坚持开展研究工作。西北农林科技大学食品射频加工研究团队在果品蔬菜射频烫漂护色、固体半固体食品射频杀菌的方法建立与机制研究等方面积极开展研究工作。江苏大学食品物理快速无损检测研究团队在食品品质的人工视觉、电子鼻、电子舌、近红外、高光谱、声学、X 射线等检测方法的建立，尤其是嗅觉可视化、多技术融合理论与应用的创立，主要检测仪器设备的研制等方面取得重要突破，核心成果获得国家技术发明二等奖，获得江苏省、教育部、机械工业联合会、轻工业联合会等政府或行业的科学技术一等奖。

我国开展食品物理加工的主要研究团队如表 1-1 所示。

表1-1 我国食品物理加工主要研究团队

序号	研究领域	研究团队	主要研究方向
1	食品超高压加工	中国农业大学胡小松、廖小军	食品超高压杀菌钝酶
		江苏大学马永昆	食品超高压改性、风味化学
		华南理工大学李汴生、阮征	食品超高压催陈、杀菌
		郑州轻工业学院赵光远、白艳红	食品超高压杀菌钝酶、改性、保鲜
		天津商业大学胡志和	超高压技术在水产加工中的应用
		华南农业大学杨公明	超高压辅助提取、陈化
		合肥工业大学潘见	食品超高压杀菌灭酶
		南京农业大学周光宏	超高压技术在肉品加工中的应用
		江南大学江波	超高压对酶催化活性的影响
2	食品超声波加工	江苏大学马海乐	超声辅助酶解、提取、发酵，超声强化膜分离，超声多糖降聚
		华南理工大学李琳、丘泰球、杨晓泉	超声杀菌灭酶；超声辅助提取，尤其是超声辅助超临界 CO_2 提取；超声对蛋白质结构及功能特性的影响
		浙江大学叶兴乾、刘东红	超声对多酚活性的影响、超声乳成分分析仪的研制、黄酒陈化
		北京工商大学曹雁平	超声辅助提取
		河南工业大学陈复生	超声辅助 AOT 反胶束提取
		天津科技大学胡爱军、郑捷	超声辅助酶解、改性
		江西农业大学上官新晨	超声辅助提取
		新疆大学敬思群	超声辅助提取
3	食品磁场加工	江苏大学马海乐	脉冲磁场杀菌钝酶、强化发酵
		华南理工大学李琳	磁场杀菌钝酶、强化化学反应、提取
		长江大学高梦祥	交变磁场钝酶保鲜
		合肥工业大学伍志刚	磁性超滤膜分离技术

续表

序号	研究领域	研究团队	主要研究方向
4	食品电场加工	华南理工大学曾新安	高压电场对食品杀菌、生化反应、大分子改性、黄酒陈化的影响
		江南大学杨瑞金	高压电场杀菌
		中国农业大学李里特	高压电场对果蔬保鲜效果的影响
		吉林大学殷涌光	高压电场杀菌、电场辅助提取
		福建农林大学陈锦权	高压电场杀菌
5	食品高压微射流加工	南昌大学刘伟、刘成梅	食品生物大分子高压微射流改性
6	食品红外加工	江苏大学潘忠礼	红外干燥、灭霉、杀青
		山东理工大学王相友	红外干燥
		河南科技大学朱文学	红外干燥
		广东海洋大学杨磊	红外干燥
7	食品微波加工	华南理工大学李琳、芮汉明	微波在提取、干燥、杀菌、真空膨化等加工中的应用
		江南大学张灏、陈卫	微波加热及其对食品品质的影响
		江南大学崔政伟、张慜	微波真空干燥
		徐州工程学院李超	微波辅助提取
		华南农业大学李远志	微波干燥、微波膨化
		吉林大学徐艳阳	微波辅助提取、干燥、灭霉
		江苏大学徐斌	微波钝酶
8	食品射频加工	西北农林科技大学王绍金、王云阳	射频技术在果品蔬菜射频烫漂护色、固体半固体食品杀菌中的应用
9	食品快速无损物理检测	江苏大学赵杰文	图像处理、电子舌、电子鼻、近红外、高光谱、音频检测技术
		浙江大学应义斌、王俊、王平	图像处理、近红外、电子舌、电子鼻检测技术
		中国农业大学彭彦昆、严衍禄	高光谱、近红外检测技术
		浙江工商大学邓少平、惠国华	电子舌、电子鼻检测技术
		西北农林科技大学郭文川	近红外、介电特性检测技术
		南京农业大学屠康	电子鼻检测技术
		上海海洋大学王锡昌	电子鼻检测技术

第五节 发展建议

我国是一个农业大国，但也是一个人口大国。用 18 亿亩[①] 土地养活 13 亿人口，因此农产品食品加工效率、综合利用程度的提高极其重要，节能、降耗、安全是具有 10 多万

① 1 亩≈666.7m^2，后同。

亿产值的中国食品工业必须肩负的重任。雾霾天气频频出现，“油炸、爆炒、蒸煮”中式菜肴传统的烹饪方式何去何从？随着“工业 4.0”时代的到来，自动化、信息化、网络化和智能化也成为食品制造业参与全球竞争的必然选择。尽管食品物理加工技术的兴起为当今食品加工制造业面临的挑战迎来了许多新的发展机遇，但是困难与机遇并存。为此提出如下一些建议。

一、人才培养

目前我国有 235 所高校有食品科学与工程本科专业，其中设一级学科博士点的单位 13 所、一级学科硕士点的单位 32 所、二级学科博士点的单位 24 所、二级学科硕士点的单位 100 多所。由于基础投入、师资队伍、学科背景等因素的限制，现有的 235 家高校绝大多数以“食品科学”的人才培养为主，“食品工程”的人才培养被绝对地弱化了。相对化学、生物学而言，物理学课程的教学在食品科学与工程本科专业的教学计划没有引起足够重视，课堂教学、实验实习的学时大幅减少。工程能力培养被弱化的另外一个表现就是“食品装备及其自动化”设计制造人才的培养在中国几乎成了空白，食品物理加工作为食品加工的一个新兴分支，其专用装备的研制自然也缺乏设计人才的支撑。目前在全世界范围内开展的高等教育工程认证就是在规范强化大学生工程能力培养的重要举措。因此，在人才培养模式上，建议教育主管部门积极引导高校建立以需求为导向的个性化、差异化人才培养方案；有条件的高校先行先试，增加工程类、物理学课程的开设学时。

二、学科建设

前已述及，食品与化学、生物学的交叉，形成的食品化学（food chemistry）、食品生物化学（food bio-chemistry）、食品微生物学（food microbiology）、食品酶学（food enzymology）等学科，经过长期的发展已经建立起了相对完善的学科体系。食品物理加工作为一类专有技术，它的学科体系建设才刚刚开始。目前的食品物性学（physical properties of food）经过了近百年的发展过程，从食品流变性（rheology）到食品质构再到食品的光、电、热等物性，已经发展成相对完整的课程体系。但是它不涉及利用物理学方法进行食品加工与品质检测等内容。因此从更高层面的学科建设来讲，应当建立一门“食品物理学”（food physics）学科，包含食品物性学、食品物理加工和食品物理检测三大部分内容。食品物理学的建立在食品科学发展中具有里程碑的意义，在经典的以化学为主要学科支撑的基础上，更加重视物理学理论与方法的作用，系统研究其对食品加工产业发展的推动作用。

三、科学研究

为了鼓励更多的学者加入食品物理加工技术的研究行列，提出以下建议：①在目前国家的各类科研项目立项中专门设立食品物理学、食品物理加工制造等类别，尤其是需要上网填写申报书的申报系统，适当的时候在学科分类中增加这一选项，这个非常重要，否则“边缘学科”在项目申报中真的就被边缘化了；②政府科技主管部门专门设立国家级的食品物理加工技术及装备的研究平台，通过研究平台建设，聚集一支有志于探索食品物理加工新技术的专家队伍，相互交流、切磋技艺、共同凝练科学问题、携手推进技术的产业化进程；③“十三五”国家项目中设立专项，从关键科学问题的突破、重大技术瓶颈的攻关，快速推动我国食品物理加工技术及装备的发展进程，使其整体处于国际先进水平，关键技术达到国际领先的地位。

本章作者

江苏大学 马海乐 教授

第二章

超高压食品加工技术及装备研究进展

引　言

长期以来，热杀菌技术因经济有效的优点而广泛应用于食品加工，而热杀菌会导致食品的颜色变化（色变）、香气破坏（香变）、味道改变（味变）、营养损失（养变）、形态或质构变化（形变）等品质变化，使产品失去原有的新鲜度、营养与功能。随着人们消费意识的增强和生活水平的提高，传统的食品热加工方法已经不能完全满足人们对高品质食品的要求。因此，提高加工食品的品质，有效防止食品在加工过程中的色变、香变、味变、养变和形变，满足消费者对高品质食品的需求，是食品科学的重要研究内容。表 2-1 列出了食品保藏技术的发展历程。

表2-1　食品加工领域重大技术发展历程表

时间	技术过程	目的或作用或定义
早期	加热（Heating）	通过煮制杀死食源性致病菌
18 世纪 70 年代至 19 世纪	罐藏 / 热力加工（Canning/thermal processing）	工业化力量的推动和减少拿破仑军队对战争当地食品供给依赖的需求
19 世纪 90 年代	巴氏杀菌（Pasteurization）	为了防治牛奶传播致病菌而对原料奶采取的热处理方法
20 世纪 20 年代	安全罐藏 / 加工参数（Safe canning/processing parameters）	通过对产品加热传导曲线和最初微生物污染程度的计算，确定保证产品商业无菌的最少的加工时间和温度组合
20 世纪 40 年代	冷冻（Freezing）	通过对食品进行快速冷冻，实现食品保藏

续表

时间	技术过程	目的或作用或定义
20 世纪 50 年代	气调包装（Controlled atmosphere packaging）	通过减少氧气水平、增加二氧化碳浓度或者选择充入混合气体，降低呼吸作用，减少乙烯产量，延缓成熟和腐败，延长产品的冷藏货架期
20 世纪 60 年代	冷冻干燥（Freeze drying）	产品快速冷冻后在真空室中加热，水分升华后产品得以干燥。例如，用于咖啡的脱水，可以保持其特有的风味
20 世纪 40 ～ 80 年代	无菌加工和包装（Aseptic processing and packaging）	经过高温短时杀菌的产品在无菌环境中装入已灭菌的包装中，提高食品安全和保留食品中更多的营养物质
	辐照（Irradiation）	作为非热加工技术，可以杀死微生物、昆虫、幼虫的抑制发芽，延缓成分的腐败
20 世纪 90 年代	胴体喷淋处理（水、酸）、蒸汽真空、蒸汽巴氏消毒 [Carcass spray treatments（water、acid）、steam vacuuming、steam pasteurization]	通过对胴体进行杀菌干预，以达到微生物卫生标准要求
	超高压加工（High pressure processing）	通过一定压力和温度的结合，对食品进行保藏，同时能保持食品品质

近年来，非热加工技术成为目前食品科学与工程技术领域的研究热点之一。与传统热力杀菌技术相比，它具有杀菌温度低、能较好地保留食品原有的品质、对环境污染小等优点，引起研究者的广泛关注。目前非热加工技术主要有超高压（high pressure processing，HPP）/ 高静压（high hydrostatic pressure，HHP）、高压二氧化碳（high pressure carbon dioxide，HPCD）、高压均质（high-pressure homogenization，HPH）、高压脉冲电场（pulsed electric field，PEF）、强脉冲磁场（high magnetic field，HMF）、超声波（ultrasound）、紫外照射（UV light）、脉冲光（pulsed light）、辐照（irradiation）、生物防腐剂（bio-preservatives）、化学防腐剂等。按作用方式，这些非热加工技术可分为物理、化学和生物 3 类。超高压技术是其中典型的物理加工技术。自 20 世纪 90 年代以来，超高压技术就开始应用于食品加工，并已成为目前研究最多、产业化程度最高的非热加工技术。

第一节　基本概念与技术特征

一、基本概念

超高压技术是指将食品密封在柔性容器内，以水或其他液体作为传压介质，在常温或稍高于常温（25 ～ 60 ℃）下进行 100 ～ 1000 MPa 的加压处理，维持一定时间后以达到对食品进行杀菌、改性和加工的目的（廖小军，2002; Mújica-Paz et al., 2011）。

二、基本原理

超高压加工是一个物理过程，其基本效应是通过向样品施加一定压力，从而影响分子内和分子之间的非共价作用力，如疏水相互作用、氢键、离子键和范德华力等（McMillan，2003）。处理过程温度一般为室温，对维生素、色素和风味物质等热酶性物质影响较小，从而能够保持食品原有的营养、色泽和风味（Oey et al.,2008; Sila et al., 2008）。

HPP 遵循下列两个基本原理。第一个原理是勒夏特列（Le Châtelier）原理，该原理是指反应平衡将朝着减小系统外加作用力影响的方向移动。这意味着超高压处理将促使反应朝着体积减小的方向移动，包括化学反应平衡及分子构象的可能变化。第二个原理是帕斯卡定律，它对于理解 HPP 的作用机制非常重要。根据帕斯卡定律，在食品 HPP 加工过程中，压力可以瞬间均匀地传递到整个样品。帕斯卡定律的应用与样品的尺寸和体积无关，这也表明在 HPP 加工过程中，整个食品样品将受到均一的处理，压力传递速度快，不存在压力梯度。

三、技术特征

HPP 主要作用于分子内的氢键、离子键和疏水键等非共价键，对共价键影响较小。其次，在应用 HPP 处理过程中，物料温度一直处于常温或稍高于常温（$T \leqslant 40℃$）的条件下。与传统的热杀菌相比，超高压对食品中的热敏性的小分子物质如维生素、花色苷和风味物质影响较小，能够较好地保持食品原有的营养、色泽和风味等品质。正是由于 HPP 技术在食品品质保持方面的优势，从而避免或减少了食品添加剂在产品中的使用，降低了化学物质的潜在危害性，增加了食品的安全性。同样，HPP 技术能够有效地杀灭食品中的微生物，保证食品在微生物方面的安全。另外，由于 HPP 可以最大程度地减少食品加工工序，有利于开发出市场所需要新的产品。HPP 被美国农业部食品安全检验局（USDA-FSIS）认证并被消费者接受，并已应用在果蔬制品、肉制品和海产品等方面（Mújica-Paz et al.，2011）。

四、发展历程

早在 1899 年，Hite 就将 HPP 技术应用于食品加工试验，并发表了一篇《高压对牛奶保存的影响》（*The Effect of Pressures in the Preservation of Milk*）的研究报告。该报告指出，牛奶在室温下经 600MPa 处理 1h，其储藏期能够延长 4 天（Farkas，2000）。在 20 世纪，HPP 技术的研究一直未间断。Bridgmen 因其在物理和化学方面的贡献获得了 1946 年的诺贝尔物理学奖（图 2-1）。

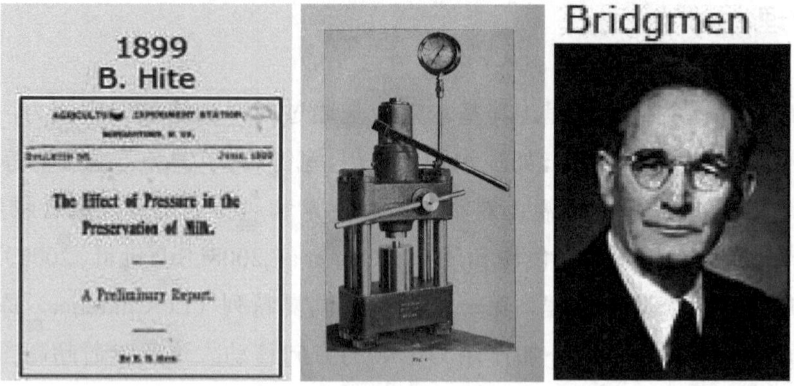

图 2-1　最早关于 HPP 的研究报告、设备和诺贝尔物理学奖者得主 Bridgmen

随着 HPP 技术理论和装备研究的突破，20 世纪 90 年代初，HPP 技术开始在食品中商业化应用。1990 年日本首先将 HPP 技术在果汁、沙拉酱、果酱、海鲜、果冻等食品中进行了商业化应用。此后欧洲和北美的大学、公司和研究机构也相继加快了对 HPP 设备和加工技术的研究。目前，在美国、西班牙、法国、澳大利亚等发达国家，HPP 技术在果蔬制品、肉制品、乳制品和海产品的商业化应用已经达到了较高水平（Meyer et al., 2000; Butz and Tauscher，2002）。

图 2-2　美国市场上的超高压果汁、果酱和鸡肉制品

2001 年，美国食品药物管理局（FDA）批准 HPP 技术用于果蔬汁加工（http://www.fda.gov/Food/guidance Regulation/）；2004 年，美国农业部食品安全检验局（USDA-FSIS）批准了 HPP 技术应用于即食食品，如熟食肉制品（http://www.fsis.usda.gov/）。2009 年，FDA 批准了压力辅助热杀菌工艺（http://www.militaryfood.org/）（图 2-2）。目前，随着消费市场对于新鲜、天然、短货架期商品的需求不断增加，HPP 以其“最小化加工”的技术特点，成为应对上述食品市场需求变化非常热门的研究领域。

第二节　基础研究现状

一、杀菌

食品进行杀菌是 HPP 应用最广泛的领域。超高压通过破坏细胞膜、核糖体等细胞的外部与内部结构，以及细胞内重要蛋白质使细胞的物质代谢和能量代谢失去平衡，从而导致微生物死亡。

（一）影响超高压杀菌的因素

影响超高压对微生物杀灭效果的因素主要为微生物种类、处理压力和时间，其他的环境因素、设备参数也都会对杀菌效果产生影响。

1. 微生物种类对超高压杀菌效果的影响

不同微生物的耐压性并不相同（表 2-2）。微生物中对超高压最敏感的是异尖线虫、隐孢子虫等原生动物和寄生虫，100 ～ 400 MPa 的压力可以将其完全杀死；其次为霉菌和酵母，一般需要 300 ～ 500 MPa 的压力使其死亡，但霉菌的子囊孢子耐压能力较强。丝衣霉（*Byssochlamys nivea*）的营养体在 25℃经 300 MPa 短时间处理就可以被杀死，但杀灭其子囊孢子则需要 600 ～ 700 MPa 的压力。病毒的抗压能力根据病毒的种类和结构而有所不同，一般来说具有衣壳病毒的抗压能力高于裸病毒，脊髓灰质炎病毒抗压能力最强，在 450 MPa、21 ℃的压力下处理 5 min，对其没有任何影响。细菌营养体的压力敏感性与细菌种类有关，革兰氏阴性菌（G^-）耐压性较差，200 ～ 400 MPa 的压力便可使其死亡；革兰氏阳性菌（G^+）细胞外膜构造简单，其细胞壁含有丰富的肽聚糖，相对较厚，耐压性更高，需要 400 MPa 以上的压力才可将其杀灭。细菌芽孢具有较厚的胞外壁、芽孢衣、皮层、内膜、芽孢壁等多层次结构，且内核含有大量抗逆性物质，吡啶二羧酸（Dipicolinic Acid, DPA），水分含量极低，因此在常温下具有极强的抗压能力，能够耐受 1200 MPa 以上的 HPP 压力（Patterson et al., 2011; Margosch et al., 2006; Ahn et al., 2007）。

400 ～ 800 MPa 可以有效杀灭病原菌和腐败菌的营养体，但单纯使用 HPP 就杀灭细菌芽孢非常困难（Torres and Velazquez，2008; Valdez-Fragoso et al., 2011）。因此，现有市面上的 HPP 产品都是通过降低储藏温度、水分活度或 pH 来抑制细菌芽孢的生长。室温下大约有 6 种杆菌种属的芽孢，在压力为 980 MPa 下处理 40 min 仍不能抑制其生长（Nakayama et al., 1996）；然而，当温度增加到 50 ℃以上时就可以有效地抑制其生长（Paredes-Sabja et al., 2007）。在温度为 70℃，中性条件下，压力为 404 MPa 下处理 15 min 可以杀死 5 个对数的枯草芽孢杆菌芽孢（Stewart et al., 2000）。生孢梭菌是一种重要的食品腐败菌。Mills 等（1998）发现在 60 ℃，中性条件下，400 MPa 处理 30 min 仅能杀死一个对数的生孢梭菌芽孢。

表2-2 超高压对不同微生物的致死效果

微生物名称	体系	压力/MPa	温度/℃	时间/min	致死效果(－$\log_{10}$)	文献
G^+						
金黄色葡萄球菌（*Staphylococcus aureus*）	牛奶 禽肉	600	20	15	2 3	Patterson et al.，1995
单核细胞增生李斯特菌（*Listeria monocytogenes*）	禽肉	375	20	15	2	Patterson et al.，1995
瑞士乳杆菌（*Lactobacil hushelveticus*）	羊奶	500	10	10	3	Gervilla et al.，1997
肠膜明串珠菌（*Leuconostoc mesenteroides*）	磷酸盐缓冲液	500	35	10	8	Kaletunç et al.，2004
G^-						
空肠弯曲杆菌（*Campylobacter jejuni*）	猪肉浆	300	25	10	6	Shigehisa et al.，1991
桑夫顿堡沙门氏菌（*Salmonella Senftenberg* 775W）	鸡肉	340	23	10	＜2	Metrick et al.，1989
大肠杆菌（*Escherichia coli* O157:H7NCTC 12079）	牛乳 禽肉	600	20	15	＜2 3	Patterson et al.，1995
副溶血弧菌（*Vibrio parahaemolyticus* O3:K6）	牡蛎	300	10	3	5	Patterson et al.，1995
荧光假单胞菌（*Pseudomonas fluorescens*）	羊奶	450	10	10	4	Patterson et al.，1995
细菌芽孢						
热解糖热厌氧杆菌（*Thermoanaerobacterium thermosaccharolyticum*）芽孢	水	700	105	5	5	Ahn et al., 2007
Clostridium tyrobutylicum 芽孢	水	700	105	5	6	Ahn et al., 2007
生芽孢梭状芽孢杆菌（*Clostridium sporogenes*）芽孢	水	700	105	5	7	Ahn et al，2007
解淀粉芽孢杆菌（*Bacillus amyloliquefaciens*）芽孢	水	700	105	5	7	Ahn et al., 2007
球状芽孢杆菌（*Bacillus sphaericus*）芽孢	水	700	121	2	7	Ahn et al., 2007
肉毒梭状芽孢杆菌（*Clostridium botulinum*）芽孢	Tris-His缓冲液	1400	100	2	4	Ahn et al., 2007

因此，研究HPP杀灭芽孢成为了近几年HPP研究的一个重要方向。由于适度的HPP处理能够激活芽孢内膜表面的营养激活受体，为了能更有效地应用HPP杀灭芽孢，Brul等（2000）将处理过程分为两步，首先是在较低压力下（50～300MPa）预处理，促使芽孢萌发，之后再在高于400 MPa的压力下杀灭萌发的芽孢。HPP灭活芽孢涉及了一系列的生理变化过程，其中DPA、酸溶性小分子芽孢DNA结合蛋白（small acid soluble protein，SASP）、萌发受体位点等在此过程中都起了关键的作用（易建勇等，2011）。外部环境因素也可以显著地影响HPP对芽孢的杀灭效果，如芽孢形成时的环境因素（pH、温度、金属离子）、抑菌剂、食品组分因素。

另外，将热加工与HPP相结合的新的杀菌方法也给芽孢的灭活提供了另一个途径。压力辅助热杀菌（pressure-assisted thermal sterilization，PATS）是一种高压和高温技术联合应用的杀菌方法，主要是用高于600MPa和100℃的加工条件处理样品（Valdez-Fragoso et al., 2011）。虽然很多研究报道已经证明PATS技术可以有效钝化细菌芽孢，但另外一些研究也表明了PATS会显著降低产品的品质。因此，如何能保证PATS的经济可行性，成为了下一步的研究方向。此外，PATS要在商业化生产的条件下达到杀死芽孢的效果，还需要考虑其装备技术的可行性。因为工业设备限制了压力的最大使用限值（目前是 700 MPa），并且消费成本也限制了 PATS 杀菌的处理时间必须在 15min 左右。

2. 环境因素对超高压杀菌效果的影响

微生物所生长的环境状态会影响其压力敏感性。如 10℃生长的指数期，*E. coli* NCTC 8164 表现出较低的压力敏感，但随着生长温度上升到 45℃，压力敏感性相应增高（Casadei et al., 2002）。但在 10℃条件下生长的稳定期，*E. coli* 的压力敏感性较高，但它会随着生长温度的上升而降低，在 30 ～ 37℃时达到最低，之后又会开始升高。进一步研究发现，在低温下生长的 *E. coli* 细胞膜中的不饱和脂肪酸比例升高，细胞膜的流动性增强，这可能使其细胞膜具有高的稳定性，提高了细胞的耐压能力。

3. 升、降压速率对超高压杀菌效果的影响

不同升压过程中设备的不同参数也会对杀菌效果产生影响。有研究表明，在相同的压力水平和保压时间的条件下，400MPa/min 的升压速率和 50MPa/min 的卸压速率的处理过程比 50MPa/min 的升压速率和 400MPa/min 的卸压速率的处理过程对 *Listeria innocua* 的杀灭效果更加显著（Herdegen，1998）。Chapleau 等（2006）发现相对于 60MPa/min 和 300MPa/min 的升、卸压速率，更快速的升、卸压速率（600MPa/min，15 000MPa/min）的处理过程对 *Salmonella typhimurium* 和 *Listeria monocytogenes* 都能产生更好的杀灭效果。进一步的研究又证明了在相同的升压速率条件下，更快的卸压速率由于能使水产生更大的绝热膨胀冲力，因此对微生物有更大的损伤（Hayakawa et al.,1998; Noma et al., 2002, 2004），有助于提高杀菌效果。但在相同的卸压速率条件下，不同的升压速率对杀菌效果的贡献还不明确。另外，升压参数中升压模式这一参数也可能影响杀菌的结果，但是在超高压应用的过程中还没有重视这一因素，因此也有必要进一步研究。

4. 其他因素的影响

降低处理温度可以提高杀菌的效果（Torres and Velazquez，2005）。例如，Reyns 等（2000）评价了 8 种腐败酵母菌对压力的敏感度，并通过 *D* 值的测定筛选出了耐压性最好的 *Zygosaccharomyces bailii* 和 *Zygosaccharomyces hellenicus*，发现 *Z. bailii* 的杀菌过程符合一级反应动力学。在此基础之上进一步发现，当处理温度从 20℃下降到 2℃，*D* 值能够降低 70%。

向体系中加入香精油、乳铁蛋白、溶菌酶及乳过氧化物酶体等杀菌剂可以增加 HPP 的杀菌效果（Corbo et al., 2009）。香精油是液体芳香油，大部分从植物残料中提取得到，具有良好的抗病毒、抗菌、抗真菌、抗毒素、抗寄生虫及杀虫特性，酚类化合物是其抗菌性质的主要成分（Burt，2004）。乳铁蛋白具有结合铁离子的特性，通过减少微生物生

长所必需的铁离子，抑制微生物的生长，或破坏细菌细胞膜而具杀死细菌的效果（Farnaud and Evans，2003；Corbo et al., 2009）。例如，人和牛的乳铁蛋白肽是分别利用人和牛的胃蛋白酶水解得到的，研究发现水解牛乳铁蛋白 11 个氨基酸残基的肽段和两个人乳铁蛋白 1 ～ 5 肽段和 19 ～ 31 肽段均对乳铁蛋白的功能起着重要作用。Farnaud 等（2004）研究发现这些肽段可以被看作一种渗透剂，用来增强微生物对加工处理的敏感度。溶菌酶（lysozyme）胞壁质酶（muramidase）或 *N*- 乙酰胞壁质聚糖水解酶（*N*-acetylmuramide glycanohydrolase），是一种能水解致病菌中黏多糖的碱性酶。主要通过破坏细胞壁中的 *N*- 乙酰胞壁酸和 *N*- 乙酰氨基葡糖之间的 β-1，4 糖苷键，使细胞壁不溶性黏多糖分解成可溶性糖肽，导致细胞壁破裂，内容物逸出而使细菌溶解。最后，乳过氧化物酶体系由乳过氧化物酶、硫氰酸盐和过氧化氢组成，该体系同样可以改善 HPP 的杀菌效果。乳过氧化物酶是一种氧化还原酶，在含有过氧化氢的条件下可以催化氧化硫氰酸盐，其中产生的中间产物具有抗菌性质。乳过氧化物酶体系不仅可以用于抑制细菌的繁殖，还可以消除细菌的活性。这些抗菌剂在 HPP 加工过程中的应用还需要进一步的研究。

（二）超高压杀菌动力学研究

自从超高压食品第一次面市，其杀菌动力学模型就已经建立（Black et al., 2008）。很多学者都报道过热杀菌过程中的动力学模型，微生物存活曲线是与理想的线性关系相背离的（Buzrul，2007）。用来表述这种非线性现象所提出的模型包括 Buchanan、logistic、Gompertz 和 Weibull 模型等。实验室得到的微生物在 HPP 处理后的数据都是非线性的，如 Weibull、biphasic、fuzzy 及一些其他的数学模型（Mújica-Paz et al., 2011）。

许多杀菌动力学都是从其生长模型变化而来，表 2-3 中列举了常用的杀菌动力学模型及其与之对应的生长模型，其中，Weibull 模型是将微生物的死亡看成概率事件，微生物的死亡与微生物的生物变种或物种中的不均一性有关。其中，b 和 n 分别为比例因子和形状系数，它们与温度和压力的大小有关。系数 b 可以被看作参数比例，而指数 n 则是用来衡量存活曲线中等温线的形状或是等压线的形状（Doona et al., 2007）。简单地说，这个模型是用来描述当存活曲线向下凹时（$n>1$），残余的细菌很难被进一步破坏或杀死。而向上凹的曲线（$n<1$）说明残存的细菌会快速死亡。最后，Weibull 模型还包含了存活曲线的常规一级动力学模型（$n=1$）（Mafart et al., 2002; Buzrul et al., 2005）。一些学者已经证实了 Weibull 模型比其他的非线性模型拟合的效果要好（Pina et al., 2007; van Boekel, 2008），因此得到了更广泛的应用。

表2-3　主要的杀菌模型及其对应的生长模型

名称	生长曲线方程	灭活曲线方程
Logistic	$n=\dfrac{2n^*}{\left\{1+\exp\left[(t^*-t)/t'_g\right]\right\}}$ 其中 $t'_g=\dfrac{n^*}{2\dot{n}^*}$ n—— 菌落密度; n^*—— 最大生长速率时的菌落密度; n^*—— 最大生长速率；t—— 时间；t^*—— 到达最大生长速率时的时间	$\lg\dfrac{N}{N_0}=\dfrac{A}{1+e^{4\sigma(\tau-\log t)/A}}-\dfrac{A}{1+e^{4\sigma(\tau+6)/A}}$ N——t 时间菌落数量；N_0—— 初始菌落数量；A—— 向上和向下渐近线的差值；σ—— 最大灭活速率；τ——log（到达最大灭活速率的时间）；t—— 时间
Gompertz	$\lg x(t)=A+C\exp\{-\exp[-B(t-M)]\}$ x（t）—— 时间 t 时的细胞数量；A——t 降至 0 时的渐近线数值；C—— 向上和向下渐近线的差值；B—— 时间为 M 时的相对生长率；M—— 绝对生长率最大的时间	$\lg\dfrac{N}{N_0}=Ce^{-e^{BM}}-Ce^{-e^{-B(t-M)}}$ N——t 时间菌落数量；N_0—— 初始菌落数量；M—— 绝对死亡率最大的时间；B—— 时间为 M 时的相对死亡率；C—— 向上和向下渐近线的差值；t—— 时间
Baranyi	$y(t)=y_{\max}-\ln\left[1+\left(e^{-y_{\max}-y_0}-1\right)e^{\mu_{\max}A(t)}\right]$ t—— 时间；y（t）——t 时间的菌体数量；ymax t—— 时间最大菌体数量；y_0—— 初始菌体数量；$\mu_{\max}$—— 最大比生长速率；A（t）—— 调节函数	$\lg\dfrac{N}{N_0}=\lg(q_B+(1-q_B)e^{-k_{\max}(t-B(t))})$ $B(t)=\dfrac{r}{3}(\dfrac{1}{2}\ln\dfrac{(r+t)^2}{r^2-rt+t^2})+\sqrt{3}\arctan\dfrac{2t-r}{r\sqrt{3}}+\sqrt{3}\arctan\dfrac{1}{\sqrt{3}}$ $k_{\max}$—— 最大灭活速率；r—— 相对灭活速率达到最大灭活速率一半所需的时间；q_B—— 拖尾率
Weibull	—	$\lg\dfrac{N}{N_0}=-bt^n$ N——t 时间菌落数量；N_0—— 初始菌落数量；b—— 形状系数；n—— 比例因子；t—— 时间

（三）超高压杀菌机制研究

1. 超高压对微生物细胞形态的影响

超高压会引起微生物的外部形态的改变，如在表面形成突起或凹陷，细胞膨胀、变形甚至破裂。未处理的 *L. monocytogenes* 细胞表面光滑，呈规则的椭圆形（图 2-3A），经过 400MPa 处理 10min 后，细胞整体形状被破坏，细胞表面形成突起，甚至破裂（图 2-3B）（Ritz et al., 2001）。正常的 *L. mesenteroides* 细胞呈规则串珠状结构，细胞表面光滑（图 2-3C），在 35℃经 500MPa 处理 15min 后，串珠状结构被破坏，部分细胞表面形成突起（图 2-3D）（Kaletunç et al., 2004）。*L. monocytogenes* 经 600MPa 处理后细胞体积增加 3 倍以上（Tholozan et al., 2000）。Pilavtepe-Çelik 等（2008）研究发现 *S. aureus* 和 *E. coli* 经 400MPa 处理后，细胞体积明显增大。黑曲霉（*Aspergillus niger*）的孢子在正常情况下呈规则圆形（图 2-3E），经 200MPa 处理后，85% 被破坏，孢子外壳破裂，内部物质流出（图 2-3F）（Tribst et al., 2009）。

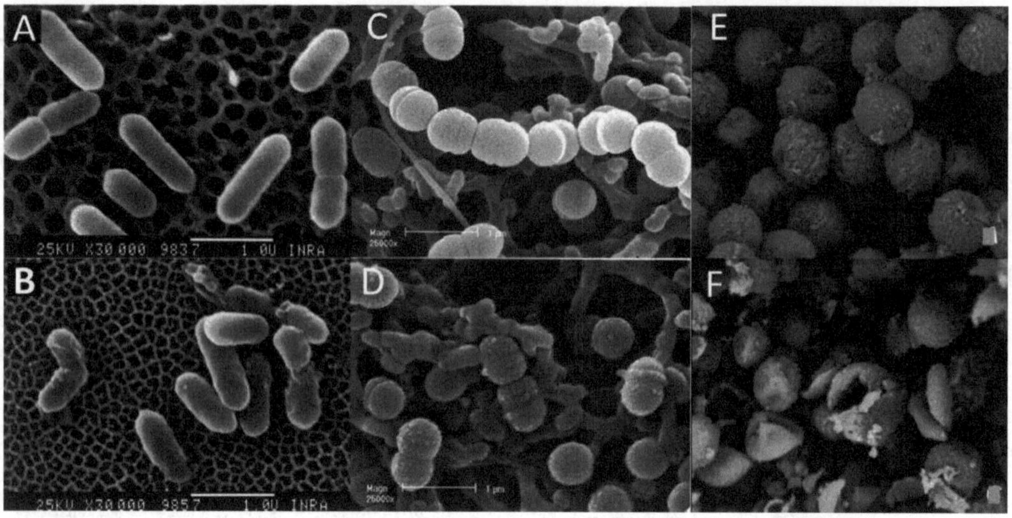

图 2-3　超高压处理后的微生物扫描电镜照片

超高压处理还会导致微生物细胞内的蛋白质、遗传物质发生变性。透射电镜显示未处理 *L. monocytogenes* 细胞质分布均一（图 2-4A），400MPa 处理 6min 后，细胞质形成沉淀（图 2-4B，箭头指向处）（Mohamed et al., 2012）。*L. viridescens*（图 2-4C，为未处理细胞），经 600MPa 处理 5min 以后，细胞发生质壁分离，细胞内的遗传物质呈纤维状（图 2-4D 中白色箭头指向处）（Won Park et al., 2001）。Kaletunç 等（2004）研究发现 *L. mesenteroides* 经 500MPa 处理后细胞内出现因超高压导致蛋白质变性形成的沉淀。DNA 分子稳定性高，能耐受 1000MPa 的压力，但超高压可通过引起 DPS 等 DNA 结合蛋白变性，降低遗传物质的稳定性。（Mohamed et al., 2012）。Malone 等（2006）还发现超高压会抑制 *dps* 基因（编码 DPS 蛋白）的转录，导致 DPS 合成量减少；Kaletunç 等（2004）认为超高压破坏了细胞膜，导致细胞内的 Mg^{2+} 浓度降低，降低了遗传物质的稳定性，从而导致了 DNA 的沉积。

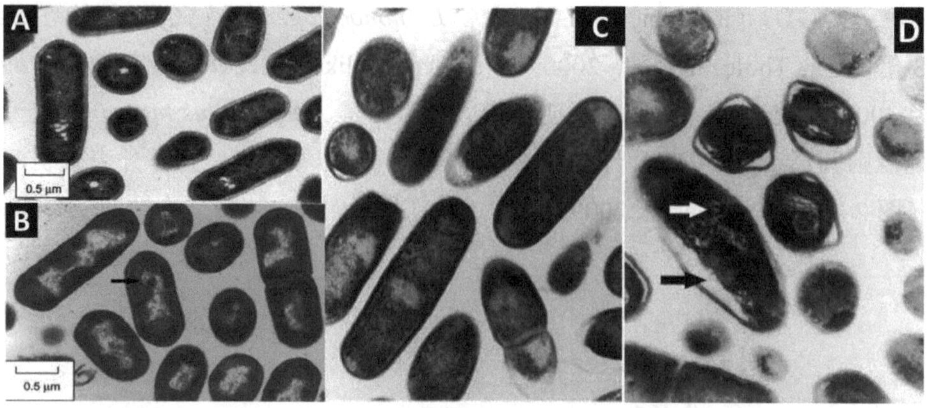

图 2-4　超高压处理后的微生物透射电镜照片

2. 超高压对微生物细胞膜的影响

细胞膜是微生物细胞的重要组成部分，其主体由磷脂双分子层和具有生物活性的膜蛋白组成，依靠分子之间的氢键和疏水作用保持结构稳定，具有保护细胞、转换能量、物质运输、信息专递与识别等功能（Lodish，2008）。研究发现超高压能够破坏细胞膜的完整性并使膜蛋白与膜分离，导致细胞膜选择透过性和其他生理功能被破坏（Considine et al., 2008）。Manãs 等发现 *E. coli* 经 600MPa 处理 8min 后 99.9% 的细胞死亡，细胞膜内、外侧形成突起，质壁分离能力消失，细胞内 RNA 和 K^+、Mn^{2+}、Mg^{2+} 等物质流出细胞，碘化丙啶（PI）透过细胞膜与 DNA 结合，充分说明 *E. coli* 细胞膜被破坏（Mañas and Mackey，2004）。*L. monocytogenes* 和 *Salm. typhimurium* 经 400MPa 处理后细胞质中 K^+ 浓度由 300mmol/L 降低到 5mmol/L 以下，说明微生物细胞膜维持离子平衡的能力被破坏（Tholozan et al., 2000）。Klotz 等（2010）发现超高压处理后 *E. coli* 细胞膜受损，细胞内大量蛋白质流出；但通过对比超高压处理前和处理后进入细胞内部 PI 的荧光强度，发现部分细胞能够修复超高压引起的细胞膜损伤。

膜蛋白是细胞膜上负责执行细胞内外的物质运输、能量转换和信号识别等功能的重要单元，超高压处理会导致微生物膜蛋白活性降低或与膜分离。Na^+，K^+-ATP 酶是一个跨脂膜的 Na^+，K^+- 泵，通过水解 ATP 提供能量主动向外运输 Na^+ 而向内运输 K^+，超过 200MPa 的压力会导致 Na^+，K^+-ATP 酶结构 α 和 β 亚基分离（Kato et al., 2002）。*E. coli* 等原核生物细胞中 ATP 与 ADP 的转换由位于细胞膜上的 F_0F_1-ATP 酶催化进行（Lodish，2008）。Wouters 等（1998）发现植物乳杆菌（*Lactobacillus plantarum*）F_0F_1-ATP 酶在 250MPa 时活性开始降低，350MPa 处理 10min 后活性降低了 80%。Tholozan 等（2000）发现 *L. monocytogenes* 和 *Salm. typhimurium* 经 400MPa 处理后，细胞内的 ATP 浓度分别降低了 90% 和 50% 以上。600MPa 改变了类球红细菌（*Rhodobacter sphaeroides*）和嗜酸红假单胞菌（*Rhodopseudomonas acidophila*）细胞膜上光合作用蛋白质的分子结构，导致色素与蛋白质分离，失去光合作用能力（Gall et al., 2003）。Ritz 等（2000）研究发现 *Salm. typhimurium* 经 400MPa 和 600MPa 处理后细胞膜上的 12 种膜蛋白有 10 种与膜分离。

3. 超高压对微生物细胞内部结构的影响

超高压处理会引起微生物细胞内部结构的变化，如核糖体解离、细胞骨架解聚等（Ishii et al., 2004; Niven et al., 1999）。55MPa 的压力会导致枯草芽孢杆菌和大肠杆菌核糖体的 50S 和 30S 亚基分离（Cocito，1978; Infante et al., 1982）。70MPa 的压力会引起 *E. coli* 细胞多肽链与核糖体分离，多肽合成终止（Gross et al., 1993）。Niven 等（1999）研究发现 250MPa 处理 20min 会导致 *E. coli* 核糖体变性。

细胞骨架（cytoskeleton）是指细胞中的蛋白质纤维网络结构，在维持细胞形态、承受外力、细胞分裂和保持细胞内部结构的有序性等方面起着重要的作用。*E. coli* 等原核生物的细胞骨架由 FtsZ、MreB 和 CreS 3 种蛋白质组成，FtsZ 能在细胞分裂位点装配形成环状结构，并通过该结构参与细胞分裂；MreB 能形成螺旋丝状结构，其主要功能是维持细胞形态；CreS 存在于新月柄杆菌（*Caulobacter crescentus*）中，在细胞凹面的细胞膜下面形成弯曲丝状或螺旋丝状结构，该结构对维持 *C. crescentus* 的细胞形态具有重要作用（Ritz et al., 2001）。Ishii 等发现 40MPa 的压力条件下，*E. coli* 细胞内 FtsZ 蛋白合成被抑制，无法形成完整的细胞骨架，导致细胞分裂异常，细胞呈细丝状存在，无法形成菌落；在 30MPa 压力条件下 *E. coli* 细胞内 FtsZ 蛋白合成量开始减少，部分变性解聚，长度小于 3μm（0.1MPa 时 FtsZ 蛋白纤维的长度为 5μm）；当压力升高至 50MPa 时 FtsZ 蛋白的合成被完全抑制；但当压力恢复为常压时，FtsZ 蛋白的合成恢复正常，细胞分裂正常，细丝状细胞逐渐恢复为正常状态（Ishii et al., 2004）。

4. 超高压对微生物细胞内酶活性的影响

超高压处理会降低微生物细胞内酶的活性，甚至使酶完全失活。酯酶活性的高低是微生物细胞代谢旺盛的标志，*L. monocytogenes* 经 400MPa 处理 10min 后，细胞代谢活性降低，酯酶活性降低了 70%（Ritz et al., 2001）。23℃、448MPa 条件下处理 30s，*S.cerevisiae* 的脂肪酶、胱氨酸芳基酰胺酶、缬氨酸芳基酰胺酶、α- 葡萄糖苷酶被钝化，*E. coli* 中的酯酶、脂肪酶、胱氨酸芳基酰胺酶、缬氨酸芳基酰胺酶、胰蛋白酶、α- 葡萄糖苷酶、β- 葡萄糖醛酸酶被完全钝化，*E. coli* 的亮氨酸芳基酰胺酶部分钝化（Bang and Chung，2010）。HorA 是 *L. plantarum* 细胞内由质粒编码并依靠 ATP 提供能量的转运蛋白，能够提高细胞在啤酒中对乙醇和二氧化碳的耐受力，600MPa 会使 HorA 完全钝化，此时微生物被完全杀死（Ulmer et al., 2002）。Simpson 等发现 550MPa 的压力会导致 *L. monocytogenes* 细胞内 6- 磷酸葡萄糖脱氢酶、葡萄糖 -6- 磷酸脱氢酶、甘油醛 -3- 磷酸脱氢酶、异柠檬酸脱氢酶等多种代谢酶失活（Simpson and Gilmour，1997）。Chilukuri 等（1997）发现 87MPa 会完全抑制 *E. coli* 细胞 DNA 螺旋酶的活性，使 DNA 超螺旋结构无法形成。

5. 超高压对微生物蛋白质组和基因组的影响

（1）蛋白质组

超高压能够诱导微生物合成一系列特殊的压力诱导蛋白（pressure-induced protein，PIP）影响微生物的蛋白质组（Welch et al., 1993）。PIP 包括热休克蛋白（heat shock protein，HSP）、冷休克蛋白（cold shock protein，CSP）、核糖体蛋白、转录因子和其他功能因子等（Welch et al., 1993; Wemekamp-Kamphuis et al., 2002; Jaenicke et al., 1988; Jofré et al., 2007; Drews et al., 2002）。50MPa 的压力能够诱导嗜热产甲烷球菌（*Methanococcus thermolithotrophicus*）产生一系列 HSPs，分子质量介于 38 ～ 70kDa（Jaenicke et al.,

1988)。*E. coli* 在 55MPa 处理后能产生 55 种 PIPs，其中大部分为 CSPs 和 HSPs（Welch et al., 1993）。HSPs 是微生物体内应激反应中一类重要的蛋白质，可以作为伴侣蛋白与刚合成、错误折叠和受损的多肽结合，恢复或维持其正常的构象（Schlesinger，1990）。Aertsen 等（2004）通过热处理诱导 *E. coli* 产生大量的 HSPs，并发现这些细胞超高压处理后（250MPa，15min）的存活率增加。*Lactobacillus sanfranciscensis* 在 150 ～ 200MPa 的压力下，CSPs 和核糖激酶合成量增加，GMP 合成酶的合成量降低（Drews et al., 2002）。*L. monocytogenes* 经 100 ～ 200MPa 的压力处理后，细胞内 CSP1 和 CSP2 的合成量提高了 2 ～ 3.5 倍（Wemekamp-Kamphuis et al., 2002）。CSPs 是微生物在低温条件诱导合成的一系列蛋白质，主要功能是作为 RNA 分子伴侣与 mRNA 结合，阻止 mRNA 二级结构的形成，提高核糖核酸酶的催化效率，并能促进翻译的进行（Goldstein et al., 1990;Phadtare et al., 1992）。10℃培养的 *L. monocytogenes* 细胞内 CSP1 和 CSP3 的合成量比 37℃时分别增加了 3.5 倍和 10 倍，细胞经超高压处理后的存活率提高了 100 倍（Wemekamp-Kamphuis et al., 2002）。Jofrè 等（2007）发现 400MPa 的压力能够诱导 *L. monocytogenes*、*Lactobacillus sakei*、肠球菌（*Enterococcus faecium*）产生核糖体蛋白、转录因子、DNA-mNA 聚合酶等 PIPs，这些蛋白质具有促进微生物基因的转录翻译和稳定细胞蛋白质构象的作用（Lodish，2008）。

（2）基因组

1）抗逆相关基因

超高压会影响微生物内与 CSPs、HSPs 和核糖体蛋白合成相关抗逆基因的表达，这些蛋白质可以帮助降低或修复微生物因超高压造成的细胞损伤，增加生存能力（Malone et al., 2006; Fernandes et al., 2004; Bowman et al., 2008 ）。

超高压会引起微生物细胞的氧化损伤，Aertsen 等（2005）发现 100 ～ 400MPa 的超高压处理引起 *E. coli* 细胞氧化应激反应，且随着压力的增加，应激反应强度增加。Charoenwong 等（2011）发现各种 DNA 修复酶基因（*polA*、*recA* 和 *xthA*）缺陷型菌株也表现出对超高压的敏感性，超高压诱导生成的各种反应氧化物（ROS，如氢过氧化物）产生的羟基自由基造成了 DNA 的损伤。超高压对微生物抗逆基因表达的影响见表 2-4。

表2-4　超高压对微生物抗逆相关基因的影响

名称	基因功能	压力 / MPa	表达量变化 / 倍	参考文献
E. coli				
ibpA	编码 Hsps 蛋白	100	+1.9	Atlung and Ingmer，1997
cspA	编码 CspA 蛋白，CspA 可启动控制逆境下多种特殊基因的拟核组织蛋白的翻译表达	100	+3.9	Atlung and Ingmer，1997
pphA	编码丝氨酸 / 苏氨酸磷酸酶，可在有蛋白质错误折叠时积累热休克蛋白	200	+2	Malone et al., 2006

续表

名称	基因功能	压力 / MPa	表达量变化 / 倍	参考文献
dps	编码可与 DNA 结合的 DPS 蛋白，保护 DNA 免受氧化物质侵害。*dps* 表达下调有利于受超高压损伤的 DNA 在没有 DPS 蛋白的干扰下尽快修复	200	−2.5	Malone et al., 2006
Nrd（*nrdI*，*nrdH*，*nrdE*，*nrdF*）	编码细胞内核苷酸还原酶，保护 DNA 免受反应氧化物的伤害	200	+1 ～ 2.2	Malone et al., 2006
suf	调控细胞内铁 - 硫蛋白的合成（超高压会导致铁 - 硫蛋白中放出铁离子，加剧细胞内氧化反应的伤害）	200	−1.2 ～ 1.6	Malone et al., 2006
Grx，*Trx*（*trxA*，*grxB*，*trxC*）	编码具有还原功能的半胱氨酸硫醇位点的小分子蛋白质，通过硫醇 - 二硫化物交换反应减少细胞主要蛋白质中的二硫化物受体，减少超高压引起的细胞内蛋白质的变性（超高压处理会导致蛋白质中的 -SH 结合为 S-S 使蛋白质发生变性，如 β - 乳球蛋白）	200	1.4 ～ 2.2	Malone et al., 2006
L. monocytogenes				
L13，*L19*	编码 50 S 核糖体蛋白	400	+2.91 ～ 4.7	Bowman et al., 2008
cspB	编码冷休克蛋白，其他编码与终止和抗终止相关蛋白质的基因表达量也有所增加	400	+8.6	Bowman et al., 2008
cspL		400	+3.53	Bowman et al., 2008
hsp30	编码热休克蛋白，其他编码过氧化物歧化酶、细胞色素 C、高渗透压反应蛋白质等与抗逆相关的基因	200	+6	Fernandes et al., 2004
hsp12		200	+5.7	Fernandes et al., 2004

2）细胞膜和细胞壁相关基因

超高压会造成微生物细胞膜和细胞壁的损伤，相关基因的表达也受到影响。这些基因包括磷壁酸、肽聚糖、脂蛋白等各种细胞外膜组件合成基因，以及与多种脂蛋白转运相关的合成与调节基因（Bowman et al., 2008; Charoenwong et al., 2011; Robey et al., 2001 ）。超高压对细胞膜和细胞壁相关基因表达的影响见表 2-5。

表2-5　超高压对微生物细胞壁和细胞膜相关基因的影响

名称	基因功能	压力 /MPa	变化 / 倍	参考文献
L. monocytogenes				
gcaD，*glmS*，*murACEG*，*mraY*	合成肽聚糖	400 ～ 600	+2 ～ 4.4	Bowman et al., 2008
Upps 的同源基因	编码磷壁酸、肽聚糖和其他细胞壁组件	600	+3 ～ 4.7	Bowman et al., 2008
lmo2194–2196	OPP 寡聚蛋白转运系统和类异戊二烯化合物的合成，为细胞壁多肽循环利用相关基因	600	＞ +1	Bowman et al., 2008
E. coli				
rpoE	控制细菌细胞外膜上多肽的折叠和脂多糖的生物合成及运输；*rpoE* 基因缺陷型 *E. coli* 压力敏感性极强	600	+1.5	Charoenwong et al., 2011; Robey et al., 2001

续表

名称	基因功能	压力/MPa	变化/倍	参考文献
rpoS	调节膜脂蛋白基因（*cfa*，*osmB*，*osmC*，*osmE*，*osmY*，*ybaY*）表达。*rpoS* 过量表达可增加细胞外膜的弹性，降低细胞的压力敏感性；*cfa* 和 *osmB* 缺陷型对压力敏感性强；*rpoS*，*osmB*，*nlpI* 基因缺陷型失去了细胞膜自我修复能力，*rpoS* 还负责调控 *E. coli* 从对数期到稳定期细胞外膜的变化，包括增加肽聚糖之间连接，磷脂由单不饱和形式变为环丙烷基式	600	＞+1	Charoenwong et al., 2011; Robey et al., 2001
S. cerevisiae				
ERG25	细胞膜中麦角固醇的合成	200	+2.73	Fernandes et al., 2004
OLE1	编码硬脂酰 CoA 脱氢酶，提高细胞膜中不饱和脂肪酸的含量	200	+2.4	Fernandes et al., 2004

3）信息加工及存储基因

超高压会抑制微生物 DNA 的复制和转录，包括造成复制体解聚、破坏 DNA 双螺旋结构、抑制 DNA-RNA 形成（Bowman et al., 2008）。超高压还会打开 *E. Coli* DNA 双螺旋，引发 SOS 反应发生（Schlesinger，1990）。超高压处理后，微生物与信息加工和存储的基因的表达也会发生变化，这些基因包括多种 DNA 聚合酶、连接酶的合成基因，以及许多与稳定和修复 DNA 损伤相关基因，这些基因表达的变化都是微生物应对 DNA 损伤的反应；超高压处理还导致有关翻译和核糖体的基因表达量上调，这些基因负责编码核糖体蛋白和翻译相关蛋白，以及使 tRNA 和 rRNA 发挥功能性和稳定性的蛋白质，这些变化可能与超高压引起核糖体的解聚和抑制翻译有关（Bowman et al., 2008; Aertsen et al., 2005）。超高压对信息加工及存储基因表达的影响见表 2-6。

表2-6　超高压对微生物信息加工及存储基因的影响

名称	基因功能	压力/MPa	变化/倍	参考文献
L. monocytogenes				
holB，*dnaA*，*recDFNU*，*dinG*，*ruvA*，*mutS*，*ssb*，*sbcC*	编码多种 DNA 连接酶和切除酶，修复 DNA 损伤	400～600	＞+1	Bowman et al., 2008
Hup，*flaR*	编码 DNA 拓扑结构稳定相关的组蛋白，调控基因转录和核蛋白组装	400～600	+1.7，+4.0	Bowman et al., 2008
lmo2606，*lmo2560*	编码 RNA 聚合酶的 α- 亚基和 Delta- 因子，补偿超高压对 RNA 的合成的抑制	400～600	+2.2，+3.2	Bowman et al., 2008
drm，*pdp*，*pnp*，*guaABupp*，*udk*，*smbA*，*lmo1939*，*lmo1463*	调控核酸的代谢，包括核酸的转换反应和补救合成途径，此类基因表达量下降有利于超高压处理中受损 RNA 和 DNA 的修复	400～600	降低	Bowman et al., 2008

4）其他功能基因

超高压影响微生物与运动、物质代谢、细胞分裂、分泌蛋白等功能相关基因的表达，这些基因的差异表达通常能够提高微生物的运动能力，降低能量代谢水平，维持细胞形态，帮助微生物度过不利的生存环境（Malone et al., 2006; Bowman et al., 2008）。其他功能基因表达变化见表 2-7。

表2-7　超高压对微生物其他基因的影响

名称	基因功能	压力 /MPa	表达量变化 / 倍	参考文献
E. coli				
otsA/B	与海藻糖的合成相关	200	+2.1	Malone et al., 2006
L. monocytogenes				
cyoABCD	合成细胞色素 b_0 氧化酶	400 ～ 600	降低	Bowman et al., 2008
lmo0088–0092，*lmo2528–2530*	与多种 F_1F_0-ATP 酶的合成相关	400 ～ 600	降低	Bowman et al., 2008
lmo2389，*lm02471*	合成 NADH 氧化酶 / 脱氢酶	400 ～ 600	降低	Bowman et al., 2008
secEG，*yidC*，*yajC*，*ftsY*，*ffh*	与细胞内的蛋白质分泌和转运相关，*Sec* 调控 508 种蛋白质转运到细胞膜、细胞壁和细胞外，*Sec* 表达上调起到了细胞修复作用	400 ～ 600	＞+1	Bowman et al., 2008
lmo 1269-1271	合成信号肽 I 同系物	400 ～ 600	+4.3	Bowman et al., 2008
ftsL，*ftsA*，*ftsI*，*ftsQ*，*ftsE*，*ftsX*; *ezrA*，*divIVA*，*minC*; *mreB*，*mreD*，*mpl*	合成、调控 FtsZ 细胞骨架蛋白；维持细胞形状	400 ～ 600	+1 ～ 11.9	Bowman et al., 2008

二、超高压对蛋白质的影响

超高压对蛋白质分子结构、活性和状态的影响是超高压研究中的重要组成部分。超高压通过压缩蛋白质的分子体积和影响分子间和分子内部的非共价键等从而影响蛋白质分子高级结构进而改变其活性和功能性。Bridgeman（1914）等研究了超高压对鸡蛋蛋清蛋白的影响，发现蛋清蛋白溶液在 500MPa 时出现白色絮状物，700MPa 时其完全凝固。如图 2-5 所示，在超高压的作用下蛋白质发生亚基解聚，从活性状态（native）变为中间状态（intermediate），此时蛋白质分子天然折叠状态被改变，疏水肽链部分从分子迁移到分子表面，部分解聚的亚基在疏水作用力的驱使下重新聚集，形成聚集前状态（preaggregate）。当压力降低到常压时，更多的亚基聚集到一起形成更大的分子，甚至发生沉淀（aggregate）（Silva et al., 2011）。

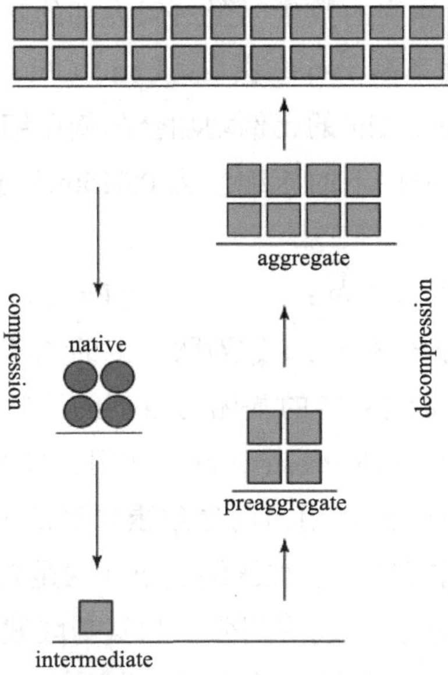

图 2-5　超高压处理对蛋白质分子影响的模式图（Silva et al., 2001）

compression:压缩. native:活性，状态. in termediate:中间状态. preaggregate: 聚集前状态.
aggregate: 聚集态. decompression: 卸压

（一）超高压对蛋白质分子体积的影响

首先，在超高压作用下，蛋白质分子体积压缩，压力对蛋白质分子体积的影响可以用勒夏特列原理描述。1887 年勒夏特列（Le Châtelier）将反应条件对化学平衡的影响总结为：假如体系平衡的条件之一（温度、压力和浓度）发生改变，平衡将沿着减弱这个改变的方向移动（卜平宇和夏泉，2009）。因此，当压力升高时系统平衡会向降低压力的方向即体积缩小的方向移动。超高压状态下体积的变化可以用以下公式表示：

$$\Delta V=V_B - V_A= - RT\ (\partial \ln K/\partial p)\ T \tag{2-1}$$

式中，ΔV 是系统体积的变化；V_B 是压力增加后的系统体积；V_A 系统初始体积；R 是气体常数；K 是反应平衡常数；p 是压力；T 是绝对温度（Mozhaev et al., 1996）。

超高压可引起蛋白质溶液等液体体积和密度的变化，这称为液体的可压缩性。压缩性可用体积压缩率 κ 来量度。体积压缩率 κ 就是液体体积的相对缩小值与压强增值之比，即当压强增大一个单位值时，液体体积减少的单位体积：

$$\kappa = -\ (\mathrm{d}V/V)\ /\mathrm{d}p \tag{2-2}$$

不同液体的体积压缩率不同，水在 300MPa 时压缩率为 10%，600MPa 时为 15%（Bridgman，1931）。蛋白质的体积压缩率与蛋白质的分子质量、形状、高级结构和氨基酸组成等多种因素相关。Gekko 对比了过氧化物酶、细胞色素 C 等 25 种不同的蛋白质分子的体积压缩率，发现 25 种蛋白质的分子体积变化为 30 ～ 200ml/mol，约占总蛋白分子体积的 0.3%。此外，还发现 α– 螺旋的数量、蛋白质内部的疏水性与蛋白质的体积压缩率呈正相关；球蛋白的体积压缩率高于纤维蛋白，Leu、Glu、Phe、His 比例增加会增大蛋白质的压缩率，Asn、Gly、Ser、Thr 的比例增加会降低压缩率（Gekko and Hasegawa，1986）。牛胰脏核酸酶在超高压条件下的压缩性为 0.015ml/mol · 100MPa（Prehoda et al., 1998）。

蛋白质的分子体积（V）可以总结为：

$$V=V_a+V_{cav}-V_{sol} \qquad (2\text{-}3)$$

式中，V_a 为构成蛋白质分子的原子体积；V_{cav} 为肽链上的氨基酸残基通过相互作用形成的分子内部空腔体积；V_{sol} 为氨基酸侧链的基团与溶剂的溶解作用造成分子减少的体积 [V_{sol} 主要靠离子团周围的电致伸缩（electrostriction）作用、极性基团之间形成的氢键、水合作用和疏水相互作用等 3 种分子间作用力而导致蛋白质的分子体积减小]（Gekko and Hasegawa，1986）。在超高压的作用下 V_{cav} 被压缩变小（这是超高压引起蛋白质分子体积改变的主要因素）；其次，超高压会促进溶剂分子和氨基酸残基各基团的电离，增大了基团之间的溶剂化作用使 V_{sol} 增大，使分子体积进一步减少；超高压对 V_a 几乎没有影响（Mozhaev et al., 1996）。不同压力条件下蛋白质分子的体积变化如表 2-8 所示。

表2-8　超高压对蛋白质分子体积的影响

名称	压力 /MPa	体积变化 /(ml/mol)	检测手段	参考文献
马心肌脱辅基肌红蛋白	250	–61	荧光	Vidugiris and Royer，1998
细胞色素 b562	110	–102	核磁共振（NMR）	Fuentes and Wand，1998
牛胰脏核酸酶	250	–21	NMR	Prehoda et al.，1998
埃氏消化链球菌（*Peptostreptococcus elsdenii*）黄素蛋白	870	–74	荧光	Visser et al.，1977
普通脱硫弧菌（*Desulfovibrio vulgaris*）黄素蛋白	470	–63	荧光	Visser et al.，1977
棕色固氮菌（*Azotobacter vinelandii*）黄素蛋白	106	–64	荧光	Visser et al.，1977
高铁肌红蛋白	60 ～ 600	–51 ～ 114	DSC 与紫外光光谱	Zipp and Kauzmann，1973
细胞色素氧化酶	250	–80	DSC 与可见光谱	Kornblatt et al.，1988
10 种葡萄球菌核酸酶	300	–69 ～ 104	NMR、荧光	Roche et al.，2012
“L99A” T4 噬菌体溶菌酶	200	分子体积由 21 088Å^3 降为 20 894 Å^3	高压 NMR	Collins et al.，2007
T4 噬菌体溶菌酶	50	分子体积由 21 070 Å^3 降为 20 860 Å^3	高压 NMR	Collins et al.，2007

（二）超高压对蛋白质分子非共价键的影响

1. 离子键

蛋白质的离子键是指带正、负电荷的氨基酸残基在小于 0.4nm 的距离范围内相互吸引或排斥的作用力，也称盐桥，在维持蛋白质的三、四级结构中起着重要作用（Boonyaratanakornkit et al., 2002）。溶液中离子键的断裂会引起电致伸缩（electrostriction）作用（离子键断裂导致水、乙醇溶剂分子排列顺序改变和带点基团暴露导致溶剂体积减小），产生 30 ～ 10ml/mol 的体积减少，根据勒夏特列原理，压力的升高会促进蛋白质分子离子键的断裂（Abe et al., 1999）。Heremans 采用拉曼光谱研究发现 200MPa 时位于胰凝乳蛋白酶活性部位的 Asp194 与 Ile16 形成的盐桥发生断裂，并导致酶活性下降（Heremans L and Heremans K，1989）。50MPa 会引起嗜热古细菌（*Pyrococcus furiosus*）玉红氧化还原蛋白（rubredoxin，一种不含血红素的铁蛋白）离子键的断裂，并引起其热稳定性下降（Hei and Clark，1994）。300MPa 的压力使泛素蛋白活性部位离子键断裂，并导致该区域疏水氨基酸残基暴露到溶剂分子中（Day and García，2008）。

2. 水合作用

水合作用是氨基酸残基与周围水分子之间的相互作用，在维持蛋白质的三维结构和活性方面起着重要作用。正常的生理 pH 下蛋白质中的酸性氨基酸（Asp 和 Glu）的侧链可解离成负离子，碱性氨基酸（Lys、Arg 和 His）的侧链可解离成正离子，多数情况下这些基团都分布在球状蛋白质分子表面，与介质水分子发生电荷 - 偶极之间的相互作用，使水分子分布在蛋白质空腔和极性氨基酸残基侧链周围，与蛋白质表面的水化层形成一道防御外界干扰的屏障，对蛋白质分子的构象起稳定作用（王镜岩，2002）。

水在超高压引起蛋白质分子结构和活性改变的过程扮演着重要角色。首先，压力的升高会促进水分子的电离，Hayert 等（1999）曾发现在 200MPa 的压力下，水的 pH 降低了 0.31。水电离程度的增加会影响蛋白质分子表面水化层的稳定，并影响氨基酸残基的解离，进而影响蛋白质分子的带电荷程度，两者均会影响蛋白质的稳定性。其次，在超高压作用的驱使下，水分子进入蛋白质内部，使其从紧凑的折叠状态变为一种变性前的中间状态 [一种外观仍然紧凑但内部已失去有序折叠，无三级结构的“熔球（molten globule）”状态]（Peng et al., 1993）。目前大多数研究都表明在超高压的作用下水分子进入蛋白质的内部空腔尤其是蛋白质分子的疏水核心区域，影响该区域氨基酸残基之间的相互作用，从而引起蛋白质结构和功能的变化。采用高压 NMR 技术研究发现，600MPa 处理会驱使 4 ～ 5 个水分子进入分子内部，且每个水分子的进入会造成蛋白质分子体积减小 12ml/mol（Day and García，2008）。Collins 等研究发现，100 ～ 200MPa 的压力会驱使 1 ～ 4 个水分子进入溶菌酶的疏水核心区域，在 200MPa 时，2 个水分子通过 Met_{106}、Phe_{114}、Ser_{136} 和 Trp_{138} 4 个氨基酸残基形成的“通道”进入“L99A”突变 T4 噬菌体溶菌酶疏水核心区域，引起该区域在稳定性上的变化（Collins et al., 2008）。Ando 等（2008）采用小角度 X 射线衍射（small-angle X-ray scattering，SAXS）和色氨酸荧光研究发现 400MPa 导致溶菌酶变性的过程中发现水分子进入酶的主要活性部位，酶分子半径由 17 Å 增加到 32Å，酶分子的天然折叠状态变发生变化。采用拉曼光谱研究超高压引起溶菌酶的变性过程也发现水分子进入到酶分子内部（Hédoux et al., 2011）。

3. 氢键

氢键在稳定蛋白质的结构中起着极其重要的作用。多肽主链上的羰基氧和酰胺氢之间形成的氢键是稳定蛋白质二级结构的主要作用力，此外氢键还分布在氨基酸残基的侧链与侧链、侧链与水分子、主链肽基与侧链或主链肽基与水分子之间（王镜岩，2002）。超高压对蛋白质分子具有压缩作用，能够缩短形成氢键的原子之间距离，因此，根据勒夏特列原理，超高压能够增强蛋白质分子内部的氢键作用（Mozhaev et al., 1996）。Akasaka等（Akasaka et al., 1999）采用超高压NMR研究发现，200MPa时胰蛋白酶抑制因子酰胺氢原子与羰基或水分子的氧原子之间的距离缩短了0.03Å，增强了两者之间形成的氢键。200MPa压力下尿酸盐氧化酶分子内部形成氢键的原子之间距离减少了0.01～0.03Å（Girard et al., 2010）。Le（1992）等通过红外光谱分析300MPa的压力对马心肌肌红蛋白的结构影响时也发现超高压对分子内部的氢键有稳定作用。极端的超高压会破坏蛋白质分子氢键。Kangur等（2008）发现2.5GPa可引起细菌光合作用蛋白氢键断裂，但超高压破坏氢键的具体原因尚不清楚。

4. 疏水作用

水溶液中球状蛋白的折叠总是倾向于把疏水残基埋藏在分子内部，这一现象被称为疏水作用，它在稳定蛋白质的三维结构方面具有重要作用（王镜岩，2002）。目前的研究发现超高压对疏水作用具有增强或减弱作用，但超高压对蛋白质分子内部疏水作用影响的机制尚不明确。Hei和Clark（1994）研究发现50MPa的压力能够增强甘油醛-3-磷酸脱氢酶亚基之间的疏水相互作用。Grigera和Mccarthy研究发现，300MPa的压力能够降低脱辅基肌红蛋白的疏水作用，并引起该蛋白质分子三维结构改变；200MPa的压力减弱了尿酸盐氧化酶活性部位（主要由疏水氨基酸形成）的疏水作用，导致该区域结构变化，扰乱了酶与底物的正常结合。Hummer（1998）等研究发现，725MPa的压力驱使水分子进入葡萄球菌核酸酶分子的疏水核心区域，降低了该区域氨基酸残基之间疏水作用。

（三）超高压对蛋白质分子结构的影响

1. 一级结构

蛋白质的一级结构是指蛋白质肽链的氨基酸残基的排列顺序，氨基酸残基之间靠共价键相连（王镜岩，2002）。目前的研究尚未发现低于1000MPa（用于食品加工的超高压处理一般在100～800MPa）会破坏蛋白质的一级结构（Boonyaratanakornkit et al., 2002）。

但当压力足够大时蛋白质的一级结构则会改变，Chen（2012）等研究发现 8GPa 导致了天冬酰胺酶与重组人生长激素的一级结构改变。

2. 二级结构

蛋白质分子的二级结构是指肽链中局部肽段的构象，它们是完整肽链构象（三级结构）的结构单元，是蛋白质复杂的空间构象的基础。常见的二级结构单元有 *α*- 螺旋、*β*- 折叠、*β*- 转角和无规卷曲等，主要靠主链内和主链间的氢键维持（王镜岩，2002）。由于超高压对氢键具有稳定作用，因此需要较高的压力才能明显影响蛋白质的二级结构（Mozhaev et al., 1996）。超高压对多种蛋白质二级结构的影响如表 2-9 所示。

表2-9　超高压对蛋白质二级结构的影响

蛋白名称	压力 /MPa	二级结构变化	检测手段	参考文献
β- 乳球蛋白	140	无变化	傅里叶变换红外光谱（FT-IR）	Subirade et al., 1998
β- 乳球蛋白	600	*α*- 螺旋含量由 41% 降为 34%，*β*- 折叠从 34% 降为 30%，无规卷曲从 6% 增加到了 30%	傅里叶变换拉曼（Raman）光谱	Ngarize et al., 2004
卵清蛋白	600	*α*- 螺旋含量从 15% 降为 10%，*β* 折叠从 54% 降为 37%，*β* 转角增加一倍，无规卷曲结构无变化	傅里叶变换拉曼光谱	Ngarize et al., 2004
牛胰脏核糖核酸酶	0.1 ～ 1400	570MPa 时二级结构轻微改变，1240MPa 时二级结构完全消失	FT-IR	Takeda et al.,1995
锚蛋白	100 ～ 600	25% 的 *α*- 螺旋消失，加入尿素后 *α*- 螺旋对压力更加敏感，在浓度为 2.35mol/L 的尿素溶液中，400MPa 处理会导致 35% 的 *α*- 螺旋结构消失	FT-IR 与 SAXS	Rouget et al., 2010
溶菌酶	20 ～ 900	700MPa 时二级结构开始变化，当压力为 800MPa 时表示 *α*- 螺旋结构减少了 54%，*β*- 折叠几乎全部消失	拉曼光谱	Collins et al., 2005
辣根过氧化物酶	120	120MPa 时，蛋白质分子的天然二级结构发生改变，但当压力降低至大气压时，又恢复到原来的构象	FT-IR	Smeller et al., 2003

3. 三级结构

蛋白质的三级结构是指蛋白质的肽链中所有的肽键和和残基（包括侧链）间的相对位置，是在二级结构基础上形成的蛋白质的整体三维结构（王镜岩，2002）。超高压通过影响蛋白质的三级结构，特别是催化活性区域的氨基酸残基之间位置关系和活性区域的分子体积影响蛋白质的活性和功能（Mozhaev et al., 1996; Silva et al., 2001; Boonyaratanakornkit et al.,2002; Knorr et al., 2006）。不同压力条件对蛋白质三级结构的影响如表 2-10 所示。

表2-10　超高压对蛋白质三级结构的影响

蛋白名称	压力 /MPa	三级结构变化	检测手段	参考文献
泛素蛋白	600	Leu_8 与 Glu_{34} 的 *α* 碳原子间的距离从 9 Å 增加到 15Å，同时也观察到了蛋白质分子内部的水分子数量由 17.9 个 / 分子增加到 23.4 个 / 分子	NMR	Imai and Sugita，2010

续表

蛋白名称	压力 /MPa	三级结构变化	检测手段	参考文献
细胞色素 P450	150 ～ 400	随着压力的升高，活性区域产生不同程度的结构变化：I-螺旋位置改变及底物结合部位氨基酸残基位置的改变，造成了酶与底物结合能力的下降	紫外光谱、荧光	Tschirret-Guth et al., 1998， 2001
胰蛋白酶抑制物	200	α-C 原子和侧链 C 原子的质子化学位移的变化证明，在压力作用下氨基酸残基位置变化明显，其中 Tyr_{35} 和 Phe_{45} 的位置变化最大	NMR	Li et al.,1999
“L99A” T4 噬菌体溶菌酶	200	分子变得更为紧凑，多段 α- 螺旋结构向核心区域靠拢，其中 C- 螺旋向核心区域移动 0.25Å，并发生形变，其余螺旋整体移动或转动，无形变	超高压 NMR	Collins et al., 2007
尿酸盐氧化酶	150	分子的总体积减小 0.3%，分子内极性催化部位容积增加 11%，非极性催化部位容积减少了 16%，底物与酶结合受阻	荧光、SAXS	Girard et al., 2010

4. 四级结构

自然界中很多蛋白质是以独立折叠的球状蛋白质的聚集体形式存在的。这些球状蛋白质通过非共价键彼此缔合到一起，缔合形成聚集体的方式构成蛋白质的四级结构。构成四级结构的每个球状蛋白称为亚基，通常情况下一个亚基有一条多肽链。亚基之间的相互作用主要是疏水相互作用，亚基缔合方式的专一性靠相互作用的表面上的极性基团之间的离子键和氢键提供（王镜岩，2002）。蛋白质的四级结构对压力最敏感，50 ～ 300MPa 的压力便能引起大多数寡聚蛋白解聚。目前，多数研究认为超高压驱使水分子进入各亚基间的结合区域，导致这些区域的非共价键尤其是疏水相互作用受到干扰，导致亚基之间连接不稳定，引起解聚，如图 2-6 所示（Silva et al., 2001）。当压力恢复到常压时某些解聚的寡聚蛋白亚基可重新缔合，但缔合形式与处理前存在差异，活性无法完全恢复（King and Weber，1986;Silva et al.,1986; Ruan and Weber，1988）。超高压对寡聚蛋白四级结构的影响如表 2-11 所示。

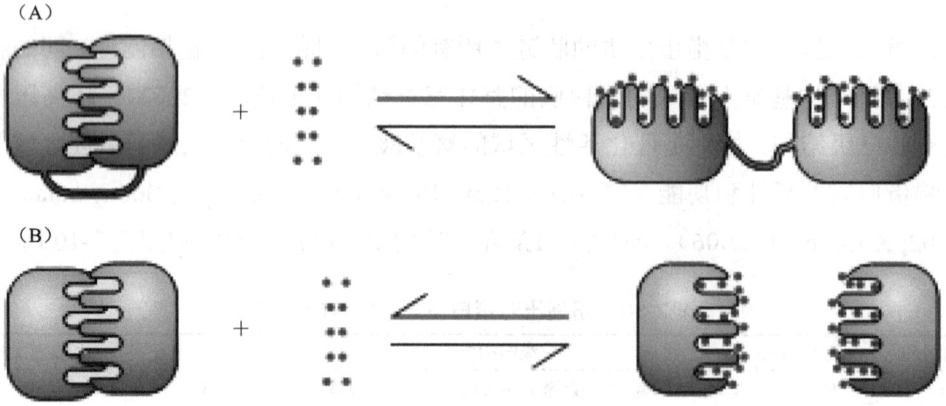

图 2-6　超高压引起蛋白质分子解聚的模式图，圆点为溶剂分子

（A为一条肽链组成的蛋白；B为一条以上肽链组成，具有四级结构的蛋白）

表2-11　超高压对蛋白质四级结构的影响

名称	压力 /MPa	四级结构变化	检测手段	参考文献
尿酸盐氧化酶（四聚体）	150 ～ 175	150MPa 时发生可逆的解聚，压力超过 175MPa 时解聚不可逆，卸压后解聚后的亚基发生无规则聚集，生成沉淀	荧光、SAXS	Girard et al., 2010
GorEL（14 聚体）和 GorES（7 聚体）	50 ～ 300	GorES 和 GorEL 是 *E. coli* 细胞内的两种伴侣蛋白，250MPa 时两种蛋白发生解聚，压力恢复为常压时 GorES 的四级结构恢复，但 GorEL 无法恢复。加入 Mg2+ 和 NaCl 后，GorEL 压力稳定性提高，300MPa 时结构仍然稳定；ATP 和 ADP 的加入均降低了两种蛋白质的压力稳定性，150MPa 便发生解聚	电泳，紫外光谱	Peng et al.,2001
牛乳酸盐脱氢酶（四聚体）	100 ～ 200	200MPa 压力可以导致酶分子解聚，活性丧失，卸压酶的活性开始恢复，恢复程度随处理时间的延长而降低；处理 0.5min 和 6min 卸压后 100min 可恢复 100% 和 80%，处理 22min 卸压后 1000min 只能恢复为原来的 30%	荧光	King and Weber，1986
Arc 阻遏蛋白（二聚体）	0 ～ 500	压力介于 100 ～ 200MPa 时，Arc 阻遏蛋白开始解聚，300 ～ 500MPa 时完全解聚。分子在解聚前会处于一种预解聚状态，此时 2 条肽链并未解聚但结合形式发生改变（图 2-7）	2D-NMR	Peng et al., 1994; Ruan and Weber，1989
磷酸丙酮酸水合酶（α、β、γ 3 个亚基组成）	0.1 ～ 300	150MPa 时开始解聚，300MPa 时完全解聚为两个亚基	荧光	Paladini and Weber，1981
乳糖阻遏物蛋白（四聚体）	0.1 ～ 300	160MPa 时开始解聚，280MPa 时完全解聚	荧光与可见光光谱	Royer et al., 1986
色氨酸合酶 β2 二聚体	80 ～ 240	在 220MPa 压力下处理 12min 后有 50% 发生解聚，恢复标准大气压 2 ～ 3min 后重新聚合，10min 后酶活性恢复为原来的 50%	荧光	Silva et al., 1986
磷酸丙糖异构酶	0.1 ～ 350	260MPa 时，50% 的蛋白质分子解聚，350MPa 时完全解聚	荧光、凝胶排阻色谱	Alex and Ferreira.，1996
酵母菌甘油醛磷酸脱氢酶（四聚体）	0.1 ～ 280	120MPa 时发生解聚，200MPa 时完全解聚；ATP 和 ADP 能降低酶的压力稳定性，甘油醛 3- 磷酸、c-AMP、NAD 能提高酶的压力稳定性	荧光光谱	Ruan and Weber，1989
酵母己糖激酶（二聚体）	0.1 ～ 240	80MPa 时发生解聚，200MPa 时完全解聚；Na_2SO_4 能提高酶的压力稳定性	荧光光谱	Ruan and Weber，1988

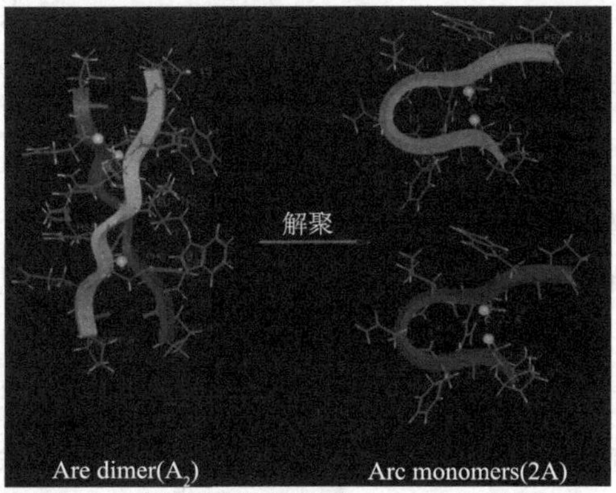

图 2-7　超高压引起 Arc 阻遏蛋白二聚体（dimer）解聚（Peng et al., 1993）

三、超高压对食品品质的影响

目前，超高压加工技术已经应用到食品加工中。在 HPP 处理过程中，会发生细胞壁及细胞膜的破裂、酶促转化过程、化学反应，以及生物聚合物的改性，包括酶的钝化、蛋白质变性及凝胶的形成。因此超高压可以通过改变与食品中相关的酶促反应、非酶化学反应和细胞微观结构等，间接地影响食品的营养、风味与色泽（Plancken et al., 2012）。

（一）超高压对营养物质的影响

HPP 对食品中营养成分的影响与食品自身性质有关。由于 HPP 处理不能破坏共价键，因此认为 HPP 处理对于食品中小分子化合物一类的营养物质不会有直接的破坏作用，但 HPP 处理可能会加速一些食品体系中的生化反应，使部分营养物质间接被破坏。此外，超高压不能完全钝化食品中的内源酶，可能会导致产品在货架期内品质的变化。

1. 超高压对食品中抗坏血酸的影响

抗坏血酸（ascorbic acid，AA）又名维生素 C，为果蔬制品中的代表性营养物质，传统热力加工方法温度可达到 85 ～ 90℃，AA 易遭到破坏而大量流失，而 HPP 处理可较好地保持果蔬汁中的 AA。很多学者都研究了 HPP 对抗坏血酸（AA）稳定性的影响，并且研究了在经过 HPP 处理后食品储藏期中 AA 的稳定性。在大气压和高温下，氧气是破坏 AA 的主要物质。AA 的压力稳定性与维生素及氧气浓度的摩尔比相关（Taoukis et al., 1998; Oey et al., 2006）。在缓冲液中，当有氧气存在时，经绝热升温 / 升压方式，大部分 AA 也会发生降解；当溶液中大部分的溶解氧被消除时，增加压力或者延长加压时间对 AA 基本不会产生不良影响（AA 降解只会发生在中等压力和温压结合时）。例如，在等压等温条件下，850MPa、50℃条件下处理 1h，AA 基本没有随着压力的升高而被破坏。然而，长时间暴露在（大于 6h）高温高压下会使大部分 AA 发生降解，此降解过程可以用一级反应动力学来描述。并且，温度与 AA 的降解速率常数有关，而与压力水平无关（van den Broeck et al., 1998）。

超高压处理及处理后的储藏都会造成食品中 AA 的降解，降解速度主要与食品种类、溶解氧含量、处理温度和储藏温度有关。氧化是造成 AA 氧化分解的重要原因，降低氧气的含量和处理温度可以减少降解的发生。食品中存在的过氧化物酶、铜离子、铁离子均能加速 AA 的降解（van den Broeck et al., 1998），降低储藏温度可以降低残留的过氧化物酶活性，从而减少 AA 的降解（Sancho et al., 1999）。

在食品中，蔬菜中的 AA 比水果中更容易降解，例如，在浸泡于柠檬酸缓冲液中的发芽的苜蓿种子，在 500MPa，室温下处理 10min，其 AA 的损失率达到 77%（Gabrovska et al., 2005）；番茄酱在 400MPa，室温下处理 15min 后，其 AA 的损失率为 40%（Sánchez-

Moreno et al., 2006)。而相对于水果制品中，在压力处理后大量的 AA 均可以被保留下来。例如，橘子汁在经过 400MPa、40℃下处理 1min 后，AA 的损失量仅为 9%（Sánchez-Moreno et al., 2005）；草莓酱在经过 400MPa、20℃下处理 30min 后，仍保留了 88.68% 的 AA（Yen and Lin，1996）。

2. 超高压对叶酸和 B 族维生素的影响

超高压处理对食品中 B 族维生素影响很小，但烟酸和泛酸在随后的储藏过程中会发生降解（Sancho et al., 1999）。低温（< 40℃）下超高压处理食品中叶酸的含量影响不大，当温度大于 40℃时，叶酸开始降解，且降解速度随着温度和压力的升高而增大。超高压处理对叶酸的影响主要是促进了叶酸的氧化和转化（由 5- 甲基四氢叶酸转化为 5,10- 二亚甲基四氢叶酸），提高食品中 AA 的含量能够显著降低在超高压处理过程中叶酸的氧化损失（Wati et al., 2004）。红橘汁在 200 ～ 500MPa、30℃条件下处理 1min 后，其 VB_1、VB_2、VB_6 及尼克酸的含量均没有显著变化（Donsi et al., 1996）。

近几年来，主要集中在 HPP 处理对叶酸的稳定性的研究。叶酸降解主要是在高温高压下，与氧气发生了氧化反应。另外，在超高压作用下，叶酸会发生化学转化，如 5- 甲基四氢叶酸可以在加压升温处理过程中转化为 5, 10- 次甲基四氢叶酸。抗氧化剂会减缓超高压引起的叶酸降解和化学转化。

3. 超高压对脂溶性维生素的影响

在室温下，HPP 处理几乎不会时食品中的脂溶性维生素有影响，如在橙、柠檬及胡萝卜的混合汁或番茄酱中，500MPa 或 800MPa，5min 的超高压处理不会影响果汁中胡萝卜素和番茄红素组成。在低温储存的过程中，HPP 处理后的果汁或者果酱中的类胡萝卜素在 21 天后未发生降解（Fernandez et al., 2001）。即使经 50℃以上的超高压处理的食品，类胡萝卜素的损失率也通常不超过 5%（de Ancos et al., 2000）。超高压处理对食品中维生素 A 的影响较为复杂，在乙醇溶液中超高压（400MPa）处理会完全降解维生素 A，但在很多水果中也发现超高压处理过后维生素 A 含量增加的现象（Oey et al., 2008）。

4. 超高压对其他营养物质的影响

花椰菜、西兰花、胡萝卜等十字花科蔬菜中的芥子油甙会在黑芥子硫苷酸酶的作用下水解成具有抗癌效果的异硫氰酸盐物质。芥子油甙和黑芥子硫苷酸酶分别位于植物不同的组织细胞中，黑芥子硫苷酸酶对超高压比较敏感，400MPa 能使其完全钝化，因此超高压（500 ～ 600MPa）处理会在抗癌物质形成前使黑芥子硫苷酸酶失活从而降低完整蔬菜及蔬菜片、块中的异硫氰酸盐等抗癌成分的含量但蔬菜浆在超高压处理前，与黑芥子硫苷酸酶相关的抗癌成分就已形成，因此超高压处理不会降低蔬菜浆中的抗癌成分的含量（Plancken et al., 2012）。

超高压还可以提高食品中营养成分的生物利用率。如食品中的四氢叶酸一般含有1～7个γ-羟酰胺连接的谷氨酸，含有多个谷氨酸的四氢叶酸需要被γ-谷氨酰基水解酶水解为单谷氨酸连接的四氢叶酸才能被人体利用，而超高压处理能促进这种转化（王镜岩，2002;Oey et al., 2008）。研究还发现食用经40℃、400MPa处理1min后的橙汁可以提高体内血浆中维生素C的含量并降低人体内炎症的发生（Oey et al., 2008）（表2-12）。

表2-12　超高压对食品中营养物质的影响

名称	处理条件	营养物质的变化	参考文献
苜蓿芽	500MPa、室温、10min	维生素C降解了77%	Oey et al., 2008
橙汁	400MPa、室温、1min	维生素C降解小于9%	
橘子汁	500MPa、30℃、1min	维生素C含量无变化	
番石榴浆	600MPa88～90℃、24 s	处理后储藏30～40d维生素C含量无变化	
红橘汁	200～500MPa、30℃、1 min	维生素B_1、B_2、B_6尼克酸含量无变化	
苜蓿芽	500MPa、室温10 min	室温下储藏3d后核黄素含量无变化；烟酸、泛酸均降低了60%	
胡萝卜汁	500MPa、60℃、15 min	叶酸含量降低了60%	Indrawati et al., 2004
橙汁	500MPa、60℃、15 min	总叶酸含量降低25%	
芦笋汁（抗坏血酸含量0.5 mg/g）	500MPa、60℃、40 min	叶酸含量降低5%	
番茄酱	400MPa、25℃、15 min	维生素A含量提高39%	Sánchez-Moreno et al., 2006
柿浆	400MPa、室温	类胡萝卜素提高15%；维生素A提高16%	de Ancos et al., 2000
胡萝卜、橙、柠檬混合果汁	800MPa、室温、5min	类胡萝卜素在4℃条件下储藏21d后含量降低小于5%	García et al., 2001
维生素A己醇溶液	400～600MPa	维生素A完全降解	Oey et al., 2008
橙汁	400MPa、40℃、1min	维生素A含量提高39%	
韭葱、花椰菜、绿豆	200MPa、室温	单谷氨酸四氢叶酸含量分别提高74%、12%、82%	

（二）超高压对风味物质的影响

食品的风味主要是由食品中所含有的化学物质形成的。人的舌头可以区分5种不同的味道，其中酸、甜和苦味是果蔬的主要风味。人的鼻子可以区分多种不同的挥发性化合物，即使是少量的也可以区分。任何酸、甜、苦或者气味的改变都会改变果蔬制品的风味。总的来说，HPP处理过程不会改变果蔬制品的风味，因为高压下小分子风味化合物的结构并未受影响发生改变。但超高压可以增强或抑制酶促反应和化学反应，使得在后续的储藏过程中食品风味物质发生降解，引起食品中的风味改变，甚至使产生令人不悦的风味（Oey et al., 2008; Zabetakis et al., 2000）。虽然超高压处理后，食品中残余的脂肪氧合酶和氢过氧化物酶会催化亚油酸、亚麻酸等不饱和脂肪酸氧化产生己醛，使食品在储藏过程中产生青草和树叶的味道（Oey et al., 2008; Rodrigo et al., 2009）。超高压也可以有助于释放食品中的风味物质，最新研究表明超高压处理可以提高水果中 β- 葡萄糖苷酶的活性，促进其催化草莓汁中的 DMHF- 葡萄糖产生 DMHF 和增加桃中苯甲醛的含量（Pogorzelski and Wilkowska，2007）。对于草莓制品，HPP 处理可以使草莓酱的香味更浓郁（Lambert et al., 1999）。一些新的香气组分在加压过程中产生，如 γ- 内酯，这是桃子中的主要香氛组分。酯类化合物是草莓中一种重要的香气组分，但是在加压过程中酯类化合物的稳定性仍需进一步讨论（Lambadarios and Zabetakis，2002）。研究发现在压力处理过程中只有一小部分酯类化合物的含量降低。基于感官评价，HPP 处理的橙汁的风味没有未处理的新鲜（Fernandez et al., 2001; Parish，1998）。

在草莓中，已经鉴定出 350 多种风味物质（Zabetakis and Holden，1997）。呋喃、酯、醛、醇及硫化物的混合物可能是草莓芳香物质的主要成分。由于各个香气成分之间的相互作用，即使是个别组分在浓度上一点微小的改变也会导致食品香气的变化。因此，在感官分析基础之上还需要增加化合物单品及其机制分析，以得到更多的关于 HPP 技术对植物源食品的综合感官品质影响方面的证据（表 2-13）。

表2-13 超高压处理对部分食品的风味影响

名称	处理条件	风味的变化	参考文献
胡萝卜汁	800MPa、5min	产生类似热处理的不良风味	Oey et al., 2008
草莓汁	800MPa、60℃、10min	草莓汁产生干燥水果、茶和金属味道，酯类物质和有机酸含量降低	
草莓汁	800MPa、20℃	橙花椒醇、呋喃醇、沉香萜醇、丁酸、2- 甲基丁酸、己酸 2，4，6- 庚三酮的含量降低；主要风味物质 DMHF［2, 5- 二甲基 -4- 羟基 -3（2H）- 呋喃酮］含量无变化；产生新风味物质 γ- 内酯（具有桃的香味）	Zabetakis et al., 2000
洋葱片	300MPa、25℃、30min	己醛含量增加 40%，产生蒸煮和油炸味道	Rodrigo et al., 2007
番茄汁	500MPa、室温、3min	处理后 4℃条件下储藏 30d，己醛含量达 6.4mg/g（正常值 0.3mg/g），并产生严重腐败味道	

（三）超高压对色素的影响

超高压处理能够较好地保持果蔬汁的色泽，相对于传统的热杀菌，HPP 处理对色素（如叶绿色、类胡萝卜素及花青素）的影响很小。研究者普遍认为 HPP 处理能够很好地保持，甚至改善果蔬汁的色泽，其原因可归为 HPP 处理对果蔬内源酶的钝化作用及高压使果蔬组织细胞内的呈色物质溶出。然而，果蔬中色素对 HPP 的敏感性不同，且 HPP 并不能完全钝化果蔬中相关的酶，因此，HPP 对不同原料的果蔬制品的色泽影响不同。

在室温下，超高压处理对水果蔬菜中的天然色素（如叶绿素、类胡萝卜素及花青素等）无影响，可以忽略。在储藏过程中，HPP 处理的果蔬制品的色泽会发生改变，因为食品中未完全灭活的酶会在食品体系中继续引起酶促反应，从而影响食品色泽，所以，目前大多 HPP 食品均需要低温保存。

叶绿素是绿色叶茎类植物的主要呈色物质，主要有叶绿素 a 和叶绿素 b。不同温度条件下，叶绿素 a 对超高压处理的敏感性不同，在室温下，叶绿素 a 和叶绿素 b 有极强的稳定性，但是当温度高于 50℃时，稳定性会有所下降。叶绿素 a 比叶绿素 b 的热稳定性差，在等压条件下，叶绿素的降解速度会随着温度的升高而增加（Van et al.,1998），而在相同的高温条件下，压力的增加会加速叶绿素 a 和叶绿素 b 的降解。70℃条件下，叶绿素 a 的耐压性要比叶绿素 b 高。高温下，压力从 200MPa 上升至 800MPa，花椰菜中的叶绿素 a 和叶绿素 b 的损失率分别为 19.4% 和 68.4%（Van et al., 1998）。室温下超高压处理的绿色果蔬制品在常温储藏过程中绿色会逐渐变为黄色，温度低于 4℃，储藏绿色可以保持较长时间。超高压与高温结合处理可以钝化分解叶绿素的酶，避免产品在储藏过程中绿色变化（Oey et al., 2008）。

叶黄素、番茄红素、β - 胡萝卜素等类胡萝卜素是黄色、橙色及红色蔬菜、水果的重要色素。类胡萝卜素在超高压处理过程中比较稳定，室温和加热条件下的超高压处理（800MPa、20 ～ 74℃）都不会造成类胡萝卜素大量损失（Sancho et al., 1999; Qiu et al., 2006; Oey et al., 2008）。研究还发现超高压处理明显提高了番茄酱、柿浆等食品中类胡萝卜素的含量。Concepción Sánchez-Moreno 认为超高压处理改变了植物细胞内与类胡萝卜素相结合的脂类、蛋白质和多糖等大分子的结构，使更多的类胡萝卜素被释放出来（Oey et al., 2008）。

天竺葵 -3- 葡萄糖苷（pg-3-glu）、天竺葵 -3- 芸香糖苷（pg-3-rut）等花青素是一种水溶性的黄酮类色素，是红色、紫色水果与蔬菜的重要色素，在果蔬中呈现红色到蓝色的颜色。在低温加压处理过程中花青素稳定。例如，在 800MPa、18 ～ 22℃条件下处理 15min，红树莓和草莓中的天竺葵 -3- 葡萄糖苷和天竺葵 -3- 芦丁糖苷的含量基本不变（Garçia-Palazon et al., 2004）。但是，由于花青素自身的热稳定性差，温度升高时会导致花青素损失。如果在高温高压下短时间处理，大部分花青素还是可以保留下来的。但中低强度超高压（100 ～ 600MPa）处理无法完全钝化多酚氧化酶（PPO）、β - 葡萄糖苷酶和过氧化物酶，贮藏过程中花青素会发生降解（Suthanthangjai et al., 2005）。研究发现 22℃、800MPa 处理 15min 可以有效钝化树莓汁中酶的活性，储藏过程中矢车菊 -3- 葡萄糖苷和矢车菊 -3- 槐糖苷没有变化，但 600MPa 处理后的树莓汁在储藏过程中花青素大量损失（ Garcia-Palazon et al., 2004; Oey et al., 2008）。

超高压处理会导致某些食品发生褐变，在随后的储藏过程中，残存的 PPO 酶会进一步加剧褐变。添加维生素 C 可以有效抑制褐变的发生，研究发现添加维生素 C 和半胱氨酸可以抑制超高压（500MPa、35℃、5min）处理后橙汁中的褐变。储藏过程中温度的升高会加速褐变，且由于超高压无法完全钝化 PPO 酶，采用超高压巴氏杀菌果汁的褐变速率高于超高温杀菌的果汁（Oey et al., 2008）（表 2-14）。

表2-14　超高压对食品中色素的影响

名称	处理条件	色素的变化	参考文献
西兰花汁	800MPa、70℃、5 min	处理后叶绿素 a、b 分别降低了 19.4%、68.4%	Van et al., 1998
树莓汁、草莓汁	800MPa、22℃、15 min	处理后天竺葵 -3- 葡萄糖苷（pg-3-glu）、天竺葵 -3- 芸香糖苷（pg-3-rut）含量无变化	Garcia-Palazon et al., 2004
黑醋栗	600MPa、室温	处理后分别在 5℃、20℃、30℃条件下储藏，花翠素 -3- 芸香苷含量分别降低了 17%、25%、40%	Kouniaki et al., 2004
番茄酱	400MPa、25℃、15 min	γ - 胡萝卜素含量提高 82%；叶黄素含量提高 71.4%；β - 胡萝卜素含量提高 35.7%；番茄红素含量提高 48.6%	Sánchez-Moreno et al., 2006
胡萝卜汁	800MPa、74℃	叶黄素含量降低了 20%	Oey et al.， 2008

（四）对食品质地的影响

果蔬制品质地的改变与细胞壁上大分子物质的转变有关，主要是酶促或非酶反应导致的（Sila et al., 2007）。HPP 加工可以阻止酶促或非酶反应的发生，从而保持果蔬制品良好的质地。在 HPP 处理过程中，原本在细胞中被分隔开的酶作用底物、金属离子，以及酶会被释放出来，并产生相互作用，改变了原有的质地；同时，在中低温度下，压力还可以增强果胶甲酯酶（PME）的作用，降低多聚半乳糖醛酸酶的活性，并且可以抑制果胶的 β- 消除反应。HPP 还可以干扰果蔬细胞膜的通透性，进而影响细胞内部水分及代谢物的活动。显微镜下观察到，菠菜和花椰菜在经过 400MPa、30℃处理 5min 后其细胞已经完全破裂（Prestamo and Arroyo，1998）。

高压处理对果蔬质地的影响通常用硬度这一参数来衡量。Basak 和 Ramaswamy（1998）研究了 HPP 处理（室温，100 ～ 400MPa 处理 5 ～ 60min）对苹果、梨、菠萝、胡萝卜、芹菜、青椒及红椒等不同水果蔬菜硬度的影响。结果表明，在压力持续增加过程中硬度的损失是非常快速的。在保压过程中（30 ～ 60min），有的硬度下降，有的则会逐渐恢复（压力在 100 ～ 200MPa）。果蔬制品硬度的增加主要是 PME 引起的，在 HPP 处理过程中，PME 被释放出来并与其反应底物接触发生酶促反应，使高甲基化果胶转变为低甲基化果胶。低甲基化的果胶可以与二价离子形成凝胶网状结构从而增加果蔬制品的硬度。

超高压处理还可以影响果蔬汁的流变性。对流变性质的影响与 HPP 处理条件和果蔬的类型有关，不同的果蔬类型其流变性质也不同。Ahmed 等（2005）研究表明芒果果肉型果汁的黏稠度会随着压力的增加而先增加后下降。番茄酱的黏度在低于 400MPa 时是降低的趋势；而在高压条件下其黏度会缓慢增加（Sanchez-Moreno et al., 2006; Verlent et al., 2006）。但是，在含有 0.8% NaCl 时，压力对黏度的影响则相反（Plaza et al., 2003）。

对一些果汁而言，稳定性是品质中非常重要的因素。对脐橙汁的货架期研究发现，HPP 处理的果汁黏度比热处理的要高；且在储藏期中，HPP 处理的橙汁其黏度基本没有改变（Polydera et al., 2005）。

（五）对抗氧化能力的影响

超高压处理会间接影响维生素及一些生物活性物质的含量。例如，HPP 处理会对活性物质起到提取的作用，使橙汁中三羟黄烷酮和橙皮素的含量增加，40℃、400MPa 1min 后，三羟黄烷酮和橙皮素的含量会增加 20.16% 和 39.88%（Sánchez-Moreno et al., 2005）。但是，压力对抗氧化能力的影响在不同的食品物料中的表现不同。在 100 ～ 800MPa、温度 30 ～ 65℃长时间（> 90min）处理，橙汁的 TEAC 指数会下降。在所有的温度研究实验中，压力增加过程中橙汁的抗氧化能力下降的最快（Indrawati et al., 2004）。但是，短时间的 HPP 处理不会对橙汁的抗氧化能力有影响。相比而言，胡萝卜汁的 TEAC 指数在 HPP 处理时会增加（100 ～ 800MPa、温度 30 ～ 65℃、处理时间 90min）。但是该指数的增加速度会在温度上升到 40℃以上时慢慢下降（Indrawati et al., 2005）。

四、技术与装备开发

（一）HPP 设备开发

1. 设备组成及工作原理

超高压设备主要由 HPP 承压系统、液压系统和水介质系统组成。承压系统是设备处理物料的场所，包括高压容器体、承压框架、容器支架、容器堵头和堵头密封等装置。液压系统负责高静水压的产生和设备部件的机械移动，主要包括水介质增压器、油泵、油箱、换向阀、卸压阀等部件。水介质系统指传压介质水的整个循环路径，主要包括高压水泵组、排水泵、水箱、单向阀、压力传感器等部件。

HPP 设备的总体工作过程是：在主油泵的驱动下，利用增压器使泵入的水介质的压力上升，再通过单向阀将高压水注入承压容器，使容器内的水介质形成高静水压环境。水介质和物料在高压状态保持一段时间后卸压，期间利用极端压力的物理作用杀灭食品中微生物或改变食品的特性。

2. 设备分类

目前，HPP 设备可按照加压方式、容器容积和物料处理过程来分类。具体如下。按照加压方式的不同可将 HPP 设备分为直接增压方式和间接增压方式。采用直接增压方式的 HPP 设备是靠高压容器内活塞直接压缩传压介质产生高压。采用这种加压方式的设备的本体结构大，但不需高压泵和高压配管，整体性好，更适用于较高压力的小型试验装置。采用间接增压方式的 HPP 设备，设备的增压模块与高压容器分开设置，通过增压器产生高压介质，并通过高压管将高压介质送至高压容器产生高压。这种设备结构紧凑，相对造价低，密封性及保压性好，适用于大中型生产装置。

根据物料处理量大小的不同，可将 HPP 设备分为试验用与生产用两种。试验用 HPP 设备一般要求耐高压、检测监控性好，因此通常采用内部加压分体式多功能小型装置。同时，可根据研究需要添加辅助设施，包括加热或冷却系统、监测和控制系统等。工业用 HPP 设备处理量大，必须考虑制造成本，同时还需确保生产的安全可靠，以及机械化作业等产业化问题，因此，通常选用外部加压式的大型装置。另外，需要向系统配置液压系统协助开启、封闭顶盖及移动框架，以及专用机械装置以装卸物料。

根据物料处理过程的不同，现有的 HPP 设备可分为间歇式、半连续式和脉冲式 3 种。多数 HPP 设备为间歇式，可处理液态或固态物料。处理时，将物料真空包装后放入高压容器中，关闭容器，升压到设定压力，并保压一定时间，卸压，取出物料。半连续式设备主要用于处理液态物料，如果汁、牛奶等。首先通过低压泵将物料泵入高压容器内，再由高压泵将高压饮用水注入高压容器内，推动活塞对物料进行加压。卸压时，打开出料阀，低压泵打入饮用水推动活塞将物料排出高压容器，完成处理。但此种设备对高压容器要求较高，且每次使用后容器必须经过清洗消毒等处理，出料管道和后续容器也必须处于无菌状态，处理后的物料需采用无菌包装，对食品加工生产线要求较高，因此应用较少。间歇或半连续式设备与短时循环程序结合可改造为脉冲形式的 HPP 处理设备。

（二）设备制造与生产

就食品工程用 HPP 设备的研制及生产技术的发展而言，美国、西班牙、德国、日本等发达国家的 HPP 设备研究起步较早，产品比较稳定，可以满足工业化生产的要求。美国和西班牙在大型 HPP 设备的研制方面处于世界领先地位，英国、德国、法国、荷兰、波兰、瑞典等国家也有一些公司生产中小型和商业化的 HPP 设备。其中，美国的 Avure Technologies Inc.（www.avure.com）和西班牙的 Hiperbaric Ltd.（www.hiperbaric.com）都拥有制造大型商业化 HPP 设备的技术和能力，是目前国际上大型 HPP 设备的主要制造商。美国的 Avure 公司和西班牙的 Hiperbaric 的设备单体最大处理量为 525L，最高工作压力 600MPa。Avure 专用于海产品脱壳的设备单体最大处理量为 687L，最高工作压力 300MPa。德国的 Uhde Hock Drucktechnik（www.uhde-hpt.com）也有较强的 HPP 设备生产和制造能力，其最大的设备可以达到单体最大处理量 350L，最高工作压力 600MPa。英国的 STANSTED 公司专注于生产温压结合的小型 HPP 试验用设备，处理量从 30ml ～ 5L，最高压力可达 1200MPa，温度控制范围－20 ～ 110℃。此外，比利时的 Engineered Pressure Systems Inc.（www.epsi-highpressure.com）、日本的神户制钢（www.Kobelco.co.jp/index.html）、日本三菱重工株式会社（www.mhi.co.jp），以及美国的 Elmhurst Research Inc.（www.elmhurstresearch.com）等都能生产不同型号的 HPP 设备（图 2-8）。

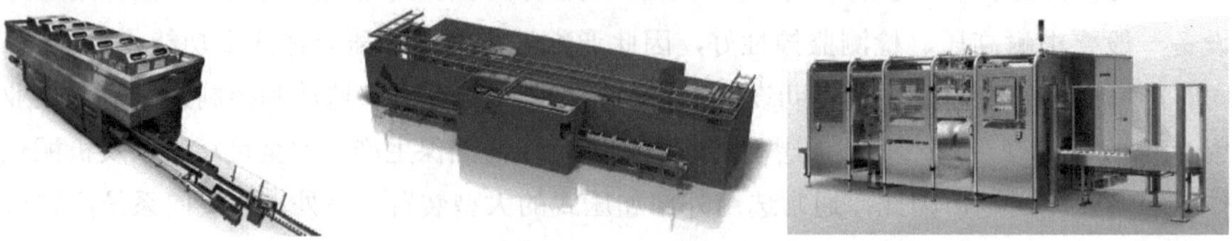

图 2-8　国外大型超高压商用设备

A. Hiperbaric，525L，600MPa; B. Avure，525L，300MPa; C. Uhde，350L，600MPa

（三）国内超高压设备

我国在 2000 年以后开始了 HPP 技术规模化与系统化的研究与应用。十几年来，HPP 技术的研究与应用在中国迅速发展，在增压器、承压框架、耐压容器、泄压阀、密封组件等关键环节实现了技术突破，陆续开发出具有自主知识产权的 HPP 小型实验设备、中型中试设备和大型生产型设备，最大处理能力已达 2×350 L，最大压力可达 600MPa。我国大陆生产的超高压设备也销往韩国、泰国、荷兰、我国台湾、哥斯达黎加等国家和地区（图 2-9）。

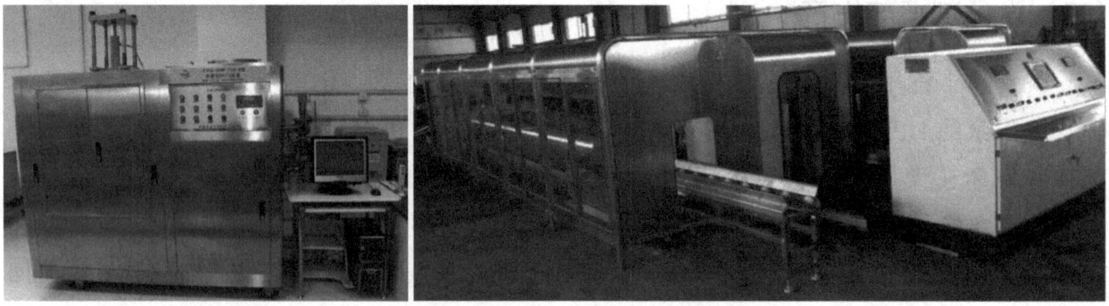

图 2-9　我国自主研制的 HPP 设备

A. 7L试验用小型设备；B. 大型商用设备

第三节　超高压技术的应用

日本最早在 1990 年推出了利用 HPP 技术生产的果酱，随后 HPP 技术在食品加工领域被逐渐广泛推广。目前 HPP 已应用于美国、西班牙、澳大利亚、法国等国的食品加工业，已经商业化生产了的 HPP 食品有果蔬制品、乳制品、海产品、肉制品等。目前全世界已经有商用化超高压食品生产线 222 条，其中 28% 的 HPP 产品为蔬菜，26% 为肉制品，14% 为果汁和饮料，15% 为水产品，其他食品则占 17%（图 2-10）。

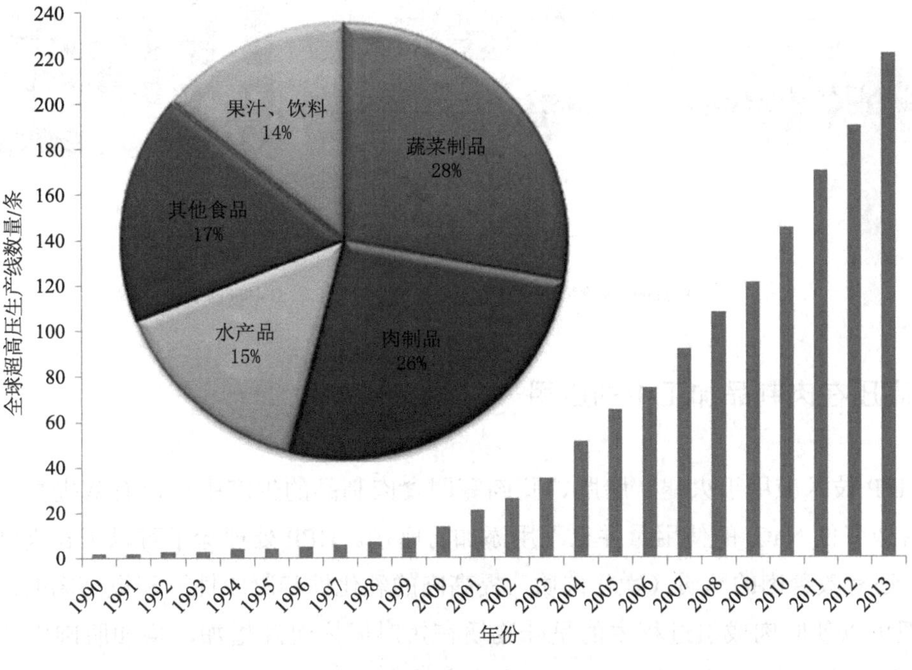

图 2-10　全球 HPP 技术应用情况

一、超高压在果蔬中的应用

果蔬加工领域是 HPP 技术应用最成熟和最广泛的领域。将 HPP 处理(400 ～ 600MPa）与前期高温短时（90 ～ 100℃，0 ～ 1min）的钝酶处理结合，可以有效钝化内源酶（多酚氧化酶、过氧化物酶、果胶甲酯酶、脂肪氧合酶等）和微生物，保证产品在货架期内仍然保持最新鲜的风味与颜色。利用 HPP 技术生产的果蔬产品在 4℃条件下的货架期根据产品的 pH 在 3 周到 9 个月不等。HPP 技术生产的果蔬制品有果酱、果汁、Smoothie、蔬菜沙拉、即食果蔬等（图 2-11）。

鳄梨产品是世界上产量最大的 HPP 食品，HPP 鳄梨产品在货架期内具有新鲜的色泽和风味，使其风靡美国、墨西哥、智利、澳大利亚和新西兰。美国 Fresherized 公司是利用 HPP 技术生产鳄梨产品的主力，也是世界最大的 HPP 食品生产企业，拥有 HPP 处理能力 2595L。澳大利亚的 Preshafood 公司，应用 HPP 技术生产的 Preshafruit 系列果汁、果酱和饮料，曾于 2009 年在国际饮料创新大会上获“最佳创意和最佳果汁、饮料两项冠军，主要产品有苹果汁、橙汁、草莓汁、草莓酱、芒果酱。其他利用 HPP 技术生产果蔬产品的公司还有美国的 Starbucks、Suja、Blueprint、Genesis、Harmeless harvest，英国的 Vegesentials、Coldpress，荷兰的 Fruityline，加拿大的 Anti+。

A B C

图 2-11 HPP 果蔬产品

A. Fresherized 鳄梨产品；B. Preshafruit 果汁；C. Starbucks 果汁

二、超高压在肉制品加工中的应用

将 HPP 技术应用于火腿、腊肠、腌肉等即食肉制品的生产中可以有效提高产品的货架期，有效降低 NaCl 的使用量并且不用添加防腐剂。HPP 处理除了可以延长肉制品的货架期外，还有改善肉的品质（嫩化肉质、提高肉的乳化性和凝胶性）和提高肉的风味（超高压处理可以使肌肉成熟过程中的呈味物质在短时间内迅速增加，增加肌肉中的水解产物和氨基酸）的作用。目前利用 HPP 技术生产的肉制品主要是腌渍肉和熟肉制品。

A B C

图 2-12 HHP 肉制品

A. Espuña腊肠；B. Hormel 鸡胸肉；C.Deli 24 鸡肉产品

最早将 HPP 技术应用于肉制品加工中的企业是西班牙的 Espuña 公司，该公司从 1998 年陆续将 HPP 技术应用于腊肠、火腿切片等产品的生产中，产品在 0 ～ 5℃的条件下，货架期最长可达 270d（http://www.espuna.co.uk）。美国 Hormel 公司，利用 HPP 技术生产了 Hormel® Natural Choice 系列即食肉制品，包括咸肉、鸡胸肉、火腿切片和三明治肉等产品（图 2-12）。

利用 HPP 技术生产即食肉制品的企业还有荷兰的 Zwanenberg，法国的 KRAFT，美国的 Cargill、Tyson，加拿大的 VIVA，英国的 Deli 24 图（2-12），意大利的 ROVAGNATI 等企业。

三、超高压在水产品加工中的应用

HPP 技术还可以应用于海产品的脱壳处理。龙虾、扇贝、牡蛎等海产品经 HPP（100 ～ 300MPa）处理后，肌肉与外壳的连接被破坏，简单操作即可实现肉壳分离，提高了脱壳速度及可食部分的完整性，满足了消费者对高新鲜度、易加工海鲜产品的要求。

将 HPP 技术应用于海鲜脱壳的公司有法国的 Five Degree West。该公司利用超高压技术实现对龙虾、扇贝等海产品的迅速脱壳，脱壳过程只需要 5min。脱壳后迅速冷却，保持了产品最大的新鲜度（图 2-13）。

图 2-13　法国 Five Degree West 公司的 HPP 龙虾脱壳产品

其他将 HPP 技术应用于水产品的公司有还有法国的 Vent d’Quest，加拿大的 Ocean Choice International，日本的 Sanpo Kasei、Mitsunori，新西兰的 Future Cuisine 等。

四、超高压在乳制品加工中的应用

HPP 还可应用于初乳三明治酱、酸奶、奶酪等乳制品的加工中。HPP 处理可以杀灭酸奶中的霉菌、酵母和乳酸菌，阻止酸奶的后发酵，保质期可延长至 3 个月。HPP 处理可促进奶酪的成熟，杀灭有害菌，延长货架期。HPP 还可以应用于初乳的杀菌中，由于初乳中含具有免疫活性的免疫球蛋白，传统的热杀菌很容易导致这些免疫球蛋白变性，失去保健作用，而 HPP 在杀灭微生物的同时最大限度地保留了免疫球蛋白的活性，提高了初乳产品的功能性。

将 HPP 应用到乳制品生产的企业有韩国的 Pulmuone（水果风味酸奶）（图 2-14），新西兰的 COL^{+}Colostrum（图 2-14）、New Image（初乳）、Fonterra，英国的 Deli 24。

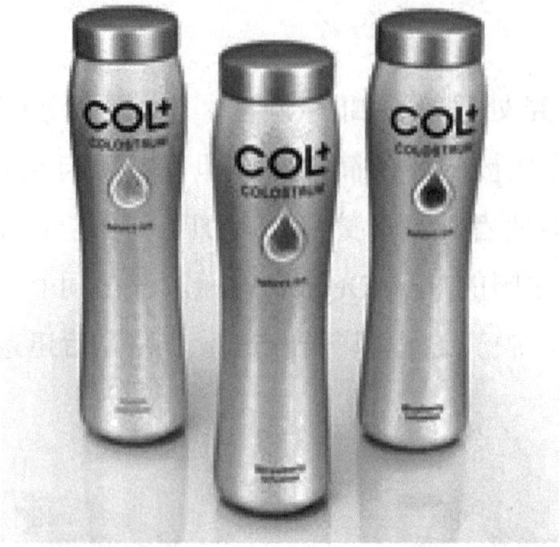

A

B

图 2-14　HPP 乳制品

A. COL+ 初乳；B. Pulmuone芒果酸奶

五、超高压技术在其他食品中的应用

由于 HPP 处理可以引起淀粉的糊化。因此，将浸泡过的稻米进行 HPP 处理，代替传统的加热预糊化操作，可以有效提高生产效率，降低能耗，减缓速食米饭在货架期内的老化。

图 2-15　HPP 越后速食米饭产品

日本越后公司将 HPP 技术应用到了速食米饭的生产中，代替传统的加热预糊化操作，有效提高了生产效率，降低了能耗，减缓了速食米饭在货架期内的老化（图 2-15）。

六、超高压技术在我国的应用

我国在 2000 年以后开始了 HPP 技术规模化与系统化的研究与应用。十几年来，HPP 技术的研究与应用在中国迅速发展，在增压器、承压框架、耐压容器、泄压阀、密封组件等关键环节实现了技术突破，陆续开发出具有自主知识产权的 HPP 小型实验设备、中型中试设备和大型生产型设备，最大处理能力已达 2×350 L，最大压力可达 600MPa。我国大陆生产的超高压设备也销往韩国、泰国、荷兰、我国台湾、哥斯达黎加等国家和地区。我国的研究人员利用 HPP 技术开发出芒果汁、草莓汁、苹果汁、黄瓜汁、泡椒凤爪等产品，并在上述产品的生产中实现了产业化应用（图 2-16）。目前我国已在北京、天津、上海、江苏、重庆、新疆等地建立了多条超高压生产线，并有部分产品上市（图 2-17）。

图 2-16　中国的 HPP 产品

A. 芒果汁；B. 黄瓜汁；C. 胡萝卜汁、橙汁、苹果汁；D. 草莓汁；E. 紫甘薯汁；F. 即食黄桃

图 2-17　在国内已经上市的超高压果汁产品

第四节　优势和存在的瓶颈与局限性

一、技术优势

（一）处理温度低，产品品质好

HPP 技术是一项新型的食品非热杀菌技术，工作时物料的处理温度一般处于室温甚至更低的温度条件下。因此超高压对食品中的热敏性成分如营养物质（B 族维生素、维生素 C、类胡萝卜素等）、色素（叶绿素 a、叶绿素 b、类胡萝卜素、花青素等）、风味物质（醛类、脂类、醇类等）、质构相关物质（果胶等）等影响较少。此外，超高压只作用于食品分子的氢键、离子键和疏水键等非共价键，对共价键无明显影响，因此能够最大限度地保持食品原有的营养、色泽和风味等品质。

（二）产品安全性高

常温条件下，超高压能够有效地杀灭食品中的微生物营养体；结合适当的加热处理可有效杀死细菌芽孢。因此超高压技术能够保障食品安全，避免或减少山梨酸钾、苯甲酸钠等防腐剂的使用，降低了以此带来的对食品安全性和品质的影响。

（三）适用范围广

超高压处理过程中的压力传递过程是瞬间完成的，对食品的加工均一性非常好，对产品的形状、大小、规格要求较低，适合各类食品的加工。目前超高压技术已经广泛应用于各类果蔬汁、果酱、熟肉制品、饮料、乳制品、即食蔬菜等产品的杀菌和海产品的脱壳加工。

（四）耗水、耗能低

超高压技术是一项新型的食品非热杀菌技术，工作温度一般处于室温甚至更低的温度条件下。处理环节中不涉及加热、保温和降温的环节，且处理过程中作为传压介质的水可以重复循环利用。因此超高压技术具有节水、节电的优点。超高压技术省电节水、节能降耗作用明显，属于低碳经济技术，超高压每吨产品电量消耗与水消耗分别只有传统热加工的15%和50%左右。因此，它是一项“绿色”加工技术，对环境的污染较小。

（五）可用于新型产品的生产

超高压技术由于其压力高和温度低的特点，可以赋予产品新的特点。利用超高压技术可实现对大米糊化，生产出老化率低的速食米饭。利用超高压技术可以实现对牡蛎、扇贝、龙虾等产品的快速脱壳加工，生产出新鲜、完整的新型水产品。

超高压技术具有处理温度低、传质效果好的优点，可用于有效功能成分特别是热敏性成分的提取，且提取效率高、耗时少。

二、发展瓶颈与挑战

（一）基础理论研究需进一步完善

1. 超高压处理过程中温度变化研究不充分

各类食品的超高压处理工艺与效率不仅与压力密切相关还与温度相关。由于压制升温现象的存在，在超高压处理过程中的升压阶段，食品原料的温度会升高。如图2-18所示，在压力升高的阶段（从p_s升高的p_1），物料的温度由T_s升高到T_1，在保压阶段由于热传递作用，物料温度降到T_2，在快速泄压阶段（压力从p_2到p_f）物料的温度迅速从T_2降低到T_f。但由于各类食品原料的含水量、脂肪含量不尽相同，因此，物料温度升高和下降的速度也不同。此外，物料温度变化的程度也与原料的组成、初始温度、压缩率、压缩热、传压介质的组成，以及目标压力有关。

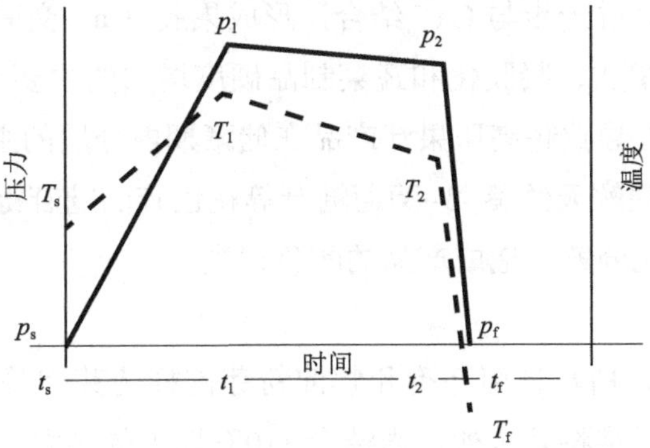

图2-18　绝热压缩过程中食品原料温度和压力的变化示意图

食品组分中水的压制升温最低（3℃ /100MPa），脂肪最高（6 ～ 8.7℃ /100MPa）。但最近的研究也发现，水的压制升温随其压力的升高也在增加。由于食品中的大部分为水，因此食品的压制升温可认为与水近似。但是在压力的升高过程中传压介质的压致升温也是影响食品温度的重要原因之一。研究发现75%乙二醇的水溶液压制升温最高，而加入2%的苯甲酸钠的水溶液压制升温最低。

目前有关超高压处理过程中的温度变化引起的食品品质变化并没有系统研究。这些变化与杀菌效果、食品的凝胶化、蛋白变性、脂肪迁移和冰点变化等密切相关。首先，需要对各食品组分在超高压处理过程中的物理性质和温度的变化进行系统研究；其次，需要对在这些研究的基础上建立组分 - 压力 - 温度 - 时间的数学模型。这些研究是超高压技术应用过程中进行工艺参数优化和保证食品安全必不可少的因素。

2. 超高压不能完全钝化内源酶和细菌芽孢

（1）内源酶

食品中与品质相关的内源酶如多酚氧化酶（PPO）、过氧化物酶（POD）、脂肪氧合酶（LOX）、果胶甲酯酶（PME）、聚半乳糖醛酸裂解酶（PG）和 β - 葡萄糖苷酶等具有较强的耐压性，超高压处理不能完全将其钝化，需要高于800MPa以上的压力并结合一定的温度处才能将其完全钝化。残存的酶活性会造成储藏期内产品品质的降低。

PPO、POD广泛参与食品中水溶性维生素、多酚、花青素、叶绿素a、叶绿素b等物质的氧化反应。超高压产品中残存的PPO和POD酶会造成产品颜色、营养和风味的劣变。LOX参与各种不饱和脂肪酸等脂类物质的氧化，将其转化成对应的醛。LOX是超高压果汁在储藏期内产生青草味的主要原因。另外，LOX还参与番茄红素、类胡萝卜素等脂溶性色素的氧化分解，造成含有此类化合物的产品在储藏期内颜色劣变。LOX还会造成产品中必需脂肪酸的氧化，造成营养损失。

PME和PG参与果胶的降解过程。PME通过催化果胶降解为果胶酸和甲酸的过程，而在酸性条件下果胶酸会进一步与 Ca^{2+} 结合，形成果胶 -Ca^{2+} 交联的网络结构，这是超高压果汁在储藏期内黏度增加、凝胶化和蔬菜制品硬度增加的主要原因。PG可将果胶酸解聚生成半乳糖醛酸，这是导致超高压果汁产品在储藏期内分层的主要原因。

β- 葡萄糖苷酶通过裂解天竺葵 -3- 葡萄糖苷等花色苷的糖苷键将其分解为花青素和葡萄糖。而花青素易被氧化分解，造成产品的颜色损失。

（2）细菌芽孢

肉毒梭状杆菌芽孢、枯草杆菌芽孢和解淀粉芽孢杆菌芽孢等细菌芽孢具有极强的耐压性，单纯使用超高压很难将其杀死，需结合110℃以上的高温才可以将其完全钝化。由于细菌芽孢的存在，超高压在低酸性食品中的应用受到限制，且大部分超高压产品需要低温（4℃）储藏。高酸和低温都是为了防止储藏期内芽孢增殖所引起产品安全和质量问题。

3. 安全性需进一步研究

安全是食品最重要的属性。当今，由于食品安全问题频发，消费者已日益关注和重视食品安全问题。虽然超高压加工不会导致食品的基本化学成分和结构发生显著改变，但超高压食品的安全性与多方面的因素密切相关，例如，由于在超高压处理过程中包装材料与食物紧密接触，是否能够保证材料中的可塑剂、挥发性有机物质不向食物中扩散；超高压能使蛋白质发生变性、生物活性肽变化，这些变化是否会产生新的有毒物质，是否会诱导出新的过敏源，从而对消费者产生潜在的安全威胁；另外，在高压的条件下，食物中的组分可能会发生特定的水解、解离等化学变化，从而产生新的物质，造成新的潜在危害（Eisenbrand，2005）。因此，虽然目前还没有研究表明超高压加工会导致食用安全性方面的风险，但这并不足以给出一个全面而肯定的结论，因为这仅仅是从少数已经上市销售的产品得到的结果，而食品的种类千差万别，成分也极其复杂。因此，当新的超高压产品种类出现时，应该对每一种准备上市的产品执行全面的食用安全性评价。

超高压处理对食品中化学物质的影响，特别是有毒物质的生成需要进一步研究。目前多数研究表明超高压能够抑制食品中丙烯酰胺的生成。在利用模拟体系探究超高压条件下丙烯酰胺生成的研究发现，115℃ /600MPa 处理 60min 丙烯酰胺的含量为 1700ppb①；常压条件下在相同的温度条件下处理 60min，样品中丙烯酰胺的浓度达到 6500ppb（van der Plancken et al., 2012）。

苹果中的 Mad d1 蛋白、Mad d3 蛋白、花生蛋白、乳清蛋白、虾青素蛋白等食物过敏原是引起食品安全问题的另一源头。大多数过敏原为蛋白质，其免疫原性与自身特定的二、三级结构密切相关（Taylor and Lehrer，1996）。传统的高温处理能够引起过敏原变性，就降低其引起过敏反应的危险。而超高压处理不能完全使过敏原变性，因此引起过敏反应的危险依然存在。目前有关超高压对食品中过敏原的免疫原性的影响已经有部分研究，但这些研究大多都证明超高压无法钝化食品中的过敏原。芹菜中的主要过敏蛋白 rApi g1，经 500MPa/50℃的超高压处理后，高级结构改变，但仍具有相当强的免疫原性（Houska et al.，2009）。Kleber 等（2007）研究发现，超高压处理过后 β - 乳球蛋白的免疫原性反而增强了，且随着压力的升高而增强。超高压处理后经结合前期短暂热处理或其他方法钝化或除去过敏原还需进一步研究。

（二）超高压设备性能需进一步提高

1. 设备处理量小、生产效率低

经过近 30 年的努力超高压设备的处理能力逐渐增大。目前国际上，压力能够达到

① 1ppb $= 1\times10^{-9}$

600MPa，生产能力最强的超高压设备的处理釜容积可达 525L，生产效率为 500kg/cycle。西班牙 Hiperbaric 公司、美国 Avure 公司和德国的 Uhde 公司均有能力生产出这样的大型设备，此类设备以保压时间 3min 计算，最快的生产速度可以达到 10cycle/h，处理量为 5t/h。但超高压间歇式处理的特点限制了其生产速度的进一步提高。目前美国、西班牙、澳大利亚等利用超高压技术进行生产的大型工厂都采用多套设备共同生产的方式提高生产速度。进一步开发具有更高处理能力的超高压设备势在必行。

2. 设备制造费用高

目前超高压设备大多造价偏高，西班牙 Hiperbaric 公司 525 L 的设备售价超过了 2500 万人民币。且由于超高压设备工作时的压力为极端条件，设备易损，备件造价高昂，且更换频率高。这些都增加了超高压设备的使用成本。通过优化设计降低设备的生产成本，延长易损配件的使用时间，是未来设备制造的趋势。

3. 设备稳定性差

由于超高压设备的工作条件属于极端条件，对设备各部分要求高，配件损坏频率高，这些都导致超高压稳定性差。超高压设备的泄压阀、容器密封组件、增压器密封组件、各管路阀门均属于更换频率较高的配件。目前超高压设备的良好运转均需要较高的配件更换频率和长时间的维护。进一步对超高压的管路进行简化，缩短高压管路和阀门数量，增加泄压阀的使用时间是提高超高压设备稳定性的新思路。

三、国内外发展趋势

（一）国际发展趋势

1. 理论与技术研究趋势

（1）研究层次进一步深入

杀菌方面：以微生物营养体、芽孢和活着但不可培养的细胞（VBNC）为研究对象，重点研究杀菌动力学分析和杀菌机制。其中预测模型的分析与验证是 HPP 动力学分析的热点和难点；而机制方面要在研究细胞形态与结构变化、细胞代谢内源关键酶钝化的同时，深入到 DNA 损伤、蛋白质组学、基因表达变化的研究，从而完整地从细胞、分子和基因水平对 HPP 的杀菌机制作出诠释。

钝酶方面：主要研究方向为钝酶动力学分析和钝酶机制。其中预测模型的分析与验证是动力学分析的热点和难点；而机制方面要在研究酶蛋白基本性质如浊度、粒度、等电点变化的同时，深入到对酶蛋白活性部位，以及辅因子结构等影响的研究。

品质方面：主要以品质劣变分子机制为研究重点，关注储藏过程中的酶促反应引起品质劣变；HPP 处理导致蛋白质变性，引起食品成分的功能和感官品质下降等。

（2）研究方向更加多元化

一方面，HPP 研究领域不断开拓。例如，利用 HPP 技术进行更多大分子修饰或改性，改良食品品质和风味；利用 HPP 技术激活某些在常压下受抑制的酶，应用于某些食品加工的特定处理；利用 HPP 技术钝化酶活，通过控制（或中断）酶反应的进程，生产特定的目标物质；利用 HPP 技术进行高压速冻和高压解冻，提高冻藏食品品质；利用 HPP 技术有效降解残留的农药，例如，苹果汁中的拟除虫菊酯类、氨基甲酸酯类、有机磷类等。

另一方面，HPP 技术与更多其他因素的协同处理研究会越来越多。例如，抗菌肽、精油、气体等结合 HPP 提高杀菌效果，温压结合有效提高芽孢致死率。HPP 技术与传统热烫技术、渗透脱水、干燥、超声波、二氧化碳和氩气、交流电、电离辐照，以及其他非热加工技术等配合处理。

2. 商业应用与产业化趋势

未来，HPP 技术产业化应用的推进，除了取决于 HPP 技术开发和机制研究外，还依赖于装备研制、产品安全性评价、包装材料研发、HPP 食品标准制订等与 HPP 技术相匹配的辅助技术的不断进步。

其中，HPP 装备有效处理容量是制约产业化应用的首要因素。如何进一步增加处理釜的容积，并配套相关组件、优化结构设计、增强设备稳定性，从而提高整体装备性能和生产效率，这是 HPP 装备重要的发展方向。

（二）国内发展趋势

1. 理论与技术研究趋势

我国的超高压技术研究虽然取得了长足的进步，但与国外发达国家相比，研究范围和研究深度都有一定的差距。目前我国的超高压技术涉及果蔬产品、乳制品、肉制品、米面制品、水产品的加工，活性成分的提取，以及杀菌、钝酶的机制研究等。

产品工艺的研究方面主要集中于产品品质在处理前后和储藏期的变化，而产品的安全性、营养成分和功能性的变化研究很少。提取方面多集中在工艺优化，但对超高压促进传质及超高压条件下溶剂和活性成分的溶解性变化没有研究；杀菌钝酶方面的研究主要集中在钝化动力学方面，微生物细胞结构、蛋白质的分子结构在超高压处理后的变化研究还不多。

目前来看，我国的超高压研究的系统性不强，重复或相似的研究居多，而且与超高压相关的机制研究非常少，因此，全面、系统、深入的研究是下一步我国超高压技术理论研究的趋势。

2. 商业应用与产业化趋势

目前我国自主设计并生产的超高压装备已达到商业化应用水平，但仍存在设备故障率高、配件损耗大、稳定性差的缺点。通过进一步优化设备设计、提高加工工艺增强设备的稳定性和工作效率是下一步发展的方向。

我国超高压技术的应用刚刚起步，目前在徐州、喀什、天津、北京、上海、重庆、宿迁、青岛等地的多个企业建设有超高压生产线。受到设备加工能力、销售渠道和管理方法限制，真正的超高压产品还不多。与大型食品企业合作推广超高压技术，并进行商业化应用是下一步发展的趋势。

另外，确保 HPP 产品的安全性也是进一步推进 HPP 技术商业化应用的必要条件。建立健全国内 HPP 技术的安全性评价体系，包括分析和评价 HPP 技术能否达到降低致病菌 5 个对数的效果，处理过程中包装材料中的挥发性有机物质是否会向食物中扩散，处理过程是否有食品组分变性导致新物质产生及这些变化或新物质是否会给人体造成安全威胁等。

四、对策建议

（一）深入开展超高压技术研究

由于超高压处理是一个非常复杂的过程，针对特定的食品要选择特定的加工工艺，而为了获得更好的产品品质，就必须优化以上过程，因此必须从杀菌、钝酶和品质变化三方面深入开展机制研究，也只有积累大量可靠的基础数据才能保证超高压食品的安全性和高品质性。

此外，还应开展降低超高压处理条件（压力和时间）的协同处理研究，以解决高压设备的一次性投资成本高、生产效率相对较低和过高压力下安全的问题，如协同温度、气体、抗菌剂、脉冲加压等措施。

（二）系统提升装备性能

具有高性能的超高压装备是加快产业化的关键所在，而通过增加处理釜的容积，并配套相关组件、优化结构设计、增强设备稳定性是行之有效的途径。在高压容器的结构方面，利用热套后外部加装线圈强化结构以保证在较大处理容积下实现高压力水平；采用快开式双堵头技术，以提高物料的装卸速度；使用耐久性和可靠性很高的自密封填料以保证容器的密封性和压力稳定性；开发低压系统与高压系统的流量匹配技术，以提高水的处理效率；最后，通过精确导轨、激光定位及智能操作系统，实现高压处理的快速、准确、连续的生产，从而提高工作效率。

（三）建立合作机制，加强学术交流

与国外相比，我国超高压研究机构和研究人员数量虽比较庞大，采购超高压设备的单位不少，但是往往各自开展研究，缺乏合作和交流的平台。因此，为了促进超高压技术的交流，应以中国食品科学技术学会非热加工技术分会为载体，设立超高压加工专题学术会议，定期举办“超高压食品加工技术年会”，加强学术交流，并出版相关的专业书籍和科普读物，进一步推广超高压技术。

此外，还应加强同国际相关行业的联系，利用国外的先进技术与设备来开发和提升我国的超高压技术，并加强研究机构与企业之间的联系，实现产学研相结合。

（四）建立相关技术体系和标准

目前我国相关的食品法规规定的是以热加工为基础的标准参数，并不适合于超高压食品，制约了超高压食品的推广。因此，国家有关部门应加快制定相关的食品法规，并建立 HPP 技术的安全性评价体系和相应的 HPP 产品标准，为超高压加工技术的产业化推广提供保障。

参考文献

Ann-Charlotte Eliassen. 2009. 食品淀粉的结构、功能及应用 . 赵凯译 . 北京：中国轻工业出版社 .

卜平宇 , 夏泉 . 2009. 普通化学 . 北京 : 科学出版社 .

廖小军 . 2002. 果蔬汁非热加工技术进展 . 饮料工业 , 5(6): 4-7.

刘培玲 , 张甫生 , 白云飞 , 等 . 2010. 高静压对淀粉结构及糊化性质的影响 . 高压物理学报 , (6): 472-480.

马成林 , 左春柽 . 2000. 高压食品加工技术 . 长春 : 吉林科学技术出版社 .

王镜岩 . 2002. 生物化学 . 北京 : 高等教育出版社 .

伊莱亚森瑞典 , 赵凯 . 2009. 食品淀粉的结构、功能及应用 . 北京 : 中国轻工业出版社 .

易建勇 , 章中 , 胡小松 , 等 . 2011. 超高压处理对灭活细菌芽孢影响的研究进展 . 中国食品学报 , 11: 152-158.

Abe F, Kato C, Horikoshi K. 1999. Pressure-regulated metabolism in microorganisms. Trends in Microbiology, 7(11): 447-453.

Aertsen A, de Spiegeleer P, Vanoirbeek K, et al. 2005. Induction of oxidative stress by high hydrostatic pressure in Escherichia coli. Applied and Environmental Microbiology, 71(5): 2226-2231.

Aertsen A, Vanoirbeek K, de Spiegeleer P, et al. 2004. Heat shock potein-mediated resistance to high hydrostatic pressure in Escherichia coli. Applied and Environmental Microbiology, 70(5): 2660-2666.

Ahmed J, Ramaswamy H S, Hiremath N. 2005. The effect of high pressure treatment on rheological characteristics and colour of mango pulp. International Journal of Food Science and Technology, 40: 885-895.

Ahn J, Balasubramaniam V M, Yousef A E. 2007. Inactivation kinetics of selected aerobic and anaerobic bacterial spores by pressure-assisted thermal processing. International Journal of Food Microbiology, 113(3): 321-329.

Akasaka K, Li H, Yamada H, et al. 1999. Pressure response of protein backbone structure. Pressure-induced amide 15N chemical shifts in BPTI. Protein Science, 8(10): 1946-1953.

Alex W M, Ferreira S T. 1996. Deterministic pressure dissociation and unfolding of triose phosphate isomerase: persistent heterogeneity of a protein dimer. Biochemistry, 35(24): 7743-7751.

Ando N, Barstow B, Baase W A, et al. 2008. Structural and thermodynamic characterization of T4 lysozyme mutants and the Contribution of Internal Cavities to Pressure Denaturation. Biochemistry, 47(42): 11 097-11 109.

Atlung T, Ingmer H. 1997. H-NS: a modulator of environmentally regulated gene expression. Molecular Microbiology, 24(1): 7-17.

Bang W S, Chung H J. 2010. Effect of high hydrostatic pressure on the enzyme activities in Saccharomyces cerevisiae and Escherichia coli. New Biotechnology, 27(4): 440-444.

Basak S, Ramaswamy H S. 1998. Effect of high pressure processing on the texture of selected fruits and vegetables. Journal of Texture Studies, 29: 587-601.

Black G, Davidson M. 2008. Use of modelling to enhance the microbiological safety of the food system. Comprehensive Reviews in Food Science and Food Safety, 7: 159-167.

Blaszczak W, et al. 2007. Effect of high pressure on thermal, structural and osmotic properties of waxy maize and Hylon Ⅶ starch blends. Carbohydrate Polymers, 68(3): 387-396.

Blaszczak W, Valverde S, Fornal J, et al.2005.Effect of high pressure on the structure of potato starch. Carbohydrate Polymers, 59(3): 377-383.

Boonyaratanakornkit B B, Park C B, Clark D S. 2002. Pressure effects on intra-and intermolecular interactions within proteins. Biochimica et Biophysica Acta (BBA)-Protein Structure and Molecular Enzymology, 1595(1-2): 235-249.

Bowman J P, Bittencourt C R, Ross T. 2008. Differential gene expression of Listeria monocytogenes during high hydrostatic pressure processing. Microbiology, 154(2): 462-475.

Bridgman P W. 1914. The coagulation of albumen by pressure. Journal of Biological Chennistry, 19: 511-512.

Bridgman P W. 1931. The Physics of High Pressure. Britain: Strangeways Press: 450.

Brul S, Rommens A J M,Verrips C T. 2000. Mechanistic studies on the inactivation of Saccharomyces cerevisiae by high pressure. Innovative Food Science and Emerging Technologies, 1:99-108.

Burt S. 2004. Essential oils: their antibacterial properties and potential applications in foods-a review. International Journal of Food Microbiology, 94: 223-253.

Butz P, Serfert Y, Fernandez G A, et al. 2004. Influence of high-pressure treatment at 25℃ and 80℃ on folates in orange juice and model media. Journal of Food Science, 69:117-121.

Butz P, Tauscher B. 2002. Emerging technologies: chemical aspects. Food Research International, 35(2-3): 279-284.

Buzrul S, Alpas H, Bozoglu F. 2005. Use of Weibull frequency distribution model to describe the inactivation of Alicyclobacillus acidoterrestris by high pressure at different temperatures. Food Research International, 38:151-157.

Buzrul S. 2007. A suitable model of microbial survival curves for beer pasteurization. LWT-Food Science and Technology, 40:1330-1336.

Casadei M A, Manas P, Niven G, et al. 2002. Role of membrane fluidity in pressure resistance of Escherichia coli NCTC 8164. Applied and Environmental Microbiology, 68: 5965-5972.

Chapleau N, Ritz M, Delépine S, et al. 2006. Influence of kinetic parameters of high pressure processing on bacterial inactivation in a buffer system. International Journal of Food Microbiology, 106:324-330.

Charoenwong D, Andrews S, Mackey B. 2011. Role of rpos in the development of cell envelope resilience and pressure resistance in stationary-phase *Escherichia coli*. Applied and Environmental Microbiology, 77(15): 5220-5229.

Chen W, Heymann G, Kursula P, et al. 2012. Effects of gigapascal level pressure on protein structure and function. The Journal of Physical Chemistry B, 116(3): 1100-1110.

Chilukuri L N, Fortes P A G, Bartlett D H. 1997. High pressure modulation of *Escherichia coli* DNA gyrase activity. Biochemical and Biophysical Research Communications, 239(2): 552-556.

Cocito C. 1978. Pressure dissociation of bacterial ribosomes and reassociation of ribosomal subunits. Molecular Genetics and Genomics, 162(1): 43-50.

Collins M D, Hummer G, Quillin M L, et al. 2005. Cooperative water filling of a nonpolar protein cavity observed by high-pressure crystallography and simulation. Proceedings of the

National Academy of Sciences of the United States of America, 102(46): 16 668-16 671.

Collins M D, Quillin M L, Hummer G, et al. 2007. Structural rigidity of a large cavity-containing protein revealed by high-pressure crystallography. Journal of Molecular Biology, 367(3): 752-763.

Considine K M, Kelly A L, Fitzgerald G F, et al. 2008. High-pressure processing-effects on microbial food safety and food quality. FEMS Microbiology Letters, 281(1): 1-9.

Corbo M R, Bevilacqua A, Campaniello D, et al. 2009. Prolonging microbial shelf life of foods through the use of natural compounds and nonthermal approaches-a review. International Journal of Food Science & Technology, 44:223-241.

Day R, García A E. 2008. Water penetration in the low and high pressure native states of ubiquitin. Proteins: Structure, Function, and Bioinformatics, 70(4): 1175-1184.

de Ancos B, Gonzalez E, Pilar C M. 2000. Effect of high pressure treatment on the carotenoid composition and the radical scavenging activity of persimmon fruit purees. Journal of Agriculture and Food Chemistry, 48: 3542-3548.

Donsi G, Ferrari G, Di Matteo M. 1996. High pressure stabilization of orange juice: evaluation of the effects of process conditions. Italian Journal of Food Science, 2: 99-106.

Doona C J, Feeherry F E, Ross E W, et al. 2007. The quasi-chemical and Weibull distribution models of nonlinear inactivation kinetics of Escherichia *coli* ATCC 11229 by high pressure processing. In: Doona C J, Feeherry F E. High Pressure Processing of Foods. Ames, Iowa, USA: Blackwell Publishing: 115-144.

Drews O, Weiss W, Reil G, et al. 2002. High pressure effects step-wise altered protein expression in Lactobacillus sanfranciscensis. Proteomics, 2(6): 765-774.

Eisenbrand G. 2005. Safety assessment of high pressure treated foods. Molecular Nutrition & Food Research, 49:1168-1174.

Farkas D, Hoover D. 2000. High pressure processing: kinetics of microbial inactivation for alternative food processing technologies. Journal of Food Science, (Supplement): 47-64.

Farnaud S, Evans R W. 2003. Lactoferrin—a multifunctional protein with antimicrobial properties. Molecular Immunology, 40: 395-405.

Farnaud S, Spiller C, Moriarty L C, et al. 2004. Interactions of lactoferricin-derived peptides with LPS and antimicrobial activity. FEMS Microbiology Letters, 233:193-199.

Fernandes P M B, Domitrovic T, Kao C M, et al. 2004. Genomic expression pattern in Saccharomyces cerevisiae cells in response to high hydrostatic pressure. FEBS Letter, 556(1-3): 153-160.

Fernandez G A, Butz P, Bognar A, et al. 2001. Antioxidative capacity, nutrient content and sensory quality of orange juice and an orange-lemon-carrot juice product after high pressure treatment and storage in different packaging. European Food Research and Technology, 213:290-296.

Fuentes E J, Wand A J. 1998. Local stability and dynamics of apocytochrome b562 examined by the dependence. Biochemistry, 37: 9877-9883.

Gabrovska D, Paulickova I, Maskova E, et al. 2005. Changes in selected vitamins, microorganism counts and sensory quality during storage of pressurized sprouted seed of alfalfa (Medicago sativa L.). Czech Journal of Food Sciences, 23:246-250.

Gall A, Ellervee A, Sturgis J N, et al. 2003. Membrane protein stability: high pressure effects on the structure and chromophore-binding properties of the light-harvesting complex LH2. Biochemistry, 42(44): 13 019-13 026.

García A F, Bognàr P B A, Tauscher B. 2001. Antioxidative capacity, nutrient content and sensory quality of orange juice and an orange-lemon-carrot juice product after high pressure treatment and storage in different packaging. European Food Research and Technology, 213: 290-296.

Garcia-Palazon A, et al. 2004. The effects of high hydrostatic pressure on β-glucosidase, peroxidase and polyphenoloxidase in red raspberry (Rubus idaeus) and strawberry (Fragaria × ananassa). Food Chemistry，88(1): 7-10.

Gekko K, Hasegawa Y. 1986. Compressibility-structure relationship of globular proteins. Biochemistry, 25(21): 6563-6571.

Gervilla R, Capellas M, Ferragut V, et al. 1997. Effect of high hydrostatic pressure on Listeria innocua 910 CECT inoculated into ewe’ s milk. Journal of Food Protection, 60(1): 33-37.

Girard E, Marchal S, Perez J, et al. 2010. Structure-function perturbation and dissociation of tetrameric urate oxidase by high hydrostatic pressure. Biophysical Journal, 98(10): 2365-2373.

Goldstein J, Pollitt N S, Inouye M. 1990. Major cold shock protein of *Escherichia coli*. Proceedings of the National Academy of Sciences, 87(1): 283-287.

Grigera J R, Mccarthy A N. 2010. The behavior of the hydrophobic effect under pressure and protein denaturation. Biophysical Journal, 98(8): 1626-1631.

Gross M, Lehle K, Jaenicke R, et al. 1993. Pressure-induced dissociation of ribosomes and elongation cycle intermediates. European Journal of Biochemistry , 218(2): 463-468.

Hayakawa I, Furukawa S, Midzunaga A, et al. 1998. Mechanism of inactivation of heat-tolerant spores of Bacillus stearothermophilus IFO 12550 by rapid decompression. Journal of Food Science, 63: 371-374.

Hayert M, Perrier-Cornet J, Gervais P. 1999. A simple method for measuring the pH of acid solutions uynder high pressure. The Journal of Physical Chemistry A, 103(12): 1785-1789.

Heden C, Lindahl T, Toplin I. 1964. The stability of deoxyribonucleic acid solutions under high pressure. Acta Chemica Scandinavica, 18: 1150-1158.

Hédoux A, Guinet Y, Paccou L. 2011. Analysis of the mechanism of lysozyme pressure denaturation from Raman Spectroscopy Investigations, and Comparison with Thermal Denaturation. The Journal of Physical Chemistry B, 115: 6740-6748.

Hei D J, Clark D S. 1994. Pressure stabilization of proteins from extreme thermophiles. Applied and Environmental Microbiology, 60(3): 932-939.

Herdegen V. 1998. Hochdruckinaktivierung von Mikroorganismen in Lebensmitteln und Lebensmittelreststoffen. Technische Universität München (Dissertation).

Heremans L, Heremans K. 1989. Raman spectroscopic study of the changes in secondary structure of chymotrypsin: effect of pH and pressure on the salt bridge. Biochimica et Biophysica Acta (BBA) - Protein Structure and Molecular Enzymology, 999(2): 192-197.

Houska M, Kminkova M, Strohalm J, et al. 2009. Allergenicity of main celery allergen rApi g1 and high-pressure treatment. High Pressure Research, 29(4): 686-694.

Hummer G, Garde S, Garc I A A E, et al. 1998. The pressure dependence of hydrophobic interactions is consistent with the observed pressure denaturation of proteins. Proceedings of the National Academy of Sciences, 95(4): 1552.

Imai T, Sugita Y. 2010. Dynamic correlation between pressure-induced protein structural transition and water penetration. The Journal of Physical Chemistry B, 114(6): 2281-2286.

Indrawati C, Arroqui I, Message M T, et al. 2004a. Comparative study on pressure and temperature stability of 5-methyltetrahydrofolic acid in model systems and in food products. journal of Agricultural and Food Chemistry, 52: 485-492.

Indrawati, Van L A, Hendrickx M. 2005. Pressure and temperature stability of 5-methyltetrahydrofolic acid: a kinetic study. Journal of Agriculture and Food Chemistry, 53:3081-3087.

Indrawati, Van L A, Hendrickx, M. 2004b. Pressure and temperature stability of water-soluble antioxidants in orange and carrot juice: a kinetic study. European Food Research and Technology, 219:161-166.

Infante A A, Demple B, Chaires J B. 1982. Analysis of the *Escherichia coli* ribosome-ribosomal subunit equilibrium using pressure-induced dissociation. The Journal of Biological Chemistry, 257(1): 80-87.

Institute of Food Technologists. 2000. IFT export report on emerging microbiological food safety issues-implications for control in the 21st century. http://members.ift.org/NR/rdonlyres/

EFD4856D-D09F-4C9F-8354-5AB7BE0E248/0/introduction.pdf.[2015-2-1]

Ishii A, Sato T, Wachi M, et al. 2004. Effects of high hydrostatic pressure on bacterial cytoskeleton FtsZ polymers in vivo and in vitro. Microbiology, 150(6): 1965-1972.

Jaenicke R, Bernhardt G, Lüdemann H D, et al. 1988. Pressure-induced alterations in the protein pattern of the thermophilic archaebacterium methanococcus thermolithotrophicus. Applied and Environmental Microbiology, 54(10): 2375-2380.

Jofré A, Champomier-Vergès M, Anglade P, et al. 2007. Protein synthesis in lactic acid and pathogenic bacteria during recovery from a high pressure treatment. Research in Microbiology , 158(6): 512-520.

Kaletunç G, Lee J, Alpas H, et al. 2004. Evaluation of structural changes induced by high hydrostatic pressure in Leuconostoc mesenteroides. Applied and Environmental Microbiology, 70(2):1116-1122.

Kangur L, Timpmann K, Freiberg A. 2008. Stability of integral membrane proteins under high hydrostatic pressure: the LH2 and LH3 antenna pigment-protein complexes from photosynthetic bacteria . The Journal of Physical Chemistry B, 112(26): 7948-7955.

Kato M, Hayashi R, Tsuda T, et al. 2002. High pressure-induced changes of biological membrane. European Journal of Biochemistry, 269(1): 110-118.

Kim H, Kim B, Baik M. 2012. Application of ultra high pressure (UHP) in starch chemistry. Critical Reviews in Food Science and Nutrition, 52(2): 123-141.

King L, Weber G. 1986. Conformational drift of dissociated lactate dehydrogenases. Biochemistry, 25(12): 3632-3637.

Kleber N, Maier S, Hinrichs J. 2007. Antigenic response of bovine β-lactoglobulin influenced by ultra-high pressure treatment and temperature. Innovative Food Science & Emerging Technologies, 8(1): 39-45.

Klotz B, Mañas P, Mackey B M. 2010. The relationship between membrane damage, release of protein and loss of viability in Escherichia coli exposed to high hydrostatic pressure. International Journal of Food Microbiology, 137(2-3): 214-220.

Knorr D, Heinz V, Buckow R. 2006. High pressure application for food biopolymers. Biochimica et Biophysica Acta (BBA) - Proteins and; Proteomics, 1764(3): 619-631.

Kohyama K, Nishinari K. 1991. Effect of soluble sugars on gelatinization and retrogradation of sweet potato starch. Journal of Agricultural and Food Chemistry, 39(8): 1406-1410.

Kornblatt J A, Hui Bon Hoa G, Heremans K. 1988. Pressure-induced effects on cytochrome oxidase: the aerobic steady state. Biochemistry, 27(14): 5122-5128.

Kouniaki S, Kajda P, Zabetakis I. 2004. The effect of high hydrostatic pressure on anthocyanins and ascorbic acid in blackcurrants (Ribes nigrum). Flavour and Fragrance Journal, 19: 281-286.

Kubel J, Ludwig H, Tauscher B. 1997. Influence of UHP on Vitamin A. In: Heremans K. High Pressure Research in the Biosciences and Biotechnology. Leuven: Leuven University Press: 331-334.

Kudla E, Tomasik H P. 1992. The modification of starch by high pressure. Part Ⅱ : compression of starch with additives. starch, 44(7): 253-259.

Lado B H, Yousef A E. 2002. Alternative food-preservation technologies: efficacy and mechanisms. Microbes and Infection, 4: 433-440.

Lambadarios E, Zabetakis I. 2002. Does high hydrostatic pressure affect fruit esters? Lebensmittel-Wissenschaft und-Technologie, 35: 362-366.

Lambert Y, Demazeau G, Largeteau A, et al. 1999. Changes in aromatic volatile composition of strawberry after high pressure treatment. Food Chemistry, 67:7-16.

Le Tilly V, Sire O, Alpert B, et al. 1992. An infrared study of 2H-bond variation in myoglobin revealed by high pressure. European Journal of Biochemistry, 205(3): 1061-1065.

Li H, Yamada H, Akasaka K. 1999. Effect of pressure on the tertiary structure and dynamics of folded basic pancreatic trypsin inhibitor. Biophysical Journal, 77(5): 2801-2812.

Liu P, Hu X, Shen Q. 2010. Effect of high hydrostatic pressure on starches: a review. Starch-Stärke, 62:615-628.

Lodish H. 2008. Molecular Cell Biology. Macmillan: 409-429.

Mafart P, Couvert O, Gaillard S, et al. 2002. On calculating sterility in thermal preservation methods: application of the Weibull frequency distribution model. International Journal of Food Microbiology, 72: 107-113.

Malone A S, Chung Y K, Yousef A E. 2006. Genes of Escherichia coli O157:H7 that are involved in high-pressure resistance. Applied and Environmental Microbiology, 72(4): 2661-2671.

Mañas P, Mackey B M. 2004. Morphological and physiological changes induced by high hydrostatic pressure in exponential- and stationary-phase cells of *Escherichia coli*: relationship with cell death. Applied and Environmental Microbiology, 70(3): 1545-1554.

Margosch D, Ehrmann M A, Buckow R, et al. 2006. High-pressure-mediated survival of Clostridium botulinum and Bacillus amyloliquefaciens endospores at high temperature. Applied and Environmental Microbiology, 72(5): 3476-3481.

McMillan P F. 2003. Chemistry of materials under extreme high pressure-high-temperature conditions. Chemical Communications, 9(8): 919-923.

Metrick C, Hoover D G, Farkas D F. 1989. Effects of high hydrostatic pressure on heat-resistant and heat-sensitive strains of Salmonclla. Journal of Food Science, 54(6): 1547-1549.

Meyer R S, Cooper K L, Knorr D, et al. 2000. High-pressure sterilization of foods. Food Technology, 54(11): 67-72.

Mills G, Earnshaw R, Patterson M F. 1998. Effect of high hydrostatic pressure on Clostridium sporogenes spores. Letters in Applied Microbiology, 26: 227-230.

Minerich P L, Labuza T P. 2003. Development of a pressure indicator for high hydrostatic pressure processing of foods. Innovative Food Science and Emerging Technologies, 4(3): 235-243.

Mohamed H M H, Diono B H S, Yousef A E. 2012. Structural changes in listeria monocytogens treated with gamma radiation, pulsed electric field and ultra- high pressure. Journal of Food Safety, 32: 66-73.

Mozhaev V V, Heremans K, Frank J, et al. 1996. High pressure effects on protein structure and function. Proteins: Structure, Function, and Bioinformatics, 24(1): 81-91.

Mújica-Paz H, Valdez-Fragoso A, Samson T C, et al. 2011. High-pressure processing technologies for the pasteurization and sterilization of foods. Food and Bioprocess Technology, 4: 969-985.

Nakayama A, Yano Y, Kobayashi S, et al. 1996. Comparison of pressure resistances of spores of six Bacillus strains with their heat resistance. Applied and Environmental Microbiology, 62: 3897-3900.

Ngarize S, Herman H, Adams A, et al. 2004. Comparison of changes in the secondary structure of unheated, heated, and high-pressure-treatedbeta-lactoglobulin and ovalbumin proteins using Fourier transform Raman spectroscopy and self-deconvolution. Journal of Agricultural and Food Chemistry, 52(21): 6470-6477.

Niven G W, Miles C A, Mackey B M. 1999. The effects of hydrostatic pressure on ribosome conformation in Escherichia coli: an in vivo study using differential scanning calorimetry. Microbiology, 145(2): 419-425.

Noma S, Shimoda M, Hayakawa I. 2002. Inactivation of vegetative bacteria by rapid decompression treatment. Journal of Food Science, 67: 3408-3411.

Noma S, Tomita C, Shimoda M, et al. 2004. Response of *Escherichia coli* O157:H7 in apple and orange juices by hydrostatic pressure treatment with rapid decompression. Food Microbiology, 21: 469-473.

Oey I, Lille M, van Loey A, et al. 2008a. Effect of high-pressure processing on colour, texture and flavour of fruit-and vegetable-based food products: a review. Trends in Food Science and Technology, 19(6): 320-328.

Oey I, van der Plancken I, van Loey A, et al. 2008b. Does high pressure processing influence nutritional aspects of plant based food systems? Trends in Food Science & Technology, 19(6): 300-308.

Oey I, Verlinde P, Hendrickx M, et al. 2006. Temperature and pressure stability of L-ascorbic acid and/or [6s] 5-methyltetrahydrofolic acid: a kinetic study. European Food Research and Technology, 219: 161-166.

Oh H E, et al. 2008. Effect of high-pressure treatment on various starch-in-water suspensions. Food Hydrocolloids, 22(1): 150-155.

Paladini Jr A A, Weber G. 1981. Pressure-induced reversible dissociation of enolase. Biochemistry, 20(9): 2587-2593.

Panda M, Ybarra J, Horowitz P M. 2001. High hydrostatic pressure can probe the effects of functionally related ligands on the quaternary structures of the chaperonins GroEL and GroES. Journal of Biological Chemistry, 276(9): 6253-6259.

Paredes-Sabja D, Gonzalez M, Sarker M R, et al. 2007. Combined effects of hydrostatic pressure, temperature, and pH on the inactivation of spores of Clostridium perfringens type A and Clostridium sporogenes in buffer solutions. Journal of Food Science, 72: M202-M206.

Parish M E. 1998. Orange juice quality after treatment by thermal pasteurization or isostatic high pressure. Lebensmittel-Wissenschaft und - Technologie, 31: 439-442.

Park S W, Sohn K H, Shin J H, et al. 2001. High hydrostatic pressure inactivation of Lactobacillus viridescens and its effects on ultrastructure of cells. International Journal of Food Science and Technology, 36(7): 775-781.

Patterson M P, Mackle A, Linton M. 2011. Effect of high pressure, in combination with antilisterial agents, on the growth of Listeria monocytogenes during extended storage of cooked chicken. Food Microbiology, 28: 1505-1508.

Peng X, Jonas J, Silva J L. 1993. Molten-globule conformation of Arc repressor monomers determined by high-pressure 1H NMR spectroscopy. Proceedings of the National Academy of Sciences, 90(5): 1776-1780.

Peng X, Jonas J, Silva J L. 1994. High-pressure NMR study of the dissociation of Arc repressor. Biochemistry, 33(27): 8323-8329.

Phadtare S, Alsina J, Inouye M. 1999. Cold-shock response and cold-shock proteins. Current Opinion in Microbiology, 2(2): 175-180.

Pilavtepe-Çelik M, Balaban M O, Alpas H, et al. 2008. Image analysis based quantification of bacterial volume change with high hydrostatic pressure. Journal of Food Science, 73(9): M423-M429.

Pina P M C, Rodrigo A D, Saucedo R D, et al. 2007. Pressure inactivation kinetics of *Enterobacter sakazakii* in infant formula milk. Journal of Food Protection, 70: 2281-2289.

Plaza L, Munoz M, de Ancos B, et al. 2003. Effect of combined treatments of high-pressure, citric acid and sodium chloride on quality parameters of tomato puree. European and Food Research and Technology, 216: 514-519.

Pogorzelski E, Wilkowska A. 2007. Flavour enhancement through the enzymatic hydrolysis of glycosidic aroma precursors in juices and wine beverages: a review. Flavour and Fragrance Journal, (22): 251-254.

Polydera A C, Stoforos N G, Taoukis P S. 2005. Effect of high hydrostatic pressure treatment on post processing antioxidant activity of fresh Navel orange juice. Food Chemistry, 91: 495-503.

Prehoda K E, Mooberry E S, Markley J L. 1998. Pressure denaturation of proteins: evaluation of compressibility effects. Biochemistry, 37(17): 5785-5790.

Prestamo G, Arroyo G. 1998. High hydrostatic pressure effects on vegetable structure. Journal of Food Science, 63: 878-881.

Qiu W, et al. 2006. Effect of high hydrostatic pressure on lycopene stability. Food Chemistry, 97(3): 516-523.

Rendueles E, Omer M K, Alvseike O, et al. 2011. Microbiological food safety assessment of high hydrostatic pressure processing: a review. LWT-Food Science and Technology, 44(5): 1251-1260.

Reyns K M F A, Soontjens C C F, Cornelis K, et al. 2000. Kinetic analysis and modelling of combined high-pressure-temperature inactivation of the yeast Zygosaccharomyces bailii. International Journal of Food Microbiology, 56: 199-210.

Ritz M, Freulet M, Orange N, et al. 2000. Effects of high hydrostatic pressure on membrane proteins of Salmonella typhimurium. International Journal of Food Microbiology, 55(1-3): 115-119.

Ritz M, Tholozan J L, Federighi M, et al. 2001. Morphological and physiological characterization of Listeria monocytogenes subjected to high hydrostatic pressure. Applied and Environmental Microbiology. 67(5): 2240-2247.

Robey M, Benito A, Hutson R H, et al. 2001. Variation in resistance to high hydrostatic pressure and rpoS heterogeneity in natural isolates of *Escherichia coli* O157:H7. Applied and Environmental Microbiology, 67(10): 4901-4907.

Roche J, Caro J A, Norberto D R, et al. 2012. Cavities determine the pressure unfolding of proteins. Proceedings of the National Academy of Sciences, 109(18): 6945-6950.

Rodrigo D, et al. 2007. Thermal and high pressure stability of tomato lipoxygenase and hydroperoxide lyase. Journal of Food Engineering, 79(2): 423-429.

Rouget J B, Schroer M A, Jeworrek C, et al. 2010. Unique features of the folding landscape of a repeat protein revealed by pressure perturbation. Biophysical Journal, 98(11): 2712-2721.

Royer C A, Weber G, Daly T J, et al. 1986. Dissociation of the lactose repressor protein tetramer using high hydrostatic pressure. Biochemistry, 25(25): 8308-8315.

Ruan K, Weber G. 1988. Dissociation of yeast hexokinase by hydrostatic pressure. Biochemistry, 27(9): 3295-3301.

Ruan K, Weber G. 1989. Hysteresis and conformational drift of pressure-dissociated glyceraldehydes phosphate dehydrogenase. Biochemistry, 28(5): 2144-2153.

Sánchez-Moreno C, Plaza L, de Ancos B, et al. 2006. Impact of high pressure and traditional thermal processing of tomato purée on carotenoids, vitamin C and antioxidant activity. Journal of the Science of Food and Agriculture, 86: 171-179.

Sánchez-Moreno C, Plaza L, Elez-Martınez P, et al. 2005. Impact of high-pressure and pulsed electric fields on bioactive compounds and antioxidant activity of orange juice and comparison with traditional thermal processing. Journal of Agriculture and Food Chemistry, 53: 4403-4409.

Sancho F, et al. 1999. Effect of ultra-high hydrostatic pressure on hydrosoluble vitamins. Journal of Food Engineering, 39(3): 247-253.

Schlesinger M J. 1990. Heat shock proteins. The Journal of Biological Chemistry, 265(21): 12 111-12 114.

Seemann H, Winter R, Royer C A. 2001. Volume, expansivity and isothermal compressibility changes associated with temperature and pressure unfolding of staphylococcal nuclease. Journal of Molecular Biology, 307(4): 1091-1102.

Shigehisa T, Ohmori T, Saito A, et al. 1991. Effects of high hydrostatic pressure on characteristics of pork slurries and inactivation of microorganisms associated with meat and meat products. International Journal of Food Microbiology, 12(2-3): 207-215.

Shimada S, Andou M, Naito N, et al. 1993. Effects of hydrostatic pressure on the ultrastructure and leakage of internal substances in the yeast Saccharomyces cerevisiae. Applied Microbiology and Biotechnology, 40: 123-131.

Sila D N, Duvetter T, de Roeck A, et al. 2008. Texture changes of processed fruits and vegetables: potential use of high-pressure processing. Trends in Food Science & Technology, 19(6): 309-319.

Silva J L, Foguel D, Royer C A. 2001. Pressure provides new insights into protein folding, dynamics and structure. Trends in Biochemical Sciences, 26(10): 612-618.

Silva J L, Miles E W, Weber G. 1986. Pressure dissociation and conformational drift of the.beta. dimer of tryptophan synthase. Biochemistry, 25(19): 5780-5786.

Simpson R K, Gilmour A. 1997. The effect of high hydrostatic pressure on the activity of intracellular enzymes of Listeria monocytogenes. Letters in Applied Microbiology, 25: 48-53.

Stewart C M, Dunne C P, Sikes A, et al. 2000. Sensitivity of spores of Bacillus subtilis and Clostridium sporogenes PA 3679 to combinations of high hydrostatic pressure and other processing parameters. Innovative Food Science & Emerging Technologies, 1: 49-56.

Stute R, et al. 1996. Effects of high pressures treatment on starches. Starch-Starke, (11): 399-408.

Subirade M, Loupil F, Allain A, et al. 1998. Effect of dynamic high pressure on the secondary structure of β-lactoglobulin and on its conformational properties as determined by fourier transform infrared spectroscopy. International Dairy Journal, 8(2): 135-140.

Suthanthangjai W, Kajda P, Zabetakis I. 2005. The effect of high hydrostatic pressure on the anthocyanins of raspberry (Rubus idaeus). Food Chemistry, 90(1-2): 193-197.

Takeda N, Kato M, Taniguchi Y. 1995. Pressure-and thermally-induced reversible changes in the secondary structure of ribonuclease A studied by FT-IR spectroscopy. Biochemistry, 34(17): 5980-5987.

Taoukis P S, Panagiotidis P, Stoforos N G, et al. 1998. Kinetics of vitamin C degradation under high pressure-moderate temperature processing in model systems and fruit juices. In: Isaacs N S. High Pressure Food Science, Bioscience and Chemistry. Cambridge: The Royal Society of Chemistry: 310-316.

Tauscher B. 1999. Chemical reactions of food components under high hydrostatic pressure. In: Ludwig H. Advances in High Pressure Bioscience and Biotechnology. Heidelberg: Springer: 363-366.

Taylor S L, Lehrer S B. 1996. Principles and characteristics of food allergens. Crit Rev Food Sci Nutr, 36(sup001): 91-118.

Tholozan J L, Ritz M, Jugiau F, et al. 2000. Physiological effects of high hydrostatic pressure treatments on *Listeria monocytogenes* and *Salmonella typhimurium*. Journal of Applied Microbiology, 88(2): 202-212.

Torres J A, Velazquez G. 2005. Commercial opportunities and research challenges in the high pressure processing of foods. Journal of Food Engineering, 67: 95-112.

Torres J A, Velazquez G. 2008. Hydrostatic pressure processing of foods. In: Jun S, Irudayaraj J. Food Processing Operationsmodeling: Design and Analysis. Boca Ratón, FL: CRC Press

Inc.: 173-212.

Tribst A A L, Franchi M A, Cristianini M, et al. 2009. Inactivation of Aspergillus nigerin mango nectar by high-pressure homogenization combined with heat shock. Journal of Food Science, 74(9): M509-M514.

Tschirret-Guth R A, Hoa G H B, de Montellano P R O. 1998. Pressure-induced deformation of the cytochrome P450cam active site. Journal of the American Chemical Society, 120(15): 3590-3596.

Tschirret-Guth R A, Koo L S, Hoa G H B, et al. 2001. Reversible pressure deformation of a thermophilic cytochrome P450 enzyme (CYP119) and its active-site mutants. Journal of the American Chemical Society, 123(15): 3412-3417.

Ulmer H M, Herberhold H, Fahsel S, et al. 2002. Effects of pressure induced membrane phase transitions on inactivation of HorA, an ATP dependent multidrug resistance transporter, in Lactobacillus plantarum. Applied and Environmental Microbiology, 68: 1088-1095.

Valdez-Fragoso A, Mújica-Paz H, Welti-Chanes J, et al. 2011. Reaction kinetics at high pressure and temperature: effects on milk flavor volatiles and on chemical compounds with nutritional and safety importance in several foods. Food and Bioprocess Technology, 4: 986-995.

van Boekel M A J S. 2008. Kinetic modeling of food quality: a critical review. Comprehensive Reviews in Food Science and Food Safety, 7: 144-158.

van den Broeck I, et al. 1998. Kinetics for isobaric isothermal degradation of L-ascorbic acid. Journal of Agricultural And Food Chemistry, 46(5): 2001-2006.

van der Plancken, I, et al. 2012. (Bio)chemical reactions during high pressure/high temperature processing affect safety and quality of plant-based foods. Trends in Food Science & Technology, 23(1): 28-38.

Van L A, Ooms V, Weemaes C, et al. 1998. Thermal and pressuretemperaturedegradation of chlorophyll in broccoli (Brassica oleracea L. italica) juice: a kinetic study. Journal of Agriculture and Food Chemistry, 46:5289-5294.

Verlent I, Hendrickx M, Rovere P, et al. 2006. Rheological properties of tomato-based products after thermal and high-pressure treatment. Journal of Food Science, 71:S243-S248.

Vidugiris G J A, Royer C A. 1998. Determination of the volume changes for pressure-induced transitions of apomyoglobin between the native, molten globule, and unfolded states. Biophysical Journal, 75(1): 463-470.

Visser A, Li T M, Drickamer H G, et al. 1977. Effect of pressure upon the fluorescence of various flavodoxins. Biochemistry, 16(22): 4879-4882.

Wati I, et al. 2004. Comparative study on pressure and temperature stability of

5-methyltetrahydrofolic acid in model systems and in food products. Journal of Agricultural And Food Chemistry, 52(3): 485-492.

Welch T J, Farewell A, Neidhardt F C, et al. 1993. Stress response of Escherichia coli to elevated hydrostatic pressure. Journal of Bacteriology, 175(22): 7170-7177.

Wemekamp-Kamphuis H H, Karatzas A K, Wouters J A, et al. 2002. Enhanced levels of cold shock proteins in Listeria monocytogenes LO28 upon exposure to low temperature and high hydrostatic pressure. Applied and Environmental Microbiology, 68(2): 456-463.

Won Park S, Sohn K H, Shin J H, et al. 2001. High hydrostatic pressure inactivation of Lactobacillus viridescens and its effects on ultrastructure of cells. International Journal of Food Science & Technology, 36(7): 775-781.

Wouters P C, Glaasker E, Smelt J P P M. 1998. Effects of high pressure on inactivation kinetics and events related to proton efflux in Lactobacillus plantarum. Applied and Environmental Microbiology, 64(2): 509-514.

Yen G C, Lin H T. 1996. Comparison of high pressure treatment and thermal pasteurisation on the quality and shelf life of guava puree. International Journal of Food Science and Technology, 31: 205-213.

Zabetakis I, et al. 2000. The effect of high hydrostatic pressure on strawberry flavour compounds. Food Chemistry, 71(1): 51-55.

Zabetakis I, Holden M A. 1997. Strawberry flavour: analysis and biosynthesis. Journal of the Science of Food and Agriculture, 74: 421-434.

Zipp A, Kauzmann W. 1973. Pressure denaturation of metmyoglobin. Biochemistry, 12(21): 4217-4228.

第三章

食品超声加工技术及装备研究进展

第一节 超声波的基本概念与技术特性

一、超声波的基本概念

人耳可以听见的声波频率范围为16Hz～20kHz，低于16Hz的声波称为次声波，高于20kHz的声波称为超声波。人们还把5×10^8Hz以上的声波称为特超声波或者微波超声。超声波的波速一般为1500m/s，波长一般为0.01～10cm。超声波是一种纵向机械波。超声波具有许多独特的性质和优点，所以在医学影像、材料探伤、航空测控等许多领域得到广泛的应用。近年来，超声波在食品、环境、制药等生物领域得到迅速发展，其超声化学及生物学效应的基础理论研究也走向深入。

二、超声波的技术特性

与食品加工相关的超声波最为根本的特性是空化效应，因空化效应引起并直接促进加工过程效率提高的是机械效应和化学效应（冯若和李化茂，1992；王爱玲等，2007）。

1. 空化效应

空化效应是指在声波作用下存在于液体中的微小气泡（气泡或空穴）所发生的一系列动力学过程：振荡、扩大、收缩乃至崩溃。超声波在介质中传播时，液体中分子的平均距离随着分子的振动而变化，当其超过保持液体作用的临界分子间距时，形成空化现象。空化泡寿命约为 0.1μs，它在爆炸时可产生大约 4000K 和 100MPa 的局部高温高压环境，并伴有强大的冲击波或微射流等。

超声空化分稳态空化（声强 <10W/cm^2）和瞬态空化（声强 >10W/cm^2）。稳态空化可使酶或细胞颗粒受到微声流产生的切应力作用；瞬态空化绝热收缩至膨胀瞬间，泡内可产生高温高压（5000K，50MPa），可破坏细胞结构或破碎细胞，使酶失活。在生物发酵工程中，这一过程主要发生在界面层、膜或细胞壁附近及细胞液内。

2. 机械效应

空化泡爆炸产生速度约 110m/s 的微射流。微射流作用会在界面之间形成强烈的机械搅拌效应，而且这种效应可以突破层流边界层的限制，从而强化食品生物加工中界面间的传递过程并改善反应效率。

3. 化学效应

超声化学效应主要是指空化泡内高温的分子分解、气泡爆破冲击力导致的化学键断裂、水分子裂解导致自由基的产生等，其中自由基化学是超声化学的核心内容。在空化泡崩溃的瞬间，产生局部高温高压等极为特殊的物理条件，水分子将会被转化生成 · OH、HO_2 · 和 · H 等自由基，自由基作为强的氧化剂，将会启动诸多化学反应的进行。

另外，超声波在介质内传播过程中，其能量不断地被传播介质吸收而使介质的温度升高。但是其热效应引起的温升是很低的，而且多数情况下小幅度的温升有助于食品加工过程效率的提高。

第二节　超声波在食品加工中的应用进展

一、超声波在食品加工中的应用概述

图 3-1 为 1983 ～ 2013 年，我国中文食品类期刊发表的有关超声方面的学术论文数量变化的情况。从变化趋势可以看出，2003 年以前，每年的数量一直在 10 篇以下徘徊，2004 年以后大幅增长，几乎呈线性增长趋势，到 2013 年高达 344 篇。从图 3-2 列出的超声类论文占中文食品类期刊发表的总论文数量的比例来看，同样从 2004 年进入大幅增长阶段，2012 年超过 3%。百分比的数值能够更准确地说明此类研究在整个领域的重要性、关注度的提升。

图 3-1、图 3-2 是使用中国知网 2014 年 8 月 24 日检索获取。图 3-1 输入的检索条件为：“主题”是“超声”（精确）并且“刊名”是“食品”（模糊），按照该方法，找到 2341 条

结果。如果将检索条件改为:“主题”是“超声”（模糊）并且“刊名”是“食品”（模糊），则找到 3941 条结果。如果将检索条件改为:“篇名”是“超声”（模糊）并且“刊名”是“食品”（模糊 / 精确），则找到 696 条结果。图 3-2 是在进一步检索获得“中文食品类期刊发表的总论文数量”之后与图 3-1 数据换算所得。检索“中文食品类期刊发表的总论文数量”输入的检索条件为：“刊名”是“食品”（模糊）。

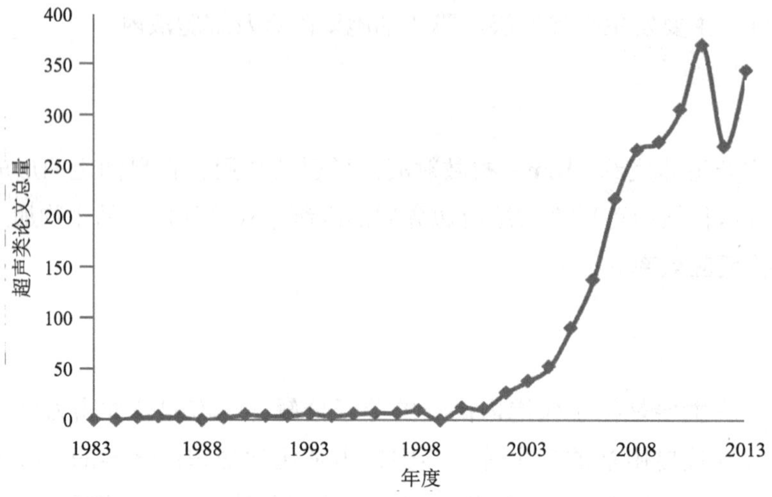

图 3-1　中文食品类期刊发表的有关超声方面的学术论文数量

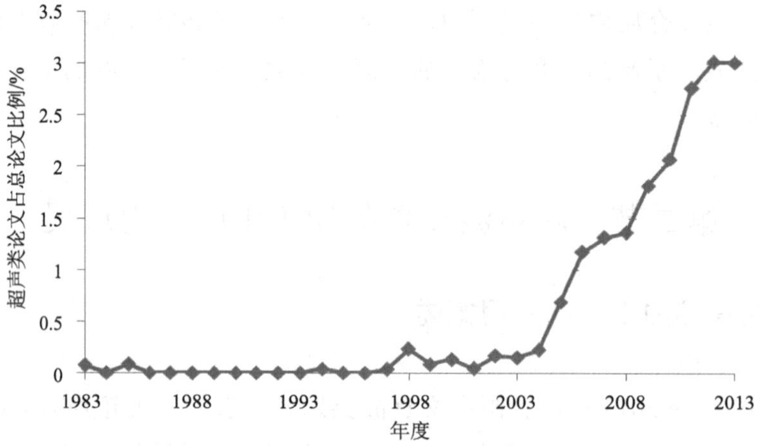

图 3-2　食品类中文期刊中超声类论文占总论文的百分数

近年来，随着对超声波技术研究的深入，其在食品加工中的应用越来越广泛（Chemat et al., 2011；Chandrapala et al., 2012），主要包括如下。

1. 分离提取

利用超声波强化传质的方法，提高食品中有效成分的溶出速率，提高产率得率，减少溶剂用量；通过降低提取温度、改变分子结构的途径，提高产品活性。超声辅助萃取是目前在基础研究、设备开发、产业化方面推进最为广泛、最为成熟的一种超声波食品加工技术（Pan et al., 2012；曲文娟等，2013）。

2. 生化反应

超声波可以强化酶解、发酵、发酵产物的陈化等生化反应（Wang et al., 2014；Qu et al., 2013；Ma et al., 2011；Sulaiman et al., 2011）。借助超声波对分子结构的修饰改性、对反应过程的传质强化作用，显著提高酶解反应效率、提高产品得率、改善产品活性。利用超声波可以强化食品微生物发酵过程，提高微生物菌种的活性，改善传质，提高发酵效率。在食醋、黄酒等发酵食品生产过程中。陈化作为提高产品香味、提高营养价值的一个重要环节，利用超声波可以显著缩短陈化反应时间。

3. 膜分离

在食品工业中，固体从液体中分离是一个重要的过程。但固体颗粒在膜表面的沉积是造成膜过滤能力下降的主要问题。超声能量应用可以通过打破浓度极化和在膜表面的滤饼层增加膜的通量，不影响膜固有的渗透率。液体射流作为清理的基础，一些其他的空化机制导致阻挡膜颗粒的释放（Kyllonen et al., 2006）。

4. 消泡

消泡关键部件是阶梯盘式空气传递超声发射器，将其安装在旋转系统。通过超声换能器的旋转，形成一个复杂的运动，在不同转速下覆盖较大面积，完成消泡（Riera et al., 2006）。大多数的泡沫在声束下几乎瞬间破裂。可以被用于控制高速灌装和灌装线的碳酸饮料产生的过量泡沫、发酵罐中产生的大量泡沫。

5. 肉的嫩化

传统的肉类嫩化方法是机械冲击，可以使质量较差的肉更美味。研究发现功率超声时这个过程是有用的。超声的作用表现在两个方面：破坏肌细胞的完整性或提高酶的反应。研究表明，以 $2W/cm^2$、40kHz 的超声波处理牛肉 2h，会使肌束膜的结缔组织损伤，从而改善饮食结构（Pohlman et al., 1997）。

6. 脱气

脱气是食品加工中常见的操作，常用的方法是加热和减压。超声波脱气的优点是温升低。液体中的气泡受超声波处理后，快速地聚集、长大，上浮到液体表面，达到逸出脱气的目的。在食品工业中，这种技术已经被用于碳酸饮料、啤酒在装瓶之前的脱气处理。利用低强度超声在清酒、啤酒和葡萄酒发酵过程中脱气，所需要的时间可减少36% ～ 50%。超声辅助脱气在水系统特别迅速，但在非常黏稠的液体如融化的巧克力，去除气体比较为困难（Matsuura et al., 1994）。

7. 减黏脱附

食品生产中为了减少食品在模具成型生产中在模具表面的黏附，经常用润滑剂。在器具外侧贴上超声波换能器，通过超声波的振动，可以降低食品在模具表面的黏附作用，实现自洁脱模。在挤压食品生产中也有类似的应用。超声源以直角连接到膨化机的套筒上，提供一个径向振动。若对超声辅助挤压技术进行 12 万美元的投资，与传统方法比较，可以产生每年约 60 万美元的利润（Patist and Bates, 2008）。

8. 切割

超声切割机是在刀片上部安装一超声源，切割的同时伴随着超声振动。超声波切割特性取决于食品的种类和状态，如冷冻或解冻，特别适用于脆弱的食品、异构的产品（蛋糕、糕点和面包产品）、脂肪（奶酪）或黏性的产品。另外一个特点是改善了卫生水平，由于振动防止产品在叶片上的黏附，从而降低了微生物表面上的生长，即超声振动提供了自动清洁的叶片。精度和重复性的切割产生的切削损失相对减少、产品的质量和尺寸更为标准（Schneider et al., 2009）。

9. 冷冻和结晶

在饱和或过冷介质中，超声能够提高成核速率和晶体生长速率，主要是通过超声辐照在介质中产生大量的成核位点。这可能是由于空化气泡作为核心促进晶体的生长，和（或）使得介质中已有种子或晶体被打碎增加了成核点的数目（Zheng and Sun, 2006）。

10. 除霜解冻

冷冻能否在食品工业中成功应用取决于解冻方法的建立。解冻过程需要食品内部迅速地产生热量。超声波在解冻中的应用在 50 年前就被提出，但技术问题一直没被解决。关于弛豫机制的研究工作表明，当一个频率在被解冻食品中冰晶体的弛豫频率范围内时，更多的声能可以被冷冻食品吸收。结果发现，在弛豫频率下解冻过程的速率要比只使用传导加热解冻快得多。研究表明，通过适当的频率与功率选择，超声辅助解冻在食品工业中是一种很有前途的技术，可以缩短解冻时间，降低滴水损失和提高产品质量（Li and Sun, 2002）。

11. 干燥

超声波提供的振动能量可以促进脱水。在超声场下热量悬浮固体和液体之间边界的扩散被持续加速，根据超声强度的不同传热增加 30% ～ 60%。其机制涉及一系列快速和连续的超声诱导，引起食品材料的压缩和疏散。在每个收缩内，非常少量的水被排出到产品的表面上，进而被热气流蒸发。超声波辅助空气干燥是关注的焦点，立式圆筒形金属管流化床反应器被 21.8kHz 的超声以径向模式驱动，热空气通过装有农产品料层的圆筒（Garcia-Perez et al., 2009）。超声辅助干燥温度低，有效地保护了产品的色泽、营养成分免遭损失，质量显著提高。

12. 杀菌

传统的热杀菌，随着处理强度、时间和温度的增加，其营养成分损失、不良风味产生、功能特性破坏等比例增加。超声波的引入使这种状况发生了很大的改观。乳品工业中已证明超声波可以有效地破坏大肠杆菌、荧光假单胞菌和李斯特菌，而对巴氏杀菌奶中的总蛋白或酪蛋白含量没有不利影响。微生物杀灭的机制主要是由于其细胞膜变薄、局部加热和自由基的产生。研究也发现，超声可引起控制水果和蔬菜汁品质的果胶酯酶、多酚氧化酶和过氧化物酶，关系到牛奶质量。结合热处理，超声可以加速食物杀菌的速度，从而减少了持续时间和热处理的强度及其造成的损害。超声加热杀菌的优点包括风味损失小，处理均匀和节能效果显著（Terefe et al., 2009）。

13. 乳化

在食品工业中，超声乳化适宜的产品包括：果汁、沙拉酱和番茄酱，以及牛奶中的均质和香气封装。超声乳化具有如下优点：①生产的乳液在亚微米级范围内粒子具有非常窄的粒度分布；②乳液更稳定；③不需为了生产和稳定乳液而添加表面活性剂；④能源消耗减少。超声乳化类似于产生亚微米分散体的微射流。但有迹象表明，食用油的乳化作用可能导致质量的恶化（Wu et al., 2000）。

14. 农药降解

超声波在应用于果蔬清洗时发现，超声波不仅利用其空化作用引起的机械效应可以加速果蔬表面残留农药的溶出，而且由于超声空化产生的自由基强的氧化能力，实现了溶入水体中农药的降解。另外，超声波还可以提高表面结构复杂的蔬菜中泥沙的高效洗涤（孙宝胜，2012）。

二、主要食品超声加工的理论研究、技术与装备开发及产业化推广的进展

（一）食品超声加工的理论研究与技术开发

近年来，我国学者在蛋白质的超声辅助酶解、超声辅助提取、超声波杀菌、多糖结构功能化超声修饰改性、果蔬农药残留的超声脱降、超声辅助发酵、油脂超声辅助酯化反应等各方面开展了大量的研究工作。

1. 蛋白质超声辅助酶解

近年来，在诸多食品超声加工技术中，蛋白质超声辅助酶解技术的研究在国际上愈来愈受到关注。江苏大学食品与生物工程学院超声波课题组受国家 863 计划“基于脉冲多频模式超声辅助酶解和酶膜耦合的麦胚降血压肽制备技术研究（2007AA10Z321）”、“高生物利用度蛋白制备关键技术研究与开发（2013AA100203）”等课题资助以来，在超声波强化蛋白质酶解反应的机制研究、技术参数优化与产品开发、超声波装备的研制、产业化推进等方面均取得重要进展。研究成果“功能多肽酶法高效制备关键技术研究及其超声辅助酶解装备创制”获得 2013 年教育部高等学校科学技术进步奖二等奖。

本课题组突破难溶和高变性蛋白质可酶解性差的技术难题，率先从底物蛋白质超声预处理、蛋白酶超声预处理和酶解反应过程超声强化 3 个方面，创新建立了扫频、顺序多频等 10 种超声波模式对蛋白质酶解反应的强化方法。

（1）*底物蛋白质超声预处理*

通过探讨不同模式超声波对蛋白质分子构象、微观结构、蛋白质可降解特性的影响，优化蛋白质超声预处理的工作模式及参数，创建了蛋白质多模式超声处理技术方法（Zhou et al., 2013；Qu et al., 2012；Liu et al., 2010）。首次发现：超声处理即便是在不显著提高蛋白质水解度的情况下，也可大幅度提高酶解产物降血压活性。机制研究发现，超声有利于蛋白质疏水键的外露，而降血压肽肽链两端至少一个是疏水氨基酸的概率达到 83%。基于这一重要结论，提出了超声预处理可定向促进蛋白 ACE 抑制肽释放的新理论。

这一关键创新技术应用效果举例如下。

a. 在麦胚降血压肽制备中，20kHz 聚能探头式超声（图 3-3）、24kHz 和 68kHz 双板组合超声（图 3-4）预处理麦胚蛋白，导致酶解液降血压活性分别提高了 1.95 倍和 1.57 倍。从大量的试验数据发现，超声预处理几乎对小麦胚芽蛋白的水解度没有影响（Huang et al., 2014；贾俊强，2009）。

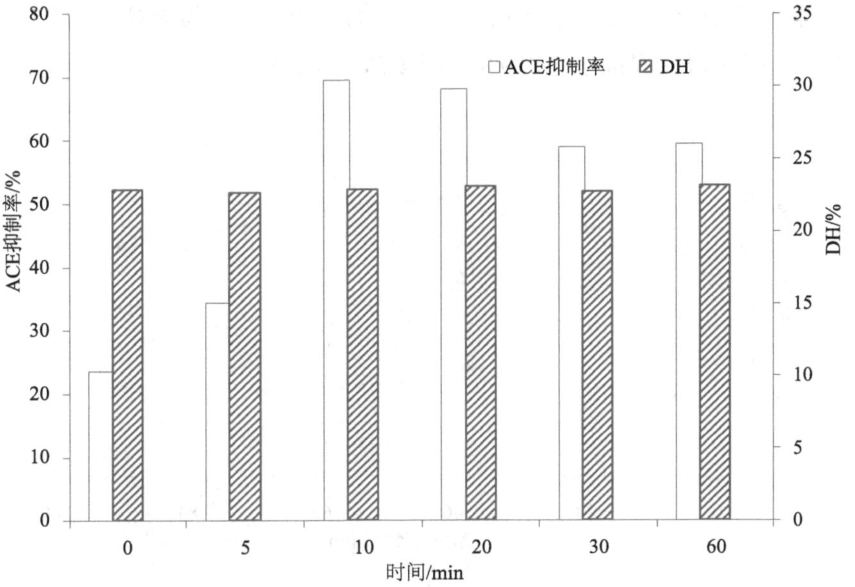

图 3-3　单频超声处理时间对麦胚蛋白水解度和酶解产物 ACE 抑制率的影响

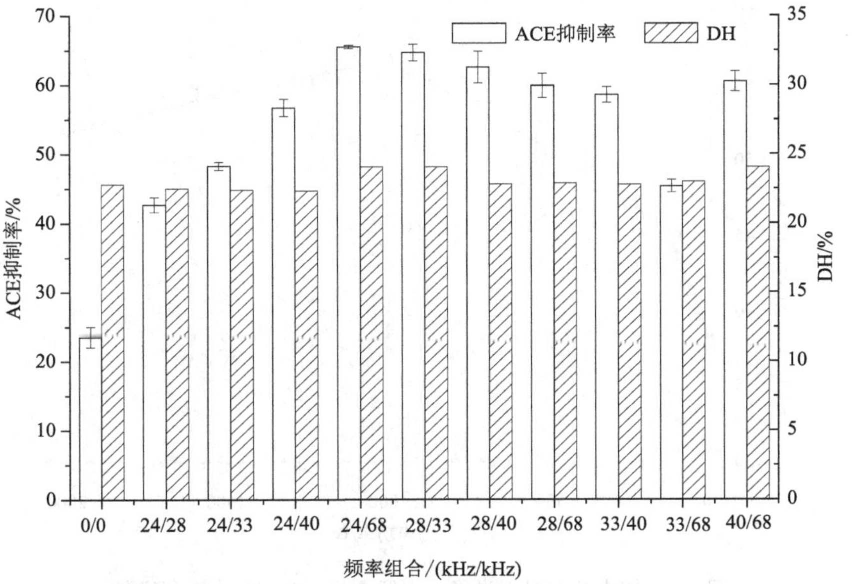

图 3-4　双板超声频率组合对麦胚蛋白水解度和酶解产物 ACE 抑制率的影响

b. 在玉米降血压肽制备中（Zhou et al., 2013），采用 20kHz 聚能探头式超声预处理玉米黄粉（蛋白质含量 60.7%），玉米多肽得率为 55.05%，生产效率 18.35g 肽 /g 酶，蛋白质转化率 65.67%，IC_{50} 0.281mg/ml。与无超声处理的对照组比较，得率增长了 91.48%，生产效率增长了 55.11%，蛋白质转化率提高了 55.06%，IC_{50} 值基本不变。（40±2）kHz/

(68±2) kHz 扫频超声预处理玉米蛋白（蛋白质含量 92%），与无超声对照组比较，IC_{50} 降低了 31.20%、产品得率提高了 14.39%（图 3-5，图 3-6）。

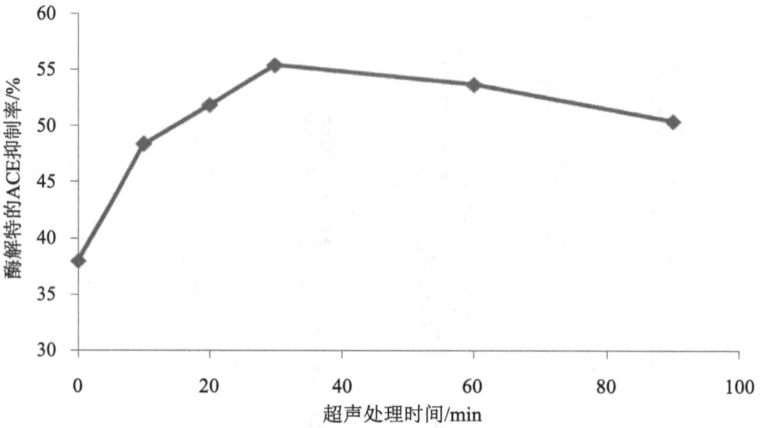

图 3-5　超声波时间对玉米蛋白水解产物 ACE 抑制率的影响

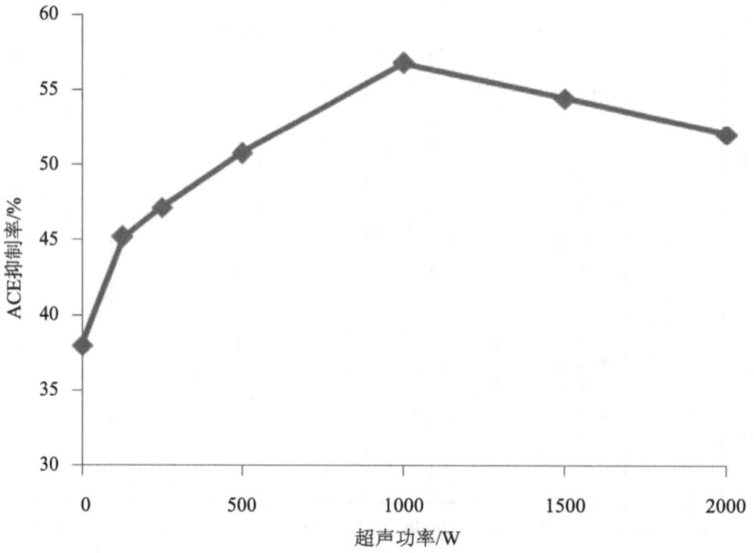

图 3-6　超声功率对玉米蛋白水解产物 ACE 抑制率的影响

从原子力显微镜的观察结果可以看出（图 3-7）（任晓锋，2014），随着超声处理时间的延长，玉米蛋白经历了一个颗粒快速分散、细化、再聚集的形貌变化过程。经过相应的巯基含量、疏水性、蛋白质二级结构分析发现，上述形貌变化起因于如下一系列超声作用机制：超声振动引起蛋白质颗粒松动、蛋白质分子逐渐暴露、溶解度提高，粒径迅速减小；在超声波的作用下，蛋白质分子逐渐展开，但是由于超声特殊的靶向作用，引起蛋白质疏水键外露，此时出现分子自组装（聚集）作用，导致溶解度下降，粒径变大（图 3-8）。蛋白质形貌变化过程很好地解释了超声波对蛋白质酶解特性影响的变化规律，尤其是处理时间过长，酶解产物活性反而下降的原因（图 3-5）。

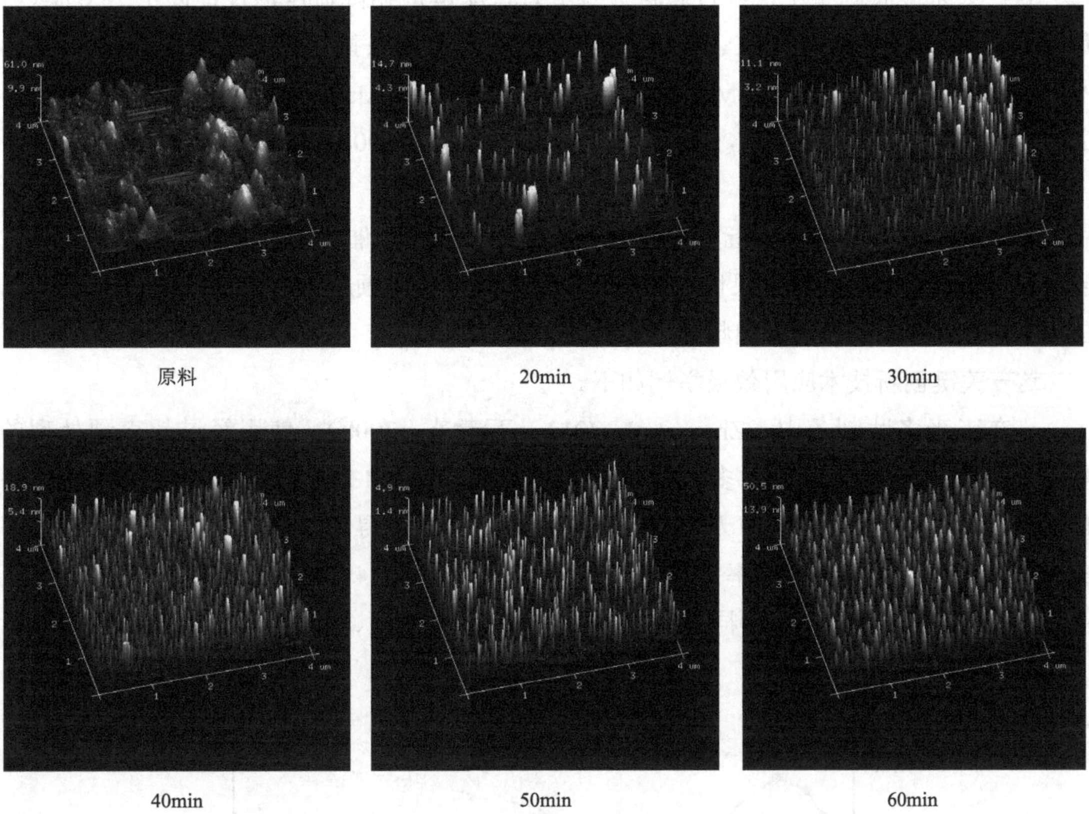

图 3-7　玉米蛋白形貌随超声处理时间延长的变化

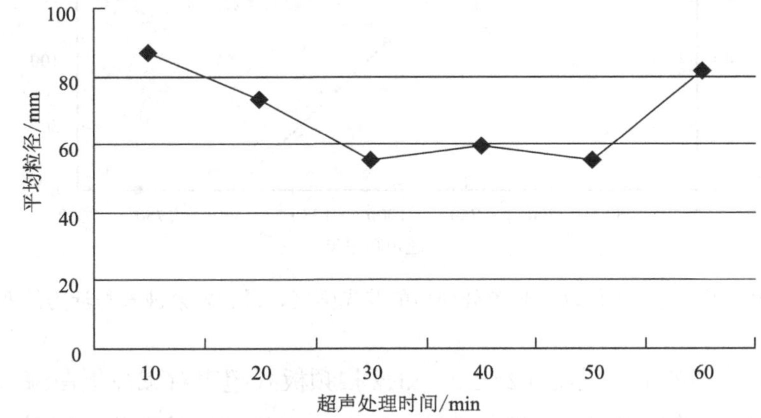

图 3-8　蛋白质粒径随超声处理时间延长的变化

c. 在菜籽饼粕降血压肽制备中（丁青芝等，2009），超声波预处理使得酶解产物 ACE 抑制率从对照组 70.83% 提高到 92.97%，肽得率从 29.6% 提高到 41.4%。从酶解液中分离出 Ile-Gly-Pro、Cys-Ile 和 Cys-Leu 3 条未见报道的降血压肽。

d. 在大米多肽制备中，经过超声波预处理，酶解产物降血压活性提高了 23.6%（马海乐等，2010）、抗氧化的 EC_{50} 值下降了 57.1%，得到两条抗氧化肽序列分别为 Gly-Val-Pro-Ser-Ala-Val-Ser- Arg- Asn-Met-Thr-Arg-Ser-Arg 和 Leu-Ala-Ser-Gln-His-Leu-Val-Ala-Ile-Leu-Asp-Pro-Pro-Arg（曹辉等，2008，2009；贾俊强等，2008）。

（2）蛋白酶超声预处理

对比不同模式超声波对蛋白酶分子构象、微观结构和催化活性的影响发现，发散式超声波对蛋白酶的预处理效果优于聚能式，发散式中的扫频超声波优于传统的定频超声。在国内外首次建立了蛋白酶扫频超声预处理技术方法。

这一关键创新技术应用效果举例如下。

a. 在玉米多肽制备中（Zhou et al., 2013；丁青芝，2008），使用经过超声预处理的中性蛋白酶进行酶解，玉米多肽得率 39.6%、生产效率 13.2g 肽 /g 酶、蛋白质转化率 47.21%、IC_{50} 0.283mg/ml，与无超声处理的对照组比较，得率增长了 37.74%、生产效率增长了 11.58%、蛋白质转化率提高了 11.48%。

图 3-9 给出了蛋白酶经不同功率超声处理后的荧光强度、最大发射波长与活力的变化。

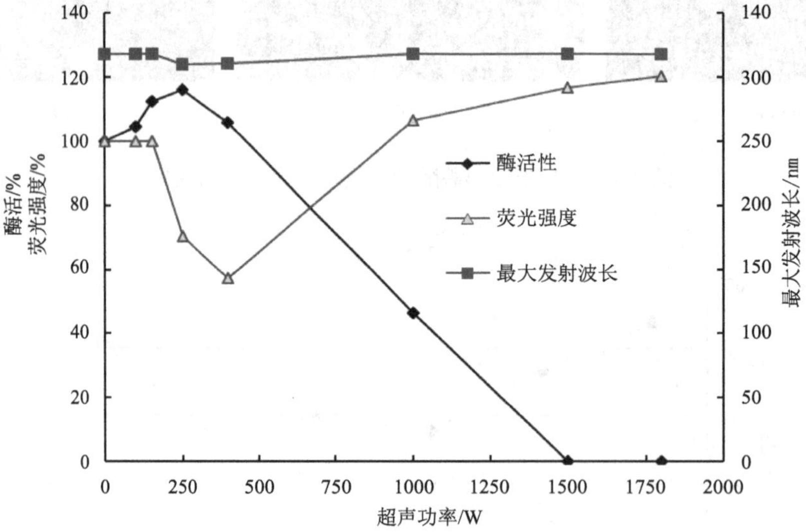

图 3-9　蛋白酶经不同功率超声处理后的荧光强度、最大发射波长与活力的变化

b. 在麦胚多肽制备中，采用（24±2）kHz 扫频板式超声对碱性蛋白酶 Alcalase 处理，用圆二色谱（CD 色谱）测试了碱性蛋白酶 Alcalase 二级结构的变化，结果如图 3-10 所示（Ma et al., 2011；贾俊强，2009）。从图 3-10 可以看出，不同的处理方式在 190 ～ 200nm

和 210 ～ 230nm 处的图谱有明显不同，根据 Andrade 等的方法，利用 K2D 算法对图 3-10 中各图谱的二级结构分析，其结果见表 3-1。从表 3-1 可以看出，Alcalase 的结构中 β 链含量几乎没有，仅为 1%；主要含有 α- 螺旋和无规卷曲。经超声处理后，Alcalase 的 α- 螺旋含量增加了 1.3%～ 3.9%，无规卷曲降低了 4.5%～ 13.6%。因此，超声波处理可以使 Alcalase 变得更规则，具有刚性。而这种适度变化或许有利于 Alcalase 活力的提高，且 Alcalase 的活性中心可能以 α- 螺旋为主。

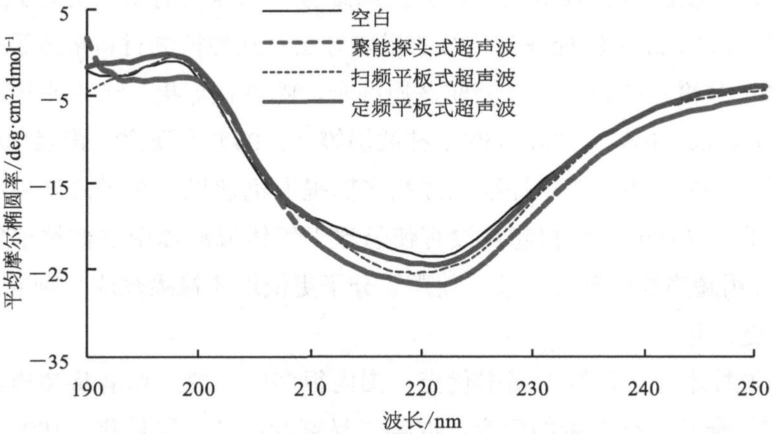

图 3-10　超声处理对 Alcalase 的圆二色谱影响

表3-1　超声波处理后Alcalase的二级结构变化

处理方式	α- 螺旋 /%	β 链（β- 折叠、β- 转角）/%	无规卷曲 /%	总和 /%
对照	77	1	22	100
聚能探头式超声波	81	0	19	100
扫频平板式超声波	79	1	20	100
定频平板式超声波	78	1	21	100

（3）酶解反应过程超声强化

在超声波场中进行蛋白质酶解反应，探讨不同模式超声对酶解反应动力学、热力学、传质效果的影响发现，发散式超声波对蛋白质酶解过程的强化效果优于聚能式，发散式中的扫频超声优于传统的定频超声。在国内外首次建立了扫频超声强化蛋白质酶解过程技术方法。

这一关键创新技术应用效果举例如下。

a. 在玉米多肽制备中（丁青芝，2008），酶解过程前期施加超声，生产效率为 16.13g 肽 /g 酶、蛋白质转化率为 57.25%，K_m 为 2.129g/L，产率为 48.38%，IC_{50} 为 0.284mg/ml。与无超声处理的对照组比较，得率增长了 68.28%，生产效率增长了 36.36%，蛋白质转化率提高了 35.18%，IC_{50} 值基本不变。

b. 在麦胚多肽制备中（贾俊强，2009），麦胚蛋白酶解过程施加（24±2）kHz 扫频板式超声波，反应动力学参数 k_A 提高了 66.7%、K_m 减小了 6.9%，产物的 ACE 抑制活性和转化率显著提高。

2. 超声辅助提取技术

超声波强化提取产品有效成分的机制为：加速细胞壁的破碎、促进细胞的溶胀、强化传质传热速率、凝聚提取对象。易克传等（2006）通过对超声波强化逆流提取机的提取试验指出，超声波能够有效地破坏物料组织细胞，加速其有效成分进入溶剂的速度；Tomas（2001）考察了超声波处理与传统的提取方法对几种植物材料溶胀系数，结果表明超声波处理 1h，酸橙、茴香种子、骆驼蓬属种子、啤酒花球果、土木香根的溶胀率分别增加了 20%、100%、60%、43%、55%；林武滔等（2004）在研究超声强化姬松茸多糖的提取机理机制分析时表明，超声提取能提高多糖提取机理机制在于降低提取液黏度和表面张力；林翠英等（1999）根据超声波有使悬浮于气体或液体中的微粒聚集成较大颗粒而沉淀的作用，用超声波处理浸提液，使芦丁分子更快地碰撞凝聚成大颗粒沉淀，使芦丁提取更快速、更完全。

鉴于超声波技术强化提取的诸多优点，国内很多的研究工作者将超声波技术与超临界 CO_2 萃取相结合并进行大量的研究，取得了显著的成效。陈钧等（1996）对超声强化超临界 CO_2 流体萃取过程进行了试验研究，从麦芽胚中提取麦胚油，超临界流体萃取附加超声场后，麦胚油的提取率约可提高 10%。丘泰球等（2010）在传质理论和质量守恒原理的基础上，建立了超声强化超临界流体萃取（USFE）植物药有效成分的数学模型；确立了用于估算超声强化超临界流体萃取的产物得率的方法；获得了 USFE 及超临界流体萃取（SFE）过程的体积传质系数和固相内扩散系数。模型与实验结果模拟最大误差小于 10%。该模型对 USFE 和 SFE 过程有很好的预测功能，为工业化提供了理论依据。

随着研究的深入，双频组合超声、顺序多频超声等多模式的超声在提取方面显现出巨大优势。贲永光等（2006）在研究双频超声强化从海金沙中提取黄酮时发现，双频超声对提取过程具有协同增强作用，当两列超声波同时传播时，超声作用的均匀性增强，声强增大，使得海金沙颗粒的外表皮剥落，颗粒发生碎裂，传质速率大大提高。丘泰球等（2006）通过双频超声（40kHz/25kHz）应用于黄柏中小檗碱的提取过程，提出了双频超声的物理模型方程。通过对物理模型的模拟计算得出：双频超声（40kHz/25kHz）的空化概率高于单频超声，双频超声辐照碘化钾溶液，碘的释放量高于单频超声时的释放量；双频超声提取黄柏中的小檗碱，提取率为 64.1%，高于单频超声的提取率。目前，在前期的理论研究基础上，江苏大学已经研制出了一系列具有自主知识产权的多模式超声设备。

10 余年来，江苏大学将多模式超声波应用于蜂胶黄酮、谷物蛋白、紫菜多糖、山药糖蛋白、蒜氨酸、蒜酶等 20 多种有效成分的提取，研究了超声波对有效成分光谱特性、表观形貌、溶解动力学参数等重要指标的影响，探讨了超声强化溶解的分子机制，建立了多物理场耦合数学模型。研究证明，超声波可显著提高农产品有效成分的溶出速率，增加产品得率，减少溶剂用量。仅以蜂胶黄酮为例，建立一种超临界 CO_2 萃取、超声辅助醇提两级蜂胶有效成分的提取方法，超声辅助醇提黄酮得率是微波提取和传统醇提的1.5倍以上，提取时间由24h降到1h。

为了突破超声辅助提取技术工业化放大难的技术难题，江苏大学重点开展了超声工作模式与设备结构的创新研究，在保证提取效率显著提升的前提下，大幅度降低超声输入功率。以菜籽饼粕蛋白提取为例，在7.5W/L的低功率密度下，采用25kHz/28kHz/40kHz三频超声辅助碱提，与传统碱提技术比较，蛋白质提取率提高了43.27%、酸沉物中蛋白质含量提高了9.84%（Yagoub，21）。

3. 超声波杀菌技术

超声波杀菌技术用于食品杀菌具有能耗低，时间短，有效保存食品营养成分和天然色、香、味等特点，在食品加工业具有广阔的应用前景。例如，李岩等（2010）以糖厂的混合汁为原料，利用超声波杀菌作用，在超声时间为30min，超声功率为500W，超声温度为35℃的条件下，对混合糖汁中微生物的致死率可达94.2%。此项研究可减少因微生物作用致使蔗糖转化损失，给制糖企业带来了可观的经济效益。目前，已有超声处理单核细胞增生李斯特菌、沙门氏菌、大肠杆菌、金黄色酿脓葡萄球菌、枯草芽孢杆菌等微生物的报道。

研究资料表明，当超声波作为一种单独杀菌方式时，超声波对微生物的作用效果同微生物体本身的结构和功能状态最为相关。一般来说，超声波对微生物的杀灭效果是杀灭杆菌比杀灭球菌快，对大杆菌比小杆菌杀灭快。周丽珍等（2007）以大肠杆菌和金黄色葡萄球菌这两种食品中常见的污染菌为研究对象，考察了超声处理条件、介质、温度对超声非热杀菌效果的影响。结果表明：超声处理对大肠杆菌有较强的杀菌作用，金黄色葡萄球菌则对超声非热处理有很强的抵抗力。超声强度增大、作用时间延长、温度升高都有利于杀菌效果的提高；在培养基介质中的杀菌效果强于蒸馏水介质中的情况。冷藏结果表明，杀菌处理后的细菌没有出现复活生长的迹象。同时，超声波在不同媒质中，其作用效果会有所不同。刘丽艳等（2012）以大肠杆菌为处理对象，研究了相同的超声场处理条件下，乳清蛋白的加入对大肠杆菌存活率的影响，结果表明：当超声时间为5min，声强为84W/cm^{2}时，蛋白质的加入对细菌起到保护作用，且蛋白质浓度越高保护作用越强。当声强为105W/cm^2，超声作用时间达到15min及以上时，蛋白质的加入对超声杀菌起到促进作用。

很多研究结果显示，将超声波与其他杀菌方法相结合则具有很的潜力，如超声协同热处理杀菌，超声协同激光杀菌，超声波协同微波，超声协同压力杀菌等。国内许多学者对这方面进行了研究探索并取得了显著的成效。闫坤等（2010）利用超声波协同热处理对液态奶中的枯草芽孢杆菌进行杀菌实验，并与传统方法做比较。结果表明：1400W、180s、60℃条件下杀菌率达到了 97.96%，1400、60s、60℃条件下杀菌率达到了 96.77%，达到了巴氏杀菌的效果。同时，该条件下超声作用后再经巴氏处理，杀菌率达到 98.71%，对比于巴氏杀菌，其菌落数降低了 60.24%。与热杀菌相比，超声杀菌温度、时间短、效高。李儒荀等和袁锡昌（1998）用悬浮在自来水中的大肠杆菌作试材，试验前的菌落数为 90 200 个 /100ml。经超声 - 激光联合辐射 1min，杀菌率为 100%，温升只有 2℃。吴雅红等（2005）进行了超声波协同微波技术对绿茶汤进行处理的试验，并与高温灭菌的茶汤进行比较。结果表明，超声波灭菌的茶汤颜色变深少，透明性好，茶汤中保留的茶多酚多，是绿茶灭菌和保护茶多酚尽量不受损失的一种较好的茶汤处理技术。

4. 多糖结构功能化超声修饰改性

多糖的生物功能与其结构密切相关。江苏大学等单位的学者创新性地将超声波、微波等物理学方法应用于多糖结构的改性修饰研究，研究主要集中在超声对多糖组成、分子质量分布、光谱特性、微观形貌等方面变的影响。

Zhou 等（2008，2012）及 Zhou 和 Ma（2006）的研究表明，超声降聚处理的紫菜多糖抗 SGC-7901 和 U937 肿瘤细胞活性有显著提高，清除超氧负离子 EC_{50} 下降 30%、清除羟基自由基 EC_{50} 下降 55.3%。因此，可显著提高其生物活性。

刘娜女等（2010，2011）研究发现，超声波可引起化学断键及原子重排，导致半乳糖转化为葡萄糖，其转化率随超声功率呈先增大后减小的趋势；随着超声时间的延长，转化率同样呈先增大后减小的趋势。同时，利用傅里叶红外光谱和原子力显微镜研究超声对鸡腿菇多糖结构的影响表明：超声波可断裂多糖的分子链间或链内氢键，导致近似螺旋聚集体的降解。

王晓梅（2013）通过研究超声对麦冬多糖结构、溶液行为及生物活性影响得出：麦冬多糖较强的抗氧化活性与其分子的结构、形貌、溶液行为密切相关，超声处理能够显著提高麦冬多糖的抗氧化活性，其红外光谱结构表征为超声后麦冬多糖分子的侧链结构比未超声的侧链结构更为丰富。

刘钧发（2013）等研究认为，超声提取灵芝多糖抗氧化活性的提高可能与其分子质量和结构形态的改变有关，超声提取多糖的分子质量显著低于水提法灵芝多糖，原子力显微图片显示超声灵芝多糖的结构较水提多糖松散；对这两种芝多糖进行抗氧化活性对比发现，在多糖浓度为 0.5mg/ml 时，超声灵芝多糖的 DPPH 自由基清除率为水提法的 1.3 倍；多糖浓度为 0.9mg/ml 时，还原力为水提法的 1.5 倍；氧自由基清除能力（ORAC）为水提法的 1.8 倍。

5. 果蔬农药残留的超声脱降

马海乐等（2012）在国际上首次将扫频超声应用于果蔬表面残留农药的洗脱、对溶于水中的农药降解的研究，在理论上研究了农药降解动力学模型，探明了溴氰菊酯超声引起降解反应的分子断裂路径。研究发现，经过扫频超声处理，青菜中乐果农药清除量提高 112.8%；洗菜水中初始浓度 2mg/L 的溴氰菊酯超声处理 60min 后降解率达 55.88%，初始浓度 3mg/L 的乐果超声处理 180min 降解率达 71%。

岳田利等（2009）将超声波技术用于苹果表面有机氯的脱降，在功率 609.16W、时间 70.46min、温度 15.45℃的最优条件下，理论上有机氯农药残留的去除率可以达到 64.32%，超声处理对总糖、总酸有显著影响，但没有超过国家标准和苹果出口的质量标准。大部分农药的毒性依赖于其结构和功能基团。超声可以有效地破坏农药中的功能基团如有机磷中的磷酸酯键，使其毒性大大降低。研究证实，超声的频率、声强密度、溶液的温度和 pH 以及浓度是影响超声降解农药残留的主要因素。当输入到反应溶液中的功率大于空化阈时，才可能发生空化效应，农药的降解才能实现，农药降解速度随声能密度的增加而增加，且降解反应适宜在 10 ～ 30℃、pH 较低的情况下进行。

王宏青和夏黎明（2001）研究了灭多威模拟废水在超声作用下的降解反应动力学、降解产物、降解途径等问题。结果表明，灭多威经超声作用 35min 可被完全转换为无机物，其降解过程为假一级反应，红外光谱表明降解产物为 SO_4^{2-}、NO_3^-和 CO_2；浓度增加时，降解减慢。

傅敏等（2003）研究了超声波降解模拟废水中低浓度乐果的试验，结果表明：辐射时间延长，降解率增加，辐射 120min 后降解率达 97.5%，溶液温度控制在 30℃以下对超声有利。

6. 超声辅助发酵

江苏大学以油脂饼粕为原料，建立了热带假丝酵母和枯草芽孢杆菌混菌固体发酵和液体发酵制备油脂饼粕多肽的新方法。在固体发酵的菌种制备（液体发酵）环节，采取超声强化液体发酵过程。在声强为 0.14W/cm^3 条件下，24kHz、28kHz、33kHz 和 40kHz 的超声波对两菌生长有显著促进作用，菌落数明显提高，其中利用 24kHz 超声处理 2h 的菌种在摇床上豆粕液体培养 4d 后两支菌菌数合计增长 328.95%（王颖，2010）。

7. 脂肪酸超声辅助酯化反应

在油脂精炼、油炸食品生产、餐余垃圾利用中，会产生大量的废弃油脂，处理不当不仅会造成资源的浪费，还会引起严重的环境污染。通过其酯化反应，可将其转化成为生物柴油，还可被用于维素 E 的提取，也可以用于制备化学品脂肪酸甲酯 / 乙酯等。江苏大学尹秀莲的试验证明，使用超声强化酯化反应，与传统的机械搅拌法比较，当转化率均达到95%情况下，反应时间减少50%、催化剂用量减少26.5%、醇油摩尔比减少10.3%，反应过程中皂化程度明显降低（Yin et al., 2012）。

（二）超声波工作模式的创新及多模式超声波备设备研制

1. 江苏大学

江苏大学打破我国超声波工作模式单一、超声波设备简陋落后的现状，在国际上首次提出设计“扫频与定频、脉冲与连续、多频与单频、顺序多频与同步多频、逆流循环与非强制流动、接触与非接触”等12种可以对比研究的超声波工作模式（图3-11），创新研制出可以实现上述工作模式的13台实验室研究用超声波设备。研制出了我国首台具有自主知识产权的扫频多频超声辅助酶解设备，设备在国内多家高校和研究机构使用，显著拓展了研究手段，大幅度提高了研究水平。2013年还通过中非科技伙伴计划“对非洲科研人员设备捐赠行动”，为苏丹Zalingei大学定制了1台三频扫频超声设备。研究成果“农产品加工多模式超声波系列设备创制及其应用研究”获得2013年国家机械工业科技进一等奖。

江苏大学还研制出2台工业化超声波设备，初步建立了“模块化标准设计，并联集成放大”的工业化超声设备设计新方法，克服了试验设备放大的难题，成功实现了多模式超声波设备在功能多肽制备和蜂胶黄酮等活性物质提取中的工业化应用。

2. 济宁金百特生物机械有限公司

（1）釜罐式超声波提取成套设备

釜罐式超声波提取成套设备（图3-12）是以超声波提取罐、真空浓缩器为主体设备，配备过滤、有机溶剂冷凝回收、油水分离器、电加热器、在线清洗等辅助系统，组成一套先进的中药和天然药物提取、过滤、浓缩成套设备，适合于中试试验或小批量的中药和天然产物提取生产。

（2）管道式多功能超声波提取设备

中试型管道式多功能超声波提取成套设备（图3-12），是为管道式生产型提取设备配套的设备，由于两者配备的超声波提取管在结构型式和规格尺寸上相同和近似，而且具有相同的控制功能，因此所取得的试验数据对应用生产型超声波提取成套设备进行生产提取具有确实和实际的指导意义。超声采取双频（26kHz、70kHz），超声功率分强、弱双档输出。管径300～600mm，功率1080～1440W（±10%）。

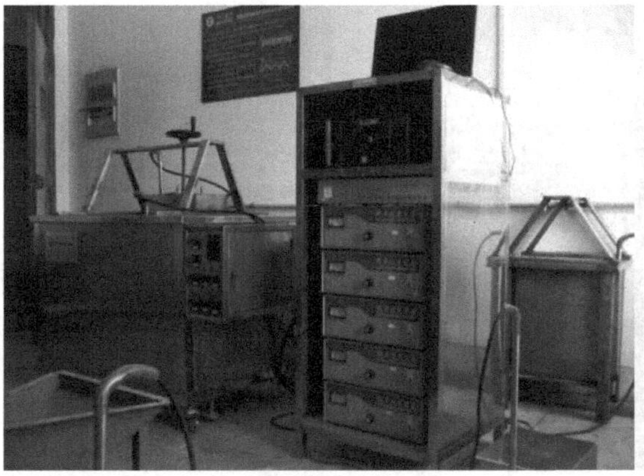

扫频多频超声设备

工业化多频逆流聚能式超声波处理设备

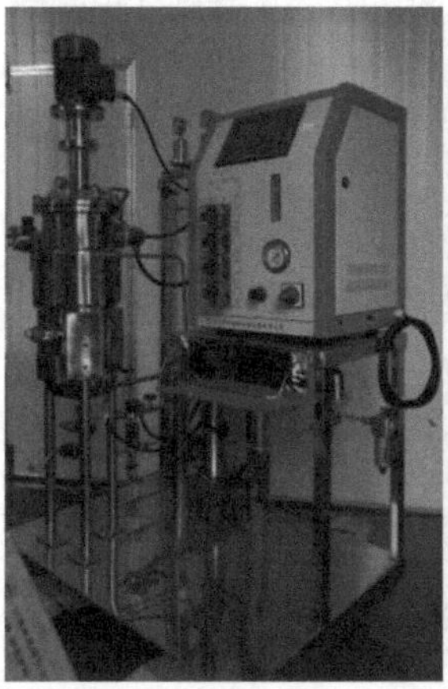

多频超声辅助发酵设备

双频超声单元

顺序三频发散式超声中试设备

大功率棒式超声设备

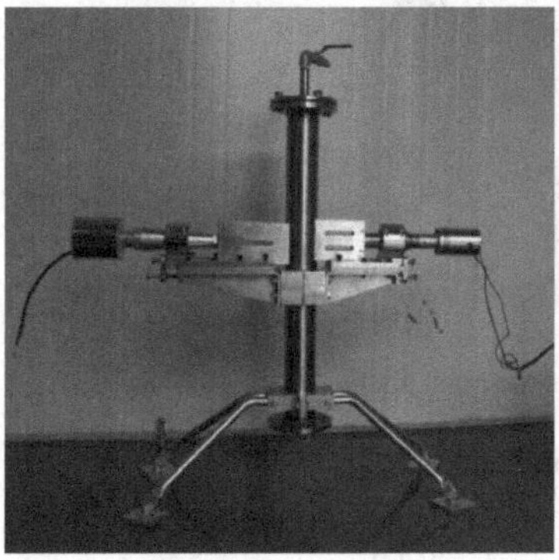

外部加装式超声设备

三频接触式超声波设备

扫频三频非接触式超声设备

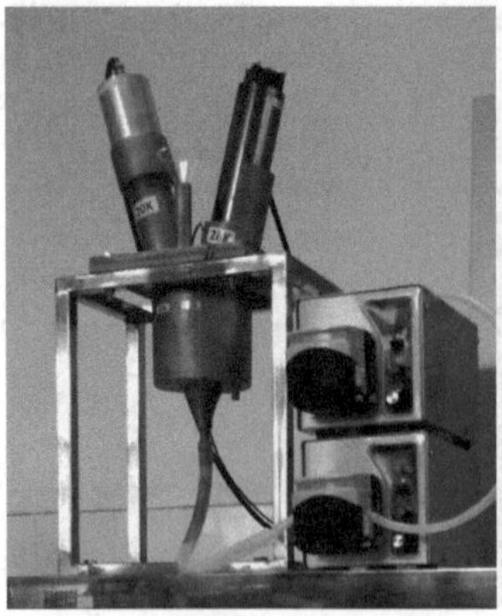

交替双频逆流温控超声设备

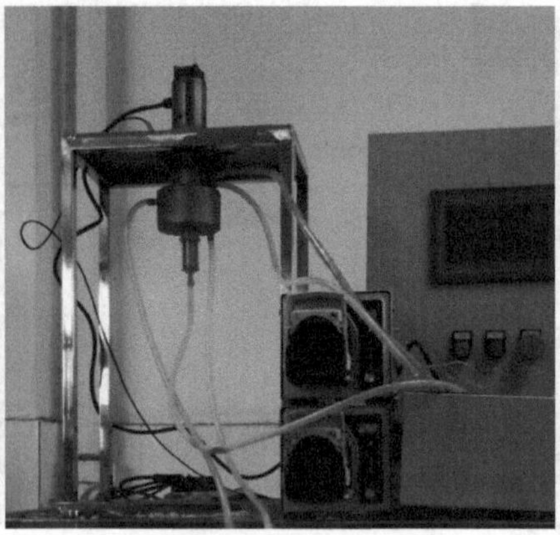

单频逆流温控超声设备

顺序三频发散式超声试验设备

扫频式四频反应器

单频定量逆流循环超声波中试设备

单频逆流超声波试验设备

图 3-11　江苏大学、江苏江大五棵松生物科技有限公司自主研发的实验室研究、中试放大和工业化生产用超声波设备

图 3-12　济宁金百特生物机械有限公司生产的釜罐式、管道式多功能超声波提取设备

（3）连续化管道式超声波提取成套设备

连续化管道式超声波提取成套设备（图 3-13）是一套先进的机电一体化成套设备，其主体是管道式超声波提取机，配备药材输送、温度调控、料液调控、药渣处理、药液处理、WIP 在线清洗、集中电气操作控制等辅助系统构成。超声提取管段解决了超声波提取工业化应用的技术难题，具有提取管段内超声能量场分布均匀强劲、保证超声提取效果的特点。

图 3-13　济宁金百特生物机械有限公司生产的连续化管道式超声波提取成套设备

3. 北京弘祥隆生物技术股份有限公司

（1）循环超声实验室装备

循环超声提取机（图 3-14）采用大功率多级聚能式超声方式，大功率超声场直接作用于提取物料，超声能量利用率高，提取效果显著。其中 TGCXN-5B 型有效容积为 5L，超声频率 20kHz，最大超声功率 1200W。其他机型也设计有 20kHz/40kHz/59kHz 的单频、双频、三频可选。

（2）循环超声中试装备

将上述的聚能式超声设备的有效容积扩大到 100 ～ 500L，即为中试设备（图 3-15），超声功率为 2.7 ～ 9kW，设备的基本结构与实验室设备相同。

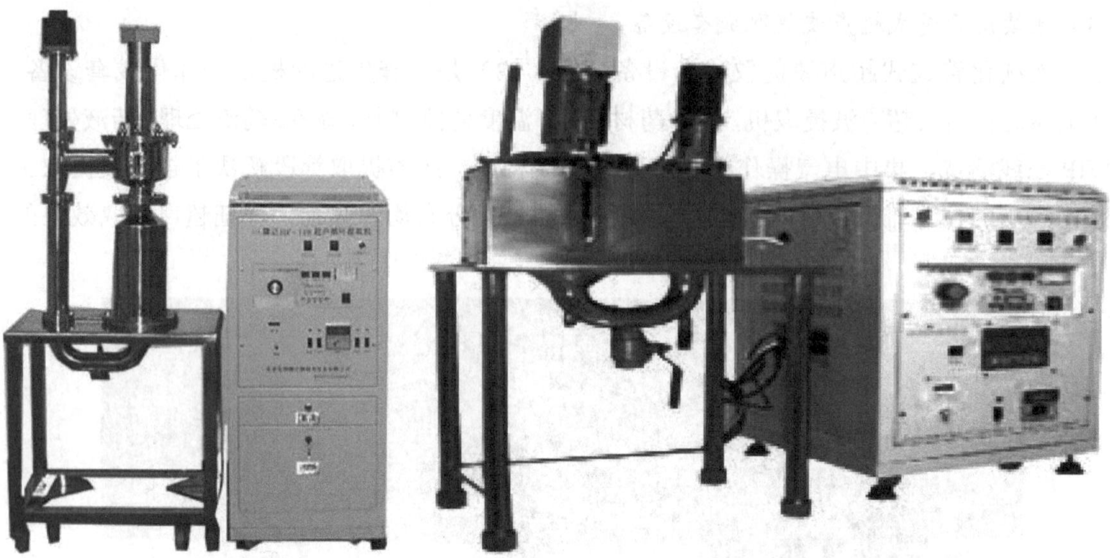

图 3-14　北京弘祥隆生物技术股份有限公司生产的循环式单频、多频超声实验室装备

图 3-15　北京弘祥隆生物技术股份有限公司生产的循环超声中试装备

（3）循环超声生产型装备

循环超声生产型装备（图 3-16）采用特有逆流循环超声工程放大技术，将超声强化提取和逆流提取两种先进提取方法有机结合在一起，通过特有柱塞流设计使所有提取

物料逆向通过有效超声场，保证了超声提取效果，从而避免了现有超声提取设备存在的难以放大或放大后由于超声场分布难以保证超声提取效果的缺陷。有效容积扩大到 500 ～ 5000L，超声功率 4.5 ～ 14.4kW，可以是单频，也可以是多频组合。

图 3-16　北京弘祥隆生物技术股份有限公司生产的循环超声生产型装备

（三）产业化推进

在理论研究的基础上，课题组积极推进其产业化进程。4 项产业化案例介绍如下。

1. 菜籽多肽超声辅助酶法制备技术

我国年产菜籽粕 900 万 t，产量居世界第一位。但由于其饼粕中含有的硫代葡萄糖苷和芥酸，以及一些抗营养因子如植酸、多酚类物质的存在，一直制约着菜籽粕的更好利用。江苏大学利用超声波技术强化蛋白质酶解反应，进行降血压肽的高效制备。2008 年与丹阳正大油脂有限公司合作进行技术成果的转化工作，2010 年正大油脂专门为此项目组建江苏天琦生物科技有限公司，建设了我国第一条超声辅助酶解制备功能多肽的生产线（图 3-17），这是我国第一家将低值的菜籽饼粕转化成为高附加值菜籽多肽的企业，对于推动我国传统油脂行业的技术进步起到了很好的示范引领作用。

图 3-17　江苏大学设计的我国第一条超声辅助酶解制备功能多肽的生产线及其生产的菜籽多肽产品

2. 玉米多肽、海洋胶原多肽超声辅助酶法制备技术

玉米是世界三大粮食作物之一，我国玉米产量居世界第二位，年产量约占世界的25%。玉米蛋白是玉米淀粉生产的副产品，由于其水溶性差，开发利用的价值受到很大的影响。江苏是一个海洋资源大省，鱼皮、鱼鳞、鱼骨等鱼肉加工的副产品资源丰富。江苏大学利用超声波技术强化蛋白质酶解反应，进行玉米多肽（抗氧化 / 护肝）和海洋胶原多肽（补骨）的高效制备。2011 年，江苏江大五棵松生物科技有限公司建设了第二条超声辅助酶解制备功能多肽的生产线（图 3-18），生产出了玉米低聚肽片、海洋胶原低聚肽粉(冲剂)。开发的“玉米低聚肽”产品获得江苏省高新技术产品(120382G0252N)(图 3-19)，深受市场欢迎。

图 3-18　江苏江大五棵松生物科技有限公司建设的第二条超声辅助酶解制备功能多肽的生产线

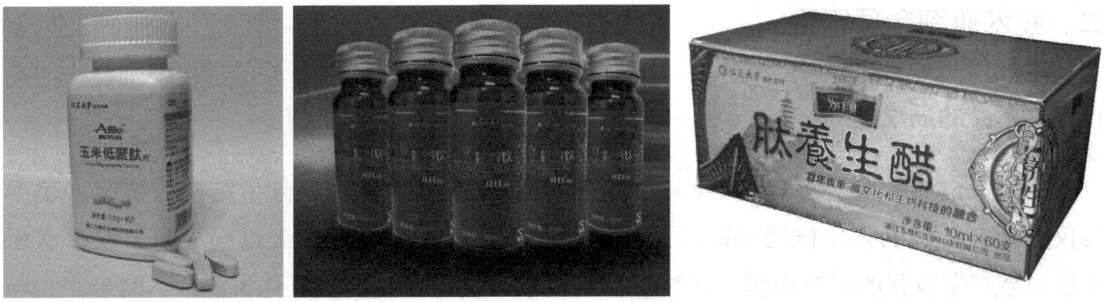

图 3-19　江苏江大五棵松生物科技有限公司利用超声辅助酶解技术生产的部分多肽类产品

3. 蜂胶超声辅助提取技术

2001 年江苏大学通过创建“江苏江大源生态生物科技有限公司”，成功地对“先利用超临界 CO_2 萃取蜂胶中萜烯类活性物质，再利用超声辅助提取技术提取超临界提取残余物中的黄酮类活性组分”这一技术方法进行了产业化应用，通过梯度提取技术实现了蜂胶这一珍稀珍贵资源的综合开发利用。生产的具有辅助降低血糖、提高免疫力功能的产品获得的国家保健食品批文，产生了显著的经济效益和社会效益。研究成果“蜂胶有效成分的超临界 CO_2 萃取及其产品的功能学评价研究”获得 2005 年江苏省科技进步二等奖。

4. 超声辅助酶解制备螺旋藻饮料

早在 1998 年，江苏大学就将超声波技术应用于螺旋藻蛋白酶解技术，开发的螺旋藻饮料制备技术转让给 2 家企业，其中“伊妹儿”螺旋藻饮料于 2000 年获得第七届中国杨凌农业高新技术成果博览会后稷金像奖。研究成果“螺旋藻酶解技术及其应用研究”获得 2001 年江苏省科技进步三等奖。

第三节　技术优势和存在的瓶颈与局限性

一、超声波在食品加工中应用的主要优势

1. 在利用超声波空化效应引起的机械力学作用和自由基化学效应，在没有显著温升的前提下，强化了液态食品加工的传质效果、生化反应过程，被广泛地应用于分离提取、酶解反应、微生物发酵、生物大分子结构的改性修饰，以及其他化学或者生物化学反应。声化学效应还可以有效地强化对液态食品巴氏杀菌的作用。

2. 利用超声波的高频机械振动效应，实现了对脱气、消泡、结晶、速冻、干燥、乳化、切割、减黏脱附、肉的嫩化等食品加工过程的强化作用。

二、技术瓶颈和局限性

1. 技术本身的局限性

对于蛋白质酶解、多糖修饰、食品杀菌等涉及改变加工对象分子结构的情况，超声波仅仅是一种辅助强化作用手段，而不能利用单一的超声完成加工过程；超声波在水相介质中会产生较强的氧自由基，在抗氧化剂提取时抗氧化剂会被氧化失活。

2. 技术研究的瓶颈

①在装备方面，真正应用于超声波加工的工作模式还比较单一，国内不少研究者使用简单的超声洗槽和超声细胞破碎机分别代替发散式超声和聚能式进行研究工作，普遍存在超声功率过大、声场分布不均匀的缺陷，远远没有发挥超声波本身在食品加工中的作用效能。正是由于实验室装备超声功率过大的缺陷，才出现超声处理温升较大这一错误概念。另外，由于换能器与发生器的开发落后，目前真正涉及气体和固体传播的消泡、切割、减黏脱附等研究甚少。②在技术方面，由于相关基础研究还不系统、不深入，具体技术方法的设计缺乏依据，严重限制了理论成果的应用和技术放大设计方法的建立。

3. 成果产业化面临的瓶颈

由于目前实验室超声波设备的设计没有按照工业化原型的目标进行设计，实验室优化的数据和建立的方法在工业化规模生产中无法应用，技术放大困难，严重限制了成果产业化的进程。

第四节　今后的发展趋势

传统的化学、生物学方法往往需要加入较多的有机溶剂，或者在较高的温度下完成，这样会影响食品的安全性，降低其营养价值。传统的化学、生物学、热加工方法经过参数优化，其加工效率达到一定水平后，想进一步提高其难度很大。大量的研究发现，超声波这一物理学方法的引入，不仅在加工效率，而且在产品的安全性和生物活性等方面均发生了显著的改善，常常会产生意想不到的效果。因此，食品超声加工技术在今后的食品工业中有很大的发展潜力，代表着食品工业一个新的发展趋势。

近年来，超声波不仅在食品工业备受关注，在环境、化工、制药等领域也成为科学研究和产业发展的热点，从相关的专业国际会议、专业期刊、国外著名超声波装备生产企业的快速发展可以看出其存在的潜在价值。

按照 BioMed Semantic service（http://biomedsemantic.com/）2014 年 9 月 4 日提供的信息来看，2000 年以来超声（Article 20709588）在如下 10 个领域应用发表的 Top 20 文

章网页及文章总数如表 3-2 所示。2000 年以来，BioMedLib 统计之列关于超声的研究论文达到 10 618 239 篇。从国际上关于超声研究论文的迅速增长的历史数据来看，超声波在包括食品科学在内的生物技术领域的应用成为促进该领域发展的重要趋势之一。

表3-2　2014年9月4日BioMedSemantic service提供的关于超声研究的Top20文章网页及文章总数

应用领域	Top 20 文章检索结果网页	文章总数
List 1: Top ' DISEASE OR SYNDROME ' Articles 疾病或综合征	http://biomedsemantic.com/urlu8c?srk=b6b7c4be23fdd54ef35cdaa0e610990e6ebd8e6b54b05f2a	2 120 315
List 2: Top 'BODY PART ORGAN OR ORGAN COMPONENT' Articles 身体器官或器官组件	http://biomedsemantic.com/urlu8c?srk=1c83f04948bcad2c4cf0b15318815a38ebb63379568aad92	904 283
List 3: Top 'PHARMACOLOGIC SUBSTANCE' Articles 药用物质	http://biomedsemantic.com/urlu8c?srk=d62f3ca264c5934621373002a7c193fd4a4c39a9e42ebb8d	1 645 833
List 4: Top 'GENE OR GENOME' Articles 基因或基因组	http://biomedsemantic.com/urlu8c?srk=ffea88e25026b2c1aab8a15cea1be38e71f707d75b0dde6a512e2881fea229a9	702 678
List 5: Top 'THERAPEUTIC OR PREVENTIVE PROCEDURE' Articles 治疗或预防程序	http://biomedsemantic.com/urlu8c?srk=b8db5af3a83dd2b985fa1e5f66d84ffd309ade9a6cbd93c6	1 231 141
List 6: Top 'IMMUNOLOGIC FACTOR' Articles 免疫因子	http://biomedsemantic.com/urlu8c?srk=daba1d6fd51ccee47e25c085e4d1e1788162858a3944ee46	313 037
List 7: Top 'LABORATORY PROCEDURE' Articles 实验室程序	http://biomedsemantic.com/urlu8c?srk=a30eed600ea03588f25aa4279b7985a8d6f4b2e58ea0b31b91cc39e6754db75e	459 519
List 8: Top 'ORGANIC CHEMICAL' Articles 有机化学	http://biomedsemantic.com/urlu8c?srk=a020c987fcf8273b179c9531575526001dd6cdd3de8d44eb	1 268 895
List 9: Top 'AMINO ACID PEPTIDE OR PROTEIN' Articles 氨基酸的肽或蛋白质	http://biomedsemantic.com/urlu8c?srk=fa0820fc36dbaa0aee70900366fa00ae1ed99a46cda29562	1 514 010
List 10: Top 'MEDICAL DEVICE' Articles 医疗设备	http://biomedsemantic.com/urlu8c?srk=5c88b7ab3d22f903d1251ac92bf923c697e651855b22d6a60b965868903f6329	458 528
	合计	10 618 239

从 2014 年 9 月 4 日来自 BioMedLib 总部的电子邮件得知，江苏大学马海乐课题组有 3 篇关于超声的论文在 3 个应用领域位于 Top 20 之列：①“Haile Ma, Liurong Huang, Junqiang Jia, et al. Effect of energy- gathered ultrasound on Alcalase. Ultrasonics Sonochemistry, 2011,18:419-424”在“氨基酸的肽或蛋白质（AMINO ACID PEPTIDE OR PROTEIN）”

1 514 010 篇论文之 Top 20 论文中排列第 8；②“Wenjuan Qu, Haile Ma, Junqiang Jia, et al. Enzymolysis reaction kinetics and thermodynamics of defatted wheat germ protein with ultrasonic pretreatment. Ultrasonics Sonochemistry, 2013, 20:1408-1413”在“有机化学（ORGANIC CHEMICAL）”1 268 895 篇论文之 Top 20 论文中排列第 9，在“药用物质（PHARMACOLOGIC SUBSTANCE）1 645 833 篇论文之 Top 20 论文中排列第 8；③“Zhenbin Wang, Xiaoming Lin, Pingping Li, et al. Effects of low intensity ultrasound on cellulase pretreatment. Bioresource Technology, 2012, 117:222- 227”在“氨基酸的肽或蛋白质（AMINO ACID PEPTIDE OR PROTEIN）”1 514 010 篇论文之 Top 20 论文中排列第 20，在“药用物质（PHARMACOLOGIC SUBSTANCE）1 645 833 篇论文之 Top 20 论文中排列第 18。

第五节　对策建议

针对影响技术发展及产业化的瓶颈和局限，提出如下建议。

一、加强以产业化为导向的科学研究工作

1. 理论研究

食品超声加工技术涉及食品科学、生物化学、振动力学、材料科学、控制工程、机械工程等，因此目前的研究多数只关注超声波对食品造成的影响，很少从食品加工的角度研究与应用超声波理论。因此，建议科技部在相关国家科技计划中设立食品超声波加工基础研究方面的课题，国家自然科学基金委在食品科学领域设立专门的食品物理加工类别，逐渐解决基础理论研究薄弱的不足。

2. 设备研制

尽管我们在超声波工作模式及研究用超声设备、中试用工业原型机的创新研制上有了一些初步的工作，但还很不系统、不深入，影响了食品超声波加工研究工作的走向深入的可能。因此，建议科技部在相关国家科技计划或者科技支撑计划中设立食品超声加工装备研制的专项，重点解决研究设备落后的局面，提高食品超声加工的整体水平。通过中试参数优化，为进一步的成果转化扫清障碍。

3. 应用研发

对于具有应用前景的项目，利用科技部相关国家科技计划，对超声波工业化的设备进行攻关，实现1000L反应釜或者提取釜超声波智能强化反应系统的研制。在工业化设备上进行加工技术的产业化放大试验，完成技术熟化、新产品开发。

二、建立研究平台，加强协同创新

为了进一步扩大与加速食品物理加工技术对我国食品产业发展的贡献度，就食品物理加工而言，建议建立国家级研究平台，按照物理学方法的不同设立分中心，就一些关键共性技术联合攻关，扩大与设备制造企业、食品加工企业、专业营销企业的密切合作关系，积极推进产、学、研、商的协同创新。

三、加强国际合作与交流

积极联络国际上涉及食品物理加工的主要研究机构和学者，初期成立一个相对松散的虚拟研究中心，利用一些国际会议的机会，建议设立物理加工分论坛；或者利用网络资源，不定期召开物理加工专题研讨会，逐步建立广泛的合作关系，扩大国际学术合作与交流。

参考文献

贲永光，丘泰球，阎杰 . 2006. 双频超声强化从海金沙中提取黄酮的实验研究 . 声学技术 , 25(3): 209-213.

曹辉，马海乐，贾俊强，等 . 2008. 大米蛋白的双酶分步水解及其产物的抗氧化研究 . 中国粮油学报 , 23(6): 5-10.

曹辉，马海乐，曲文娟，等 . 2009. 大米蛋白的木瓜酶酶解及其水解物的抗氧化活性 . 中国粮油学报 , 24(7): 10-13.

陈钧，杨克迪，陈洁，等 . 1996. 超声强化超临界流体萃取中传质的实验研究 . 全国超临界技术及应用研讨会论文 . 北京：清华大学出版社 : 50-53.

丁青芝，马海乐，骆琳，等 . 2009. 超声处理对菜籽蛋白酶解效果的影响 . 农业工程学报 , 25(1): 294-299.

丁青芝 . 2008. 脉冲超声辅助酶解法制备玉米黄粉 ACEI 活性肽的研究 . 镇江：江苏大学博士学位论文 .

冯若，李化茂 . 1992. 声化学及其应用 . 合肥：安徽科学技术出版社 .

傅敏，丁培道，蒋永生，等 . 2003. 超声波降解有机磷农药乐果的实验研究 . 重庆环境科学 , 25(12): 27-29.

贾俊强，马海乐，曲文娟，等 . 2008. 超声预处理大米蛋白制备抗氧化肽 . 农业工程学报 , 24(8): 288-293.

贾俊强 . 2009. 超声对酶法制备小麦胚芽 ACE 抑制肽的影响及其作理机制 . 镇江：江苏大学博士学位论文 .

李儒荀，袁锡昌 . 1998. 超声波 —— 激光联合杀菌的研究 . 包装与食品机械 , 16(3): 6-7.

李岩，韦宇，周晓薇，等 . 2010. 超声波杀菌作用在制糖工艺方面的研究 . 广西蔗糖 , 1: 25-28.

林翠英，周晶，赵晶，等 . 1999. 芦丁超声提取新技术的再探索 . 中草药 , 30 (5): 350-351.

林武滔，念保义，王铮敏 . 2004. 超声强化姬松茸多糖的提取及理机制分析 . 宝鸡文理学院学板（自然科学版）, 24(3): 191-193.

刘钧发，冯梦莹，游丽君，等 . 2013. 超声和水提法提取灵芝多糖的结构和抗氧化性的比

较研究 . 食品工业科技 , 34(24): 88-92.
刘丽艳，张喜梅，李琳，等 . 2012. 乳清分离蛋白对超声杀菌效果的影响研究 . 现代食品科技 , 28(8): 903-905.
刘娜女，张静，李岱，等 . 2010. 利用傅里叶红外光谱和原子力显微镜研究超声提取对鸡腿菇多糖结构的影响 . 生物加工过程 , 8(1): 56-60.
刘娜女，张静，孙润广，等 . 2011. 超声对鸡腿菇多糖结构及生物活性的影响 . 化学学报 , 69(15): 1824-1832.
马海乐，郝志伟，何荣海，等 . 2010. 基于超声预处理的大米降血压肽的制备及其功能评价 . 中国食品学报 , 10(6): 36-40
马海乐，孙宝胜，何荣海，等 . 2012. 果蔬清洗废水中乐果农药扫频超声波降解工艺优化 . 农业机械学报 , 43(11):169-173,179.
丘泰球，曾荣华，张晓燕 . 2006. 双频超声强化提取的机制 . 华南理工大学学报 (自然科学版), 34(8), DOI: 10.3321/j.issn:1000-565X.2006.08.019.
丘泰球，李超，谭伟，等 . 2010. 超声强化亚临界 CO_2 萃取的动力学模型的机制 . 华南理工大学学报 (自然科学版), 38(12): 124-128.
曲文娟，马海乐，王婷，等 . 2013. 交替双频逆流超声辅助提取条斑紫菜蛋白和多糖 . 农业工程学报 , 29(1): 285-292.
任晓锋 . 2014. 扫频超声预处理对玉米醇溶蛋白特性及其制备 ACE 抑制肽的影响 . 镇江：江苏大学博士学位论文 .
孙宝胜 . 2012. 扫频脉冲超声波降解水体及蔬菜中农药的试验研究 . 镇江：江苏大学硕士学位论文 .
王爱玲，祝锡晶，吴秀玲 . 2007. 功率超声振动加工技术 . 北京：国防工业出版社 .
王宏青，夏黎明 . 2001. 灭多威的超声降解研究 . 应用声学 , 20(2): 35-37.
王小梅 . 2013. 超声对麦冬多糖结构、溶液行为及生物活性影响的研究 . 西安 : 陕西师范大学博士学位论文 .
王颖 . 2010. 豆粕混菌液态制种及啤酒糟固态发酵制备生物饲料的研究 . 镇江：江苏大学硕士学位论文 .
吴雅红，罗宗铭，汤哲 . 2005. 绿茶饮料的超声波与微波杀菌及防褐的比较研究 . 广东化工 , 32(1): 33-35.
闫坤，吕加平，刘鹭，等 . 2010. 超声波对液态奶中枯草芽孢杆菌的杀菌作用 . 中国乳品工业 , 2: 4-6.
易克传，岳鹏翔，汪维云 . 2006. 超声波强化提取滁菊花有效成分的试验研究 . 包装与食品机械 , 23(6): 5-8.
岳田利，周郑坤，袁亚宏，等 . 2009. 苹果中有机氯农药残留的超声波去除条件优化 . 农业工程学报 , 25(12): 324-330.
周丽珍，李冰，李琳，等 . 2007. 超声辐照对大肠杆菌和金黄色葡萄球菌的影响 . 陕西科技大学自然科学版）, 25(1): 13-19.

Chandrapala J, Oliver C, Kentish S, et al. 2012. Ultrasonics in food processing. Ultrasonics Sonochemistry, 19: 975-983.

Chemat F, Zill-e-Huma, Khan M K. 2011. Applications of ultrasound in food technology: Processing, preservation and extraction. Ultrasonics Sonochemistry, 18: 813-835.

Garcia-Perez J V, Carcel J A, Riera E, et al. 2009. Influence of the applied acoustic energy on the drying of carrots and lemon peel. Drying Technology, 27: 281-287.

Huang L, Liu B, Ma H, et al. 2014. Combined effect of ultrasound and enzymatic treatments on production of ACE inhibitory peptides from wheat germ protein. Journal of Food Processing and Preservation, 38: 1632-1640.

Kyllonen H, Pirkönen P, Nyström M, et al. 2006. Experimental aspects of ultrasonically enhanced cross-flow membrane filtration of industrial wastewater. Ultrasonics Sonochemistry, 13: 295-302.

Li B, Sun D W. 2002. Novel methods for rapid freezing and thawing of foods-a review. Journal of Food Engineering, 54: 175-182.

Liu B, Ma H, Li S, et al. 2010. Study on the effect of ultrasound on the secondary structure of BSA by FTIR. Spectroscopy and Spectral Analysis, 30(8): 2072-2076.

Ma H, Huang L, Jia J, et al. 2011. Effect of energy-gathered ultrasound on Alcalase. Ultrasonics Sonochemistry, 18: 419-424.

Matsuura K, Hirotsune M, Nunokawa Y, et al. 1994. Acceleration of cell growth and ester formation by ultrasonic wave irradiation. Journal of Fermention and Bioengineering, 77: 36-40.

Pan Z, Qu W, Ma H, et al. 2012. Continuous and pulsed ultrasound-assisted extractions of antioxidants from pomegranate peel. Ultrasonics Sonochemistry, 19(2): 365-372.

Patist A, Bates D. 2008. Ultrasonic innovations in the food industry: from the laboratory to commercial production. Innovative Food Science & Emerging Technologies, 9: 147-154.

Pohlman F W, Dikeman M E, Zayas J F. 1997. The effect of low intensity ultrasound treatment on shear properties, color stability and shelf-life of vacuumpackaged beef semitendinosus and biceps femoris muscles. Meat Science, 45: 329-337.

Qu W, Ma H, Jia J, et al. 2013. Enzymolysis reaction kinetics and thermodynamics of defatted wheat germ protein with ultrasonic pretreatment. Ultrasonics Sonochemistry, 20: 1408-1413.

Qu W, Ma H, Jia J, et al. 2012. Enzymolysis kinetics and activities of ACE inhibitory peptides from wheat germ protein prepared with SFP ultrasound-assisted processing. Ultrasonics Sonochemistry, 19: 1021-1026.

Riera E, Gallego-Juarez, J A, Mason TJ. 2006. Airborne ultrasound for the precipitation of smokes and powders and the destruction of foams. Ultrasonics Sonochemistry, 13:107-116.

Schneider Y, Zahn S, Schindler C, et al. 2009. Ultrasonic excitation affects friction interactions between food materials and cutting tools. Ultrasonics, 49: 588-593.

Sulaiman A Z, Ajit A, Yunus R M, et al. 2011. Ultrasound-assisted fermentation enhances bioethanol productivity. Biochemical Engineering Journal, 54: 141-150.

Terefe N S, Gamage M, Vilkhu K, et al. 2009. The kinetics of inactivation of pectin methylesterase and polygalacturonase in tomato juice by thermosonication. Food Chemistry, 117: 20-27.

Toma M, Vinatoru M, Paniwnyk L, et al. 2001. Investigation of the effects of ultrasound on vegetal tissues during solvent extraction. Ultrasonics Sonochemistry, 8(2): 137-142.

Wang B, Atungulu G G, Khir R, et al. 2014. Ultrasonic treatment effect on enzymolysis kinetics and activities of ACE-inhibitory peptides from oat-isolated protein. Food Biophysics, DOI: 10.1007/s11483-014-9375-y.

Wu H, Hulbert G J, Mount J R. 2000. Effects of ultrasound on milk homogenization and fermentation with yogurt starter. Innovative Food Science & Emerging Technologies, 1: 211-218.

Yagoub A E A. 2013. Optimization of ultrasonic-assisted extraction of protein from rapeseed (*Brassica napus* L.) meal with spectroscopic assessment of protein conformation. 镇江：江苏大学博士学位论文.

Yin X, Ma H, You Q, et al. 2012. Comparison of four different enhancing methods for preparing biodiesel through transesterification of sunflower oil. Applied Energy, 91: 320-325.

Zheng L, Sun D W. 2006. Innovative applications of power ultrasound during food freezing processes - a review. Trends in Food Science & Technology, 17: 16-23.

Zhou C, Ma H. 2006. Ultrasonic degradation of polysaccharide from red algae (*Porphyra yezoensis*). Journal of Agricultural and Food Chemistry, 54: 2223-2228.

Zhou C, Ma H, Ding Q, et al. 2013a. Ultrasonic pretreatment of corn gluten meal proteins and neutrase: effect on protein conformation and preparation of ACE (angiotensin converting enzyme) inhibitory peptides. Food and Bioproducts Processing, 91: 665-671.

Zhou C, Ma H, Yu X, et al. 2013b. Pretreatment of defatted wheat germ proteins (by-products of flour mill industry) using ultrasonic horn and bath reactors: effect on structure and preparation of ACE-inhibitory peptides. Ultrasonics Sonochemistry, 20: 1390-1400.

Zhou C, Wang Y, Ma H, et al. 2008. Effect of ultrasonic degradation on *in vitro* antioxidant activity of polysaccharides from *Porphyra yezoensis* (Rhodophyta). Food Science and Technology International, 14(6): 479-486.

Zhou C, Yu X, Zhang Y, et al. 2012. Ultrasonic degradation, purification and analysis of structure and antioxidant activity of polysaccharide from *Porphyra yezoensis* Udea. Carbohydrate Polymers, 87: 2046-2051.

第四章

高压脉冲电场技术及装备研究进展

高压脉冲电场（pulsed electric field，PEF）杀菌技术是一项很有希望应用于大宗流体食品连续杀菌的食品非热加工技术，其能在较低温度或者中温条件下有效地将食品中的微生物杀灭。与传统的热杀菌相比，由于脉冲处理时间短，热能损失低和食品成分变化较小，因而能最大限度地保存食品原有的风味、色泽、口感和营养价值。它的兴起将对食品工业起到巨大的推动作用，尤其是随着健康、新鲜、营养的观念深入人心，高压脉冲电场技术应用前景广阔。

PEF技术目前在流体食品如果蔬汁、牛奶和液态蛋的加工中体现出良好的优势，这项技术在固体食品加工如果蔬汁榨汁预处理、肉类加工等方面也得到了广泛的研究与应用。本部分内容对高压脉冲电场技术的应用与发展历史、设备与技术研究应用进展、脉冲电场技术的优势与局限性及脉冲电场的前景进行了系统的概括与分析，旨在加快该项技术的工业化进程。

第一节　基本概念与技术特征

一、基本概念

PEF杀菌技术是通过施加几万伏微秒级脉冲式高强度电场在常温和接近常温的条件下杀菌钝酶。PEF不同于其他物理加工形式，其作用手段是施加高强度的脉冲电场，PEF作用对象是带电荷或者具有极性的分子、粒子和电介质体系，以实现低温灭菌、钝酶、强化食品体系内的常温非催化反应及改性修饰生物大分子等。

二、基本原理

（一）杀菌机制

外加电场常常会使微生物细胞在细胞膜内外出现电压差，当整个膜电位达到极限值（约为 1V）时，会导致细胞膜破裂，使膜结构变成无序状态，形成细孔，渗透能力增强。因此，细胞的可渗透性会随着外加电场强度的加强而增加。目前，关于 PEF 对细胞的影响有许多理论，但是其中研究最多的是细胞膜电穿孔与电崩溃两种机制。

1. 细胞膜的电穿孔模型

电穿孔现象是指细胞暴露在 PEF 作用下出现的细胞膜失稳并在细胞膜上形成小孔的现象。细胞膜通透性大幅增加，胞内的渗透压高于细胞外，最终导致细胞膜的破损。早期的研究认为 PEF 对微生物的致死作用具有“全或无”的特征，即 PEF 处理后微生物或者死亡或者未受到损伤，不存在中间状态，即没有亚致死微生物的存在（Simpson et al.,1999; Russell et al., 2000 ）。近期大量研究证明，PEF 处理会使微生物形成一定比例的亚致死细胞，即 PEF 通过外加电场对微生物细胞造成损伤，这种损伤逐渐积累，最终导致微生物死亡。目前，“电穿孔”效应得到学者的普遍认可，即 PEF 通过施加外部电场，在微生物细胞膜建立跨膜电位，跨膜电位的建立使细胞膜形成亚稳态小孔，电场处理期间孔隙的数量与尺寸持续变化，最终导致细胞内容物流出（Saulis et al., 2010）。图 4-1 是电穿孔机制的模式图。

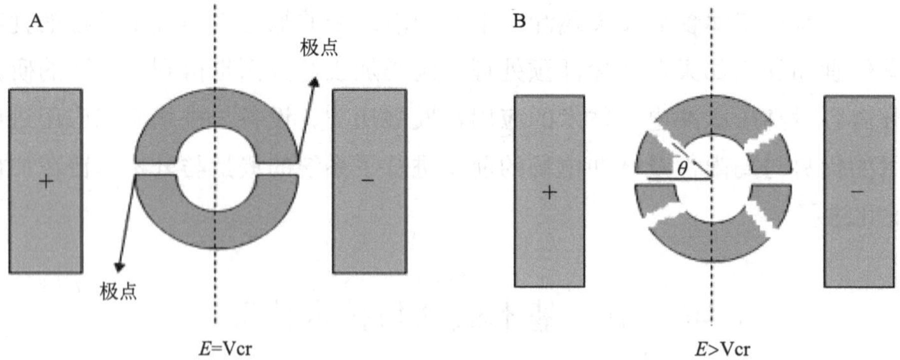

图 4-1　外加电场下细胞电穿孔模型

A. 外电场强度E等于临界值，孔在细胞两极点形成；B. 外电场强度E大于临界值，细胞上膜孔形成范围增加，孔数增多，按 $\cos\theta$分布

2. 细胞膜的电崩溃模型

细胞膜的电崩溃则是基于微生物细胞膜由镶嵌蛋白质的磷脂双分子层构成，它带有

一定的电荷，具有一定的通透性，也有一定的强度。膜的内外表面间具有一定的电势差，当细胞膜上外加一个电场（E）时，这个电场将使膜内外的电势差增大。由于细胞膜两表面堆积的异号电荷相互吸引，引起膜的挤压；当电场强度增大到一个临界值时，细胞膜的通透性剧增，膜上出现许多小孔，使膜的强度降低；进一步的作用使细胞膜产生不可修复的大穿孔，使细胞组织破裂、崩溃，导致微生物失活（赵伟，2009）。目前，穿孔效应假说被大多数学者所接受，但电穿孔特性的研究在国内仍处于早期阶段，国外研究时间较长，但至今仍然有许多现象无法解释，而新的现象又不断地被报道。

（二）钝酶机制

目前，有许多研究关于 PEF 处理对食品中活性物质如蛋白质和酶等的影响（钟葵，2005a，2005b），但是 PEF 处理对食品组分结构的影响机制尚不清楚。许多研究表明，PEF 处理过程中往往会对生物活性分子造成不同于热处理的不可逆影响。蛋白质分子中的氨基酸残基所带电荷的高度不对称分布常常会导致分子中存在极化现象。而由于分子间复杂的非共价相互作用（包括静电相互作用、离子力、范德瓦耳斯力、氢键和疏水相互作用）和共价相互作用（二硫键），蛋白质分子才得以保持其稳定的结构与功能（Zhao and Yang, 2008; Zhao et al., 2012）。而这种平衡往往会被外加电场所破坏，从而会导致蛋白质分子发生去折叠与变性、共价键断裂及氧化还原反应，这些反应常常是由于电子极化所导致的。最新研究表明，PEF 会影响蛋白质内部基团间的静电相互作用和带电基团的定位，扰乱蛋白质氨基酸残基间的电场分布和静电相互作用，导致电荷分离，从而影响蛋白质的空间结构，PEF 还可以与蛋白质分子结构单元（如 α- 螺旋）肽键偶极矩叠加产生的定向偶极矩发生耦合，二级结构 α- 螺旋失去稳定性，有序结构逐渐消失，无序结构不断呈现，三级结构逐渐变得松散，色氨酸残基游离到分子表面，其 N、H 形成了更强的氢键，更多酪氨酸残基包埋于蛋白质内部疏水区域，二硫键的构象由扭曲—扭曲—反式转变为反式—扭曲—反式共存构象（Yang et al., 2004; Zhao and Yang, 2008）。图 4-2 为 PEF 作用对溶菌酶分子结构改变的模型。

（三）技术特征

高压脉冲电场技术作为一种新型的食品非热杀菌技术，其特点为：以较高的电场强度（10 ～ 50kV/cm）、较短的脉冲宽度（0 ～ 100μs）和较高的脉冲频率（0 ～ 2000Hz）对液体、半固体食品进行处理，并且可以组成连续杀菌和无菌灌装的生产线。高压脉冲电场由于在处理过程中温度较低，能在较低能耗的情况下，较好地保持食品风味、营养并确保食品安全。如表 4-1 所示，其主要影响因素包括 PEF 处理参数、产品因素及微生物特征因素。

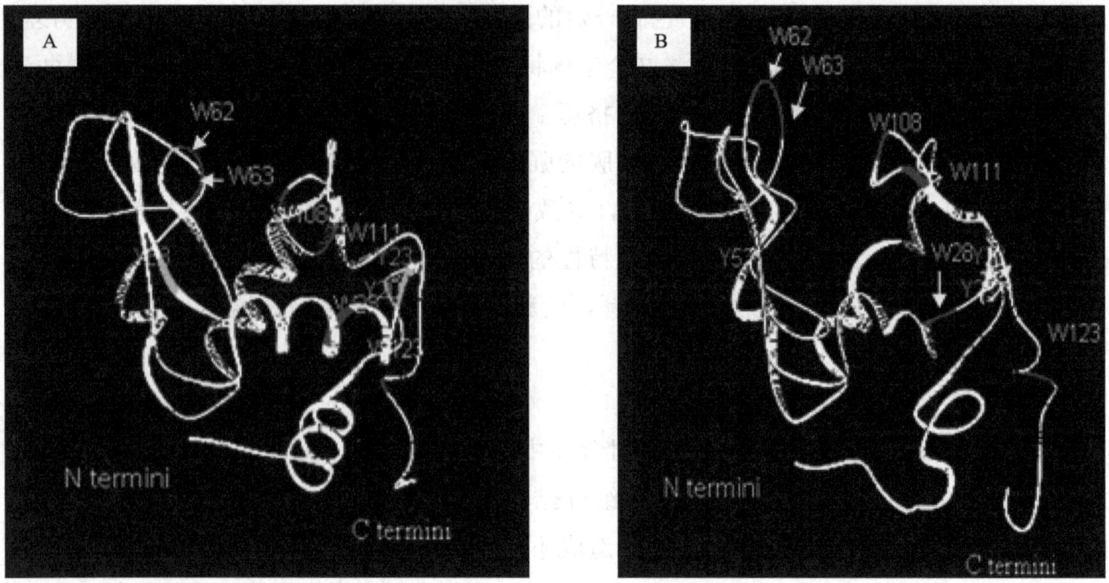

图 4-2 PEF 作用对溶菌酶分子结构改变模型

A. PEF作用前；B. PEF作用后；色氨酸与酪氨酸残基分别用红色和蓝色标出；PDB code: 1GXX；采用DS Visualizer 1.7绘制；W28,W62, W63, W108, W111和W123分别表示Trp-28,Trp-62, Trp-63, Trp-108, Trp-111 和 Trp-123；Y20, Y23 和Y53分别表示Tyr-20, Tyr-23 和Tyr-53

表4-1 影响PEF杀菌效果的主要因素

PEF 处理参数	产品因素	微生物特征因素
电场强度	产品成分	种类
处理时间	电导率	生长周期
脉冲频率	离子强度	
脉冲宽度	pH	
脉冲波形		
样品流速		
处理温度		

实现脉冲电场处理的基本设备体系包括高电压发生部分、处理器及相应的预处理和控制系统等。高电压的发生通常通过大容量电容充放电及源信号逐级放大等形式来实现，近年来随着大功率 IGBT 的开发，大功率高电压陡升降电脉冲的获得已不再像 20 年前国内刚刚开始进行 PEF 研究时那么困难。一般来说，高强脉冲处理系统的脉冲可以采用方波、指数衰减波、交替指数衰减波、钟形波等几种形式，所以脉冲发生源也可有多种设计电路。作用效果以方波为最好，交替指数衰减波与钟形波由于有较长的拖尾现象，不如方波能提供有效的电场强度，因而处理效果次之。方波一般是通过一系列输送电线模拟的电感电容产生，脉冲发生电路价格较昂贵。交替指数衰减波可以用简单的电容充放电产生，价格比较便宜。钟形波可采用饱和的电感开关通过脉冲压缩技术实现。

脉冲电场参数除波形外，其他重要参数还有电场强度（E）、频率（f）、脉冲宽度及上升沿、下降沿等。电场强度是决定 PEF 处理效果最为重要的参数，通常使用的场强在 0 ～ 70kV/cm，低场强可导致微生物的亚致死及分子体系内氢键缔合等弱化学键连接的变化，20kV/cm 以上场强可导致细胞膜不可逆穿孔极化，有效杀灭微生物营养体，频率和脉宽决定了脉冲处理时间，上升沿时间反映了设备性能，要尽可能减少热量产生，实现非热处理，需要将方波上升沿尽可能缩短，国内现有技术水平在 100ns 左右，当然，如果处理过程中需要适度的温度协同，波形及上升沿的要求就没那么严格了。

处理室是对物料进行脉冲电场处理的主要场所，主要分为静态处理室和动态连续流处理室。静态的处理室配合输出脉冲数可控的高压脉冲发生器，在脉冲电场应用的基础理论研究方面很有价值，但工业化的应用必须是连续的处理才能实现处理量的放大。基于不均匀电介质体系的电场分布理论，处理液体中的气泡等会严重影响 PEF 处理的均匀性，因此在进入处理室之前需要进行脱气及均质化处理。其他的辅助手段还有：①物料在接受 PEF 处理之前，先接受低场强的直流电场预极化处理，诱导电荷的不均匀分布；②单循环 PEF 处理后适时控温，多次循环强化处理效果等。

（四）发展历程

虽然高压脉冲电场技术常常被称为“新技术”，但从 19 世纪开始，已经开始有关于电流应用于食品加工上的报道。直到 20 世纪 60 年代，才开始有关于高压脉冲电场技术应用的报道。

高压脉冲电场技术最先是由德国工程师 Heinz Doevenspeck 最先开始做了一些研究工作，而后英国的 Sale 与 Hamilton 等做了后续研究。后来一度由于能耗高等因素被搁置，直至 20 世纪 80 年代，德国的 Krupp Maschinentechnick 公司在 Doevenspeck 的基础上又开发了两个加工设备，分别为 ELCRACK 和 ELSTERIL。最初，这些设备用于鱼浆的处理，但是这些设备往往需要和一些别的如超滤等设施联用，因一些技术难题无法实现，后来这些设备被拆卸。

而后，关于 PEF 加工设备的研究又开始回归到研究室与大学研究机构，随着关于 PEF 杀菌机制与对食品中组分影响的研究进一步得到拓展，科学家又开始考虑将设备改进，并且 PEF 在食品中的应用得到了进一步的拓展（Toepfl et al., 2007）。

目前，对果蔬汁榨取预处理、果蔬干燥及鱼、肉类的质量传递系数的加强、液态食品的杀菌处理等加工工艺受到了广泛的研究和关注。直至 1995 年，有了 PEF 首次工业化的杀菌与商业化应用的研究，直至 2005 年首次实现了其杀菌产品的商业化应用。国际上目前从事 PEF 研究的团队有德国 DIL 团队（该团队目前正从事商业化规模的设备研制与应用，已开发的污水处理设备处理量可达 10 000L/h）、美国 DTI 公司（该公司开发的工业化规模设备处理量同样可达 10 000L/h，可应用于细胞降解与液态食品的保藏）、美国俄亥俄州立大学（该团队开发的设备为OSU系列产品，已接近工业化水平产品）、美国农业部东部研究中心（主要从事PEF在液体食品加工与保藏方面应用研究）、法国HAZEMEYER公司（开发出工业化规模设备，可应用于苹果汁的榨取等方面），其他团队还有美国华盛顿州立大学、德国食品科技中心、新西兰奥塔戈大学、加拿大圭尔夫大学、匈牙利中央食品研究中心等机构。国内目前从事PEF设备开发与应用的机构也较多，主要有江南大学（杨瑞金团队，该团队主要研究PEF对液态蛋、牛奶、果蔬汁等液体食品的加工与应用，也在从事大功率PEF设备的研制）、中国农业大学（廖小军团队，该团队首先对PEF系统进行了开发与设计，而后将该系统应用于微生物的控制、食品中内源酶的钝化、花色苷的提取等方面的研究）、华南理工大学（曾新安团队，该团队开发了一套PEF处理系统，应用该系统研究了PEF对食品中组分的影响、微生物的致死机制，加快化学反应等）、吉林大学（殷涌光团队，该团队在PEF技术应用于辅助提取、液体食品杀菌等方面做了相当多工作）、浙江大学（王剑平团队，该团队主要从事高压脉冲电场设备的开发与研制）。此外，国内从事PEF技术研究的团队还有福建农林大学、杭州电子科技大学、山西农业大学和吉林农业大学等研究机构和单位。

然而，由于杀菌机制尚未明确、安全性无法得到保证等问题，PEF在产品杀菌水平上的商业化应用和普及又基本停滞不前，但是PEF技术在果蔬汁榨取、果蔬干燥，以及加强鱼类和肉类产品的质量传递系数上的商业应用前景很好。

第二节 研究应用现状与进展

一、在食品工业中的应用领域

随着高压脉冲电场技术与装备的发展，其在食品领域的应用不断扩展（图4-3）。PEF除了用于液体食品连续低温灭菌、钝酶外，其导致的质壁分离或者细胞膜穿孔极化的效果可以被用来强化果汁或者某些特定细胞代谢产物（巨大分子、蔗糖、色素、风味物质及生物活性物质等）的提取，或者反过来促进某些溶质（氯化钠、蔗糖等）渗透到生物组织中。当细胞半径增加时，电脉冲导致的电极化或膜通透性改变所需的电场强度降低，通常3～5kV/cm场强的处理就能获得明显的从植物细胞中强化提取目标物的效果（史梓男等，2002；殷涌光，2009a，2009b；罗炜等，2009）。脉冲电场区别于其他物理场处理手段的独到之处在于其对电荷及带电物质的影响，处于电场中物质的极性大小、电离能力及带电荷多少与最终的处理效果密切相关。食品大分子如蛋白质、脂质与多糖等均具有很强的极性，在加工与应用特性上也存在一些不足，如蛋白质与氨基酸的溶解度通常都很低等。适度脉冲电场处理可用于提高氨基酸、蛋白质的亲水特性与溶解度，降低淀粉的糊化温度，提升消化率等（Han et al., 2009）。此外，PEF还可用于强化食品常温非催化反应。食品风味的形成与熟化过程（如酒、醋的陈酿）具有常温、非催化及过程缓慢的特点，电场处理技术可应用于加速酒的陈酿及促进食品风味形成反应等。

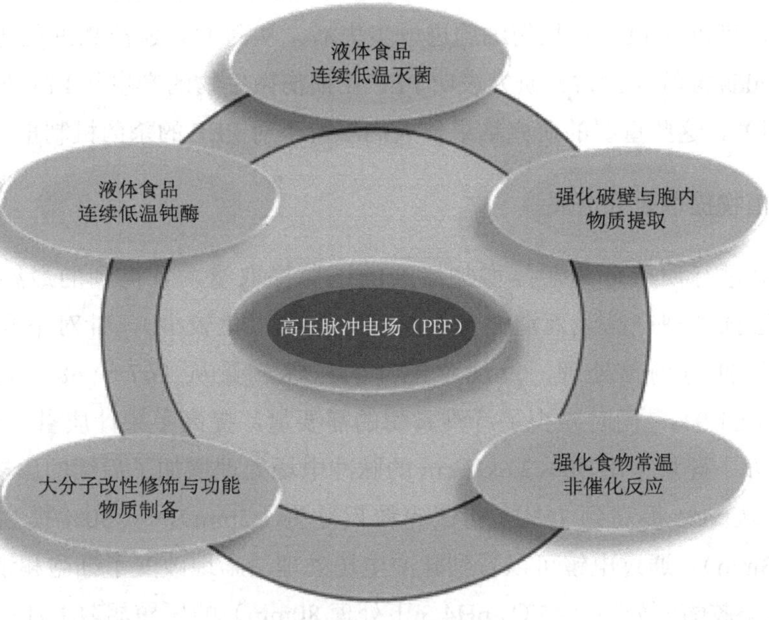

图 4-3　PEF 在食品领域的应用

二、在主要应用领域理论研究、技术与装备开发及产业化推广的进展

（一）理论研究

1. PEF 的灭菌效果及规律

研究发现，PEF 杀菌效果依赖于微生物的种类、大小、生理周期（对数生长期或者稳定生长期）及初始含菌量。处于对数生长期的细胞似乎对脉冲电场处理最为敏感。革兰氏阴性菌或者酵母比革兰氏阳性菌更敏感。关于病原微生物灭活效果也较为理想。对接种在荔枝汁中大肠杆菌 O157：H7 采用 15 ～ 18kV/cm 场强的连续系统进行处理，频率为 2000Hz，脉冲宽度 2μs，流速 30ml/min，可获得 5 个数量级的活菌数减少（刘新雨等，2011）。

人们最近对关系食品安全和 PEF 处理食品货架期的 PEF 损伤亚死微生物的研究产生了浓厚兴趣。Russell 等（2000）和 Simpson 等（1999）提出 PEF 杀菌具有“全或无”特征，即不存在亚损伤细胞（“intermediately damaged” cell），然而，最近的研究结果否定了这一理论。García 等（2007）报道，PEF 对大肠杆菌和沙门氏菌的致死作用是由于 PEF 对微生物细胞的损伤积累所致，PEF 处理后存在亚损伤细胞；Somolinos 等（2008）研究表明，PEF 亚损伤酵母细胞经一定条件培养可修复，且受环境因素影响；Zhao 等（2008）证明了 PEF 处理绿茶中 PEF 亚损伤微生物的存在，并提出 PEF 处理后经一定时间冷激（cold shock）处理，可以使 PEF 亚损伤细胞进一步失活，从而大大延长 PEF 处理食品在常温下的货架期。Saldaña 等（2012）研究表明 PEF 亚损伤微生物的产生与 PEF 处理电场强度和体系的 pH 相关。这些重要的研究结果使人们不得不对 PEF 的杀菌机制重新认识。

2. PEF 强化植物提取研究进展

对苹果糊进行质壁分离后能增加后续的压榨提取量，且得到的最终果汁颜色较通过酶法或热法预处理产品浅而清澈（多酚氧化酶的氧化较少），针对不同的苹果汁在压榨之前进行脉冲电场预处理，发现苹果汁的压榨产量从（67 ～ 68）%±1.2% 上升到（73 ～ 74）%±1.9%，同时减少了纤维素酶的需要量，提高了果汁质量（曾新安和陈勇，2005）。对胡萝卜碎块采用 50×2.6kV/cm 的脉冲电场处理增加了后续的压榨产量(10MPa，5min)，产量从 51% 提高到 76%（初试碎粒尺寸为 1.5mm），从 30% 提高到 70%（初试碎粒尺寸为 3mm）。通过电镜可以看到脉冲电场处理清晰地改变了细胞和细胞壁，作为对照，通过商业果胶酶预处理（45℃，pH4.5 下处理 80min）的压榨胡萝卜汁产量为 69%（初试碎粒尺寸为 1.5mm）和 62%（初试碎粒尺寸为 3mm），脉冲电场处理后得到的果汁比添加果胶酶的氧化较少，β 胡萝卜素较多且干固物含量较低。脉冲电场处理的好处在于迅速，需要的酶量或预热较少，后者对提取某些热敏代谢产物有特别的意义。有人研究了指数生长期的细胞培养情况，将 *Chenopodium rubrum* 和 *Morinda citrifolia* 置于 0.5 ～ 1.6kV/cm 的电场中处理 1 ～ 30 个脉冲。对于 *Chenopodium rubrum*，20℃下 1.6kV/cm 场强的 10 个脉冲导致了细胞苋菜红提取率为 85%，而在 0.75kV/cm 场强下处理 20 个脉冲的提取率为 55%。在这两种情况下，一旦色素被提取，细胞的存活率明显降低，因此电极化增强了色素提取但是会杀灭细胞。在 *Morinda citrifolia* 情况下，0.5kV/cm 的场强处理 3 个脉冲就已经杀死了细胞而没有明显的蒽醌被提取出来，在 0.75kV/cm 或 1.6kV/cm 的场强下处理 10 个脉冲导致的提取物产量在 3% 以下，这种提取量的巨大差别产生的原因可能是在细胞质和液泡中的色素分布不同。液泡破裂和随后导致的细胞质 pH 的改变可能会使得细胞死亡。对马铃薯小块在 0.35 ～ 3kV/cm 的场强下处理 70 个脉冲后，通过测量离心后释放出来的液体量来测定其植物组织通透性改变的情况。对于能量输入在 6.4 ～ 16.2J/g 的马铃薯电脉冲处理，离心释放的液体量达到最大，为马铃薯质量的 29%（没有脉冲处理时是 0%）。0.9 ～ 2kV/cm 场强下 15 ～ 30 个脉冲处理可用来作为流化床干燥马铃薯小块的进一步干燥处理，干燥得到了加速，而最后复水和烹饪质量并没有改变。其他类似的研究有肉类提取和从甜菜中提取蔗糖等（Lebovka et al., 2001，2003，2004）。

3. PEF 处理对食品组分结构性质的影响

近年来，研究者较为详细地研究了脉冲电场作用下食品组分结构与功能的变化，下面以对蛋白质、碳水化合物和油脂等食物大分子的影响为例具体说明。

（1）PEF 对蛋白质的影响研究

研究发现 25 ～ 35kV/cm PEF 处理可引起蛋清蛋白结构改变，蛋白质分子展开，疏水基团和巯基外露，蛋清蛋白的起泡和乳化功能提高，当 PEF 处理时间增加，蛋白质结构改变程度增加，蛋白质表面疏水基团和巯基增多，则会发生疏水作用和二硫键交联作用形成蛋白质聚集，以致形成不溶性蛋白质聚集体，溶解度下降，蛋清蛋白起泡和乳化功能下降。PEF 处理（25kV/cm，400 μs）可引起卵白蛋白结构发生变化，但未形成蛋白质聚集体；当电场强度增加到 30kV/cm 和 35kV/cm，卵白蛋白在疏水和二硫键作用下，形成卵白蛋白聚集体，且 PEF 处理未改变卵白蛋白的等电点。PEF 处理（35kV/cm，800μs）与热处理（60℃，3.5min）所引起的蛋清蛋白聚集程度相当，两种方式所引起的不溶性蛋白质聚集体的主导作用力除二硫键外不存在其他的共价键，且较弱的静电、氢键和疏水作用等非共价键作用力对于热作用下蛋白质聚集体的形成起了更大的作用（赵伟，2009）。

大豆分离蛋白（SPI）分散体系中的可溶性大豆分离蛋白含量随脉冲场强变化较明显，且在 20kV/cm 左右时含量达到最大，7S 亚基组分比 11S 亚基组分对 PEF 更敏感；经过 0 ～ 30kV/cm 的脉冲场强处理，蛋白质分子表面极性增强，分子内部的色氨酸、酪氨酸等疏水氨基酸暴露程度增加，其周围环境的极性增强，脂肪族氨基酸 C–H 弯曲周围环境极性增加，天冬氨酸和谷氨酸中的 COO–吸收强度增加，COOH 基团增加，α 螺旋结构减少，同时 β 折叠结构减小，说明 SPI 分子中有序结构降低、无序结构增加，SPI 分子展开；10kV/cm 的脉冲场强已使得 C–O–O 含量减少，说明了蛋白质分子在此场强下 C–O–O 断裂；随着脉冲强度的增大（20 ～ 35kV/cm），C–O、C–O–O 含量，以及 CH_3、CH_2 有所增加，特别是在 30kV/cm 条件下出现了 CH_2 扭曲的增加，说明 SPI 分子在展开的同时通过侧链发生了分子间的连接。当脉冲场强在 35 ～ 50kV/cm 时，蛋白质分子的色氨酸和酪氨酸包埋程度有所增加，β 折叠结构增加，蛋白质分子中脂肪族 C–H 弯曲的暴露与极性环境的相对含量有所减小，说明 SPI 分子内结构有趋向密实的倾向（李迎秋，2007；刘燕燕等，2010）。

（2）PEF 对淀粉糊化及烹饪特性影响研究

研究发现，脉冲电场对玉米淀粉物理化学性质、酶解特性及消化特性有影响，脉冲电场对不同链 / 支比的玉米淀粉物理化学性质的影响的研究还发现，经过脉冲电场处理之后，玉米淀粉颗粒表层被破坏，随着脉冲处理强度和时间的增加，玉米淀粉颗粒表面出现不同程度裂痕而变得粗糙，淀粉的平均粒径增大，分子质量降低，相对结晶度、膨胀度和溶解度、玉米淀粉糊的 G′、G″ 和 η* 均有所减小。同时，由 TGA 和 NMR 分析可知，脉冲电场对玉米淀粉的基本化学结构没有影响；对于玉米淀粉的消化率，经过高强脉冲电场处理之后，随着脉冲处理强度和时间的增加，玉米淀粉的 RDS 和 RS 值均有所增加，而 SDS 值均有所降低；推导出脉冲电场处理玉米淀粉的作用机制为空间电荷极化理论，而直流电场处理玉米淀粉的作用机制为电流加热膨胀理论。华南理工大学曾新安团队研发了一套淀粉乳改性处理的脉冲电磁场装备，其功率 4kW、处理能力 100L/h、脉宽频率 500 ～ 3000Hz，优化场强为 3 ～ 10kV/cm；建立了利用该装备改性处理大米、玉米及马铃薯等淀粉乳的工艺条件和技术，使其糊化温度降低 2 ～ 3℃，消化率提高 10% 以上（韩忠，2011；李芬芬和张本山，2011）。

（3）PEF 对脂质的影响

一些研究者提出了 PEF 处理食品过程中电化学问题和电极腐蚀问题。Johan 等（2003）发现 PEF 处理过程中的电化学反应引起的电极腐蚀问题。Roodenburg 等（2005a，2005b）的研究显示，在 PEF 处理食品过程中，电极中的铁、铬、镍、锰等金属物质会少量释放到食品中。这些因素决定了在 PEF 处理食品过程中，电化学反应必然发生，电化学反应的产物，例如，一些自由基、活性氯、活性氧等很可能引发脂质由单重态氧、自由基和其他氧化性物质引发氧化反应（链式反应），产生一系列复杂的氧化产物。最近，PEF 处理过程中脂肪酸、油脂等发生变化的现象开始受到研究者的关注。Garde-Cerdan 等（2007）发现 PEF 处理（杀菌）可引起葡萄汁中脂肪酸总量的减少，其中月桂酸的变化最为明显。Guderjan 等（2007）应用 PEF 辅助提取油菜籽中的油脂来提高出油率，发现 PEF 辅助提取的油菜籽油的酸值显著高于未用 PEF 处理的样品。资智洪等（2009）报道，PEF 处理油酸和花生油会导致一定程度的脂质氧化，过氧化值升高及不饱和脂肪酸含量下降。梁琦等（2009）研究了 PEF 处理对油酸理化性质的影响及 PEF 处理过的油酸在储藏过程中理化性质的变化。实验结果表明油酸的过氧化值随着 PEF 处理强度和储藏时间的增加显著增大，羰基值在 PEF 处理一周后迅速升高，PEF 处理过的油酸碘值在储藏 2d 后有下降趋势。张莎（2010）发现油酸乳状液在经过处理后产生了氢自由基，氢自由基可能是乳脂肪在处理过程中发生氧化的原因之一。

4. PEF 强化化学反应

（1）PEF 与活性氧协同对大分子壳聚糖降解的影响

有学者以脉冲电场为处理手段，研究了电场强度、处理时间、壳聚糖质量浓度和电导率等因素对壳聚糖降解的影响。结果表明，壳聚糖降解产物的平均分子质量随着电场强度的增大而降低，且在高场强下降解显著。场强为 33.3kV/cm 时，降解率达 54.2%；降解速率随时间的延长逐渐变缓，前 20min 和后 70min 的降解率分别为 18.5% 和 8.5%，FTIR 及 X 射线衍射分析表明：降解前后，壳聚糖的侧链结构未发生改变，表明产物的基本化学结构没有发生变化。他们还研究了双氧水和臭氧与 PEF 协同对壳聚糖溶液的降解影响，发现处理 60min，PEF 和双氧水的降解效率分别为 25% 和 90.7%，而二者联用的降解效率达到 94.8%。质量浓度为 0.6% 的大分子壳聚糖（5×10^5Da）溶液，臭氧流量为 1.2L/min，经过场强为 26.7kV/cm 的高压脉冲电场处理 40min 后已达 3000Da 以下，为完全水溶性产物。说明 PEF 与活性氧协同是制备低分子质量活性壳聚糖的良好方法（罗文波，2011；唐超，2012）。

（2）PEF 对花青素聚合的影响

Zhao 等研究了脉冲电场处理对花青素聚合的影响，以葡萄皮原花青素为原料，采用溶剂沉淀法根据聚合度进行分级处理。分光光度法测定了不同聚合度葡萄皮原花青素对 DPPH 自由基和 $NaNO_2$ 的清除能力，并与 V_c、BHT 进行了比较。结果表明：葡萄皮原花青素对 DPPH 自由基和 $NaNO_2$ 清除率与其浓度成正相关，其最大清除率分别为 94.6% 和 92.5%。随着聚合度的增加，其清除能力下降。研究了脉冲电场作用下儿茶素与乙醛的聚合规律，发现儿茶素与乙醛在 1 ∶ 60 的摩尔比下，当 PEF 强度在 0 ～ 50kV/cm 变化时，儿茶素的缩合反应随电场强度的增加明显增强，在 40kV/cm 的场强下，其缩合活化能从 41.59kJ/mol 显著降低到 28.98kJ/mol（Zhao et al., 2013）。

（3）PEF 对常温酯化反应的影响

林志荣研究了脉冲电场处理对乙醇和乙酸无水体系酯化反应的影响。结果表明在各种不同的反应条件下，脉冲电场处理均能促进乙醇和乙酸酯化反应进行。改变电场强度，酯化反应速率会随着 PEF 场强的增加而增大；改变反应温度，发现低温下 PEF 对酯化反应的促进作用更为明显。当 PEF 场强为 6.6kV/cm、13.3 kV/cm 和 20.0kV/cm 时，反应活化能由 76.64kJ/mol 分别降至 71.50kJ/mol、67.50kJ/mol 和 59.10kJ/mol。说明脉冲电场处理是一种潜在的降低活化能、促进化学反应的方法（林志荣，2013）。

（4）PEF 对橡木桶储存白兰地酒的影响

张斌研究了电场作用下橡木桶储存白兰地酒的物质溶出及陈酿规律，于添加有白兰地酒的橡木桶两端施加电场强度（约为 1kV/cm），连续处理 15 个月，每天电场处理 12h，处理室温度控制在 15 ～ 20℃，相对湿度控制在 65% ～ 72%。发现陈酿 6 个月时，电场处理样的总单宁、缩合单宁、总酚、辛酸乙酯及 β 苯乙醇含量比自然陈酿样分别提高了 31.6%、68.2%、7.5%、6.6 % 和 1.6%；杂醇油及甲醇含量比自然陈酿样在 6 个月时分别降低了 8.26mg/L 和 4.34mg/L，在外加电场的作用下，白兰地中溶质分子的跃迁频率和激活熵被提高，增大了扩散过程中分子的自由度，加快了分子的扩散过程，同时活化能降低，扩散系数增大，从而促进了白兰地酒对橡木成分的提取（张斌，2012）。

（5）脉冲电场强化低温美拉德反应等的影响

国内外其他涉及脉冲电场强化反应的研究还有脉冲电场强化低温美拉德反应等，在 40℃，经过 40kV/cm 的 PEF 处理 7.35ms 可导致甘氨酸 - 葡萄糖体系发生美拉德反应，抗氧化活性提高 40%（徐茜等，2011）；以场强为 40kV/cm 的 PEF 处理 7.35ms 可导致天冬氨酸-葡萄糖体系发生美拉德反应，抗氧化活性提高 20.33%（Guan et al., 2010）；PEF 促进甘氨酸铜螯合反应表明 20kV/cm 以上的 PEF 作用能够显著提高甘氨酸和硫酸铜的螯合反应速率。当电场强度达到 40kV/cm 的时候，甘氨酸铜的产量几乎可以提高 1 倍（于倩和曾新安，2013）。

（二）技术与装备开发

良好的杀菌设备是杀菌技术得以应用的前提。高压脉冲发生器是杀菌装置的关键部件，已进入工业化应用的指数衰减波发生器的杀菌效率不及方波脉冲发生器的效率高，但方波发生器的电路复杂、成本高。因此，研发造价合理、波形稳定的方波脉冲发生器是此项技术走向产业化应用的关键技术之一。

2001 年，第一台商业规模的 PEF 系统——OSU-6（图 4-4）在俄亥俄州立大学成功问世，整个系统的核心是一台大功率固态高压脉冲发生器，正负交替的脉冲通过一系列独立开关控制。该系统的主要参数如下：高压可达 60kV，电压的升高导致功率的增大，在处理量方面，高电阻食品物料的处理量能达到 5000L/h，对于某些导电性能较好的食物，处理量将会大幅度减少，平均的处理量可以达到 2000L/h（Zhang, 1995）。由于 PEF 杀菌过程中能量变化关系仍然处于研究阶段，所以该处理系统并没有真正实现商用。俄亥俄州立大学同时还研制了不同处理量的两套杀菌系统：OSU-2（中试规模）与 OSU-4（实验室规模），主要供各研究机构的科学研究之用（Min et al.,2003）。

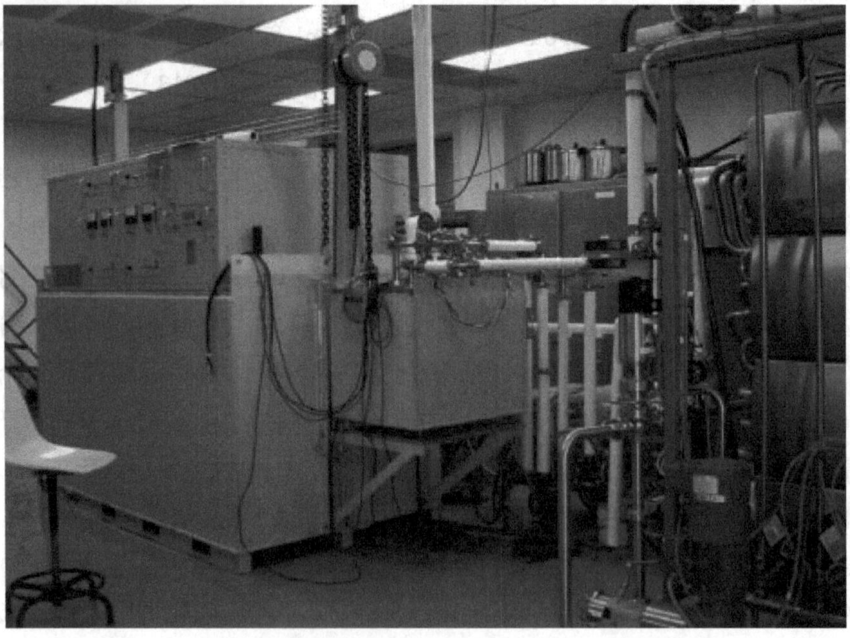

图 4-4　OSU-6（输出电压 60kV，矩形波脉冲，脉宽为 10μs，频率 2000Hz, 处理量 2000L/h）

华盛顿州立大学食品中心也拥有一套处理量为100L/h中试规模的PEF处理系统，其配备的无菌包装系统能够将物料及时处理，免受二次污染，该套系统可供相关的科研机构对浓缩或新鲜的产品做研究（Zhang et al., 1995）。

除了以上两所高校外，美国PurePulse科技公司也设计生产出一套采用冷杀菌技术的CoolPure的PEF系统，建立了两个不同处理量的实验性体系，目前已经顺利地将该系统应用到果蔬汁、牛奶和啤酒等物料的杀菌上。

此外，还有部分研究机构主要从事PEF系统各关键部件的研究。例如，DTI公司专注于电力系统中开关模块的开发，最新的研究成果表明，DTI固态脉冲电力系统在性能上优于传统技术，可以直接应用到商业规模PEF系统中（Gaudreau et al., 2001）。

2010年，Universidad de las Américas Puebla提出了一种新型高压脉冲发生器。该脉冲发生器最大特点是能够提供频率范围为250Hz～30kHz的方波。系统采用两个变压器（T1，T2），首先通过交流转直流，直流转交流的二次转换将市电转换为大小和频率都可控的交流电压，然后利用低功率的变压器（T2）将电压提升到系统所需电压，其脉冲发生器结构如图4-5所示（Rocher et al., 2001）。

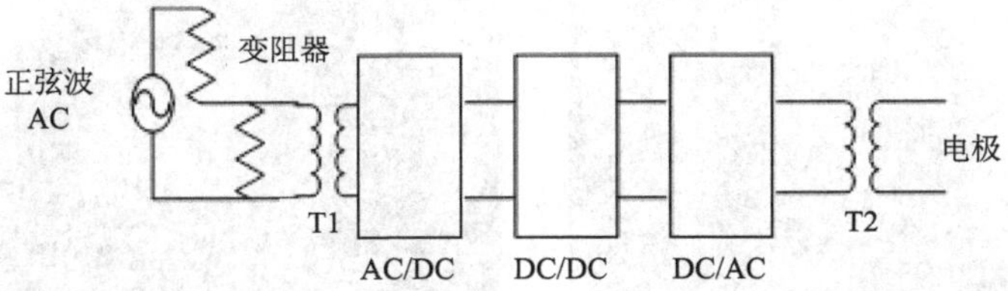

图4-5　Universidad de las Américas Puebla高压脉冲发生器结构图

与国外相比，国内有关非热加工技术的研究起步晚。清华大学经过四代系统的改进，研制了场强可达40～50kV/cm，脉宽为1～9μs、频率为1～1000Hz、处理能力达100L/h的PEF设备（图4-6）。其产生的脉冲波形涵盖了单/双极性指数波、单/双极性方波（μs级）和陡前沿单/双极性方波（ns级）（张若兵等，2011）。

江南大学自主研发了PEF杀菌系统最大输出电压为30kV，可以使用正负交替的矩形波脉冲，脉冲上升沿时间低于200ns，最大脉宽为10μs，最高频率3000Hz（图4-7）（胡大华，2014）。

华南理工大学PEF课题组从1994年开始自主研发PEF试验系统，高压脉冲电源的获取方式为脉冲源信号逐级放大形式，处理器为小孔放大的形式。至今已经研制了三代中试型PEF设备，其中第二代设备“脉冲电场低温灭菌器SY-50型”被列入国家重点新产品计划（2006GRE00043），如图4-8所示。SY-200型设备功率4kW，频率500～3000Hz，脉宽10μs、40μs二档，场强最大可达70kV/cm，带温控系统，用于灭菌处理量在30L/h，用于强化反应或改性处理量为200L/h。华南理工大学PEF课题组目前研制该型号设备8台，在中国热带农业科学院、华南农业大学、哈尔滨工业大学深圳研究院等单位作为科研设备使用。

华南理工大学还研发了如图 4-9 所示的基于强电场处理的数字式酒类陈酿设备。新产酒生冲爆辣，不宜饮用，需要陈酿一至数年，经技术设备处理后短时间内降低了生冲爆辣等邪杂味，酒味变得绵软适口，醇和甘润，口感改善明显，基于加速氢键有序缔合的陈酿技术由于电极电流与酒没有直接接触，无任何化学添加，无电化学反应安全性，酒体无升温，达到了快速醇化、改良酒质的目的，同时可大幅度减少扩产投资，缩短资金周转时间。成套设备在广东帝浓酒业公司、云南高原葡萄酒业、云南太阳魂酒业、新疆新天国际酒业公司、广东祯州集团等 20 多家企业应用，受到用户高度评价，广东省科学技术厅组织以质检总局国家葡果酒监督检验检测中心主任朱济义为组长的专家组鉴定，认为高强电场酒类催陈技术“达到国际领先水平”。

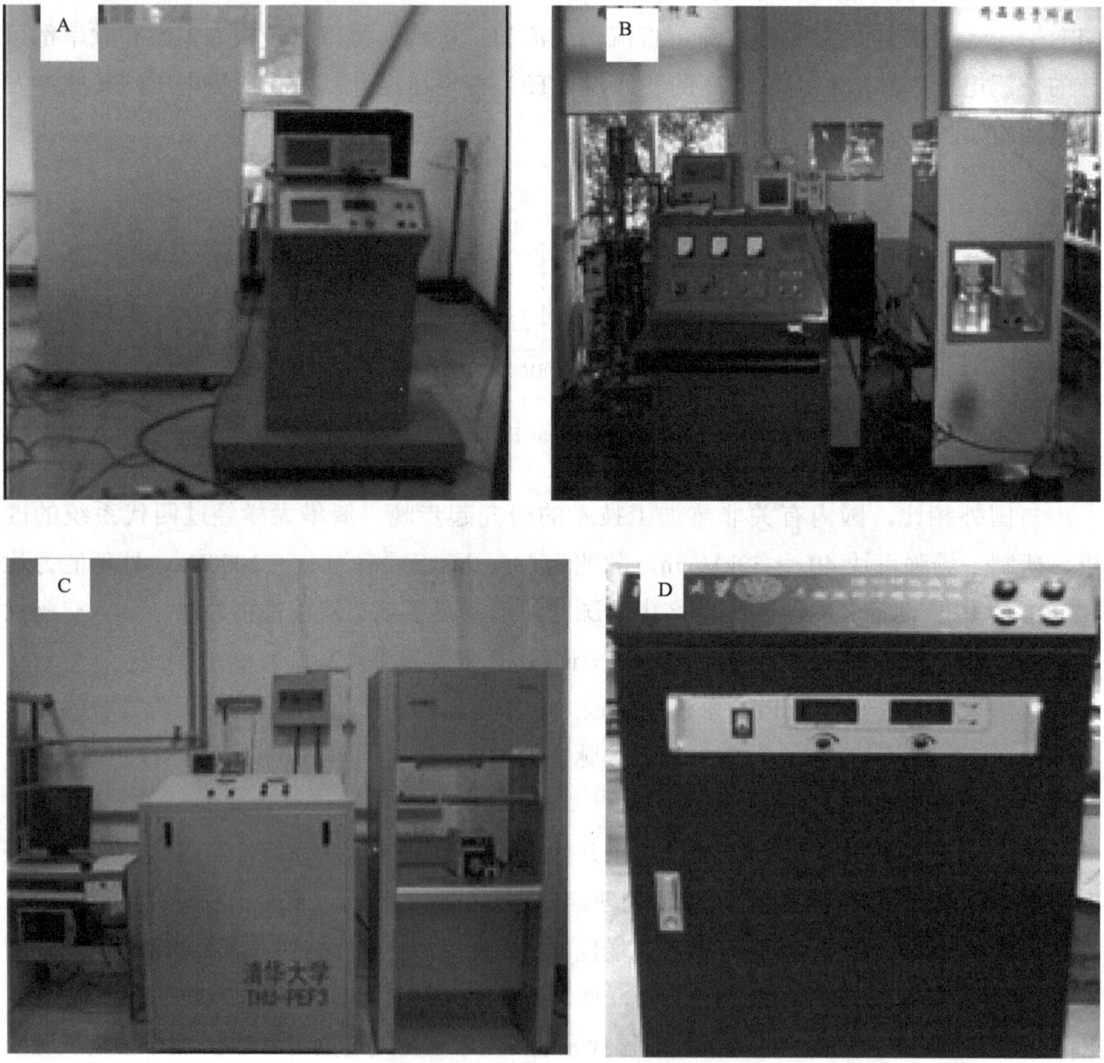

图 4-6　清华大学开发的 PEF 设备系统图

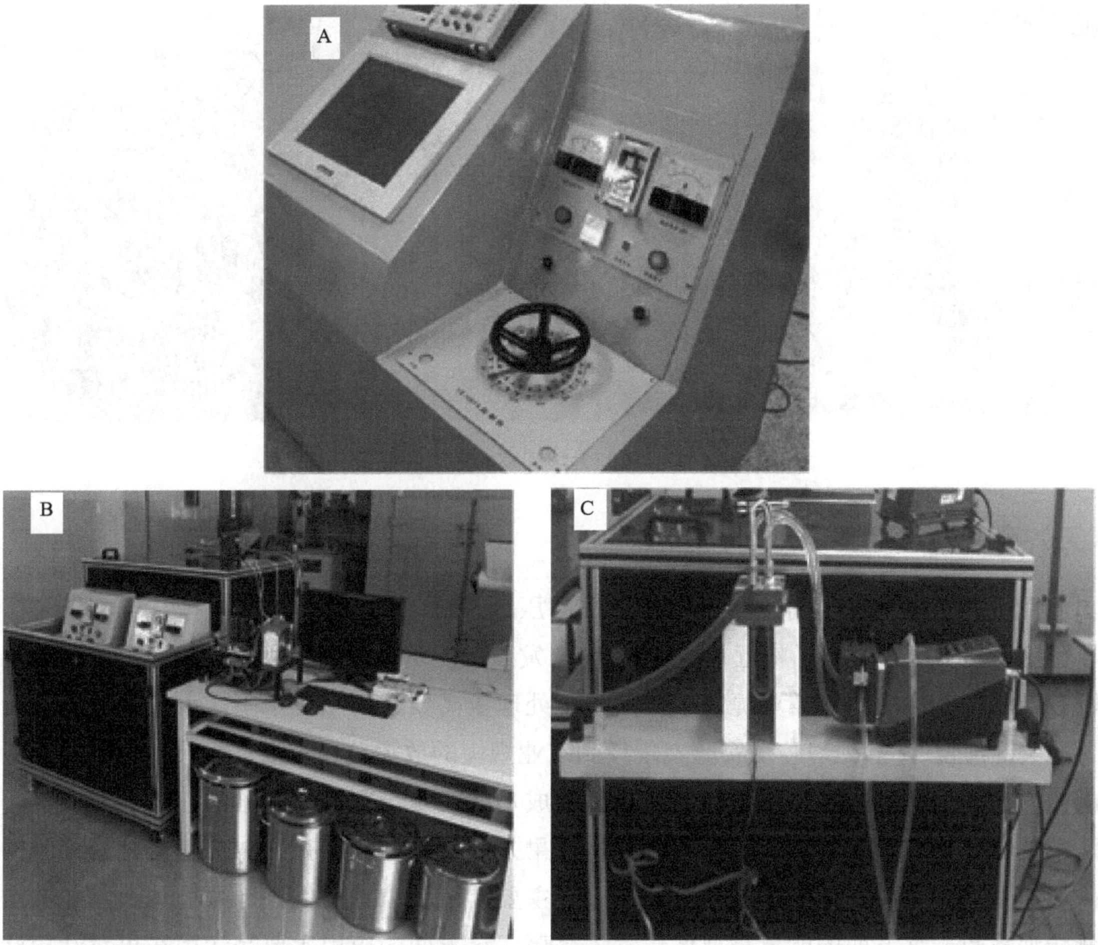

图 4-7 江南大学开发的 PEF 系统示意图

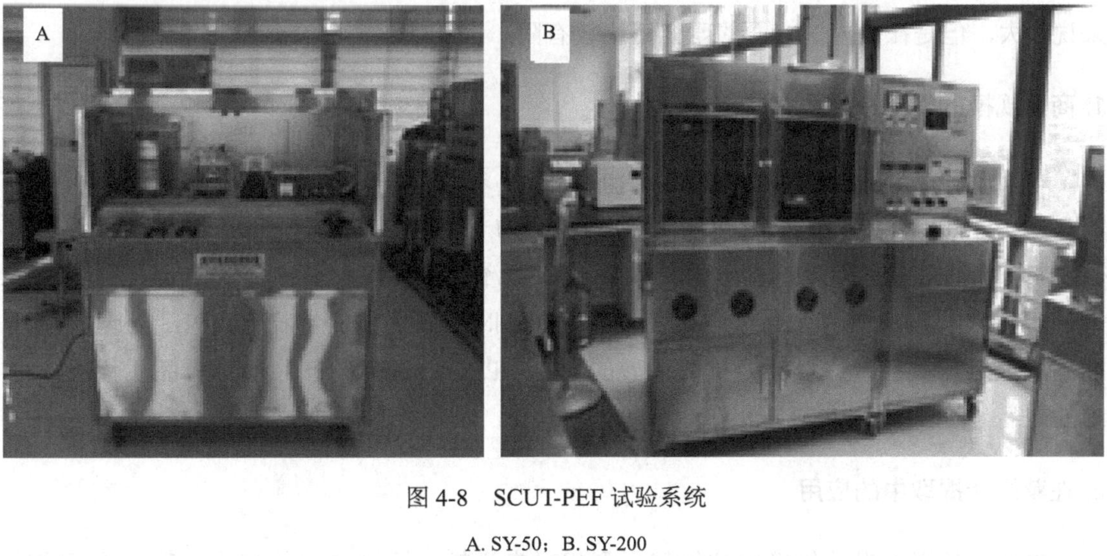

图 4-8 SCUT-PEF 试验系统

A. SY-50；B. SY-200

图 4-9　华南理工大学开发的酒类陈酿设备

（三）商业及产业化应用

目前，国内外许多高校和研究团队在高压脉冲电场的开发和应用中做了很多研究。尽管这项技术已经得到了将近 60 年的研究与发展，但是目前商业规模的设备与应用还比较有限。工业规模往往需要提高生产效率，处理量需要达到工业水平，由于脉冲电场设备的关键部位 —— 处理腔从实验室规模到工业规模的放大往往需要高压脉冲电源的功率成倍增加，因此目前实验设备向工业设备的成功转变是一项非常困难的任务。大多数团队都是针对 PEF 技术在食品中的杀菌钝酶效果方面的研究，而有关 PEF 对动植物细胞的破坏作用研究主要在法国、加拿大和德国，主要针对动植物组织进行预处理，增加其质量传递系数，这方面的能量需要低于常规杀菌。这方面的应用主要是运用在果蔬汁榨汁预处理、植物油提取预处理及肉类的腌制、果蔬产品干燥等方面。由于其对设备要求不如杀菌钝酶严格，以及所需要的能量较低，这方面进行的商业化规模的实验与规模相对来说较大，但是在国内这方面的研究还比较有限。

1. 商业规模的橙汁杀菌研究

2003 年，美国农业部研究团队已采用 OSU-6 系统地对橙汁进行了杀菌研究。比较了 PEF（场强 40kV/cm，脉宽 2.6ms，总处理时间为 97ms）与常规热处理（90℃，90s）对微生物安全性、抗坏血酸含量、黄酮类组分、色泽、可溶性固形物含量、pH、感官品质等的不同影响。发现两种处理方式在 4℃、196d 时产品仍能保持稳定。PEF 处理的果汁能更好地保持其色泽、风味、抗坏血酸的含量。PEF 处理后的产品的感官品质优于热处理的产品（Min et al., 2003）。

2. 在苹果汁提取中的应用

PEF 设备用于果汁的榨取往往能得到相对来说较为清澈透明的产品，其中的云状物质含量较少。此前的一些应用研究表明其一般总的化学组分（可溶性固形物含量、总糖、苹果酸等）和抗氧化性与未处理样品相比均无显著变化。Turk 等（2012）采用一个流量达到 4400kg/h 的 PEF 工业化设备对苹果汁进行了提取，并且对品质进行了分析。

该设备是由法国 HAZEMEYER 公司研发和设计的，其处理腔形状为共线处理腔，半径和高度均为 80mm，采用的是单极波，为近似于直角波的波形，其最大场强为 5kV 与 1000A，实验所采用频率为 200Hz，脉宽为 100μs，总处理时间为 23.2ms，能量输入为 32kJ/kg。

通过对产量、品质及对产品感官分析发现通过上述条件的 PEF 处理，能使果汁得率提高 5.2%。通过添加抑制酶促氧化的物质后，多酚含量有显著增加，增加量高达 8.8%。果汁的颜色发生了显著的变化，其黄度值从 17.9 上升到 26.8。通过 PEF 预处理所得到的果汁的浊度明显较低，并且风味物质的浓度更高，主要的特征风味物质含量都高于未处理的样品。感官分析发现通过 PEF 预处理得到的苹果汁较为厚重，苹果风味更为浓烈。而通过化学组分分析发现其果糖、葡萄糖和苹果酸的含量并无显著变化，但是果汁中的干物质含量增加，并且果渣中的果糖与葡萄糖的含量均有所下降（Turk et al., 2012）。

3. 在石榴汁杀菌保鲜上的应用

美国农业部东部研究中心 Jin 团队采用 OSU-6 设备对石榴原汁进行了杀菌处理。该处理系统为 OSU-6L 系统。实验所采用处理条件为 38kV/cm、281μs、55℃、100L/h。

通过在 4 ～ 12 周储藏期内对微生物稳定性、色泽、可溶性固形物含量、pH、沉淀物、抗氧化能力、总酚含量、原花色素及感官性质进行了评价。经过 PEF 处理后的样品在 12 周储藏期内需氧菌和酵母菌都能达到巴氏杀菌效果，而常规理化指标则与巴氏杀菌相当或者优于巴氏杀菌。另外，PEF 处理的产品的感官品质与未处理样品相似，明显优于巴氏杀菌（Guo et al., 2013）。

三、优势和存在的瓶颈与局限性

（一）技术优势

a. 低温连续快速灭菌。PEF 是目前本领域所有物理加工技术中能实现 60℃以内数秒灭菌的技术，杀菌效果一般能达到 6 个数量级以上。

b. 杀菌时间短。物料实际接受脉冲电场作用的时间在毫秒以内，整体灭菌工序操作时间在数秒以内，与超高温短时灭菌时间类似。

c. 杀菌温度低。一般物料杀菌处理后升温在 30℃以内，若物料不预先进行降温处理，假设初始温度在 25℃左右，处理后的物料温度低于 55℃，完全处于对物料的营养和风味进行充分保护的“冷处理”范围，产热少，副产物少，对食品的化学成分、外观及风味等基本无影响。

d. 处理均匀。在电场中各部分的物料均受到了相同大小场强的处理（电极边缘除外）。

e. 耗能小。有研究指出，脉冲电场灭菌技术的耗能仅为热处理的40%左右，对环境无污染，无二次污染及“三废”问题。

（二）发展瓶颈与局限性

a. 基础理论与安全评估严重缺失，阻碍了技术产业化进程。PEF对食品组分结构与功能的影响及其对食品质量和安全的影响等基础理论尚未形成或完善，制约着PEF在食品中的工业化应用。阐明PEF对主要食品组分的作用机制及其对食品品质与安全的影响，提出PEF作用下食品组分的稳定方法与机制，增强PEF杀菌的效率和产品的安全性仍需要深入研究。

b. 进一步丰富和发展PEF杀菌、钝酶的机制。目前，PEF技术经过了几十年的发展而仍然未实现工业化应用的重要原因在于其杀菌机制尚未研究透彻，无法保证充分的杀菌效果。单独用PEF加工处理，往往需要较高的能量才能使微生物达到巴氏杀菌水平，而芽孢的致死更是限制了其应用与发展。若是通过长时间高强度的处理，往往会造成较高的成本，如形成的高温需要配套的冷凝系统来降温，并且长时间循环处理往往本身就需要较高的能量输入，这个也是限制其商业化应用的一个重要因素。另外，高强度处理的实现也存在一定的技术困难，目前，大于30kV/cm的场强往往容易造成电弧现象。

c. 生物安全性的保证。目前，在PEF研究过程中，往往是单个菌群进行的研究，而食品中的污染菌群往往不仅仅是单个菌群。多菌群在PEF作用下，致死作用尚未得到充分的研究；由于微生物一些天然的差异，各种菌对PEF的抗性不尽相同；此外，培养基质使微生物对于PEF的抗性也不相同。虽然国内外各个研究团队都进行了相当多的应用实验，但是由于设备的差异、培养机制的差异，处理条件的差异及菌群的天然差异，造成各个研究团队的数据无法进行对比和分析，从而使该技术在生物安全性的保证方面存在一些质疑。

d. 高效率、大功率、运行稳定的PEF设备研制尚存在较大挑战。对微生物进行有效杀灭所需要的PEF场强通常在30kV/cm以上，对比空气电击穿场强（10kV/cm），这是一个非常高的电场强度，发生、控制与放大均很困难；PEF处理技术为电脉冲直接释放到待处理的物料中，系统的电学输出性能与物料的电导率密切相关，而不同物料电导率差异较大，且处理过程中的温升也会导致电导率的变化，由此导致处理对象的不稳定，设备的高电压输出特性也不稳定，限制了处理效果的均匀性。

e. 处理腔材料的选择与设计目前也是制约PEF技术推广与发展的重要因素。高压脉冲电场的电极一直饱受争议。有些研究表明，不锈钢、铝等材质的处理腔电极容易有小颗粒泄漏到食品中，造成安全隐患。另外，处理腔的设计一直是研究重点，因为均一的场强是保证食品体系中微生物得到充分致死的保障，但是目前的处理腔都存在一些场强分布不均匀的点，或者有一定的边缘效应，从而造成体系中的场强分布不均匀，各个点的微生物致死效果不统一，无法充分保证食品体系中的微生物安全。

第三节　国内外发展趋势

一、国际发展趋势

（一）理论与技术研究趋势

国外 PEF 的应用研究已经开展近 60 年，在 PEF 杀菌机制和应用方面都有了许多进展，许多研究者在研究中发现了亚致死微生物的产生规律及影响因素。目前已经取得的研究成果有亚致死微生物的产生与体系的 pH 有关，另外研究者对亚致死细胞的修复条件进行了研究，发现亚致死细胞的修复与处理体系及修复体系 pH 密切相关，且丰富的营养物质有助于亚致死细胞的修复。亚致死微生物的存在对产品的安全性能造成很大影响，今后亚致死微生物的检测及进一步灭活将是研究的重点。

针对 PEF 单独处理无法达到巴氏杀菌效果，目前国外研究者通过 PEF 技术与热处理、天然抗菌物质、精油等协同，能使产品中的微生物得到有效控制，但是对于对 PEF 最具抗性的微生物尚未进行评估。目前，国外研究者通过目前研究得到的大量数据对 PEF 处理的可靠性进行评估。

（二）商业应用与产业化趋势

经过国外研究者多年的努力，目前 PEF 商业化设备的开发已经达到工业规模。主要应用的领域有果汁加工业、植物中目的成分的提取与果蔬汁干燥和污水治理。由于 PEF 造价比较昂贵，目前还没有进行大规模的推广。较成规模的有 DTI 公司开发和设计的污水处理系统，处理量目前可以达到 10 000L/h，设备功率高达 150kW，最大电压和电流分别为 35kV 和 350A。该设备非常便于拆卸、组装及清洗，其亦可以方便地结合冷凝系统，能在液态食品中得到推广和应用。而 DIL 公司也推出了一套工业化规模设备。目前 240kW 的设备也可达到 10 000L/h。通过对其能量输入进行分析发现，如果应用于细胞降解为 1 ～ 2 欧元 /t, 而若是应用于液态食品的保藏则需要 0.01 ～ 0.02 欧元 /L，已达到工业化水平（Toefpfl，2011）。

目前，PEF 造价一般较高，在将来的研究中，随着对该技术的进一步了解和普及，势必会降低其生产成本，而通过对杀菌机制与效果的进一步研究和论证，以及关于 PEF 技术的安全性充分的论证，将会快速推动该技术的应用。

二、国内发展趋势

（一）理论与技术研究趋势

我国 PEF 技术杀菌机制研究开始较晚，由于设备的缺乏，目前只有少数单位对杀菌机制进行过研究。目前以江南大学为主的研究团队在 PEF 杀菌机制方面已取得了一定的进展。随着科技的进步，江南大学从 DNA、RNA 和微生物体内蛋白质的变化等分子水平上对 PEF 处理微生物的致死作用进行了研究与分析，在亚致死微生物的形成与控制、强化杀菌方面取得了较大进展。在今后的研究中，必然会更加大力推动对芽孢、亚致死微生物的进一步控制，从而加快该技术的普及和应用。

而在 PEF 催化化学反应、改变营养物质的结构方面，国内外研究者做了广泛的研究。目前发现 PEF 能有效地提高玉米淀粉的酶解特性及消化特性，能改变磷脂分子的结构、能与活性氧协同提高大分子壳聚糖的降解效率，能改变花青素的聚合度及能催化常温酯化反应。这些方向的研究往往不需要较高的能量，因此比较具有吸引力。

PEF 在固态食品上的应用目前也是热点，国内目前主要是以浙江大学、吉林大学的团队为代表，将 PEF 用于果蔬干燥预处理上，取得了很好的效果。对于固体食品干燥与果蔬榨汁预处理，所需要的能量低于杀菌钝酶，但是国内目前由于设备限制，还需要加大力度重点研究。

（二）商业应用与产业化趋势

目前，国内对于 PEF 设备的研究还仅达到中试水平，尚未出现工业化规模的设备。与 PEF 研究相关的机构主要以大学为主，缺乏企业的参与与政府的调控。但是经过 20 多年的研究，各研究机构已经取得了较为丰富的研究经验，通过各学科优势的结合，未来的重点应该是大功率电源的设计与改进、处理腔的设计与制作、杀菌工艺的研究与应用和在杀菌以外领域的扩展。

三、下一步研究方向与重点

1. PEF 灭菌机制的进一步探明及强化协同灭菌手段的研发

关于脉冲电场对微生物的致死机制，至今仍停留在最初提出的细胞膜电极化穿孔模型及电机械挤压模型等方面，且这些也仅停留在假设阶段，确证的灭菌机制与模型探究仍然是下一阶段本技术领域的主要研究方向。最新研究发现了 PEF 除杀死一部分微生物外，还会形成一定比例的亚致死细胞，PEF 亚致死微生物对 PEF 加工食品货架期和安全性具有重要影响，因此通过建立 PEF 损伤亚致死微生物的定量检测方法和灭活理论与方法，可大大提高 PEF 处理产品的安全性，完善和发展 PEF 杀菌机制，为 PEF 安全评估开辟新视角。

2. PEF 对细菌芽孢杀灭效果的强化

目前，虽然有许多报道是关于 PEF 对产品中微生物致死效果的研究，但是其杀菌效果往往无法达到无菌，所以其应用仅限于巴氏杀菌程度。此外，由于细菌芽孢的包膜（如芽孢壳和芽孢膜皮层）在 PEF 作用过程中对微生物的保护作用，电场无法作用于芽孢膜，从而无法杀死芽孢，而未灭活的芽孢在后续生产过程中会在营养丰富的食品基质中生长和繁殖，对食品安全产生了重大影响，从而极大地限制了其推广和应用。

PEF 对芽孢的作用目前尚未进行系统的研究，而在将来的研究中，可以考虑 PEF 处理与其他处理方式如中温、天然抑菌物质等方式的结合对芽孢的活动进行充分的抑制，这将是未来 PEF 研究过程中不可忽视的问题。

3. PEF 对酶的作用效果及机制的进一步明晰

目前，人们对于 PEF 钝酶机制的认识还相当有限。从原理上讲，脉冲电场会影响蛋白质内部基团间的静电相互作用和带电基团的定位，扰乱蛋白质氨基酸残基间的电场分布和静电相互作用，导致电荷分离，从而影响蛋白质的空间结构，脉冲强电场还可以与蛋白质分子结构单元（如 α - 螺旋）肽键偶极矩叠加产生的定向偶极矩发生耦合，从而破坏蛋白质二级结构。目前许多研究表明，PEF 对于酶的钝化作用与酶的种类、结构有着极大的关系。而对于 PEF 处理来说，对食品中内源酶的钝化往往需要比杀菌更高的能量输入，所以一般能达到杀菌水平的处理往往不能对产品中的内源酶灭活，从而造成在后续的储藏与加工过程中影响食品品质和破坏食品风味。因此，对于 PEF 技术的应用与推广来说，PEF 作用下酶的失活机制将会受到广泛的关注与重视。

4. PEF 加工安全性及应用技术标准的研究

PEF 处理的实质是在液体电介质中释放高电压电脉冲，由此带来的潜在电化学反应、电极腐蚀、新的污染物残留及加工食品的长效食品安全性问题必须进行系统的和透彻的研究。

5. 高效、安全连续式高压脉冲电场设备创新设计理论与制造

良好的杀菌设备是杀菌技术得以应用的前提。高压脉冲发生器是杀菌装置的关键部件，已进入工业化应用的指数衰减波发生器的杀菌效率不及方波脉冲发生器的效率高，但方波发生器的电路复杂、成本高。因此，研发造价合理、波形稳定的方波脉冲发生器是此项技术走向产业化应用的关键技术之一。

根据 PEF 杀菌规律，特别是 PEF 亚致死微生物的存在规律，对 PEF 杀菌系统进行优化，提出电磁场作用方式及其生物效应理论，高压脉冲发生系统、处理室、冷凝系统的创新

设计理论，提高 PEF 杀菌效率；根据 PEF 对食品组分的影响机制，以及脉冲场强、时间、能量、电极材料、pH 和氧气环境的影响规律，提出 PEF 电化学反应理论，电极材料、处理室结构的创新设计理论，并开发了样机，大大提高了 PEF 处理食品的品质与安全性。

6. 针对固体物料的 PEF 处理研究

在针对液体物料的灭菌或者加工方面，PEF 体现出诸多独到的优势，而其在固态食品方面的应用，也显示出极大的潜力，但对于固体物料与液体物料的差异，则需要开发针对固体物料的电介质特性的系统，并且需要对固体物料在 PEF 作用下的行为规律进行研究，这些基础工作都将有助于拓展这一技术的应用。

7. PEF 技术致死微生物分级及生物学利用

PEF 对微生物的作用结果分为 3 类：①亚致死细胞趋向于复活；②亚致死细胞趋向于死亡；③致死细胞。对其进行分级及分类研究对 PEF 技术的全面综合利用十分必要，针对第一类细胞，可研究其复活代谢特性，代谢产物积累与利用；针对第二类细胞，需研究其与其他手段协同致死的规律与措施，以尽量减少"假死"现象，朝商业无菌的目标努力；针对第三类细胞，需继续深入研究其致死机制。

8. 在高附加值热敏物料的低温灭菌方面实现中试规模全流水线系统

目前全国研究 PEF 的大致有十几个团队，分布在华东、华南、华北、华中、东北及西北各地，处理对象对全国所有的液体食品物料基本全覆盖，在下一个 5 年中，针对某种高附加值热敏物料（如荔枝）的 PEF 低温灭菌全流水线系统将有可能建立起来。

9. PEF 技术在改性修饰、强化反应等非灭菌领域实现中试规模应用

PEF 技术有别于其他物理场技术的特征在于其对带电荷物质（粒子）的作用力。大自然中的绝大多数物质（分子）均为极性物质（极性分子），分子极性与其功能特性密切相关，永久性极性改变可对其结构性质进行修饰，并影响其化学反应性能。化学反应的本质就是分子间基团与电荷的转移，并伴随着能量的变化，脉冲电场可在瞬间提供超过 100kJ/mol 的能量及强电荷引力，其能量值超过了诸多常见反应的活化能，其诱导电荷极化的能力可大大改变反应物的反应性质，因此 PEF 技术在大分子改性修饰及强化化学反应等方面也具有广阔的应用前景。

第四节　对策及建议

随着人们生活水平的提高，人们对于产品的风味与营养的追求越来越高。我国作为

一个农业大国，目前杀菌技术滞后、产品的深加工利用程度较低，缺乏市场竞争力。作为非热加工技术中既适合流体食品加工，又能对固体食品中天然组分提取与干燥预处理的一种技术，高压脉冲电场不仅效果好，而且成本低，非常适合我国国情。但是，国内对高压脉冲杀菌方面的研究还处于初级阶段，特别是对设备的开发（高压脉冲发生器和处理室的研究）还只是处于起步阶段。对此，我们有必要从高功率设备的研发、新工艺的研究和重点突破 3 个方面着手，加快高压脉冲电场技术的产业化研究与应用。具体从以下几个方面努力。

1. 政府进一步重视，加大投入力度，逐步引入企业参与

自从脉冲电场技术出现以来，美欧发达国家的相关技术日臻走向成熟，已达到或者接近工业化水平，而国内尚处于起步及中试阶段，仅有的几个研究团队分散在各高校，且每个团队的力量均较弱小，而 PEF 技术由于离产业化阶段尚有一段距离，能吸引的企业资金投入非常有限，由此导致从事本技术研究的人力、财力都较少。建议政府重点扶植这一新生的方向，在“十三五”期间着重建立 2 ～ 3 个 PEF 研究基地，如江南大学 PEF 研究中心、华南理工大学 PEF 研究中心等。各中心分工合作，协同攻关高功率设备的研发，加快和加强研制高精度、大功率、调控性能好、适用性强的高压脉冲发生器和动态处理室，并使其应用于工业是脉冲电场杀菌技术的关键。

2. 多学科协同创新，加强边缘技术、配套技术的攻关

PEF 技术的发展涉及食品、生物、高压电、电介质物理学、机械工程与多个交叉学科的相互配合，缺一不可，而目前每一个单一研究团队要融合如此广泛的科学力量难度均较大，特别是限制装备研制及产业化的一些核心技术如脉冲功率放大技术、大功率的 IGBT 开发与利用等。目前即使是高压电领域都属于前沿技术，因此建立以政府为主导的多学科协同创新机制非常必要。

3. 针对现有设备，开发新工艺

首先应广泛开展理论研究，研究在高压脉冲电场应用过程中微生物的致死作用机制，针对在处理过程中亚致死现象开发出强化杀菌效果，确保微生物安全的新工艺。其次，针对其在蛋白质类食品加工过程中容易造成蛋白质变性从而降低产品功能的特点，开发出适合蛋白质类食品加工的工艺。

4. 重点突破

针对目前该领域所做的基础研究，首先重点开发较易实现杀菌钝酶的果蔬汁产品；其次，在亟需非热加工应用的蛋白质类食品的应用上，加速研究与开发高压脉冲电场技

术与天然抑菌剂、温度等协同杀菌新工艺；第三，针对其对固体食品组织细胞穿孔现象，将其广泛应用于固体食品中天然组分的提取、果蔬干燥等方面；第四，加速检测电极材料与颗粒的检测技术，确保产品安全；最后，加快进行高压脉冲电场处理各类食品的经济效益评估，加快其工业化进程。

参考文献

韩忠 . 2011. 不同电场处理对玉米淀粉理化性质影响研究 . 广州：华南理工大学博士学位论文 .

胡大华 . 2014. 中试规模 PEF 杀菌系统研制与实验性能研究 . 无锡：江南大学博士学位论文 .

李芬芬 , 张本山 . 2011. 脉冲电场前处理玉米醋酸酯淀粉的物化性质 . 食品与发酵工业 , 07: 47-50, 56.

李迎秋 . 2007. 脉冲电场对大豆蛋白理化性质和脂肪氧化酶的影响 . 无锡：江南大学博士学位论文 .

梁琦 , 杨瑞金 , 赵伟 , 等 . 2009. 高压脉冲电场对油酸的影响 . 食品工业科技 , 04: 86-89, 92.

廖小军 , 胡小松 . 2009. 食品非热加工技术研究及产业化现状 . 中国食品报 , 07-08004.

林志荣 . 2013. 脉冲电场对醇酸常温酯化反应影响研究 . 广州：华南理工大学博士学位论文 .

刘新雨 , 曾新安 , 贾晓 . 2011. 脉冲电场对荔枝汁中酿酒酵母的杀灭效果 . 食品科学 ,03: 91-94.

刘燕燕 , 曾新安 , 韩忠 . 2010. Raman 光谱分析脉冲电场对大豆分离蛋白的影响 . 光谱学与光谱分析 , 12: 3236-3239.

罗炜 , 张若兵 , 王黎明 , 等 . 2009. 脉冲电场辅助提取花色苷及其影响 . 高电压技术 , 06:1430-1433.

罗文波 . 2011. 脉冲电场 活性氧协同作用降解壳聚糖研究 . 广州：华南理工大学博士学位论文 .

史梓男 , 廖小军 , 钟葵 , 等 . 2002. 脉冲电场中西瓜汁杀菌钝酶效果分析 . 电压技术 , S1:52-53.

唐超 . 2012. 脉冲电场臭氧协同处理装置设计及降解壳聚糖应用研究 . 广州：华南理工大学硕士学位论文 .

徐茜 , 廖小军 , 胡小松 , 等 . 2011. 高压脉冲电场对美拉德反应的影响 . 食品工业科技 , 11:98-100.

殷涌光 , 樊向东 , 刘凤霞 , 等 . 2009a. 用高压脉冲电场技术快速提取苹果渣果胶 . 吉林大学学报 (工学版), 05: 1224-1228.

殷涌光 , 闫琳娜 , 陶柳 . 2009b. 高压脉冲电场法提取干松针总黄酮及其体外抗氧化性检测 .

天然产物研究与开发，06:1032-1035, 1056.
于倩，曾新安．2013. 高强脉冲电场强化甘氨酸铜螯合反应．食品与发酵工业，10: 69-72.
张斌．2012. 电场对橡木桶陈酿白兰地酒的影响及其作用机制研究．广州：华南理工大学博士学位论文．
张若兵，陈杰，肖健夫，等．2011. 高压脉冲电场设备及其在食品非热处理中的应用．高电压技术，03:777-786.
张莎．2010. 高压脉冲电场在消毒奶加工中的应用及 15935 其对脂质的影响研究．无锡：江南大学博士学位论文．
赵伟．2009. 高压脉冲电场在液态氮杀菌中的应用及其对微生物和蛋白质的作用机制．无锡：江南大学博士学位论文．
曾新安，陈勇．2005. 脉冲电场非热杀菌技术．北京：中国轻工业出版社．
钟葵，胡小松，陈芳，等．2005a. 脉冲电场对果胶酯酶的活性及构象的影响．农业工程学报，02:149-152.
钟葵，孙志健，廖小军，等．2005b. 高压脉冲电场对辣根过氧化物酶活性及构象的影响效果．中国食品学报，01: 34-39.
资智洪，曾新安，杨连生．2009. 强脉冲电场处理对脂质性质及组分的影响．食品科技，01:126-130.
Garde-Cerdán, T, Arias-Gil M, Marsellés-Fontanet R, et al. 2007. Effects of thermal and non-thermal processing treatments on fatty acids and free amino acids of grape juice. Food Control, 18(5): 473-479.
Gaudreau M P J, Hawkey T, Petry J, et al. 2001. A solid state pulsed power system for food processing. Pulsed Power Plasma Science, PPPS-2001. Digest of Technical Papers. IEEE, 2001, 2: 1174-1177.
Guan Y G, Wang J, Yu S J, et al. 2010. A PEF procedure for promoting Maillard reaction in an asparagine-glucose model system. International Journal of Food Science and Technology, 45(6): 1303-1309.
Guderjan M, Elez-Martínez P, Knorr D. 2007. Application of pulsed electric fields at oil yield and content of functional food ingredients at the production of rapeseed oil. Innovative Food Science & Emerging Technologies, 8(1): 55-62.
Guo M M, Jin T Z, Geveke D J, et al. 2014. Evaluation of microbial stability, bioactive compounds, physicochemical properties, and consumer acceptance of pomegranate juice processed in a commercial scale pulsed electric field system. Food and Bioprocess Technology, 7(7): 2112-2120.
Han Z, Zeng X A, Zhang B S, et al. 2009. Effects of pulsed electric fields (PEF) treatment on the

properties of corn starch. Journal of Food Engineering, 93: 318-323.

Lebovka N I, Bazhal M I, Vorobiev E. 2001. Pulsed electric field breakage of cellular tissues: visualisation of percolative properties. Innovative Food Science & Emerging Technologies, 2(2): 113-125.

Lebovka N I, Praporscic I, Vorobiev E. 2003. Enhanced expression of juice from soft vegetable tissues by pulsed electric fields: consolidation stages analysis. Journal of Food Engineering, 59(2): 309-317.

Lebovka N I, Praporscic I, Vorobiev E. 2004. Effect of moderate thermal and pulsed electric field treatments on textural properties of carrots, potatoes and apples. Innovative Food Science & Emerging Technologies, 5(1): 9-16.

Min S, Jin Z T, Min S K, et al. 2003. Commercial-scale pulsed electric field processing of orange juice. Journal of Food Science, 68(4): 1265-1271.

Morren J, Roodenburg B, de Haan S W H. 2003. Electrochemical reactions and electrode corrosion in pulsed electric field (PEF) treatment chambers. Innovative Food Science & Emerging Technologies, 4(3): 285-295.

Rocher E G, Palomares R A, Sanchez P B. 2010. A high voltage pulse generator for pulsed electric field pasteurization. Electronics, Communications and Computer (CONIELECOMP), 20th International Conference on. IEEE: 276-280.

Roodenburg B, Morren J, Berg H E, et al. 2005a. Metal release in a stainless steel pulsed electric field (PEF) system: part Ⅰ. Effect of different pulse shapes; theory and experimental method. Innovative Food Science & Emerging Technologies, 6(3): 327-336.

Roodenburg B, Morren J, Berg H E, et al. 2005b. Metal release in a stainless steel pulsed electric field (PEF) system: part Ⅱ. The treatment of orange juice; related to legislation and treatment chamber lifetime. Innovative Food Science & Emerging Technologies, 6(3): 337-345.

Russell N, Colley M, Simpson R, et al. 2000. Mechanism of action of pulsed high electric field (PHEF) on the membranes of food-poisoning bacteria is an ‘all-or-nothing’ effect. International Journal of Food Microbiology, 55: 133-136.

Saldaña G, Monfort S, Condón S, et al. 2012. Effect of temperature, pH and presence of nisin on inactivation of *Salmonella typhimurium* and *Escherichia coli* O157:H7 by pulsed electric fields. Food Research International, 45(2): 1080-1086.

Saulis G. 2010. Electroporation of cell membranes: the fundamental effects of pulsed electric fields in food processing. Food Engineering Reviews, 2(2): 52-73.

Simpson R K, Whittington R, Earnshaw R G, et al. 1999. Pulsed high electric field causes ‘all or nothing’ membrane damage in *Listeria monocytogenes* and *Salmonella typhimurium*, but membrane H^+–ATPase is not a primary target. International Journal of Food Microbiology, 48: 1-10.

Somolinos M, García D, Mañas P, et al. 2008. Effect of environmental factors and cell physiological state on pulsed electric fields resistance and repair capacity of various strains of *Escherichia* coli. International Journal of Food Microbiology, 124(3): 260-267.

Toepfl S, Heinz V, Knorr D. 2007. 2-history of pulsed electric field treatment. *In*: Lelieveld H L M, Notermans S, de Haan S W H. Food Preservation by Pulsed Electric Fields. Sawston, Cambridge: Woodhead Publishing:9-39.

Turk M F, Vorobiev E, Baron A. 2012. Improving apple juice expression and quality by pulsed electric field on an industrial scale. Lwt-Food Science and Technology, 49(2): 245-250.

Yang R, Li S Q, Zhang Q H. 2004. Effects of pulsed electric fields on the activity and structure of pepsin. Journal of Agricultural and Food Chemistry, 52(24): 7400-7406.

Zhang Q, Barbosa-Cánovas G, Swanson B. 1995. Engineering aspects of pulsed electric field pasteurization. Food Eng, 25(2): 261-281.

Zhao D, Zeng X A, Sun D W, et al. 2013. Effects of PEF on the (+)-catechin-acetaldehyde condensation. Innovative Food Science and Emerging Technologies, 20: 100-105.

Zhao W, Yang R J, Zhang H Q. 2012. Recent advances in the action of pulsed electric fields on enzymes and food component proteins. Trends in Food Science & Technology, 27(2): 83-96.

Zhao W, Yang R, Lu R, et al. 2008. Effect of PEF on microbial inactivation and physical–chemical properties of green tea extracts. LWT - Food Science and Technology, 41(3): 425-431.

Zhao W, Yang R. 2008. The effect of pulsed electric fields on the inactivation and structure of lysozyme. Food Chemistry, 110(2): 334-343.

第五章

食品磁场加工技术及装备研究进展

第一节　基本概念与技术特性

一、基本概念

食品磁场加工技术是利用高强度脉冲磁场发生器向螺旋线圈发出的强脉冲磁场，将食品放置在处于螺旋线圈内部的磁场中，维持一定时间后以达到杀灭食品中微生物、钝化内源酶的目的，从而延长食品货架期的一种物理加工方法。

二、基本原理

磁场是一种传递运动电荷或电流之间相互作用的物理场。磁场具有波粒的辐射特性，它是电流、运动电荷、磁体或变化电场周围空间存在的一种特殊形态的物质。由于磁体的磁性来源于电流，电流是电荷的运动，因而概括地说，磁场是由运动电荷或电场的变化产生的。

磁场的基本特征是能对其中的运动电荷施加作用力，即通电导体在磁场中受到磁场的作用力。与电场相仿，磁场是在一定空间区域内连续分布的向量场，描述磁场的基本物理量是磁感应强度矢量B。然而，作为一个矢量场，磁场的性质与电场颇为不同。磁场是无源有旋的矢量场，磁力线是闭合的曲线簇，不中断，不交叉。换言之，在磁场中不存在发出磁力线的源头，也不存在会聚磁力线的尾闾，磁力线闭合表明沿磁力线的环路积分不为零，即磁场是有旋场而不是势场（保守场），不存在类似于电势那样的标量函数。

三、技术特征

磁场被分为静磁场和动磁场、均匀磁场和非均匀磁场。恒磁场被称为静磁场，而交变磁场、脉动磁场和脉冲磁场属于动磁场。磁场空间各处的磁场强度相等或大致相等的称为均匀磁场，否则就称为非均匀磁场。离开磁极表面越远，磁场越弱，磁场强度呈梯度变化。

恒定磁场：磁场强度和方向保持不变的磁场称为恒定磁场或恒磁场。

交变磁场：磁场强度和方向在规律变化的磁场。

脉动磁场：磁场强度有规律变化而磁场方向不发生变化的磁场。

脉冲磁场：用间歇振荡器产生间歇脉冲电流，将这种电流通入电磁铁的线圈即可产生各种形状的脉冲磁场。脉冲磁场的特点是间歇式出现磁场，磁场的变化频率、波形和峰值可根据需要进行调节。

生物系统对电磁波（场）所产生的与生命现象有关的响应称为电磁波的生物学效应。通常，可将其划分为热效应和非热效应（牛中奇等，2001）。所谓电磁波的生物学热效应，是指由进入生物系统的电磁波转变来的焦耳热导致温度变化所引起的生物学效应；所谓电磁波的生物学非热效应，是指由进入生物系统的电磁波直接引起的生物学效应。生物学热效应的直接能源是电磁能量转化来的焦耳热，而生物学非热效应的能源是生物系统自身的新陈代谢能，而电磁波仅起触发作用。这点可从电磁波所提供的能量比由它引发的生物学非热效应蕴涵的能量小几个数量级看出。或者说，生物学热效应利用的是电磁波所携带的能量，而生物学非热效应利用的则是电磁波所携带的信息。

热效应的特点是：热效应的强弱仅与生物系统吸收的转变为焦耳热的那部分电磁功率的大小呈单调的正相关。非热效应的主要特点是（牛中奇等，2003）：①相干性，即只有电磁波参数与生物系统内的靶目标的固有参数间满足某一确定性关系时才能产生生物学效应；②窗特性，分为频率窗和强度（或功率密度）窗，前者指生物系统内的靶目标只对某些个离散的、频率区间极窄的电磁波才产生的效应，后者指生物系统内的靶目标只对某些离散的、场强范围极窄的电磁波才产生的生物学效应；③协同性，即弱的电磁场与由它触发的生物系统的新陈代谢能协同激发出极强的生物学效应；④非线性，即电磁波强度大于某一门限值时所激发的效应强度并不相应增大，或者说，响应强度与刺激强度无关。

第二节　磁场在食品加工中的应用进展

一、食品磁场加工的理论研究

为便于研究磁场对生物的影响效果，磁场被分为弱（< 1T）、强（1 ～ 5T）、超强（> 5T）等不同的强度等级。磁场强度不同，对微生物生长、代谢等各方面的影响和效果也不同。强磁对微生物有一定的杀灭作用，弱磁对微生物有较好的激活促进生长作用。

（一）强磁场杀菌的作用机制研究

目前用于杀菌的磁场多数为高强度脉冲磁场（PMF）。高强度 PMF 杀菌技术是将物料置于可以产生磁力线线圈轴线中心的处理容器中，通过电容脉冲放电，形成脉冲磁场，作用于处理容器中的物料，从而杀灭微生物和钝化酶活性，使食品得以安全储藏。

高强度 PMF 除了一般非热杀菌所具有的杀菌物料温度低，能很好地保持物料组织结构、营养成分、颜色和风味的特点外，其独特之处还在于：①在距离线圈 2m 左右处，磁场强度则衰减为相当于地磁场强度，无漏磁问题，安全性好；②杀菌设备消耗功率低、杀菌时间短、对微生物杀灭力强、效率高；③磁场的产生和终止迅速，便于控制；④具有较强的穿透能力，能深入食品内部，所以杀菌彻底。

1. 高强度 PMF 杀菌技术中出现的“生物学窗效应”

早在 1962 年，Gerencser 在 *Nature* 上就发表了题为 *Inhibition of Bacterial Growth by Magnetic Fields* 的文章，报道了磁场对细菌活性有一定的抑制作用。但值得关注且很有趣的是：在目前为数不多的一些试验研究中出现了杀菌效果矛盾的现象。例如，美国华盛顿州立大学 Harte 等（2001）的试验发现，磁场强度高达 18T 时，PMF 对大肠杆菌和酿酒酵母缺乏抑活作用。而哈尔滨工业大学的李梅等（2004）使用磁场强度仅仅为 500mT（脉冲频率为 40kHz）的低强度脉冲磁场处理生活污水时，杀菌 30min，水中细菌总数的存活率仅为 0.01%。江苏大学马海乐课题组的试验研究也多次发现，有时磁场强度大反而杀菌效果下降，并不是随着磁场强度的上升单纯增加。

然而，对于类似现象，1969 年 Webb 研究小组和 1988 ～ 1989 年 Blackman 等研究小组就提出了磁场的“生物学窗效应”（window bioeffects of electromagnetic field, WBEF）的概念，即在某一频段内，只有某些个离散的、频率区间极窄的电磁波才能产生的生物学效应；或者在某一功率密度范围内，只有某些离散的、功率密度区间极窄的电磁波才能产生的生物学效应。就是说只有特定频率参数与特定强度参数恰当组合的电磁波才能产生生物学效应。这个特定的频率、场强被称为窗值，即频率窗、强度窗。他们的工作在电磁波的生物学窗效应研究中最具代表性，虽然已过去了较长时间，但他们的研究思路、实验方法和对窗效应的判别方法却一直被以后的研究者所沿用，他们的研究工作的完备性至今尚无人超越和补充。在当时实验装置条件下，他们获得窗频率间按最低窗频率奇数倍规律分布 [fn =（2*n*-1）fc，*n*=1,2，⋯, fc 为最低窗频率]，并确信功率密度窗是存在的。

出现在极低频（extremely low frequency，ELF）脉冲电磁波的窗效应的能量不是直接来源于电磁波，而是来源于电磁波触发的生物系统的新陈代谢能，这时生物系统利用的是电磁波携带的信息，而不像热效应那样利用的是电磁波携带的能量。生物学窗效应作为电磁波生物学非热效应的典型代表，近些年来在生物医学工程领域得到了科学家的高度关注和证实，只是尚缺乏基于生物膜及分子水平的直接证实和机制解析。

非常有价值的是，被发现在低强度、极低频电磁波照射条件下发生的生物学窗效应，已在马海乐课题组近年的一系列高强度脉冲磁场杀菌研究中多次被证实，还发现强度窗的分布存在递推关系（许审时和马海乐，2010；王合利等，2008；高梦祥等，2005，2004a，2004b；杨巧绒等，2004；马海乐等，2003a；曹辉等，2003）。

对于大肠杆菌而言，随着磁场强度增大，在 1.5T、2.5T 和 4T 时，残留率出现谷值，其中在磁场强度 2.5T、脉冲数 20 时，残留率最低达到 20.21%，杀菌效果最好；而在 2T 和 3.5T 时，残留率又上升至一峰值，杀菌效果变差。试验结果说明，大肠杆菌的脉冲磁场杀菌效果表现出生物学窗效应（王合利等，2008）。

对于金黄色葡萄球菌而言，随着磁场强度增大，在 1.0T、2.5T 和 3.5T 时，残留率出现谷值，其中当脉冲数为 20、磁场强度 3.5T 时，杀菌效果最好，残留率最低达到 7.29%，而在 2.0T 和 3.0T 时，残留率又上升至一峰值，杀菌效果变差。试验结果说明，金黄色葡萄球菌的脉冲磁场杀菌效果表现出生物学窗效应，而且磁场强度的窗值 Iw 符合如下递推关系：Iw（*n*）= *n*（9–*n*）/4–1（*n* 为“强度窗”出现的序次，*n*=1、2 和 3）（许审时和马海乐，2010）。

2. 高强度 PMF 下微生物细胞内钙离子的跨膜行为

在非常经典的 ELF 脉冲电磁波非热生物学效应研究中，细胞内 Ca^{2+} 浓度的变化作为衡量指标，用于验证窗效应的存在，其实它的意义不仅限于此，因为 Ca^{2+} 浓度是细胞内信号系统中重要的信号，如死亡程序的启动就依赖于 Ca^{2+} 的内流。导致细胞程序性死亡的 DNA 内切酶就有一部分可由 Ca^{2+} 直接活化，或者依赖于 Ca^{2+} 参与合成，因此磁致 Ca^{2+} 的内流是引起细胞凋亡的重要因素。另外，测定细胞内 Ca^{2+} 浓度的变化，也是研究细胞膜通透性磁致破坏的重要依据。因此，马海乐课题组以微生物细胞 Ca^{2+} 的跨膜行为为对象入手，在细胞水平上研究了高强度 PMF 杀菌机制，验证了生物学窗效应的存在（马海乐等，2012；许审时和马海乐，2010；王合利等，2008）。

对于大肠杆菌而言，细胞 $[Ca^{2+}]i$ 的变化与残留率的变化相近，磁场强度为 1.5T、2.5T、

3T 及 4T 时细胞内 Ca^{2+} 处于峰值，升幅较大；而磁场强度为 2T 和 3.5T 时细胞内钙离子浓度处于谷值，上升较小。1.5T、2.5T、3T 及 4T 很可能是该大肠杆菌的“磁场强度窗”，在这些“强度窗”内，细胞 $[Ca^{2+}]i$ 变化较大，导致细胞损伤甚至死亡，在宏观上反映出高强度脉冲磁场较好的杀菌效果（王合利等，2008）。

对于金黄色葡萄球菌而言，磁场强度为 1.0T、2.5T、3.5T 时细胞内 Ca^{2+} 处于峰值，变化最大时，可由静息状态下胞内 $[Ca^{2+}]i$（134±10）nmol/L 增加到（287±11）nmol/L；而磁场强度为 2T 和 3T 时细胞内钙离子浓度处于谷值，上升较小。胞内钙离子浓度增加主要是由于磁场引起细胞破裂，胞外介质中钙离子内渗所致。细胞内 $[Ca^{2+}]i$ 的变化与残留率的变化相近，说明微生物失活及其窗效应的发生与钙离子的跨膜行为有关（马海乐等，2012；许审时和马海乐，2010）。

3. 高强度 PMF 对细胞膜流动性的影响

细胞膜的主要成分是脂质和蛋白质，细胞膜对于执行细胞的很多功能，如扩散、细胞分裂、能量生成、维持电化学梯度、为嵌入蛋白提供液体基质使其执行正常功能等是非常重要的。细胞膜的流动性和渗透性是保证细胞处于正常生理状态的重要条件。

江苏大学马海乐课题组的研究表明，对于枯草芽孢杆菌而言，荧光偏振度和荧光各向异性随着磁场强度和脉冲数的增加而增加，2.0T、2.5T 处理 2 ～ 30 个脉冲，3T 处理 20 ～ 30 个脉冲，3.3T 处理 10 ～ 30 个脉冲时细胞膜的荧光偏振度与对照组相比差异显著，2T 处理 30 个脉冲，2.5T 处理 25 ～ 30 个脉冲，3T 处理 20 ～ 30 个脉冲，3.3T 处理 15 ～ 30 个脉冲，荧光各异向性与对照组相比差异显著，因此，脉冲磁场可造成枯草芽孢杆菌细胞膜流动性的下降（钱静亚，2013；钱静亚等，2013a）。

4. 高强度 PMF 对细胞膜渗透性的影响

细胞膜渗透性的增强会导致胞内重要物质泄露，从而使细胞失去活性。对于枯草芽孢杆菌而言，用磁场强度为 3.3T，脉冲数分别为 10 个、20 个、30 个的脉冲磁场作用枯草芽孢杆菌后，枯草芽孢杆菌细胞膜的渗透性随着脉冲数的增加而增加。3.3T/30 个脉冲处理时，荧光强度最大，渗透性最强，细胞膜的受损程度最大。脉冲磁场可能影响了细胞膜上的脂质结构，造成细胞渗透性的增加，胞内物质的泄露，最终导致细胞的死亡（钱静亚，2013）。

5. 高强度 PMF 对枯草芽孢杆菌形态和胞内物质的影响

扫描和透射电镜的观察结果显示脉冲磁场使枯草芽孢杆菌发生变形，破坏了细胞的细胞壁和细胞膜结构，同时使细胞胞内物质出现缩合现象；枯草芽孢杆菌胞内物质从细胞内溢出到细胞外的紫外吸光值随着脉冲数的增加不断增大，说明核酸、蛋白质等胞内物质在磁场作用下出现了外泄，通过 ERIC-PCR 指纹图谱分析证明脉冲磁场造成了 DNA 的断裂，DNA 的断裂也可能是细胞死亡的原因之一。同时脉冲磁场也对枯草芽孢杆菌胞内游离氨基酸产生了影响（钱静亚，2013）。

6. 蛋白质组学分析脉冲磁场对枯草芽孢杆菌蛋白质的影响

对比脉冲磁场作用前后枯草芽孢杆菌的蛋白质组学图谱（图 5-1），发现了 34 个差异蛋白质点，其中质的差异有 9 个（在处理组中消失或特有），量的差异有 25 个。对其中成功鉴定的 19 个蛋白质进行 GO 分析后发现这些蛋白质与细胞定位、分子功能、生物过程有关，在鉴定到的 19 个蛋白质中，有 8 个蛋白质有通路（pathway）信息，共参与 16 个通路。脉冲磁场造成了细胞膜蛋白质的破坏，进一步说明脉冲磁场破坏了细胞的细胞膜，同时，脉冲磁场破坏了胞内某些蛋白质的结构，造成枯草芽孢杆菌有机物代谢和能量代谢的能力下降，影响到了枯草芽孢杆菌的生理学功能，这也可能是细胞死亡的原因之一（钱静亚，2013）。

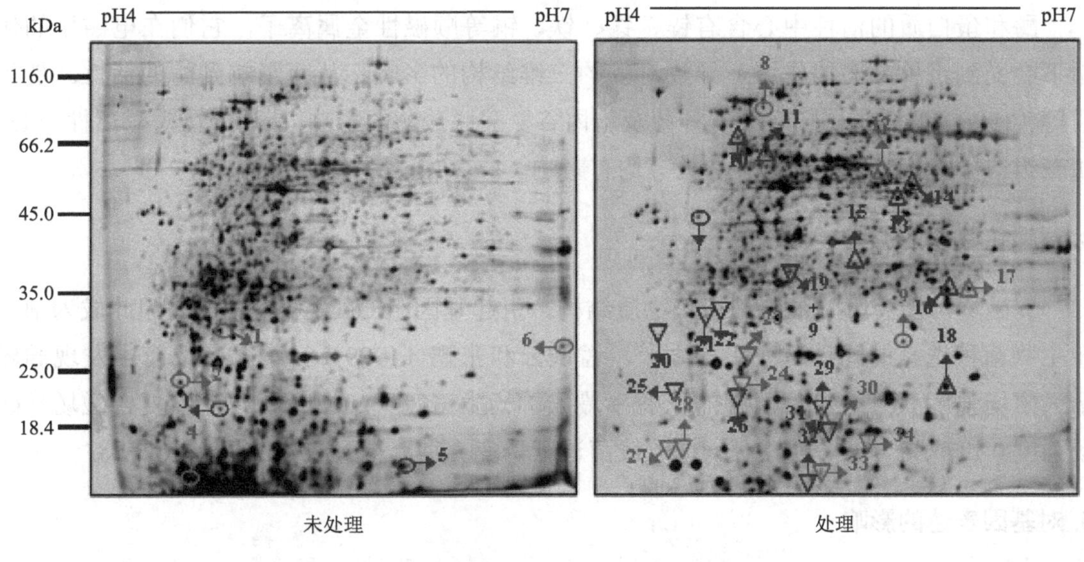

图 5-1　未经磁场处理和经磁场处理的枯草芽孢杆菌胞内蛋白质电泳图

差异蛋白质用箭头和数字表示，圆形表示在处理或未处理中特异表达的蛋白质，正三角形表示在处理中表达量高的蛋白质，倒三角形表示在处理中表达量低的蛋白质

（二）弱磁对食品发酵的强化作用机制研究

相对于弱磁场的应用，有关其磁效应机制的研究开展得更少，磁效应机制尚未透彻揭示。对弱磁场可能的磁效应机制目前归纳如下。

1. 对介质参数的影响

磁场可改变水环境的一系列理化性质，如黏度、渗透压及溶解氧等，而这些是液体发酵过程中非常重要的影响因素。程坤源采用 200 高斯磁化器处理后的水和糖液配制发酵培养基，使得发酵转化率提高 2% ～ 5%（程坤源，2010）。

2. 对细胞形态结构影响

对于细胞膜在脉冲磁场作用下形成电穿孔现象研究得比较透彻，在脉冲电场作用下，细胞膜脂双层上形成瞬时微孔，可导致其通透性和膜电导瞬时增大，穿孔出现位置随机，有的孔径较小可自行修复，有的则不可逆（杨艳芹等，2006）。李梅等（2003）用脉冲电磁场对污水和纯种的大肠杆菌液进行电磁处理，通过细菌细胞的扫描电镜照片表明电磁作用使细胞表面产生凹陷和孔洞。王山杉等（2008）通过 0.05T、0.50T 恒定磁场处理酿酒酵母细胞，在透射电子显微镜下观察酿酒酵母的微观结构，证实恒定磁场处理会对酿酒酵母细胞的微观结构产生影响。另外，恒定磁场处理使膜脂流动性加快，这是细胞对外界刺激产生响应从而对细胞内部进行保护的一种方式。

3. 对细胞酶活性的影响

酶和蛋白质的活性中心含有锌、锰、铁、铜等顺磁性金属离子，它们在电磁场的作用下会受到洛伦兹力的作用，导致对酶的三维结构的影响，从而影响到酶的活性。贺华君等（1999）研究了磁场对大肠杆菌及胞内谷氨酸脱羧酶的影响，认为磁场对酶活性中心、酶三级结构及酶促反应动力学参数等均有影响。

4. 对遗传物质的影响

弱磁场可能会影响细胞的遗传物质结构，引起基因组 DNA 发生改变，因此成为部分微生物菌种选育的物理诱变手段之一。孟庆云和张鹏（1999）在青霉菌选育中发现弱磁场（磁场强度 0.6T）可使菌种的正变率最大。杨生玉等（2003）利用双向复合磁场（磁场强度 0.1T）结合 UV 处理对一株放线菌进行诱变育种，得到较好的诱变效果。

5. 对基因表达的影响

电磁场对微生物基因表达的影响结果不一。Luceri 等（2005）将酵母细胞暴露于 1μT、10μT 和 100μT 的 50Hz 磁场 18h，并利用 cDNA 芯片分析基因表达谱，实验重复 3 次，结果各筛选到 2 个、15 个和 2 个可重复的差异表达基因，但采用统计学分析软件分析则未能筛选到显著性变化的差异表达基因。而林影（1997）利用 94Hz、14mT 的矩形脉冲电磁场作用于 *K. fragilis*，结果证明脉冲电磁场的作用不仅使 *K. fragilis* 菊糖酶基因的表达水平提高，还促进了菊糖酶基因转录。

6. 对蛋白质表达的影响

基因在生物体中的功能最终由其编码的蛋白质在细胞水平上体现，从蛋白质的角度入手可较清晰地揭示生命活动的规律，而目前国内外有关电磁场对蛋白质表达影响的研究非常有限。曾群力（2007）选用 50Hz、0.4mT 极低频电磁场处理人乳腺癌细胞 MCF-7，可诱导其蛋白质表达谱发生显著改变，但目前罕见磁场影响微生物细胞蛋白质表达方面的报道。

二、应用研究

（一）强磁在食品杀菌中的应用研究

从 2003 年开始，江苏大学马海乐课题组使用自行设计的脉冲磁场杀菌设备，对西瓜汁、牛奶、生啤酒、牛初乳等开展了一系列的杀菌试验研究工作，并研究了磁场强度和脉冲数对杀菌效果的影响规律和温度、初始菌落数、pH 等介质特性，以及微生物种类、生长阶段等在不同杀菌方式下与杀菌效果的关系。

关于脉冲磁场对西瓜汁杀菌的主要结果如下（高梦祥等，2004a；马海乐等，2003b）。①随着磁场强度或脉冲数的增加，细菌残留数会出现一谷值，杀菌效果最好；之后随着磁场强度或脉冲数的进一步增加，杀菌效果反而变差；在细菌残留数出现峰值之后，杀菌效果再度变好。②物料温度越高，微生物对磁场的敏感性越强，杀菌效果越好。③脉冲磁场对西瓜汁杀菌的主次因素为磁场强度＞脉冲数＞西瓜汁温度；最佳参数组合为磁场强度 7.59T，脉冲数 15 个，西瓜汁温度 20℃，最佳参数下菌落总数和大肠菌群数可达到商业无菌要求。④脉冲磁场对西瓜汁中还原性 V_C 和色素有一定的影响，但影响不大；对西瓜汁中可溶性固形物含量和 pH 几乎没有影响。

关于脉冲磁场对鲜牛奶杀菌的主要结果如下（高梦祥等，2005，2004b）：①随着磁场强度或脉冲数的增加，细菌残留数会出现一谷值，杀菌效果最好；之后随着磁场强度或脉冲数的进一步增加，杀菌效果反而变差；在细菌残留数出现峰值之后，杀菌效果再度变好。②物料温度越高，微生物对磁场的敏感性越强，杀菌效果越好。③脉冲磁场对牛奶杀菌的主次因素为牛奶温度＞磁场强度＞脉冲数，最佳参数组合为牛奶温度 50℃，磁场强度 6.33T，脉冲数 15 个。④在最佳参数下，经磁场杀菌后的牛奶，菌落总数和大肠菌群数已达到商业无菌要求。与热杀菌相比，脉冲磁场杀菌时间短、效率高、营养损失小、基本保持了鲜奶的天然色泽和风味。

关于脉冲磁场对生啤酒杀菌的主要结果有（马海乐等，2003a）：随着场强和脉冲数的增加，杀菌效果增强；脉冲磁场强度大于 2.53T，且脉冲数大于 10，或场强大于 2.11T，且脉冲数大于 30 时，生啤酒中残存的细菌总数小于 50 个 /ml，达到商业要求。

脉冲磁场对牛初乳具有较好的灭菌效果，细菌致死率达 99.9% 以上（骆新峥等，2004）。

另外，该课题组研究发现温度、超声和 nisin 协同脉冲磁场处理，可提高杀菌效果（钱静亚等，2013b）。控制脉冲磁场条件（磁场强度控制 3.0T，脉冲数 30 个），先脉冲磁场处理后温度处理时，温度越高，杀菌效果越好，当温度为 100℃，枯草芽孢杆菌的残留率最低为 3.17%；先脉冲磁场处理再采用超声功率 800W，工作 5s 间隙 10s 的超声处理后，超声总时间越长杀菌效果越好，当超声时间为 30min 时，枯草芽孢杆菌的残留率最低为 8.18%；先脉冲磁场处理后 nisin 处理时，浓度越高杀菌效果越好，当 nisin 终浓度为 350IU/ml 时，枯草芽孢杆菌的残留率最低为 19.21%；先脉冲磁场处理再温度、超声、nisin 处理的杀菌效果比先温度、超声、nisin 处理后再脉冲磁场处理的杀菌效果要好。且协同杀菌后，枯草芽孢杆菌的形态发生改变，细胞产生萎缩现象，脉冲磁场处理后再用 nisin 协同处理，枯草芽孢杆菌的内容物出现泄漏。

华南理工大学郭丹丹和肖凯军（2010）采用 10T 以上高强度脉冲磁场处理鲜牛奶，研究脉冲强磁场对牛奶中微生物的影响。结果表明：高强度脉冲磁场对牛奶杀菌效果显著，随磁场强度或脉冲数的增大，菌落总数、大肠杆菌和霉菌酵母的存活率基本呈下降趋势，但出现谷值后，存活率随着磁场强度和脉冲数的进一步增大有所回升。在磁场强度 16.02T，脉冲数为 6 个时，对牛奶中菌落总数和大肠杆菌杀菌效果最好；而磁场强度 16.02T，脉冲数 8 个时，对霉菌酵母杀菌效果最好。与菌落总数和大肠杆菌相比，霉菌酵母对脉冲磁场有较强的抵抗力。在最佳处理条件下，经脉冲磁场处理的牛奶可达到商业无菌的要求。

肖凯军和郭丹丹（2009）采用 5T 以上高强度脉冲磁场处理鲜腐乳，研究了脉冲强磁场对腐乳中微生物的影响，结果表明：高强度脉冲磁场对腐乳的杀菌效果显著，随着磁场强度的增大或脉冲数的增加，菌落总数和霉菌酵母存活率基本呈下降趋势，但出现谷值后，两者的存活率随着磁场强度和脉冲数的进一步增大有所回升，其中在磁场强度为 16.02T、脉冲数为 6 个时对腐乳中菌落总数的杀菌效果最好，而在磁场强度为 16.02T、脉冲数为 8 个时对霉菌酵母的杀菌效果最好，与菌落总数相比，霉菌酵母对脉冲磁场有较强的抵抗力。

金江涛等（2009）以草莓汁为原料，施加强脉冲磁场进行杀菌试验。研究了磁场强度、脉冲数对草莓汁中菌落总数、霉菌和酵母菌的杀灭效果。结果表明：随着磁感应强度和脉冲数的增加，杀菌效果总体趋势不断增强；霉菌、酵母菌对脉冲磁场有一定的耐性，需要较高的磁感应强度才能将其杀灭；在室温下（28℃ ±1℃），当磁感应强度达到 17.3T 以上，脉冲数达到 12 个以上时，菌落总数可以降低到 100cfu/ml 以下，霉菌、酵母菌被全部杀灭，可以达到商业无菌的要求。

（二）磁场在钝化酶活性及食品保鲜中的应用研究

酶是导致食品腐败变质的重要因素之一，而传统的热加工方法无法满足一些热敏性食品的要求，从而推动了非热加工技术的发展。其中，高强度脉冲磁场技术在保持食品原有风味、色泽、口感和营养等方面均有很大的优势，具有作用时间短、操作安全、能耗低、无化学残留等众多优点。

过氧化物酶（POD，EC 1.11.1.7）是一种广泛存在于蔬菜与水果中的酶，它影响果蔬加工产品的风味和品质，在储藏期间易形成不良风味，且其为最耐热的酶类。多酚氧化酶（PPO，EC 1.14.18.1）是广泛存在于动物、植物和微生物体内的一种铜结合酶，它能使酚类物质氧化生成有色产物茶黄素、茶红素和茶褐素等，因此多酚氧化酶对于果蔬储存及加工过程中品质的影响十分重要，一些水果如桃、杏、苹果、梨、香蕉等和叶类蔬菜，经挤压、切削及其他机械损伤会导致快速褐变，发生褐变的产品其颜色和风味都会产生很大的变化，造成营养成分的流失，从而使产品品质下降。脂肪氧合酶（LOX）是食品原料中固有的一种酶，它既有助于提高某些质量指标如颜色、质构、风味等，又可能对某些质量指标如营养成分含量、食品颜色等有不利影响。为了找到一种有效控制果蔬中过氧化物酶、多酚氧化酶、脂肪氧合酶活性的新方法，江苏大学马海乐课题组开展了相关磁场灭酶研究工作：

a. 以辣根过氧化物酶（HRP）为原料，研究磁场强度和脉冲数在不同处理温度下对 HRP 活性的影响（朱春梅等，2009）。结果表明，磁场强度小于 1T 时，脉冲磁场对辣根过氧化物酶有激活作用，随着脉冲数的增加，激活作用逐渐降低；磁场强度大于 1T 时，脉冲磁场对辣根过氧化物酶的活性有抑制作用，且随着脉冲数的增加，抑制作用逐渐增强；3.5T 是脉冲磁场对辣根过氧化物酶活性的抑制作用显著增强的一个拐点值；较高的处理温度可以增强磁场对辣根过氧化物酶活性的抑制作用。在磁场强度为 4.5T、脉冲数为 40、处理温度为 40℃时，HRP 的活性降低了 90%。PMF 处理后的酶液在 4℃下储藏，48h 后 HRP 的活性仍缓慢下降，且无再生现象。光谱扫描结果显示，磁场处理后酶的吸收峰和发射峰发生偏移，且最大吸收值也发生改变。

b. 研究了高强度脉冲磁场（PMF）对 PPO 活性的影响，并进行了灭酶动力学模型的研究（马海乐等，2010）。结果表明，当 PPO 于磁场强度 2.5T、3.5T 和 4.5 T 分别处理 5 ～ 40 个脉冲时，酶的残余活性随着磁场强度和脉冲数的增加而逐渐降低。在 4.5T 处理 40 个脉冲时，酶的灭活率最高达到 93.10%。光谱扫描结果显示，磁场处理后，PPO 的吸收峰值发生了改变，发射波峰发生了偏移。对灭活动力学曲线分别用 Bigelow 模型、Weibull 模型和 Hülsheger 模型进行拟合，发现 Weibull 模型对 PMF 下 PPO 灭活的拟合度最好。可见，高强度脉冲磁场可以作为一种有效杀灭果蔬中多酚氧化酶的非热技术，且酶的灭活过程符合 Weibull 模型，该模型可以为实际应用提供参考。

c. 研究了磁场处理对脂肪氧合酶（LOX）活性和结构的影响（朱春梅，2008）。结果表明，磁场强度为 0.5T 时，LOX 的活性受磁场的刺激而增强。随着磁场强度的增加，酶的活性开始降低。在磁场强度为 4.5T、脉冲数为 40、处理温度为 40℃时，酶活的残留率为 7.6%。光谱扫描结果显示，LOX 的吸收峰与发射波峰发生偏移，峰值改变（朱春梅等，2008）。

华南理工大学肖凯军课题组以草莓中过氧化物酶，牛乳中过氧化物酶、脂肪酶、过氧化氢酶为例，研究了磁场钝酶效果：

a. 以草莓汁为原料，进行强脉冲磁场钝酶杀菌技术研究（金江涛等，2010，2009）。结果表明，在室温 28℃ ±1℃条件下，当磁感应强度为 18.9T，脉冲数为 9 个时，可以将草莓过氧化物酶活性钝化到处理前的 8%；当磁感应强度达到 17.3T 以上，脉冲数达到 12 个以上时，菌落总数可以降低到 100cfu/ml 以下，霉菌、酵母菌被全部杀灭，可以达到商业无菌的要求。

b. 研究了脉冲强磁场对牛乳中过氧化物酶、脂肪酶、过氧化氢酶的钝化效果（陈仁菊等，2010）。结果表明，脉冲强磁场对以上 3 种酶均有很好的钝化效果，且钝化作用的顺序由强到弱为：过氧化氢酶＞脂肪酶＞过氧化物酶；当磁场强度在 8.01 ～ 18.69T、脉冲数在 0 ～ 10 个，以上 3 种酶的失活率最大值分别为：乳过氧化物酶 47.5%，脂肪酶 53.6%，过氧化氢酶 90.3%。通过二元回归分析的方法建立了以磁场强度、脉冲数为影响因素的，与酶失活率相关的回归方程，并检验了模型的可靠性，结果显示脉冲数和脉冲磁场强度对以上 3 种酶的钝化效果都存在显著影响，而且脉冲磁场的强度和脉冲数对牛乳中脂肪酶的钝化效果存在一定的协同效应。

c. 通过对分析脉冲强磁场处理前后牛奶中乳过氧化物酶和牛奶粗酶液中荧光光谱及圆二色谱的综合分析，对牛奶中乳过氧化物酶活性的变化机制进行了初步探讨（陈仁菊等，2011）。结果表明，牛奶粗酶液的二级结构无明显改变，而三级结构发生了明显改变——荧光峰发生了 0.6nm 的偏移，且荧光强度有明显变化；牛奶中乳过氧化物酶的三级结构无明显变化，但其二级结构发生了明显改变：α- 螺旋向其他结构形式（β 类结构或无规卷曲）转变。并经过初步推断，脉冲强磁场处理后，粗酶液中不同酶类的二级结构发生了相反的变化，相互抵消，最终导致牛奶粗酶液中蛋白质二级结构整体无明显变化。

长江大学高梦祥课题组（高梦祥和王春萍，2010；高梦祥等，2008a；2008b；2007）应用不同强度的交变磁场对鲜切莲藕切片、草莓和葡萄等进行处理，并对其外观、多酚氧化酶活性、还原糖含量、V_C 含量和 pH 等多项指标进行对比研究，结果如下。①磁场强度为 1.2A/m 的交变磁场处理的鲜切莲藕切片，其外观最好，多酚氧化酶活性受到抑制，其还原糖含量比对照组的消耗量小，V_C 含量比对照组的损失量小，pH 比对照组低。②磁场强度为 4.22A/m 的交变磁场处理草莓，果实的腐烂率明显降低，其可溶性糖含量比对照组的降低幅度小；pH 比对照组小；V_C 含量比对照组大和呼吸速率比对照组小，外观也最好。③磁场强度为 0.87A/m 和 1.79A/m 的交变磁场处理葡萄，果实的腐烂率、脱果率、出糖率均明显降低，外观也很好。其可溶性糖含量比对照组的降低幅度小；pH 比对照组小；细胞膜的通透性降低；多酚氧化酶活性受到抑制。葡萄果实采后用交变磁场处理可以有效地提高其商品价值。

在机制研究方面，高梦祥等（2009）研究了磁场处理情况下莲藕多酚氧化酶和苹果多酚氧化酶（PPO）反应动力学的变化规律。添加 V_C 和磁场处理，以邻苯二酚为底物，莲藕 PPO 褐变反应动力学符合米氏方程所描述的单底物酶促反应动力学，K_m 为 0.775mol/L，V_{max} 为 11.150U/min。V_C 对 PPO 有较强的抑制作用，反应动力学参数 K_m 为 0.081mol/L，V_{max} 为 3.243U/min，呈现反竞争性抑制，表现为褐变出现滞后，随 V_C 浓度的增大滞后时间逐渐增长，且呈现 S 形趋势，并建立了相应的反应方程。不同磁场强度下，随着处理时间的变化，PPO 活性呈现波动性。3.17A/m 磁场强度下处理 4h 的酶液，其反应动力学曲线表现为 S 形，并建立了相应的反应方程。

樊宏彬等（2005）以邻苯二酚为底物研究了交变磁场对苹果多酚氧化酶（PPO）反应动力学的影响。结果表明，苹果 PPO 褐变反应动力学符合米氏方程所描述的单底物酶促反应动力学。相应的动力学参数为 K_m=0.000 687mol/L，V_{max}=0.0477U/min。磁场强度小于 0.87A/m 时，磁场处理的反应体系表现为促进作用。磁场强度为 1.67A/m、处理时间小于 3h 时，磁场处理表现为促进作用，处理时间大于 3h 时，表现为抑制作用。磁场强度大于 1.67A/m 时，磁场处理对反应体系都有抑制作用，而且随着磁场强度的增大，抑制作用增强。同一强度磁场在处理时间大于 1h，随处理时间的增加，磁场处理的效果趋于平稳。以强度为 4.22A/m 的磁场对多酚氧化酶反应体系的作用在出现促进作用后趋于稳定的抑制作用，0.5h 左右时促进作用最强，0.5h 之后开始呈现抑制作用，1h 左右抑制作用趋于平稳。以强度为 4.22A/m 的磁场处理 1h，其动力学参数 K_m 和 V_{max} 分别变为 0.0108mol/L 和 0.0146U/min。研究结果显示交变磁场处理可抑制酶对底物的亲和力，并可使最大反应速度降低。

中国农业大学黄卫东课题组研究了磁场对新鲜干红葡萄酒酚类、原花色素的影响（苏慧娜等，2009；张庆华等，2008）：

a. 应用磁场处理新鲜干红葡萄酒后，发现可缩短葡萄酒陈酿时间，使其品质在较短时间内得到改善。采用反相高效液相色谱法测定磁场处理后的新鲜干红葡萄酒中黄烷 -3- 醇和酚酸两种酚类物质的含量，然后将这两种酚类物质含量的变化与其经自然陈酿后的变化相比较，结果显示随着磁场处理时间的延长，5 种黄烷 -3- 醇和 11 种酚酸的含量都发生了复杂的变化，且变化趋势基本符合自然陈酿效果。

b. 研究了葡萄酒经磁场催陈和自然陈酿后，其原花色素的含量和组成单元的变化情况。结果表明，经一定条件的磁场处理后，原花色素的含量、平均聚合度及其组成单元都发生了显著变化，且变化趋势基本符合自然陈酿效果。因此，磁场处理对于加速葡萄酒陈酿、提高葡萄酒品质是具有一定效果的。

（三）弱磁场在微生物生长及代谢促进中的应用研究

弱磁场对原核微生物的生长有显著的促进作用。Justo 等（2006）在弱磁场（0.010 ～ 0.10T）处理大肠杆菌 1 ～ 12h，结果发现 0.1T 处理 6.5h 大肠杆菌的活力是不加磁场组的 100 倍，0.055T 处理 12h 大肠杆菌的干重出现最大值。Alvarez 等（2006）研究得出，极低磁场强度（5mT）可使乳酸链球菌的尼生素产量提高 3 ～ 5 倍。活性污泥在废水处理过程中，随外源磁场强度的增大，其生物活性出现先增强后下降的变化趋势，磁场强度为 17.8mT 时生物活性达到最高（Yavuz and Çelebi, 2000）。

多年来，不少学者研究表明，弱磁场也可促进真核微生物的生长，例如，可以显著促进酿酒酵母的出芽和生长，提高乙醇和有机酸产量，以及糖利用率（Perez et al., 2007; Fiedler et al., 1995; Mehedintua and Berg, 1997; Nakanishi et al., 1998）。Canli 等（2011）研究了磁场对胶红类酵母液体发酵产蔗糖酶的影响，在 7mT 磁场中发酵 120h，菌丝体产量提高幅度为 14% ～ 28%，蔗糖酶产量提高幅度达 48% ～ 67%；后来尝试利用弱磁场进行白地霉固体发酵，磁场强度为 4mT 和 7mT 可显著提高菊粉酶活性，尤其是 7mT 条件下，菊粉酶活性可达 535.2U/g，而无磁场处理的对照仅为 412.1U/g（Canli and Kurbanoglu, 2012）。Gao 等（2011）研究了低频磁场（1mT）对黑曲霉液体摇瓶发酵的影响，柠檬酸和纤维素酶产量随磁场处理时间的延长而提高，且相对于纤维素酶代谢，柠檬酸代谢对磁场处理更为敏感。

高梦祥等（2009）以猴头菌为研究对象，通过改变磁场强度和作用时间，研究交变磁场对猴头菌生长效应的影响。试验结果表明，磁场对猴头菌胞外多糖的作用相对菌丝的作用有滞后性，在磁场强度为 1.06A/m，作用时间为 12h 时，磁场对猴头菌菌丝的生长促进作用最强，猴头菌的菌质干重增长率达 140.1%；作用时间为 24h 时，猴头菌胞外多糖质量浓度增长率达 100.8%；作用时间为 48h 时，磁场对猴头菌胞外多糖的生长促进作用最强，猴头菌胞外多糖质量浓度增长率达 271.7%。在作用时间为 24h 时，磁场对猴头菌胞外多糖的生长促进作用最强的磁场强度为 0.8A/m，猴头菌胞外多糖质量浓度增长率达 187.5%。另外，高梦祥等（2007）还研究了交变磁场强度和作用时间对啤酒酵母的生长促进效应，结果显示磁场强度小于 0.2A/m 时对啤酒酵母的生长繁殖无影响，磁场强度大于 0.702A/m 时只有抑制作用，在磁场强度为 0.563A/m 和 0.669A/m 时，作用时间为 2h，磁场对啤酒酵母生长促进效应最强，其菌液浓度增长了 34.01%。

红曲霉（*Monascus purpureus*）可利用多种碳源和氮源，能合成多种色素、洛伐他汀、麦角甾醇、酶类及其他生理活性物质。为了探讨磁场对工程菌发酵性能的影响，邓光武等（2012）研究了紫色红曲霉在 50Hz 低频交变磁场 0 ～ 2mT 条件下，固态发酵生物量的变化规律。结果表明，磁场处理 3d 对红曲霉生物量的产生具有促进作用，其中 0.6mT 作用最大，提高了 29.9%。0 ～ 2mT 磁场处理 15d，处理组和对照组在第 11 天生物量达到最大值。处理组和对照组的生物量与底物消耗量的比值无明显差异。低频交变磁场可促红曲霉生长，进而可改变其代谢途径，提高发酵效益。

茯苓 [*Poria cocos*（Schw.）Wolf] 属真菌界，担子菌门，多孔菌科，卧孔菌属，俗名松柏芋、松木薯、松茯苓、金翁等，是中国传统的常用中药材，具有益脾、健胃、安神守心、利水渗湿等功能。郭成金等（2008）分别在静、动磁场条件下，探索了磁场对茯苓深层培养过程中菌丝生长的影响，并测定了其不同生长时间下的菌丝体生物量。结果显示，0.3mGs① 的弱磁场对茯苓深层培养菌丝体的生长量有促进作用，静磁场的作用效果较动磁场的更为明显。

螺旋藻因其丰富的营养成分、很高的生物学价值而被联合国粮食及农业组织（FAO）列入21世纪人类食品资源开发计划，并认为是人类理想的食品，而且螺旋藻中引人注目的是仅占2.0%～3.0%的有着独特的生理功能和药用价值的螺旋藻多糖。王德培等(1998)研究发现，一定磁场强度（0～0.6T）处理下培养的螺旋藻生长加快，干物质积累增多，由0.72mg/ml增加到0.80mg/ml；多糖含量提高，由4.2%增加到5.1%，磁场处理使培养液电导率随磁场强度增加而降低，使 NO_3^--N 含量随磁场强度增加而增加，有利于细胞吸收和新陈代谢。郑必胜等（2007）系统研究了外加磁场作用对螺旋藻生长及其胞外多糖分泌的影响，发现在40kA/m以下范围内，磁处理有利于螺旋藻细胞生长及生物量的积累，并当磁场强度为24kA/m时生长速率最高；磁场强度高于40kA/m后螺旋藻的生长受到一定抑制，达到80kA/m以上时生长受到明显抑制，400kA/m以上则基本停止生长；在较高的磁场强度下螺旋藻生长缓慢但却有利于螺旋藻胞外多糖的分泌，且在螺旋藻对数生长期进行磁处理效果最好。李志勇等（2011）对磁场作用下钝顶螺旋藻中蛋白质、氨基酸，以及矿物质含量的变化进行研究，同时从水溶液性质改变和离子结合的角度对电磁场效应的机制进行分析，发现 B=0.25T 的电磁场处理虽然对蛋白质和氨基酸总含量影响不大，却可以使必需氨基酸总含量明显提高，此外还可显著增加螺旋藻中矿物质，尤其是微量元素的含量。电磁场的生物效应可能来源于磁化水性质和离子吸收过程的改变，磁处理培养是进一步提高螺旋藻营养价值的一种较有效手段。

（四）磁场在促进酶促反应中的应用研究

何熙和胡飞（2003）研究了磁场对毛霉蛋白酶活力的影响，并进行了磁场催熟腐乳的实验。发现在磁场强度为0.8T左右，处理5～10min后，蛋白酶液的酶活增长较高。在盐-酒水中酶受到一定程度的抑制，在实验条件下作磁场处理，酶在盐-酒水和水中活力都有提高，但它们增幅差别不大。随储存时间的延长，蛋白酶的酶活下降，储存至第7天磁场处理组的酶活高于空白组。以磁场处理瓶装后酵腐乳，在磁场强度为0.6～1.2T/cm、处理5～10 min能加速腐乳的成熟，可以缩短25%左右的后发酵期，而腐乳的理化指标及其风味变化不大。

黄永春等（2003）研究了在不同pH和温度条件下，不同磁感应强度对木瓜蛋白酶降解壳聚糖过程的影响。在不同的磁感应强度下，壳聚糖酶降解的最适pH为4.5，最适温度为50℃，磁场对酶解过程无显著影响，在较低的磁感应强度下（≤1000mT），磁场

---

① 1Gs=10^{-4}T

对反应过程有促进作用；而在较高的磁感应强度下（≥ 2000mT），则影响大小无规律性，抑制和促进作用相互交替。因此磁感应强度与对酶解速度的影响不呈线性关系，作者分析：一方面可能是由于在无磁场条件下，木瓜蛋白酶已经以较好的构象与壳聚糖结合，较低磁场对体系的作用已足够使酶的构象达到最佳，当磁场强度过大时，反而促使酶的构象偏离最佳构象，从而使酶和底物的结合受到抑制，降低酶解的速度，因此，磁场的作用对其促进作用不明显；另一方面，可能是由于木瓜蛋白酶催化壳聚糖的活性中心没有 Ca^{2+}、Fe^{3+} 等金属离子的参与，在本实验的磁场强度范围内，磁场对活性中心的磁力作用不足以对构象产生显著的影响，从而表现出对反应过程无明显的影响。而在磁感应强度增大的过程中，抑制和促进作用相互交替出现的现象，可能是由于不同的磁感应强度对酶分子不同基团或不同部位有不同的作用，而它们的综合作用决定了整个酶分子的构象，从而导致酶分子空间构象随磁感应强度的变化无明显的规律。

张世涛等（2007）在磁场稳定流化床反应器采用固定化 B- 半乳糖酶对牛乳中乳糖进行水解，磁场强度为 14 ～ 18mT，随着磁场强度的改变酶的活性改变不大，牛乳流动速率小于 14cm^3/min 时，55℃的条件下水解牛乳 120min，乳糖可水解 86%。在 18 ～ 30mT 时，发现酶的活性迅速下降，观察到在磁场和偶极子力的影响下，微粒开始聚集，床层体积下降，作者分析酶活性下降是因为微粒发生聚集作用，导致其暴露于反应物分子中的总面积下降，同时沟流也会造成固定化酶的活性下降。另外，在底物溶液流动速率为 14cm^3/min 时，磁场强度大于 30mT 后，再进一步增加磁场强度，固定化酶的活性不再改变，固定化酶的活性达到最小水平，而且此时微粒是完全聚集的。

磁场能改变某些流体的物理性质，并影响化学反应的进行，可以称之为磁场的理化效应。陈文纳（1994）采用稀土永磁块组合成所需的磁场（通过调整磁极间距来获得所需的磁场强度），对无水乙醇、食用酒精（添加冰醋酸）、液态发酵新酒进行磁处理，结果显示：①磁场可以影响被处理对象的氢键，因此能引起理化效应，此处理化效应在外磁场撤去后尚能持续若干时间，持续时间的长短主要与磁处理时间长短相关；②磁处理酒有成醋作用，其效果与磁处理条件，尤其是与处理时间长短相关；③经磁处理过的酒，撤去外磁场后，其理化效应尚能持续一段时间，因此，在用不同的条件处理时，对比其效果的优劣，必须在同一时间化验各个样品，最终效果应由若干天后的化验来确定；④磁场除能促进成醋外，也能促进许多微量成分的变化，并能增加微量成分的种类；⑤不同的酒应选取不同的磁处理条件，以促进主体香微量成分的增加。

（五）磁场在提取分离及其他方面的应用研究

磁场强化萃取技术是借助外加磁场以强化化工分离过程的一种新技术，被称为“绿色分离技术”，它可以利用磁场产生的特殊能量改变抗磁性物质的微观结构，使其理化性质发生变化，同时对反应的速率也存在影响，可以强化萃取、离子交换、吸附、絮凝等过程。

周芸等（2012）以新鲜枸杞为原料，采用磁场法提取枸杞黄酮，在磁感应强度 640mT、磁化时间 40min、磁化温度 65℃、浸提回流时间 60min 的条件下，枸杞黄酮的提取率可达到 290.81mg/100g。

李冰等（2009）在外加磁场磁感应强度为 1.0T 时，对原液质量浓度为 4.88mg/ml 的葛根黄酮溶液，在 pH 为 7 的中性环境下，分别研究磁性树脂的静态和动态吸附，并就使用次数与普通树脂进行比较。结果显示：静态吸附时磁性树脂与普通树脂的吸附效能相差不大；当吸附流速为 2BV/h 时，磁性树脂达到饱和吸附时可处理 12BV 的黄酮溶液，优于普通树脂；在使用 4 次后，磁性吸附树脂的吸附效果明显优于 AB-8 树脂。

吴雪辉等（2001）通过外加磁场对磁性树脂脱除食品稀糖液中 Ca^{2+}、Mg^{2+} 和色素的效果进行了研究。结果表明，外加磁场可明显提高磁性树脂的交换能力，且当磁场强度为 160kA/m 时，效果最好。

郭祀远等（1994）以典型的有机工业结晶产品 —— 蔗糖为研究对象，以新兴的磁场处理技术为手段，进行磁场处理对溶液结晶过程影响的基础理论研究。通过蔗糖单晶的静态试验和群晶的动态试验，以及对糖液某些特性的测量，发现适当的磁场处理能降低蔗糖的溶解度和糖液的黏度，并在某种程度上改变蔗糖晶体的内部结构，从而提高蔗糖晶体在糖液中的生长速率。展示了以磁处理技术强化工业溶液结晶过程的应用前景。

郑必胜等（1995）研究了溶液（水及糖液等）经过磁场处理后其传热特性的变化，探讨磁处理过程的作用规律，磁处理能使水溶液的蒸发速率提高约 10%，同时得出以下结论：①磁场处理可以强化溶液传热过程，加快溶液的蒸发传热速率。磁处理改变了溶液的结构和性质，使溶液的黏度、表面张力及沸点都降低，溶液的传热系数增大，这有助于溶液的沸腾蒸发，有利于过程的节能。②磁处理效果随磁场强度呈周期性的变化。所以并非磁场强度越高越好，在生产中应根据实际情况选择一个经济的、适当的磁场处理参数，不应片面地追求高强度的磁场。③溶液经磁处理时，磁场不但对溶剂（水）起作用，而且对溶质及整个溶液体系均有作用，磁处理效果受多方面因素的影响。因此对于不同的物系，其效应的大小是不同的，应针对具体的物系来确定最佳的磁处理参数。

杨晋青等（2010）研究了恒定磁场对羟丙基壳聚糖的抑菌与吸附性能的强化作用，以期提高羟丙基壳聚糖的应用效果。从对金黄色葡萄球菌的抑菌圈、抑菌曲线和最低抑菌浓度 3 个方面分析其抑菌性能，经恒定磁场作用后，羟丙基壳聚糖的抑菌性能和吸附性能都得到了改善，当羟丙基壳聚糖在浓度为 50mg/ml 时，抑菌圈的直径增加约 3.2mm；发挥抑菌作用的时间也相对提前了；最低抑菌浓度为 1.5625mg/ml，降低了一半。同时，从羟丙基壳聚糖对铜和铬两种金属离子的吸附动力学分析其吸附性能，结果显示对 Cu^{2+} 的吸附率和吸附量分别增加约 6.11% 和 0.1833mg/g；对 Cr^{6+} 的吸附率和吸附量分别增加约 6.35% 和 0.095 23mg/g。

三、装备开发

（一）强磁场处理设备

脉冲磁场的产生实际上就是法拉第电磁感应现象。图 5-2 所示是江苏大学自主研制的脉冲磁场设备示意图，图 5-3 是其工作原理图。

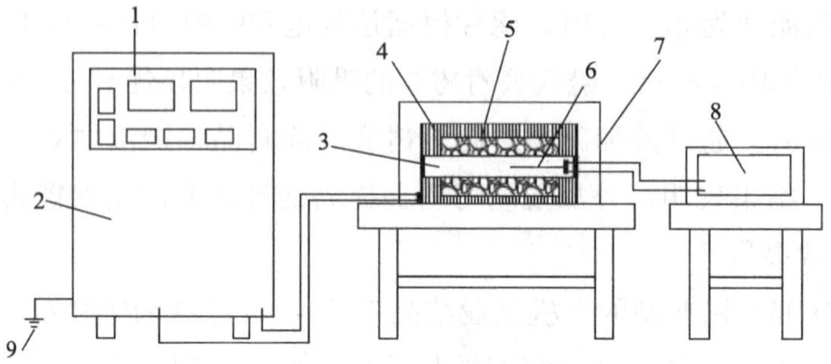

图 5-2　脉冲磁场杀菌设备示意图

1.控制面板; 2.脉冲磁场发生器; 3.杀菌室; 4.屏蔽外壳; 5.螺旋管线圈; 6.特斯拉计探头; 7.温控装置; 8.特斯拉计; 9.接地线

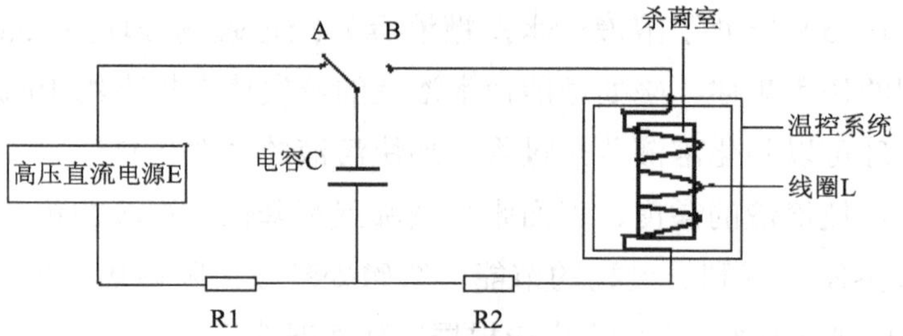

图 5-3　脉冲磁场工作原理

接通开关 A 时，高压直流电源通过 R1 限流电阻向电容 C 充电，当电容器两端的电压达到设定电压 V 时，充电结束；开关便接通 B，充电的电容 C 对线圈 L 和电阻 R2 放电，在线圈 L 内产生磁场。放电结束后，开关又接通 A，电源又向电容 C 充电，不断循环，这样线圈中就产生了周期性的脉冲磁场。

国家脉冲强磁场科学中心（筹）可以进行超强磁场的设计制造。可设计场强为 50 ～ 80T、孔径为 12 ～ 34mm、脉宽为 15 ～ 2250ms 的系列脉冲磁体，以及 12MJ 电容储能型和 100MVA/100MJ 脉冲发电机型脉冲电源系统；配备低温、高静压、光源等其他实验条件，建设电输运、磁特性、磁光特性、压力效应、极低温等科学实验测试系统。

图 5-4 ～图 5-6 是其 2011 年研制成功的 83T 双线圈磁体。由于采用液氮冷却，测试完的圆柱状磁体表层结了厚厚一层冰。该磁体高 450mm，直径为 400mm，磁体孔径 14mm，重达 150kg。磁体采用了双线圈结构，包括内、外两个线圈，分别采用 1.6MJ 和 8MJ 共 10 个电容器模块供电。与普通单线圈磁体相比，双线圈磁体能产生更高的场强，但其结构更加复杂、研制难度更大，对电源和控制要求更高，是对脉冲强磁场工程技术的重要挑战。

图 5-4　实验前的 83T 双线圈磁体

图 5-5　实验后取出的 83T 双线圈磁体

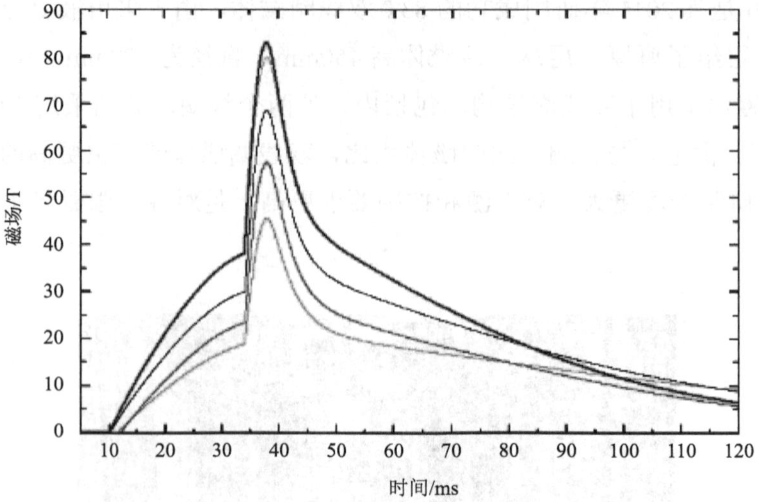

图 5-6　83T 磁体测试的磁场波形

（二）弱磁场处理设备

整体上讲，目前食品弱磁加工技术的研究还比较少，主要集中在强化食品发酵方面。根据目前弱磁场强化发酵发表的文献来看，弱磁场处理设备可被分为非循环型磁场设备和循环型磁场设备。

非循环型磁场设备（图 5-7）的磁体可以是永久磁铁，也可以是线圈，不同之处在于：永久磁铁的磁场是一种场强恒定的静态磁场，由线圈产生的磁场方面的调节磁场强度，形成交变磁场、脉动磁场、脉冲磁场等。这种被磁场包围的非循环型磁场设备仅仅适宜于实验室研究，在工业化中大体积的设备上难以实现。

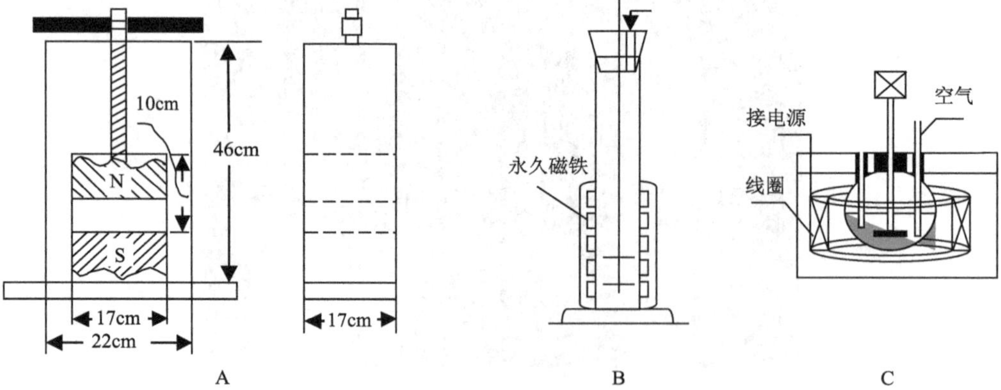

图 5-7　非循环型的磁场设备

A. Ji et al., 2009; B. Muniz et al., 2007; C. Santos et al., 2010

循环型磁场设备可以被分为分体式（图 5-8）和一体式（图 5-9），分体式是指反应器和磁化室分为两部分，通过管道连接，依靠泵实现循环；一体式是指反应器和磁化室集于一体，依靠重力进行循环。磁化时间长短取决于磁化室环流的强度、横截面和它的长度。图 5-8 所示的分体式循环型磁场设备的磁体分为 3 种：线圈（Justo et al., 2007，2006）、永久磁铁（Alvarez et al., 2006）、线圈 + 永久磁铁（Raja Rao et al., 1997）。图 5-9 所示的一体式循环型磁场设备的循环方式分为内循环和外循环（Li et al., 2007）。循环型磁场设备将反应和磁化分别在两个空间实现，反应器体积的大小不受磁化室体积大小的限制，因此这种设计模式便于实现工业化放大。

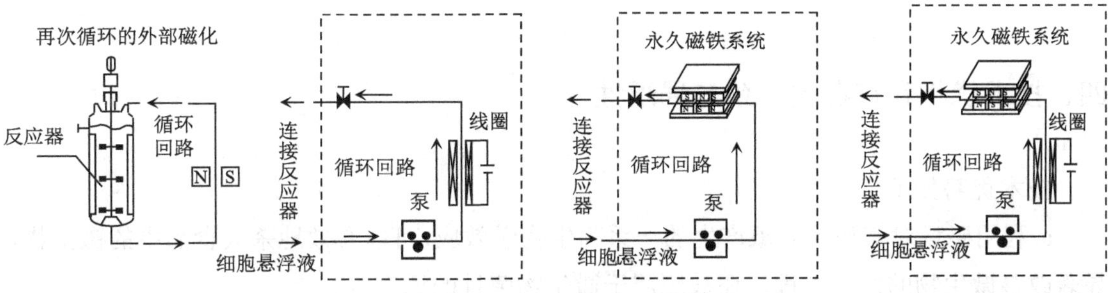

图 5-8　分体式循环型磁场设备

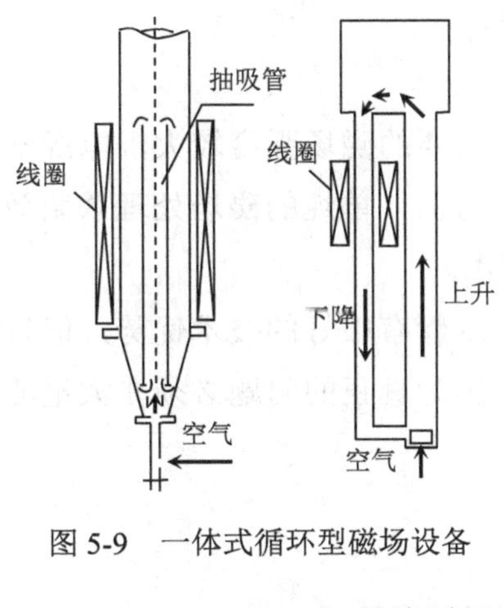

图 5-9　一体式循环型磁场设备

磁场流化床（magnetically fluidized bed，MFB）是将磁场引入普通的流化床（图 5-10），采用磁敏性颗粒作为床层介质的流固处理系统（黄永春等，2003）。该系统借助于磁敏性颗粒对外部磁场的响应性，提供了一种改善流化床操作性能的手段，为流化床在酶催化反应中的更广泛应用提供一种新途径。在磁场流化床的磁场强度范围内（一般≤ 0.05T），一般酶的活性和稳定性没有降低，磁场对某些酶甚至有激活作用。磁敏性颗粒固定化酶有较高的收回率，以及较好的热稳定性和操作稳定性。这些都为磁场流化床中的酶催化反应提供了可能性。图 5-11 是江苏大学研制的一台场强可调的 10 孔线圈磁场摇床。

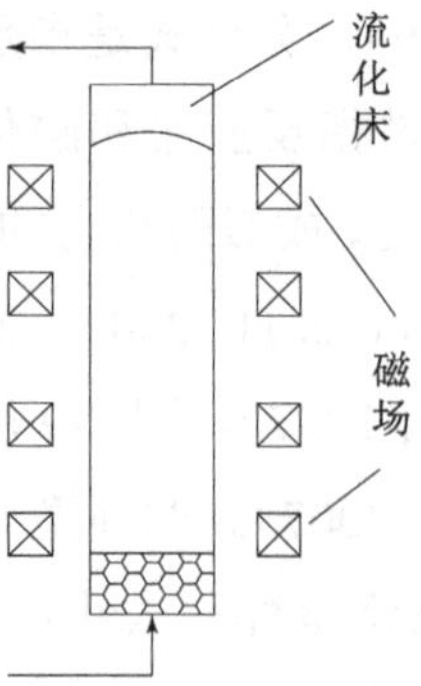

图 5-10　轴向磁场流化床装置

图 5-11　强度可调磁场摇床

四、技术优势和存在的瓶颈与局限性

技术优势如下：

a. 利用磁场对其作用对象产生的一系列生物学效应，可以有效地杀灭食品中的微生物，显著改善微生物的发酵过程，还被应用于微生物菌种的诱变等。

b. 由于用于强化微生物发酵的磁场强度较低［仅为毫特（mT）级］、温升很小，大大降低了设备研制的难度，从技术上讲没有明显的局限性。因此，磁场辅助发酵的技术优势非常明显，产业化前景很好。

技术瓶颈与局限性如下：

a. 对于杀菌而言，一方面需要的磁场强度较大，电源部分的制造成本相对较高，成为了工业化应用的瓶颈；另一方面，单纯的磁场处理杀菌效果不很理想，因此强磁杀菌技术要实现工业化尚有一段距离。

b. 就磁场辅助发酵而言，尽管有很好的技术优势，但目前相关研究较少，因此应加大研究力度，扩大应用范围，因为真正的问题必须在大量的技术开发研究与产业化实践中才能逐渐暴露出来。

五、今后的发展趋势

磁场作为一种有前景的非热物理加工手段，今后的发展趋势主要表现如下：

a. 对于强磁而言，进一步研究其适宜的杀菌食品品种，探索和其他杀菌方法的联用；充分发挥其创造一个极端条件，探索在微生物菌种诱变中的应用价值。

b. 从目前国内外的研究成果来看，弱磁场产生的非热生物学效应是显著的，它利用电磁波所携带的信息对生物体起到触发作用，从而影响生物系统自身的新陈代谢能。将磁场作为一种强化手段提高食品发酵微生物的活性有重要的产业化前景，因此需快速推进磁场辅助发酵技术的应用研究、装备开发与技术产业化工作。

六、对策建议

a. 高校及研究机构加强与设备制造企业的合作，共同研究强磁设备制造成本的技术方案；与食品企业合作，共同寻找附加值高、杀菌效果好的产品及技术方案。建议设立相关的支撑计划，予以专项资助。

b. 科研机构加大弱磁在食品发酵中应用的研究力度，系统探讨弱磁改善微生物活性的基础理论，优化不同磁场模式提升微生物发酵效率的工作参数，开发具有工业化放大意义的磁场辅助发酵原型机，寻找适宜于产业化的品种，加速产业化进程。建议设立相关的国际科技计划，给予专项资助。

c. 加强磁性载体在食品工业中的应用研究。该领域研究目前多数处于理论探讨、方法建立研究阶段，应继续通过大量的基础研究凝练共性问题，推进其应用研究、技术放大的进程。

d. 加强学科交叉性合作与交流、国际合作与交流。与其他物理学方法一样，磁场（磁学）涉及诸多的电磁学理论与方法，单纯的食品科学与工程难以胜任，因此应与电磁学研究人员合作，提高整体的研究水平。积极加强国际合作，与国际上此领域的优秀学术团队合作，取长补短，紧密跟踪国际前沿。

参考文献

曹辉，马海乐，崔恒林，等 . 2003. 脉冲磁场对大肠杆菌和金黄色葡萄球菌杀灭效果的试验研究 . 食品工业科技 , (4): 30-31.

程坤源 . 2010. 采用磁化水磁化糖液进行谷氨酸发酵的试验 . 发酵科技通讯 , 39(3): 1-2.

陈仁菊，郭丹丹，肖凯军 . 2010. 脉冲强磁场对牛奶中酶活性的影响 . 食品与发酵工业 , (11): 78-83.

陈仁菊，郭丹丹，肖凯军 . 2011. 脉冲强磁场对牛乳中酶的构象的影响 . 食品工业科技 , 7: 82-85.

陈文纳 . 1994. 从 NMR1H 的变化研究磁场对酒作用的时效关系 . 食品科学 , 7: 10-13.

邓光武，夏帆，王洁雅，等 . 2012. 低频交变磁场对红曲霉固态发酵生物量的影响 . 农业机械学报 , 6: 128-132.

樊宏彬，高梦祥，张长峰 . 2005. 交变磁场在葡萄保鲜中的应用研究 . 农产品加工 (学刊), 11: 29-30, 37.

高梦祥，胡翠翠，严奉伟，等 . 2008a. 磁场和抑制剂对莲藕多酚氧化酶反应动力学的影响 .

农业机械学报 , 01: 78-81.
高梦祥，张长峰，吴光旭，等 . 2008b. 交变磁场对鲜切莲藕切片保鲜效果的影响 . 食品科学 , 29(1): 322-324.
高梦祥，马海乐，郭康权 . 2004a. 西瓜汁的脉冲磁场杀菌试验 . 食品与发酵工业 , 3: 14-17.
高梦祥，马海乐，郭康权 . 2004b. 脉冲磁场杀菌在牛奶杀菌中的应用研究 . 食品工业科技 , 7: 76-77, 80.
高梦祥，马海乐，郭康权 . 2005. 强脉冲磁场对牛奶的杀菌效果及其营养成分的影响研究 . 农业工程学报 , (3): 181-184.
高梦祥，王春萍 . 2010. 交变磁场对草莓保鲜效果的影响 . 食品研究与开发 , 01: 155-158.
高梦祥，王雯蕙，严奉伟，等 . 2009a. 交变磁场对苹果多酚氧化酶反应动力学的影响研究 . 食品科学 , 30(5): 60-63.
高梦祥，夏帆，朱朋涛 . 2009b. 交变磁场对猴头菌生长及胞外多糖的影响 . 农业机械学报 , 2: 139-141, 90.
高梦祥，夏帆，胡秋冬 . 2007a. 交变磁场对啤酒酵母的生长促进效应 . 农业机械学报 , 7: 91-93.
高梦祥，张长峰，樊宏彬 . 2007b. 交变磁场对葡萄保鲜效果的影响研究 . 食品科学 , 28(11): 587-590.
郭成金，吕龙，郭娜 . 2008. 磁场对深层培养茯苓菌丝生长的影响 . 食品科学 , 3: 301-303.
郭丹丹，肖凯军 . 2010. 高强度脉冲磁场对牛奶杀菌的研究 . 食品研究与开发 , 31(7): 42-45.
郭祀远，孙家江，蔡妙颜，等 . 1994. 磁场处理对蔗糖结晶过程作用的研究 . 华南理工大学学报 (自然科学版), 1: 43-48.
贺华君，朱元保，范秋领，等 . 1999. 磁场对大肠杆菌及胞内谷氨酸脱羧酶的影响 . 吉首大学学报 (自然科学版), 20(3): 25-29.
何熙，胡飞 . 2003. 以磁场进行腐乳催熟 . 食品与发酵工业 , 10: 109-111.
黄永春，李琳，郭祀远，等 . 2003a. 磁场对木瓜蛋白酶催化壳聚糖降解的影响研究 . 食品工业科技 , 3: 47-49.
黄永春，李琳，李冰，等 . 2003b. 磁场流化床在酶催化反应中的应用 . 食品工业科技 , 6: 83-86.
金江涛，郑必胜 . 2009. 强脉冲磁场对草莓汁的杀菌效果研究 . 食品工业 , 6: 55-57.
金江涛，郑必胜，肖凯军 . 2010. 强脉冲磁场对草莓过氧化物酶的钝化及对草莓汁的杀菌效果研究 . 食品工业科技 , 3: 99-101, 105.
金江涛，郑必胜，肖凯军 . 2009. 强脉冲磁场对草莓过氧化物酶活性的影响 . 现代食品科技 , 10: 1156-1158.

李冰，张霞，赵巍，等 . 2009. 外加磁场作用下强化磁性树脂吸附葛根黄酮的应用效能 . 食品科学 , 23: 13-16.

李梅，彭永臻，于德爽 . 2003. 脉冲电磁场杀菌效应试验研究 . 哈尔滨商业大学学报 (自然科学版), 19(2): 178-182.

李梅，曲久辉，彭永臻 . 2004. 脉冲磁场水处理技术在杀菌、灭藻方面的研究 . 环境科学学报 , 24(2): 260-264.

李志勇，郭祀远，李琳 . 2001. 磁场对螺旋藻营养成分的影响及机理分析 . 生物物理学报 , 3: 587-591.

林影 . 1997. 磁场对脆壁克鲁维氏酵母细胞生长及菊糖酶生物合成作用的研究 . 广州：华南理工大学博士学位论文 .

骆新峥，马海乐，高梦祥 . 2004. 牛初乳脉冲磁场杀菌试验 . 中国乳品工业 , 8: 22-23.

马海乐，邓玉林，储金宇 . 2003a. 生啤酒的磁激发脉冲电磁场杀菌的试验研究 . 食品科学 , 24(4): 52-54.

马海乐，邓玉林，储金宇 . 2003b. 西瓜汁的高强度脉冲磁场杀菌试验研究及杀菌机理分析 . 农业工程学报 , (2): 163-166.

马海乐，黄六容，朱春梅 . 2010. 多酚氧化酶高强度脉冲磁场灭活及动力学模型 . 农业工程学报 , S1: 325-328.

马海乐，许审时，何荣海，等 . 2012. 利用 Fura-2/AM 荧光探针法和 LCSM 法研究受磁场处理 *S. aureus* 细胞 Ca^{2+} 的跨膜行为 . 光谱学与光谱分析 , (2): 407-410.

孟庆云，张鹏 . 1999. 非自然环境中选育青霉菌菌种的研究 . 北京化工大学学报 , 26(4): 91-93.

牛中奇，侯建强，王海彬，等 . 2003. 电磁波的生物学窗效应 . 中国生物医学工程学报 , 22 (2): 126-132.

牛中奇，阎静，邵旺田 . 2001. 电磁波的生物学效应 . 中国医疗器械信息，7(4): 8-12.

钱静亚 . 2013. 脉冲磁场对枯草芽孢杆菌的灭活作用及其机制研究 . 镇江：江苏大学博士学位论文 .

钱静亚，马海乐，李树君，等 . 2013a. 脉冲磁场对枯草芽孢杆菌细胞膜流动性的影响 . 农业机械学报 , 11: 202-207.

钱静亚，马海乐，李树君，等 . 2013b. 温度、超声、nisin 协同脉冲磁场杀灭枯草芽孢杆菌的研究 . 现代食品科技 , 29(12): 2970-2974.

苏慧娜，黄卫东，战吉宬，等 . 2009. 磁场对新鲜干红葡萄酒原花色素的影响研究 . 食品工业科技 , 11: 112-115.

王德培，高大维，彭志英，等 . 1998. 磁场处理对螺旋藻多糖生产影响的初步研究 . 微生物学通报，25(1): 17-19, 12.

王合利，马海乐，祝子坪，等 . 2008. 大肠杆菌的脉冲磁场杀菌效果及规律性的研究 . 食品工业科技 , 7: 79-81.

王山杉，李琳，李冰 . 2008. 磁场对酿酒酵母微观结构及膜脂流动性的影响 . 广州 ：华南理工大学学报（自然科学版）, 36(4): 138-143.

吴雪辉，郭祀远，李琳 . 2001. 外加磁场强化磁性树脂提纯食品稀糖液的研究 . 食品科学 , 8: 21-23.

肖凯军，郭丹丹 . 2009. 高强度脉冲磁场对腐乳的杀菌效果研究 . 广东农业科学 , 12: 12-14.

许审时，马海乐 . 2010. 金黄色葡萄球菌脉冲磁场杀菌实验、生物学窗效应及其失活动力学 . 食品科学 , 21: 20-23.

杨晋青，段丽红，郭祀远 . 2010. 恒定磁场强化羟丙基壳聚糖的抑菌与吸附性能 . 食品工业科技 , 5: 94-97.

杨巧绒，高梦祥，马海乐 . 2004. 强脉冲磁场的杀菌效果及对食品品质的影响 . 微波学报 , (3): 82-85.

杨生玉，卫军，刘宇鹏，等 . 2003. 双向复合磁场在诱变育种中增变作用的研究 . 微生物学通报 , 30(5): 82-86.

杨艳芹，谢菊芳，夏利霞，等 . 2006. 低强度瞬态电磁场作用下电穿孔机理探讨 . 湖北大学学报 (自然科学版), 28(1): 54-56.

曾群力 . 2007. 电磁场对细胞蛋白质表达的影响 . 杭州 ：浙江大学博士学位论文 .

张庆华，陈小波，战吉宬，等 . 2008. 磁场对新鲜干红葡萄酒酚类物质影响的研究 . 食品工业科技 , 9: 108-111.

张世涛，梁茂雨，纵伟，等 . 2007. 磁场稳定流化床反应器水解牛乳中乳糖的研究 . 食品与机械 , 1: 18-20.

郑必胜，郭祀远，李琳，等 . 1995. 磁场处理强化水溶液蒸发效能的研究 . 广州 ：华南理工大学学报（自然科学版）, 7: 20-25.

郑必胜，郭祀远，尤珊 . 2007. 磁场处理对螺旋藻生长及胞外多糖的影响 . 食品科学 , 1: 94-98.

周芸，张珍，张盛贵 , 等 . 2012. 正交试验优化磁场法提取枸杞黄酮工艺 . 食品科学 , 18: 98-101.

朱春梅 . 2008. 脉冲磁场对微生物和酶的作用效果研究 . 镇江：江苏大学硕士学位论文 .

朱春梅，马海乐，任瑞 . 2009. 高强度脉冲磁场对辣根过氧化物酶活性的影响 . 安徽农业大学学报 , 36(1):116-119.

Alvarez D C, Pérez V H, Justo O R, et al. 2006. Effect of the extremely low frequency magnetic field on nisin production by *Lactococcus lactis* subsp. *lactis* using cheese whey permeate. Process Biochemistry, 41: 1967-1973.

Blackman C F, Benane S G, Elliott D J, et al. 1988. Influence of electromagnetic fields on the efflux of calcium Ions f rom brain tissue *in vitro*. Bioelectromagnetics, 9(3): 215-227.

Blackman C F, Kinney L S, House D E, et al. 1989. Multiple power-density window and their possible origin. Bioelectromagnetics, 10(2): 115-128.

Canli O, Erdal S, Taskin M, et al. 2011. Effects of extremely low magnetic field on the production of invertase by *Rhodotorula glutinis*. Toxicology and Industrial Health, 27(1): 35-39.

Canli O, Kurbanoglu B E. 2012. Application of low magnetic field on inulinase production by *Geotrichum candidum* under solid state fermentation using leek as substrate. Toxicology and industrial health, 28(10): 894-900.

Fiedler U, Grobner U, Berg H. 1995. Electrostimulation of yeast proliferation. Bioelectrochemistry and Bioenergetics, 38: 423-425.

Gao M, Zhang J, Feng H. 2011. Extremely low frequency magnetic field effects on metabolite of *Aspergillus niger*. Bioelectromagnetics, 32: 73-78.

Gerencser V F, Barnothy M F, Barnothy J M. 1962. Inhibition of bacterial growth by magnetic fields. Nature, 196: 539-541.

Harte F M, San Martŷn M F, Lacerda, et al. 2001. Inactivation effect of 18 T static and pulsed magnetic fields on *Escherichia coli* and *Saccharomyces cereisiae*. Journal of Food Processing and Preseration, 25(3): 223-235.

Ji W, Huang H, Deng A, et al. 2009. Effects of static magnetic fields on *Escherichia coli*. Micron, 40: 894-898.

Justo O R, Perez V H, Alvarez D C. 2007. Gp-41 protein production by *E. coli* in unconventional bioreactor coupled with magnetic field generator. Journal of Chemical Technology and Biotechnology, 82: 738-744.

Justo O R, Perez V H, Alvarez D C, et al. 2006. Growth of *Escherichia coli* under extremely low-frequency electromagnetic fields. Applied Biochemistry and Biotechnology, 134: 155-163.

Li Z Y, Guo S Y, Li L, et al. 2007. Effects of electromagnetic field on the batch cultivation and nutritional composition of *Spirulina platensis* in an air-lift photobioreactor. Bioresource Technology, 98: 700-705.

Luceri C, de Filippo C, Giovannelli L, et al. 2005. Extremely low-frequency electromagnetic fields do not affect DNA damage and gene expression profiles of yeast and human lymphocytes. Radiation Research, 164: 277-285.

Mehedintua M, Berg H. 1997. Proliferation response of yeast *Saccharomyces cerevisiae* on electromagnetic field parameters. Bioelectrochemistry and Bioenergetics, 43: 67-70.

Muniz J B, Marcelino M, da Motta M, et al. 2007. Influence of static magnetic field on *S. cerevisiae* biomass growth. Brazilian Archives of Biology and Technology, 50: 515-520

Nakanishi K, Tokuda H, Soga T, et al. 1998. Effect of electric current on growth and alcohol production by yeast cells. Journal of Fermentation and Bioengineering, 85: 250-253.

Perez V, Reyes A, Justo O, et al. 2007. Bioreactor coupled with electromagnetic field generator: effects of extremely low frequency electromagnetic fields on ethanol production by *Saccharomyces cerevisiae*. Biotechnology Progress, 23: 1091-1094.

Raja Rao T B M L, Sonolikar R L, Pentu Saheb S. 1997. Influence of magnetic field in the performance of bubble columns and airlift bioreactor with submerged microorganisms. Chemical Engineering Science, 52: 4155-4160.

Santos L O, Alegre R M, Garcia-Diego C, et al. 2010. Effects of magnetic fields on biomass and glutathione production by the yeast *Saccharomyces cerevisiae*. Process Biochemistry, 45: 1362-1367.

Webb S J, Booth A D. 1969. Absorption of microwaves by microorganisms. Nature, 222(3): 1199-1200.

Yavuz H, Çelebi S S. 2000. Effects of magnetic field on activity of activated sludge in wastewater treatment. Enzyme and Microbial Technology, 26: 22-27.

第六章

食品农产品射频加热技术及装备

射频加热技术应用于食品工业的研究起源于20世纪50年代，最初的尝试是运用射频能量来加热肉制品、面包及用来加工脱水蔬菜（Kinn, 1947; Moyer and Stotz, 1947）。接下来在70年代，人们进行了射频加热解冻冷冻食品的研究（Anonymous, 1993; Jason and Sanders, 1962）。Demeczky（1974）报道，瓶子里的果汁（桃子、木瓜和柑橘）在传送带的输送下经过射频加热作用后，显示出良好的细菌学和感官学特性，比用传统加热方法好很多。在80年代末期，射频加热主要应用在曲奇和脆性饼干的后期烘焙中（Anon, 1987, 1989; Rice, 1993）。射频干燥也被广泛地用于非食品行业，如各种木材、纸、纺织品、玻璃纤维和线圈、水基胶水、药品、塑料、纸板等（Barber, 1983; Biryukov, 1968; Orfeuil, 1987b; Pound, 1973）。近20年来，人们对于射频加热在食品农产品杀虫、杀菌、干燥中的应用做了大量研究。

第一节　基本概念与技术特征

一、基本概念

射频（RF）加热和微波（MW）加热原理类似，是一种介电加热方式。射频和微波都是电磁波谱的一部分（图6-1）。射频的频率范围为10～300MHz，微波则为300～30 000MHz。为避免对通讯产生干扰，美国联邦通信委员会（FCC）规定了工业、科研和医疗应用等方面准许使用的频段，射频加热：13.56MHz±6.68kHz, 27.12MHz±160.00kHz, 40.68MHz±20.00kHz。

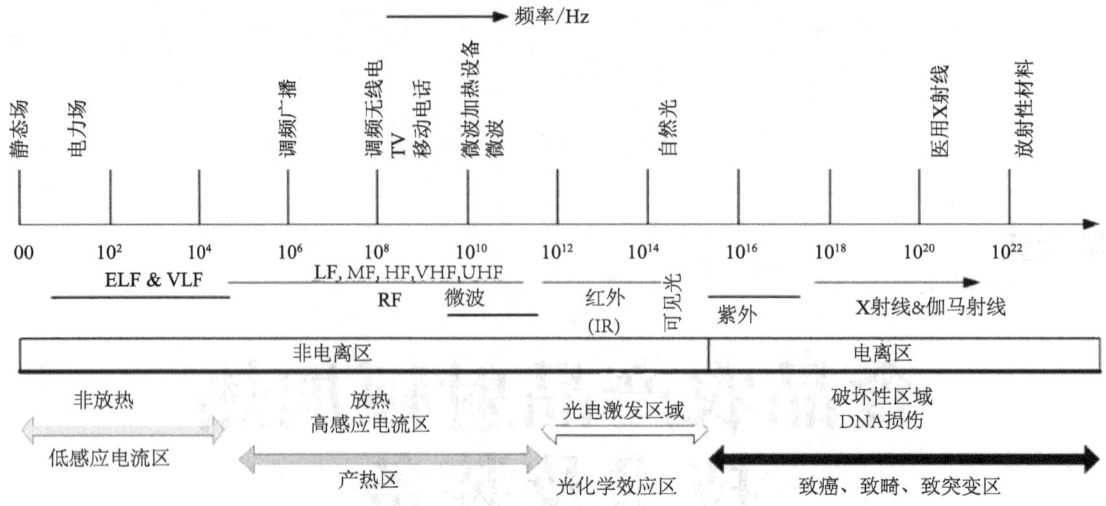

图 6-1　电磁波谱中的微波和射频波段分布（Zamanian and Hardiman, 2005）

二、射频加热原理

影响射频加热食品的因素有很多，其中最主要的因素是电磁场分布和随温度变化的食品介电特性，后者决定了电磁波和材料的相互作用。微波及射频电磁波通过使极性分子往复旋转和带电离子的往复运动，使含水物料在整个体积内同时加热，从而加快了升温速度（Metaxas and Meredith, 1983; Piyasena et al., 2003）。

（一）极化

一个偶极子带有两个间隔一定距离的相反电荷。偶极子产生一个称为偶极距的矢量，而带有永久偶极距的分子称为极性分子。在电场中，无极性的分子会因为它们所带电荷分布和原子核位置的改变而获得偶极距。

水是一个永久偶极性分子，也是生物材料的主要成分。在射频电磁场中，极性水分子会随着不断变化的电场而旋转。这些高速旋转的水分子会和周围的其他分子产生摩擦，继而使物料温度上升。这个现象就称为取向或偶极极化，这跟温度是密切相关的。分子旋转的惯性会使偶极极化在微波频谱（>1000GHz）时下降。另外一个影响射频加热的因素是离子传导。生物材料中溶解的盐，因电离作用会解离成具有相反电荷（＋和－）的颗粒或离子。荷电离子在交流电场中前后移动，会发生相互碰撞，从而使电介质物料发热（Nyfors and Vainikainen, 1989; Ohlsson, 1989）。

取向极化在微波加热频率大于 1GHz 时最显著，然而在低于 1GHz 时，离子极化占主导地位（Nyfors and Vainikainen, 1989）。图 6-2 表明了上述两个介电损耗机制和其他因素的主要作用频率范围（Ryynanen, 1995）。随着温度的上升，所有的水松弛现象都在高频段表现出来。

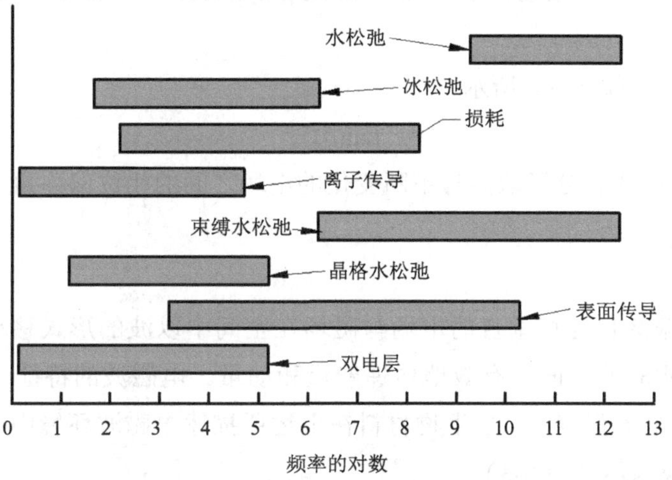

图 6-2　在含水非均匀混合物中不同介电损耗的来源（Ryynanen, 1995）

（二）介电特性

大多数食品和农副产品都表现出介电损耗性质。它们可以像电容器一样在电磁场中储存电能，同时也可以像电阻一样耗散电能（von Hippel, 1954）。这种性能被称为介电性能，通常称为相对介电常数 ε，如式 6-1 所示。

$$\varepsilon=\varepsilon'-j\varepsilon'' \tag{6-1}$$

式中，$j=\sqrt{-1}$，复数介电常数实部 ε'，称为相对介电常数，表示材料在电场（真空下 $\varepsilon'=1$）中储存能量的能力；虚部 ε''，即相对介电损耗因子，表示材料在电场中耗散能量的能力，通常导致热量的产生。

生物材料的介电常数和损耗因子与频率、温度和其化学组成有关，如湿度或含盐成分（Lorrain et al., 1988; Mudgett, 1986; Nyfors and Vainikainen, 1989; Tang et al., 2002, 2005; Wang et al., 2003b）。在用于加热的微波及射频频率下，离子介导和偶极子旋转为主要的损耗机制（Ryynanen, 1995; Wang et al., 2003a），如式 6-2 所示。

$$\varepsilon''=\varepsilon''_d+\varepsilon''_d=\varepsilon''_\sigma+\frac{\sigma}{2\pi f\varepsilon_0} \tag{6-2}$$

式中，下角标 d 和 σ 分别代表与偶极子旋转和离子介导有关，σ 表示物料的电导率（S/m）；f 是电磁波频率，单位为 Hz（1/s）；ε_0 是真空下的介电常数（8.854×10^{-12} F/m）。

用复数相对磁导率 μ 表示材料与磁场相互作用的特性，如式 6-3 所示。

$$\mu=\mu'-j\mu'' \tag{6-3}$$

式中，参数表示材料与真空相比的相对值，$\mu_0 = 4\pi \times 10^{-7}$H/m（Sadiku, 2001）。大多数天然生物材料在电磁场中与磁场是不相互作用的。在食品和农副产品中，所有的电磁能转换成热能都是由于它们与电场相互作用（Basaran-Akgul, 2006; Metaxas and Meredith, 1983; Ryynanen, 1995）。

电介质损耗因子 ε''，如式 6-4 所示。

$$\varepsilon'' = \varepsilon' \tan(\delta) \tag{6-4}$$

式中，δ 表示损耗角，即代表分子取向与不断变化的电场之间的相位偏移角度。

（三）介电损耗功率

电磁波是由同相振荡且互相垂直的电场与磁场在空间中以波的形式移动，其传播方向垂直于电场与磁场构成的平面，有效地传递能量和动量。电磁波的特征参数为波长 λ，频率 f，磁场强度 H，电场强度 E。当生物材料在上述所描述电磁波环境中时，一部分电磁能被物料吸收并转换为热（图 6-3）。

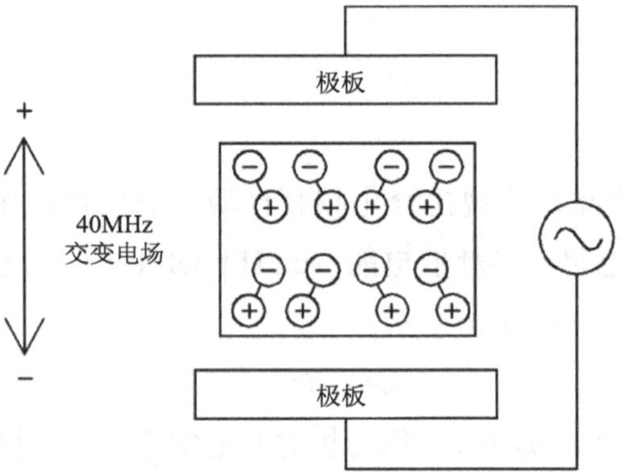

图 6-3　在交变电场中热的产生（Kudra and Mujumdar, 2009）

单位体积的介电材料吸收的介电损耗功率（P）取决于它的介电特性（损耗因子），可由电磁波中的电场强度和频率计算出来，如式 6-5 所示。

$$P = 2\pi f \varepsilon_0 \varepsilon'' E^2 \tag{6-5}$$

式中，P 是单位体积物料所获得的能量（W/m^3）；E 是材料中的电场强度（V/m）。

式 6-5 阐明了电介质材料吸收的能量与频率、相对介电损耗因子及电场强度的平方呈线性比例关系。试验表明当损耗因子在 2 ～ 100 时，用介电加热技术对物料加热效率较高。损耗因子太高，会导致微波穿透深度减小，引起表面加热。相反，损耗因子太低，即使物料对电磁波变成透明体（Metaxas and Meredith, 1983; Orsat, 1999b）。因此，介电特性是评判微波及射频加热处理物料可行性的基本参数，表 6-1 中摘录一些食品及农副产品的介电特性参数。如果损耗因子太低，可以在物料中加入少量的盐来增加其损耗因子使之适用微波及射频加热（Metaxas and Meredith, 1983）。在介电加热中，物料中的热是由交变电磁场引起的极性分子的取向运动和离子的往复运动而产生的。

表6-1　食品及农副产品在27.12MHz（射频）及915MHz（微波）时的介电特性（Sosa-Morales et al., 2010））

材料	温度 / ℃	含水量 /（% w.b.）	介电常数		介电损耗因子		穿透深度 /cm		参考文献
			频率 / MHz						
			27.12	915	27.12	915	27.12	915	
苹果	22	3.8	—	1.7	—	0.1	—	68.0	Feng et al., 2002
	60	3.8	—	3.6	—	0.7	—	14.2	
	22	23.8	—	5.7	—	2.1	—	6.0	
	60	22.4	—	14.4	—	4.5	—	4.4	
	22	69.7	—	33.0	—	6.7	—	4.5	
	60	68.7	—	32.8	—	9.1	—	3.3	
苹果	20	—	72.5	74.3	120.4	8.5	15.1	5.3	Wang et al., 2003a
	50	—	68.1	67.8	202.2	8.3	10.3	5.2	
龙眼	20	—	75.2	68.2	230.1	13.3	9.6	3.3	Wang et al., 2005
	50	—	69.7	60.8	377.7	15.0	7.0	2.7	
柑橘	20	—	84	72.9	223.3	16.5	10.0	2.7	Wang et al., 2003a
	50	—	78	66.1	367.7	17.5	7.2	2.4	
白面包	25	34.6	2.35	1.81	2.32	0.47	127.5	15.1	Liu et al., 2009
	25	38.6	2.83	2.08	4.95	0.69	73.4	11.0	
	55	34.6	2.80	1.94	5.09	0.67	71.7	11.0	
	55	38.6	3.15	2.17	8.00	0.83	53.3	9.4	
核桃	20	—	4.9	2.2	0.6	2.9	650.3	3.1	Wang et al., 2003a
	40	—	5.1	3.0	0.4	2.3	994.1	4.2	
	60	—	5.3	3.8	0.4	1.8	1013.3	5.8	
鲟鱼子酱（加盐）	50	—	121.5	22.7	1501.1	43.3	3.3	0.7	Al-Holy et al., 2005
	80	—	182.0	25.0	2614.5	73.6	2.5	0.5	
鲟鱼子酱（未加盐）	50	—	46.4	18.3	375.9	14.1	6.8	1.7	
	80	—	59.6	18.9	642.7	22.2	5.1	1.2	
鹰嘴豆粉	20	7.9	2.99	2.51	0.16	0.15	1902.1	55.1	Guo et al., 2008
	50	7.9	3.44	2.77	0.19	0.21	1718.1	41.4	
	80	7.9	6.81	4.68	1.38	0.81	334.4	14.0	
	20	20.9	4.50	3.33	0.81	0.54	462.6	17.7	
	50	20.9	11.43	6.64	7.85	1.71	79.7	7.9	
	80	20.9	56.51	216.7	145.88	10.69	12.4	7.2	

（四）穿透深度

当电磁场波传送到一个有损耗物料表面时，部分波会被反射回来。留下来的波将会穿入物料，但是强度会随穿透深度的增加而减小（图 6-4）。

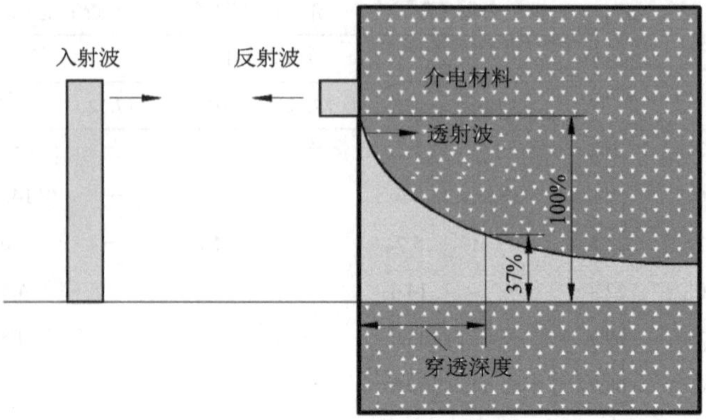

图 6-4　当电磁波照射高损耗介电材料时的能量流动（Laborelec, 2007）

电磁波对某材料的介电穿透深度（d_p）指电磁波强度减弱为物料表面强度的 1/*e*（*e*=2.71828）时，电磁波在物料内穿过的垂直距离（m）。介电穿透深度如式 6-6 所示。

$$d_p = \frac{c}{2\sqrt{2}\pi f\left[\varepsilon'\left(\sqrt{1+\left(\frac{\varepsilon''}{\varepsilon'}\right)^2}-1\right)\right]^{\frac{1}{2}}} \tag{6-6}$$

式中，*c* 是真空条件下的光速（3×10^8 m/s）。

当介电特性一定时，物料的穿透深度与电磁波频率成反比。根据式 6-6，电磁波频率越低，穿透深度越大，因此射频比微波穿透深度大。因为微波频率高，微波穿透深度小，也就意味着微波对物料呈表面加热特性，这也可以从表 6-1 中看出。一般说来，湿物料的介电常数和损耗因数都相对较高，短波长电磁波穿透湿物料深度浅（Metaxas and Meredith, 1983）。电磁波对物料穿透深度大，会使物料中电场强度变化减小，这样就可以提高对物料加热的均匀性。

因为介电特性也随频率的变化而变化，所以穿透深度也不完全与频率成反比。在介电干燥时，温度和物料所含水分会随着时间而不断地变化，这也导致了介电特性的变化，因此介电干燥是一个非常复杂的过程。

三、射频加热设备

一般说来，介电加热设备由电磁波发生器、介于电磁波发生器与负荷间的适配器、加热室和辅助控制操作装置组成（图 6-5）。射频发生器是一个完整的回路，其中三极管、决定回路频率的电容器 Tc 和电感 T1 是这个回路的主要部件。炉腔中的电感 W1 与振荡腔的电感 T1 进行耦合，振荡腔的电容器 Tc 的值和电感 T1 的值决定了振荡腔的固有频率，炉腔则通过调节上下极板之间的间距来改变炉腔电路的频率，进而与振荡腔的频率进行耦合，这样电路中就会有能量的传递，从而达到加热物料的效果。

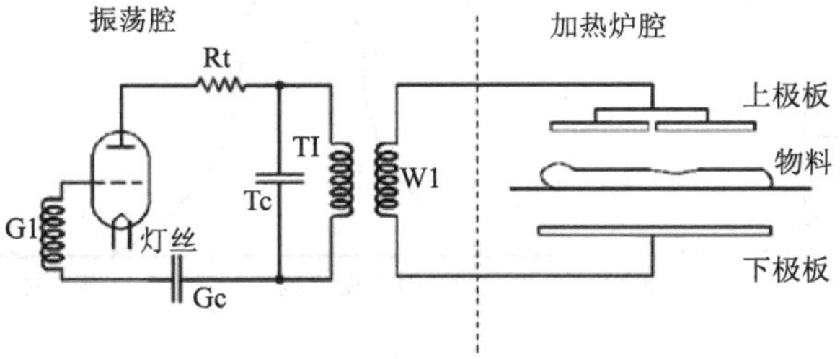

图 6-5 射频设备加热系统

传统的两极板射频加热炉腔中的频率主要受电路中的感抗和电容影响，关系如下。

（1）感抗与频率

交流电也可以通过线圈，但是线圈的电感对交流电有阻碍作用，这个阻碍称为感抗。感抗计算见式 6-7。

$$X_L = 2\pi fL = \omega L \tag{6-7}$$

式中，X_L 称为感抗，单位为 Ω；f 称为频率，单位为 Hz；L 称为线圈电感，单位为 H。

如果电路中电感量增大，那么电路中的感抗也跟着变大，交流电通过线圈的难度也就越大；电路中的交变电流变化越大，那么电路中的感抗也会随着变化抑制阻止电流经过线圈。

（2）电容与频率

电容器任一极板上的带电量与两极板间的电压的比值是一个常数。这一比值称为电容量，简称电容，用 C 表示，电容计算见式 6-8。

$$C = \varepsilon S/2\pi kd \tag{6-8}$$

式中，S 为平行板正对面积；ε 为介质的介电常数；d 为平行板间的距离；k 为常数；π=3.14。由公式可知，通过改变加热物料的介电常数或者两极板间的距离来改变电路中的电容。频率与电容的关系见式 6-9。

$$F = \frac{1}{2\pi\sqrt{LC}} \tag{6-9}$$

式中，F 为电路频率，单位为 Hz；$\sqrt{LC}$为容抗。由公式可知，电路中的容抗能影响两极板中的频率，改变容抗两极板之间的频率也会随着改变。当 L、C 串联或并联时，恰当选择 L、C 的大小会使回路产生谐振，即射频加热腔的频率与振荡腔的频率耦合。由于不同加热物料的介电常数不一样，其他条件不变时，两极板间的频率也会不同，因此需要调节两极板的间距来改变两极板间的频率，使射频加热腔的频率与振荡腔的频率耦合（彭沛夫和张桂芳, 2013）。射频加热腔和振荡腔耦合及能量传递过程见图 6-6。

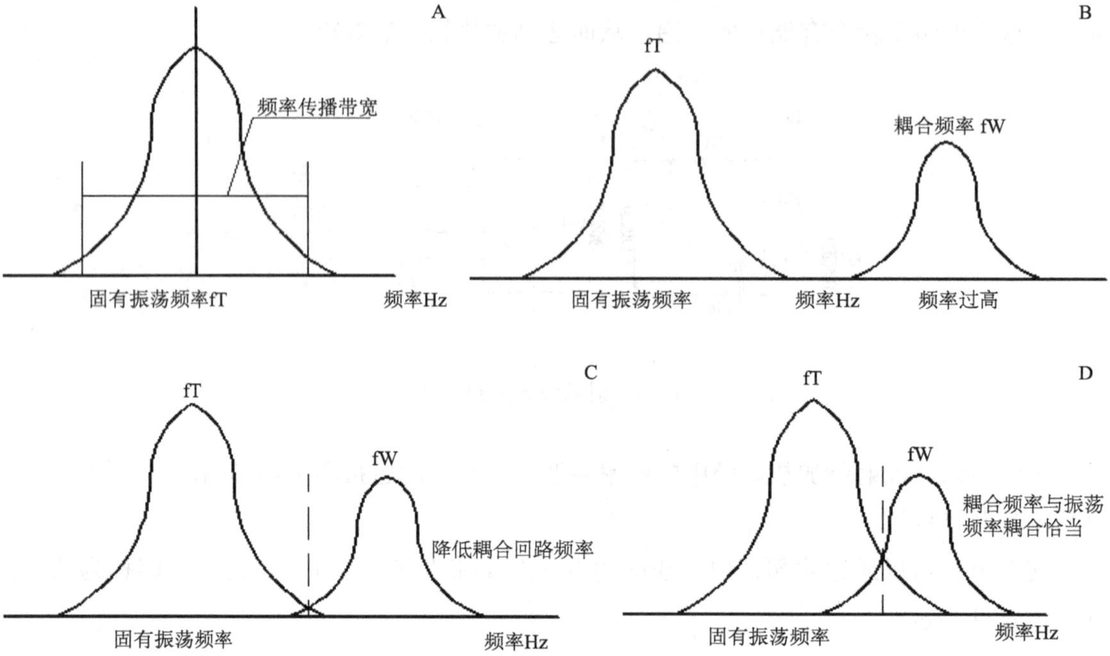

图 6-6　射频加热能量传递过程

A.振荡腔固有频率；B.没有能量传递；C.小部分能量传递；D.加强能量传递

图 6-6A 表示振荡腔的固有振荡频率，当射频设备运行时，调节极板间距，可以改变加热炉腔的振荡频率来与固有振荡频率进行耦合。当射频加热腔的振荡频率高于或者低于固有振荡频率时，两者耦合不上，就没有能量传递，此时会造成空载，此时的状态可用图 6-6B 表示。改变极板间距，使两者频率开始耦合，电路谐振开始有能量传递，如图 6-6C 所示。振荡腔的固有频率与加热炉腔的频率耦合程度越大，电路中的能量传递也就越大。当两者耦合达到最大程度时，电路中能量传递也会达到最大值，此时加热速率会达到最大值。

介电加热设备可以做成不同结构，这取决于物料本身的特性，以及与其他方法（如热空气、真空、红外线加热）的结合方式及加热过程是连续进行还是间歇进行。在工业中，射频加热系统一般有两种类型：传统振荡和 50Ω 系统（Marchand and Meunier, 1990）。当前食品射频加热设备的制造商包括：英国的 PETRIE TECHNOLOGIES 公司，美国的 RADIO FREQUENCY CORP. 公司，美国的 RADYNE-STRAYFIELD 公司，法国的 SAIREM 公司，意大利的 STALAM 公司等。

在传统的射频加热系统中，射频能量由三极管构成的一个标准的振荡器电路产生。

加热室由一个电极板加热系统构成，材料（负载）被放置其中而进行加热。电极和负载构成了一个调谐电路，与射频输出电路进行耦合（Wang et al., 2001）。可分为 3 种基本类型（图 6-7）。

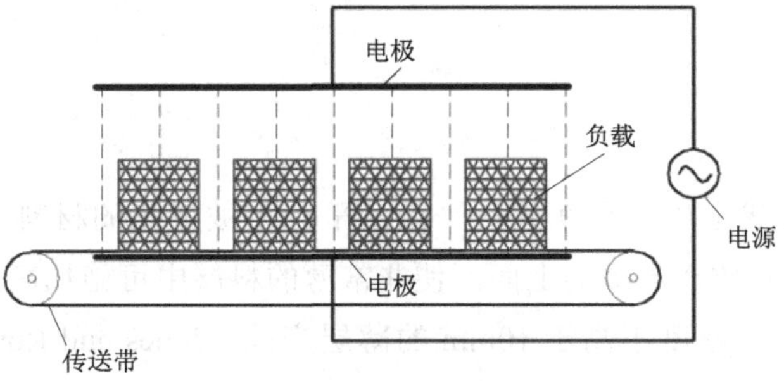

A. 平行电极板

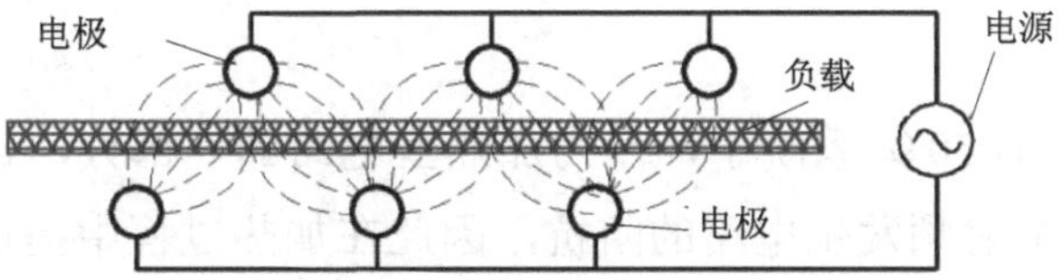

B. 交错电极

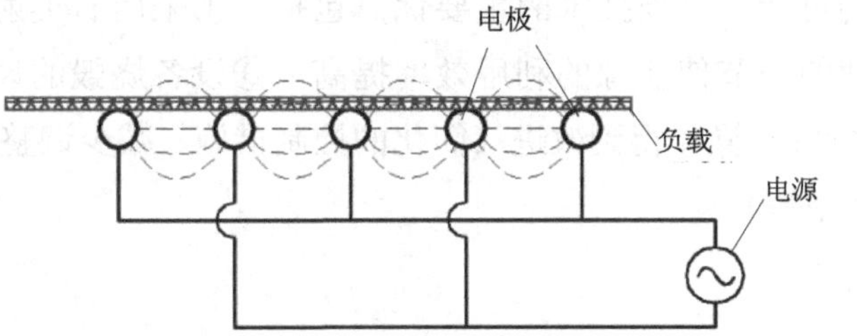

C. 偏置电极

图 6-7 射频干燥室的构造（Jones and Rowley, 1996）

（一）传统射频加热设备

1. 平行电极板

被加热的产品放在两个平行电极板之间，通过改变两个电极之间的距离来调整耦合到负载中的加热功率。该材料还可以被放置在电极板之间的传送带上进行加热。这种类型的加热器用于加热比较厚的材料。

2. 交错电极

在此种配置中，两排棒状或管状电极交错地布置在随传送带运动的薄层物料的两侧。

与环境空气相比，导电性相对较高的物料，有利于与皮带运动方向平行的物料层中的电场聚焦集中。因此，与平行板电极相比，交错电极设计可以使物料层内得到更高的电场强度。可以通过改变两排交错电极之间的距离来调整电场强度。这种设计可以在薄层物料中得到 30 ～ 100kW/m^2 的高功率。与偏置电极设计相比较，这种配置通常提供了更均匀的电场。

3. 偏置电极

一系列棒状或管状电极布置在同一平面，平行于被加热的材料层，相邻的电极极性相反。待干燥的材料放在电极的上面，使非常薄的料层中可施加高强度的电场。这种类型的干燥器主要用于厚度不高于 10mm 的薄层产品（Jones and Rowley, 1996; Orfeuil, 1987a; Wang et al., 2002）。

（二）50Ω 技术

在如图 6-8 所示的 50Ω 系统中，作为加热室电路的一部分，自动微调装置不断调整其阻抗为 50Ω 以匹配射频发生电路的阻抗，因此在加热过程中提供一个稳定的射频能量耦合到负载。50Ω 系统一度造价很昂贵，仅在实验室使用。随着造价的降低，该系统在商业生产中应用成为可能。这项技术的主要优点包括：①采用石英射频发生装置，确保频率稳定度；②连续的调节使能源的利用效率提高；③设备烧毁的风险降低；④与传统射频系统相比能耗降低；⑤操作得到改进（简化的控制措施、减少调整时间、完全自动化、多功能和远程系统命令等）。

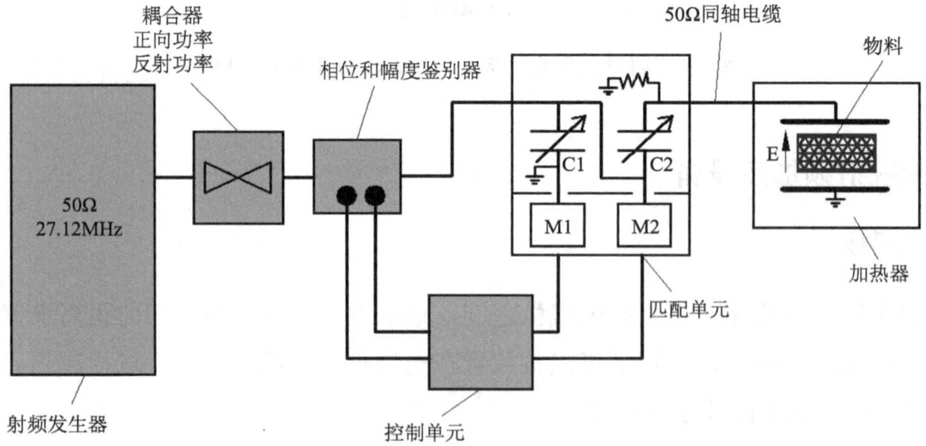

图 6-8　50Ω 技术的原理图（Kudra and Strumillo, 1988）

四、技术特征

（一）全体积的加热技术，加热迅速、穿透深度大，是最具潜力的固体半固体食品及农产品高效杀菌杀虫烫漂技术

射频加热技术是近 20 年来在国际上引起广泛研究的一种新型加热技术。射频加热系统可以简化为由上、下两极板构成的平行板电容器。被加热物料置于两极板间，极板间会形成频率为 10 ～ 40MHz、电压 5kV 以上的交流电磁场，该电磁场穿透物料，引起物料中极性分子的极化运动及离子的振荡迁移而产生能量，转化为热能，从而引起物料从内到外同时升温，从而加快了加热速度（Sosa-Morales et al., 2009）。它与微波的杀菌原理类似，但射频电磁波对食品的穿透深度是微波的十几倍甚至几十倍，加热更加均匀，适合于体积更大的固体半固体食品。射频加热最大的优点在于其对食品的穿透深度大，属于一种立体的全方位的加热方法，内外同时加热，加热速度迅速，食品营养成分损失少。

（二）非接触性加热，避免加热面黏滞附着、局部过热和营养损失

传统的加热方法目前在工业中被广泛应用，主要依靠热传导和对流传热，热量经热载体由物料表面向内部传导，存在诸如导热速度慢、耗时长、果蔬中营养物质损失较大、组织软烂、水消耗量大、水体污染严重等缺点。射频加热是一种非接触加热方式，不需要物料与载热体或热导体表面接触，可以避免物料黏附于加热面，发生局部过热而焦化，避免物料因与热载体接触而产生交叉污染，避免食品营养物质流失。

（三）加热速度和加热均匀性受到多因素的影响

加热均匀性是使用射频加热对食品进行处理工艺过程的一个重要的应考虑的问题。射频加热速度均匀性受到多个因素的影响，主要包括物料的性质如几何形状、大小和介电特性，射频加热设备参数如极板电压、极板形状、极板间距等。

第二节　研究进展

一、在食品工业中的应用领域

（一）食品农产品射频干燥

射频加热系统可以简化为由上、下两极板构成的平行板电容器。被加热物料置于两极板间，极板间会形成频率为 10 ～ 40MHz、电压 5kV 以上的交流电磁场，该电磁场穿透物料，引起物料中极性分子的极化运动及离子的振荡迁移而产生能量，转化为热能，从而引起物料从内到外同时升温（Avramidis and Zwick, 1992）。

从20世纪40年代开始，射频技术已经被用于食品物料的干燥，最初用于蔬菜的干燥，从80年代后期开始，射频技术被大规模用于饼干的后烘烤及点心的工业化生产中（Anon, 1987, 1989; Rice, 1993）。

射频干燥也被广泛地用于非食品行业，如各种木材、纸、纺织品、玻璃纤维和线圈、水基胶水、药品、塑料、纸板等（Barber, 1983; Biryukov, 1968; Orfeuil, 1987b; Pound, 1973）。

从90年代开始，人们在射频辅助真空干燥木材方面进行了大量研究。关于射频加热农产品和将射频加热技术工业放大用于商业生产方面，科研人员也进行了大量研究工作（Tiwari et al., 2011a, 2011b; Wang et al., 2007a; Yan et al., 2010）。人们开展了一些射频辅助干燥食品和农产品的研究，主要包括紫花苜蓿、玉米、澳洲坚果和豆类（Wang et al., 2011）。总的来说，射频干燥能使产品中的水分含量快速地降低，显著地缩短干燥时间，减少能量消耗。

（二）食品农产品射频杀虫

现阶段世界上主要进出口果蔬等农副产品的检疫处理通常采用化学熏蒸的方法，主要采用溴甲烷、环氧乙烷、硫酸氟、磷化铝熏蒸等技术，其杀虫效果基本上与药物毒性和对果蔬的穿透能力成正比，处理时间为16h ～ 6d。

根据1997年9月17日《蒙特利尔公约》（草约）规定，发达国家至2005年完全停止溴甲烷的使用，发展中国家到2015年完全停止使用溴甲烷。化学灭虫方法遇到了前所未有的困难和挑战。病虫害防治人士及动植物检疫人员正在寻找一种有效、安全的病虫害防治方法。在这种情况下，生物防治和物理辐射灭虫等新的病虫害防治方法出现了。物理辐射灭虫既可以杀灭检疫对象，又有杀虫时间短、效率高、无残留、无污染、环境要求低等特点。

射频加热用在水果和坚果杀虫方面有望成为化学杀虫的替代技术。华盛顿州立大学的研究人员在射频杀虫方面做了大量研究（Mitcham et al., 2004; Vadivambal et al., 2008; Wang et al., 2001, 2002a, 2003a, 2005），进行中试放大试验，设计了商业加工工艺（Wang et al., 2006a, 2007b ）。

（三）食品农产品射频杀菌

射频杀菌最大的优点在于其对食品的穿透深度大，属于一种立体、全方位的加热方法，加热速度迅速。近20年内，研究人员开展了肉制品、果蔬产品和液体物料的射频杀菌技术研究。发达国家主要对奶酪通心面、马铃薯泥、碎鸡蛋糊、胡萝卜丁等西式固体半固体方便食品射频杀菌动力学及加热均匀性方面进行了初步的研究。

（四）果蔬加工射频烫漂技术

传统的烫漂方法目前在工业中被广泛应用，但其存在诸如导热速度慢、耗时长、果蔬中营养物质损失较大、组织软烂、水消耗量大、水体污染严重等缺点，因此急需开展新的烫漂技术的研究。射频烫漂最主要的目的就是减少果蔬在烫漂过程中营养成分的损失。近年来，人们主要对豌豆、胡萝卜丁、马铃薯、苹果、苹果酱射频烫漂技术进行了研究，结果表明射频烫漂可以完全钝化果蔬中的多酚氧化酶，与热水和蒸汽烫漂相比，果蔬营养成分保存率更高。

二、理论研究、技术与装备开发及产业化推广的进展

（一）食品和农产品的射频干燥

Murphy 等（1992）将 27MHz 的射频能量和热风相结合，研究了苜蓿的干燥情况。这种方法提高了干燥速率，但是干燥的均匀性没有得到提高。射频干燥不能促使已经部分干燥的苜蓿的茎和叶的水分变得更均匀。Jumah（2005）以玉米为研究对象，采用连续和间歇加热模式，对微粒食品进行射频辅助流化床干燥时，热量和质量的转移进行了理论分析；对相关参数如电场强度、频率、进风温度和间歇性对干燥的影响等进行了评估和讨论；建立了射频辅助流化床对玉米进行连续和间歇干燥的扩散模型。Ptasznik 等（1990）进行了射频对流相结合干燥大豆以提高种子发芽率的试验，并建立了模型。在对试验数据和热量传导机制分析的基础上，建立了一个射频对流相结合干燥的半经验数学模型，该模型适用于对内部质量传递有阻力的可收缩的易吸湿性材料，并且成功地对射频干燥提高大豆种子发芽率的试验进行了模拟。王云阳等采用开放末端同轴探头技术，测量了坚果果仁的介电特性，采用一个频率 27.12MHz、功率 6kW 的射频加热系统，系统进行了澳洲坚果射频辅助热风干燥技术研究。研究了射频加热和干燥澳洲坚果的均匀性。结果表明热风辅助射频干燥澳洲坚果需要 360min，热风单独干燥需要 750min，干燥时间大大缩短，产品质量更好（Wang et al., 2013a, 2014）。

据 Orfeuil 报道，一个长 5m，频率为 27.12MHz，功率为 80kW 的射频加热系统成功代替了一个长 30m 的传统烤箱，用于商业生产饼干的后烘焙，该生产线水分蒸发量为 80kg/h。该系统的能量消耗为 1.2 ～ 1.4kW · h/kg 蒸发水，与传统烤箱相比节约能量接近 30%（Orfeuil, 1987b）。Anon（1989）报道，用射频干燥焙烤产品能够避免变色和风味丧失，能够减少 30% 的能源消耗，并且减少了设备占地面积。采用由位于英国卡赫斯特的电力委员会研究中心研发的射频焙烤设备，可以节省高达 60% 的焙烤时间。除此之外，由 Strayfield 公司制造的 27MHz 的射频烤箱能有效并且均匀地减少过多的水分。该设备能可靠地控制最终产品含水量在 ±0.2% 精度范围内，可应用于大规模生产（Rice, 1993）。

Mermelstein（1998）报道，射频干燥成功用于 10 ～ 15mm 厚的零食和饼干生产。传统烤箱的负荷被减轻，生产线中的运输带传输速度提高了 60%。

传统烤箱烘焙的产品水分的不均匀性曾经成为焙烤工业的主要难题。射频焙烤解决了这一问题。将射频干燥设备连接到传统焙烤烤箱的后面，能显著地增加产量，并且节省占地面积。射频干燥产品的水分含量更加均匀，从而减少霉菌生长的概率，显著地延长产品的货架寿命（Koral, 2004）。

西北农林科技大学王云阳教授系统研究了澳洲坚果射频干燥技术（Wang et al., 2011, 2013b, 2014; 王云阳 , 2012）。采用一个频率 27.12MHz、功率 6kW 的射频加热系统，选用 3 个温度和 3 个电极板间距进行组合试验，研究了热风辅助射频与热风干燥澳洲坚果动力学模型并进行了澳洲坚果的品质变化研究。该射频加热系统结构图如图 6-9 所示。关于该系统的详细介绍可在 Wang 等（2010）的文章中见到。该系统最大的射频输出功率是 6kW。两个平行的金属电极板之间的距离可以从 11 ～ 20.4cm 进行调整。为了提高加热的均匀性，提高射频干燥效率，将加热部分产生的热空气通过如图 6-10 所示下极板上的孔洞，输送到电极板之间的空间。采用叶片式测速器（LCA6000，AIRFLOW 仪器公司）测定空气流速，空气在射频干燥室中的速度为 1m/s。试验中，将澳洲坚果样品放在一个长方形塑料容器内，将该容器放置在下极板的上表面，如图 6-10 所示的固定位置。该容器用聚四氟乙烯塑料条做成，将塑料网粘接在容器的周围和底部，这种结构使得热风及水分可以自由地进出容器内的样品，该容器的长、宽、高为 25.5cm、15.5cm、11.0cm，盛放物料的容器如图 6-11 所示。

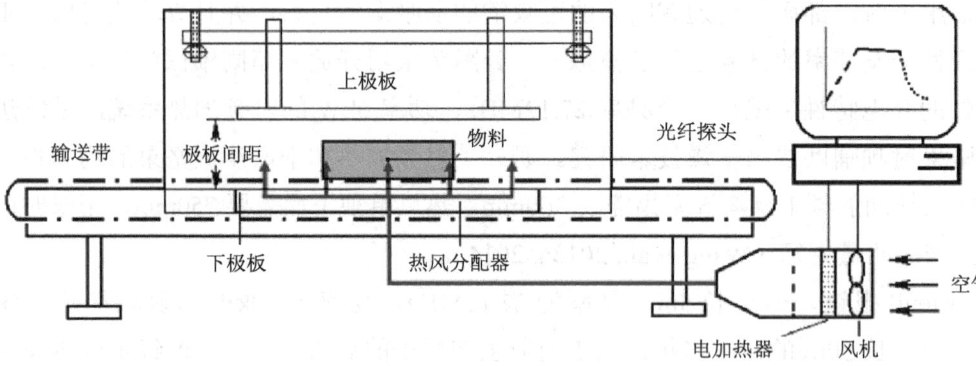

图 6-9　射频单元的结构示意图（Wang et al., 2010）

结果表明，在热风辅助射频干燥过程中，极板距离对物料升温速度和平衡温度的影响比热空气大。最佳的组合为极板距离 15.5cm，热风温度 50℃。热风辅助射频和热风干燥澳洲坚果的干燥曲线呈现对数衰减模型。热风辅助射频干燥澳洲坚果需要 360min，射频设备中的热风单独干燥需要 750min。Page 模型是热风干燥最好的拟合模型，而

Logarithmic 模型拟合热风辅助射频干燥动力学效果最好。物料过氧化值和自由脂肪酸含量都随时间的延长而增大，但其值都在工业标准所要求的范围之内。结果表明热风辅助射频干燥澳洲坚果，干燥速度高、均匀性好、环保，用于工业生产的潜力大。

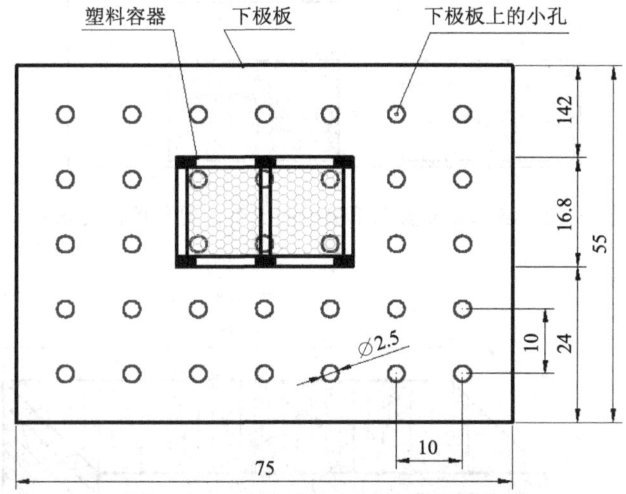

图 6-10　孔板和塑料容器的位置（单位为 cm）

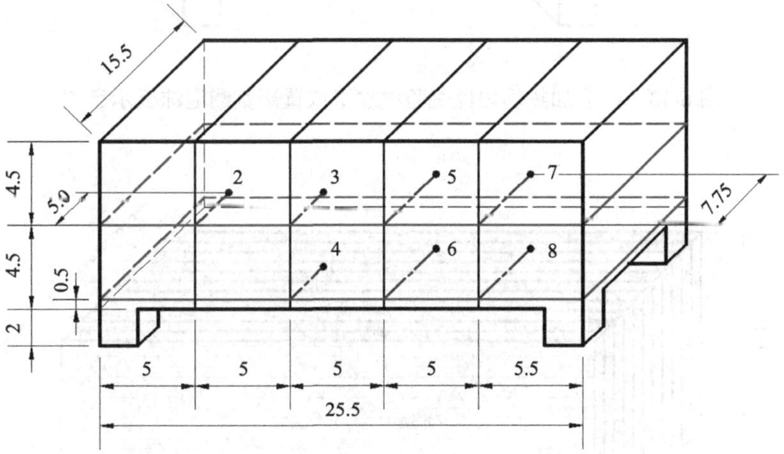

图 6-11　容器及光纤探头的位置（单位为 cm）

研究了射频加热和干燥澳洲坚果的均匀性。将堆叠起来的聚氨酯泡沫板水平或垂直放置在射频腔的下极板上的不同位置和不同高度，在通入热风和没有热风的条件下，研究加热均匀性和系统的电场分布，如图 6-12 ～图 6-14 所示。通过光纤传感器和红外成像测量温度，绘制温度分布等温线。

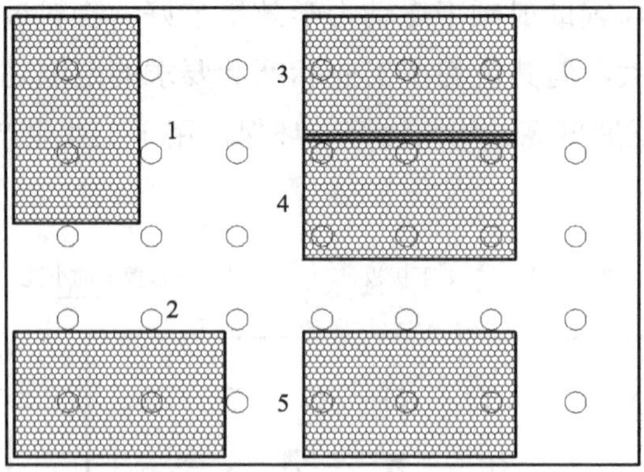

图 6-12　泡沫板放置在下极板的 5 个位置（单位为 cm）

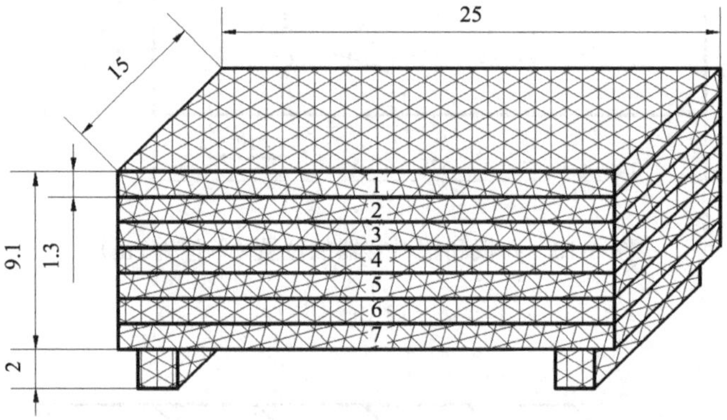

图 6-13　射频加热均匀性试验中水平放置聚氨酯泡沫板示意图

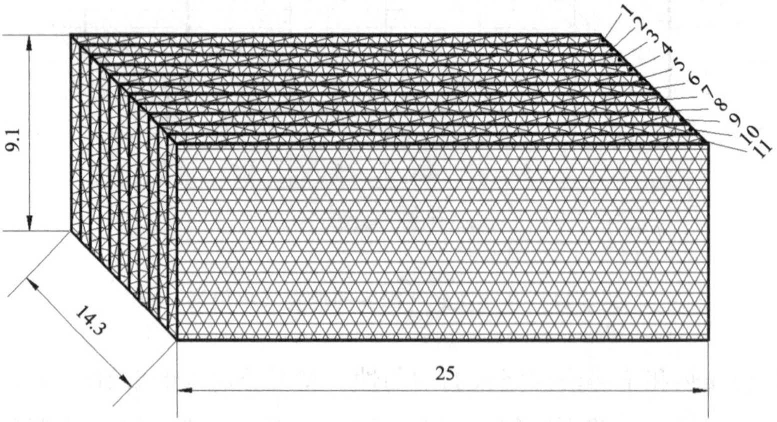

图 6-14　射频加热均匀性试验中垂直放置聚氨酯泡沫板示意图（单位为 cm）

为了研究距离下极板不同高度，热风辅助射频或热风对澳洲坚果加热和干燥的均匀性，研究人员设计制作了4个托盘。托盘是由聚四氟乙烯塑料（Teflon）材料制成，并且在底部粘有塑料网，如图6-15所示。将盛有坚果的容器或物料盘放置在射频腔中的不同位置，在通入热风或者没有热风、移动或者静止的条件下，测定了热风辅助射频加热和干燥澳洲坚果的均匀性。

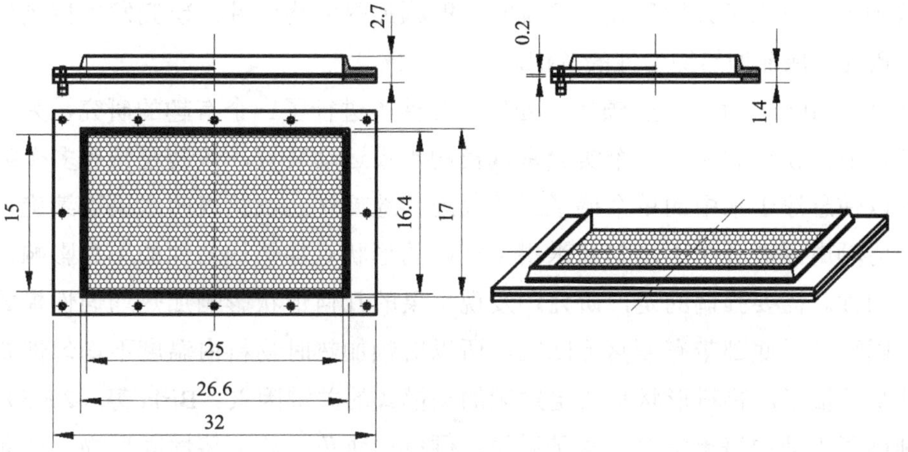

图6-15　用于研究热风辅助射频或热风加热和干燥均匀性的盘的示意图（单位为cm）

采用聚氨酯泡沫板进行的试验表明，射频干燥腔中电场分布不均匀，存在角落和边缘加热效应，说明干燥腔的角落或边缘电场强度大。在所研究条件下，当堆叠的泡沫板在干燥腔的某一确定位置时，在水平和垂直方向上，都是中心温度高，周围温度低，呈现中心加热现象。热风有利于促进聚氨酯泡沫板射频加热的均匀性。坚果试验表明射频加热澳洲坚果也有角落和边缘加热效应。在所研究的试验条件下，移动物料，加热和干燥均匀性没有可察觉的明显提高。在同一位置，热风辅助射频加热坚果也呈现中心加热现象。热风是决定射频加热和干燥坚果均匀性的关键因素。

（二）水果产后射频杀虫

华盛顿州立大学的研究人员在射频杀虫方面做了大量研究。唐炬明进行了水果害虫热致死动力学研究，表明高温短时热处理可能成为水果杀虫的重要方法。Wang发表了大量的关于害虫和水果介电特性的文章，研究表明在射频频率下，害虫远大于水果本身的介电损耗因子，应用射频加热可有选择地快速加热将害虫杀死，而水果的温升不大，从而实现既杀死害虫又保持水果品质的目的。将核桃产品用27.12MHz、12kW的射频加热器加热，当温度升高至55℃以上时，最耐热的澳洲果蝇第5龄幼虫可以被全部杀死。Mitcham等于2004年的研究表明，水分含量对核桃射频加热速度影响很大，均匀的水分含量可以使样品中离子分布更均匀，从而使射频加热更均匀。

Wang 等（2003a, 2003c）发表了大量的有关采用射频和微波应用中，水果和害虫介电特性的文章。研究发现在射频频率下，幼虫的介电损耗因子显著地大于水果果肉的介电损耗因子，因此在射频加热腔中幼虫将被优先加热。王绍金等于 2002 年采用一个 27MHz、12kW 的射频加热器将核桃加热至害虫致死温度。研究发现，将核桃加热到 55℃及以上时，最耐热的柑橘 5 龄幼虫热致死率为 100%。Mitcham 等于 2004 年在上述试验的基础上，研究了大批量处理核桃时，射频加热的均匀性。研究发现控制核桃水分含量的一致性是保证加热均匀性的关键。

Birla 等（2004）对基于射频加热处理均匀性等进行了一个有趣的研究，为了改善加热均匀性，他们设计制作了一个实验室规模的水果运动装置，该装置带有多个喷水式推进枪，可以使悬浮于水中的单个橘子或苹果连续地旋转。试验表明水果连续旋转和移动可以减轻射频电磁波分布不均匀和水果不规则的形状对加热均匀性的不利影响，从而改善加热均匀性。需要强调的是，研究还发现水果的几何形状影响加热均匀性模式。苹果因其为卵圆形并且底部带有酒窝形凹陷，所以射频加热时物料内温度不均匀性要大于近似为圆球状的橘子。物料形状是决定射频加热模式的关键因素。Birla 等（2005）对射频加热控制橘子中地中海果蝇时，橘子质量、硬度、颜色、总可溶性固形物、总酸和可挥发性物质等品质指标的变化进行了研究。与传统热水处理方法比较，射频处理的橘子在 4℃储存 10 d 后，可挥发物保存率高，其他品质指标差异不显著。

王绍金等还考虑将核桃采后射频加热杀虫系统进行中试放大并最终用于工业生产，他们设计建造了 25kW、187kg 物料负载的连续射频杀虫设备。王绍金等指出，设计运行工业生产规模的射频加热系统面临着诸多挑战，如单个核桃的朝向、裂开核桃与未裂开核桃加热存在区别、实际储存方式和能量消耗等。能量消耗也许与传统熏蒸方式相当，但目前射频设备投资相当大（Wang, 2006b, 2007b, 2007c）。

（三）射频杀菌方面的研究

美国华盛顿州立大学唐炬明教授带领的研究小组在射频加热工业化应用方面做了诸多研究。他们的研究项目得到了美国军方、美国农业部和卡夫食品公司的资助。华盛顿州立大学研制了一套试验型的射频高压杀菌装置，研究包装食品的巴氏杀菌和灭菌（Wig, 2001）。系统包括一个 6kW、27.12MHz 的射频发生器和一个平行电极板加热器，耐压杀菌容器可承受 0.276MPa 的压力，可以使包装在复合料盘中的食品物料加热到 135℃而不致破裂，该装置的系统图见图 6-16。

耐压管道由 4 个垂直的聚醚酰亚胺（PEl）板和两个水平平行的铝板组成，一个特殊的装置供光纤传感测温探头穿过封闭的容器壁面，插入食品来监测物料温度，配备一个空气压缩系统提供压力。该高压杀菌容器中可容纳 3kg 的食品，或者 4 个料盘（每个装

500g 食品），向容器中通入循环水将待杀菌的包装食品浸没以减少边角过热效立。Wang 等(2004)对该装置做了详细的描述。为了有效地进行加热处理，获得预定的微生物致死率，使用了基于美拉德反应的化学标记法以确定杀菌冷点。在杀菌时，用光纤传感测温探头测定物料冷点的温度变化。

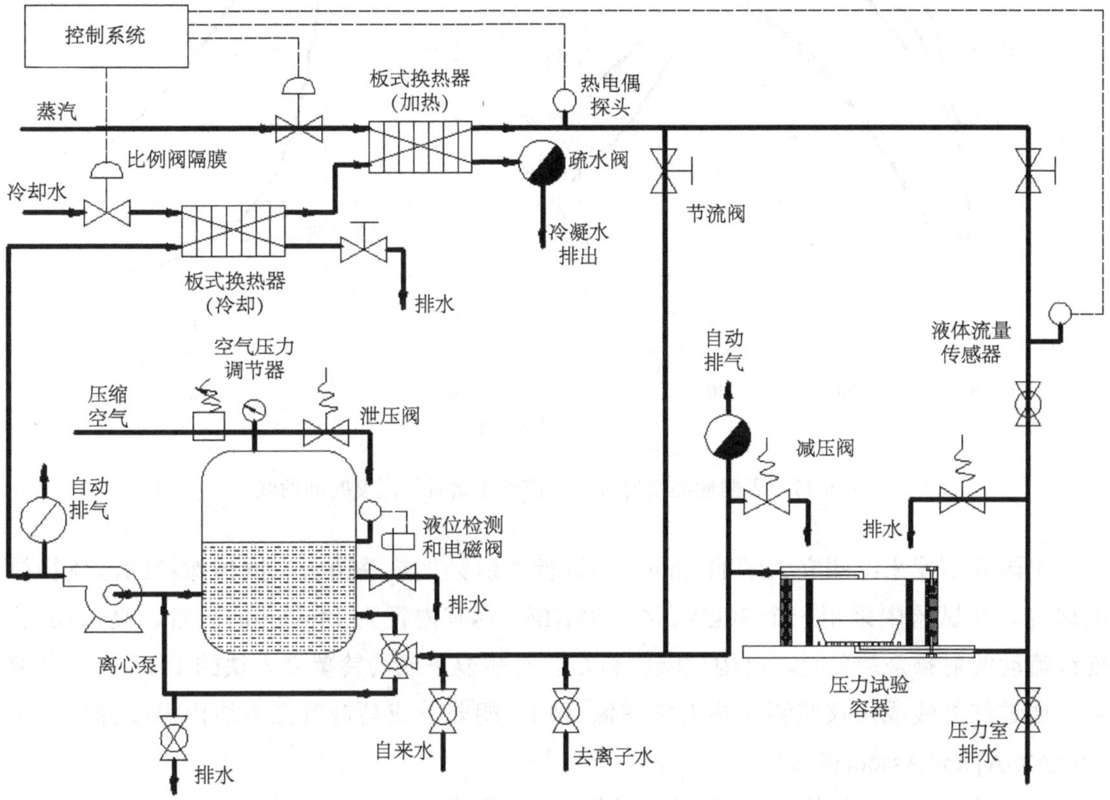

图 6 16　华盛顿州立大学研制的射频杀菌系统示意图

图 6-17 显示了包装在聚合物料盘（24.5cm×23.5cm×4.5cm）中重达 2.7kg 的乳酪通心面，分别采用射频杀菌和和传统杀菌釜杀菌时，不同部位的温度变化。物料盘采用美军用来检测食品货架稳定性的标准容器，用铝箔密封来阻氧。尽管铝箔在料盘的顶部，但是高频电场在物料的厚度方向分布很均匀。盘内物料温度通过光纤探头在 4 个点进行实时测定，通过“热致死时间试验单元”（TDT cell）测定肉毒梭菌的 D 值。结果表明：射频杀菌处理的产品颜色和风味优于高压杀菌锅杀菌的产品，物料内冷热点温度最高相差 5℃（Wang, 2003）。达到相同的肉毒梭菌芽孢致死率（$F_0\approx 8$），射频杀菌是杀菌釜杀菌时间的 1/3。该射频杀菌系统显著地提高了物料的受热均匀性和产品质量。

Luechapattanporn 等应用射频设备，进行了马铃薯泥和碎鸡蛋糊杀菌工艺的研究，样品中接种一定浓度的梭状肉毒杆菌（PA 3679），经射频杀菌，梭状肉毒杆菌被充分地灭活。

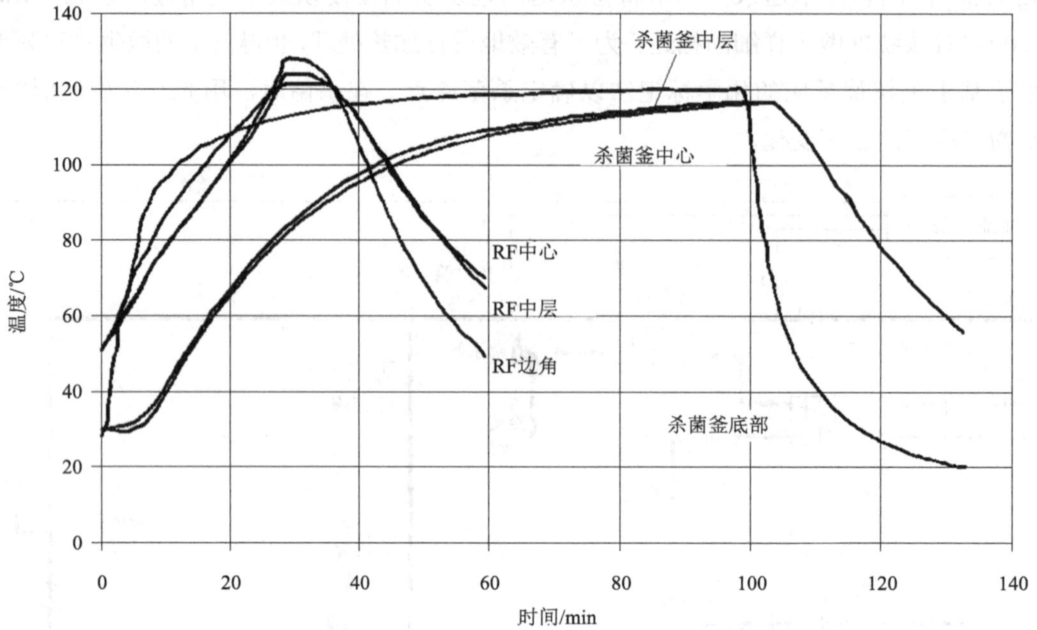

图 6-17　乳酪通心面射频和杀菌釜杀菌时的温度时间曲线

美国北卡罗来纳州立大学的 Zhong 等进行了射频加热杀菌含有固体颗粒的液体物料的研究。在试验中采用一个 30kW、40.68MHz、具有内径为 14.6cm 加热管、高 2.1m 的连续流动的射频杀菌单元，所用试验物料是含有胡萝卜或马铃薯立方块的 1% 的 CMC 溶液。通过红外线成像仪监测的热力学图像可知，胡萝卜或马铃薯立方块内温度梯度较小（[SAMGA] and Association）。

爱尔兰都柏林大学的 Lyng 等进行了包装肉糜射频加热巴氏杀菌的研究，杀菌温度为 73℃，将物料浸入水中。结果表明：极板间距、物料含盐量、温度、围绕物料的水的体积都会影响射频加热均匀性和效率。射频加热杀菌较传统的蒸汽杀菌时间缩短 3 ～ 4 倍（Byrne et al., 2010）。中国农业大学的刘嫣红等对于袋装切片面包的射频杀菌研究结果表明：同一面包片表面最大温差为 4℃。通过传送带的往复运动，不同面包片中心点的最大温差为 2℃。面包边缘温度略高于中心温度。射频可以有效杀灭物料中的微生物孢子，当面包冷点温度高于 58℃时，橘青霉孢子数可以降低 4 个数量级。袋装切片白面包的保存期可以延长 34 d（Abbasi and Azari, 2009）。

Awuah 等和 Piyasena 等分别于 2002 年和 2003 年，采用 1.5kW、27.12MHz 的射频加热器，进行了淀粉和瓜尔豆胶溶液连续加热试验的研究，考察系统参数（液体流速、射频功率）和物料参数（浓度、pH、添加食盐或蔗糖）对流过射频腔中管道内流体温度变化的影响，建立出料温度预测方程。Awuah 等于 2005 年，采用 2kW、27.12MHz 的射频加热器，研究了在层流状态下沙门氏菌和大肠杆菌替代菌最佳灭活条件 。

Laycock 等于 2003 年，采用水浴和 1.5kW、27.12MHz 的射频加热器，比较了二者对 3 种肉制品（碎肉块、肉糜和完整的肉块）的加热速度、温度时间曲线和品质的影响。结果表明射频加热所需时间是传统方法加热时间的 1/25。射频加热时，肉制品表面升温快于中心，处理结束时，二者温差达 10 ～ 20℃，作者认为这是因肉中盐的分布不均而引起的。采用仪器进行的品质分析表明，射频处理的样品汁液流失少，具有可接受的颜色和持水性。射频与传统方法处理的整块肉制品质构没有显著性差别，射频处理的碎肉块弹性高、咀嚼性更好，射频处理的肉糜硬度小、弹性高。肉糜射频加热效率最高，完整的肉块加热效率最低。作者认为射频加热处理混合良好的肉糜和碎肉块最具应用潜力。

Orsat 等采用 600W、27.12MHz 射频加热器对真空包装的火腿切片进行巴氏杀菌，测定了样品的水分损耗、颜色变化、表面细菌总数和诸如香味、黏性等感官特性。火腿样品被 3 种不同的塑料膜（尼龙 - 聚乙烯复合膜、聚丙烯和高密度聚乙烯）所包装，在 5min 内，分别加热到 75℃和 85℃，然后调整射频功率，再保温 5min。结果表明，射频加热结合合适的包装，可以减少细菌含量，减少水分损失，获得感官和理化品质更好的产品，进而改善产品的储藏稳定性。Guo 等比较了射频和热水水浴加热灭活细绞牛肉中大肠杆菌属 K12 的效果。他们采用与 Laycock 等的研究相类似的射频加热设备，加热杀菌时间减少到传统方法的 1/30，物料内温度差异小，两种方法都显著地减少了大肠杆菌的含量，延长了货架期，射频加热具有巨大的潜力来代替传统水浴杀菌方法。

来自爱尔兰都柏林的一个研究团队，采用 27.12MHz、600W 的射频加热设备，于 2004 ～ 2007 年研究了肉制品射频煮制工艺和产品质量评价，发表了大量的研究论文（Brunton et al., 2005; Lyng, 2007; McKenna et al., 2006; Tang et al., 2005, 2006; Zhang et al., 2004, 2006）。他们设计制作了一套射频煮制装置，将肉制品装入盒子，避免肉暴露在空气中进行射频加热时易于产生的电弧放电现象。还设计制作了聚氯乙烯煮制专用单元，将包装好的肉制品放入该单元，煮制时通入 80℃的循环热水。测定了射频煮制产品的产出率、质构、颜色和风味。

射频煮制的粉碎肉制品产率与传统方法区别不大，对于未进行粉碎的煮制品，射频煮制产品的产率普遍高于蒸汽煮制的产品，火腿产率高 1% ～ 1.5%，牛肉产率高 4% ～ 6%。对于产品的质构研究，主要采用了 3 种技术，包括 Warner Bratzler、Kramer Shear 和 Penetrometer，研究表明两种煮制方法所得产品差别很小。与之相似，两种煮制方法所得产品的颜色有一些重要的差别，但总体来说很相似，不存在确定的变化趋势。两种方法所得产品的风味和氧化值等差别也很小。

陈年等采用 27.12MHz 射频加热器，将 200g 含盐量为 1% 的午餐肉装填于直径为 5.1cm 的 PVC 塑料管中，垂直置于射频加热炉腔中间，设定空气高度分别为 2cm、3cm、4cm。将 6 个光纤探头插入如图 6-18 所示的位置，通道 1 ～ 6 的光纤探头分别对应插入位置 1 ～ 6，利用六通道荧光光纤测温仪测定午餐肉各点的温度并记录，根据各点的升温曲线，得出射频加热午餐肉的加热均匀性。

对影响午餐肉射频加热因素的研究表明，影响射频加热午餐肉的主要因素有高径比、空气高度和盐浓度。高径比对午餐肉的加热速率的影响达到了极显著水平，空气高度的影响则达到了显著水平。最佳的加热条件为高径比 9.5 ∶ 5.1，空气高度为 2cm，盐浓度为 1%，此时的升温速率为（24.0±1.0）℃ /min。加热均匀性的研究发现，午餐肉内部较表面升温快，底部较顶部升温快。午餐肉中心温度能在 5min 内迅速达到 90℃以上，“冷点”和“热点”的温差达到 14℃以上。午餐肉射频加热的升温速率是常规高压蒸煮加热速率的 5 倍以上（陈年，2014）。

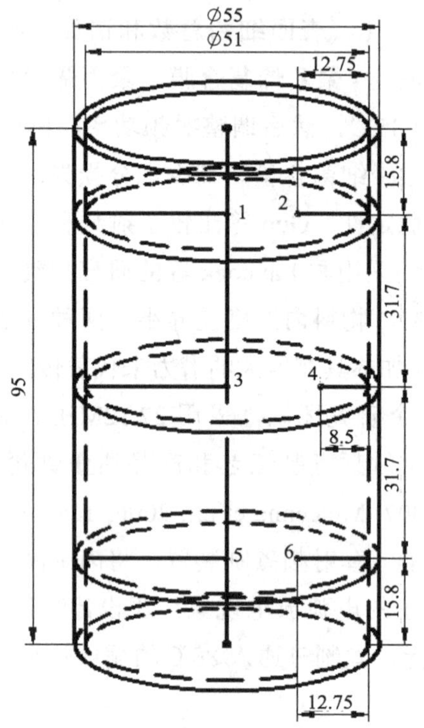

图 6-18　容器及光纤探头的位置（单位为 mm）

（四）果蔬射频烫漂

射频烫漂的最主要目的就是减少果蔬在烫漂过程中营养成分的损失。Moyer 等采用 75W、150MHz 射频装置对很多蔬菜进行了烫漂试验。将清洗整理好的蔬菜放入衬有玻璃纸的箱子里，置入射频设备两极板的中间位置，当物料达到设定温度后取出箱子，将其放入−23℃的冷库中保存，几天后对蔬菜进行理化分析。结果表明：射频烫漂温度达 77℃时，豌豆的过氧化氢酶完全失活；88℃时，射频烫漂豌豆的 V_C 含量高于热水和蒸汽。不同烫漂方式的豌豆所含胡萝卜素基本相同（Moyer and Stotz, 1947）。

Orsat 采用射频加热的方法对真空包装的胡萝卜丁进行了处理，以氯化水和热水浸泡处理的方法作为对照。结果表明射频处理的产品到 14d 时仍旧保持较好的颜色、真空度和口味，比后两者处理的产品好很多（Orsat, 1999a）。

Manzocco 等（2008）使用平行板电极式中试型射频加热装置，对从蘑菇里提取的 PPO 和 LOX 溶液进行处理。结果显示：两种酶都得到充分钝化，钝化主要是由于射频的热效应引起的，由射频电磁场所引起的非热效应未能检测出来；射频和热水烫漂的苹果，其果酱颜色变化很小，两种烫漂方式下 PPO 被完全钝化；射频烫漂方式得到的果酱口感更甜，主要是由于射频烫漂过程中苹果未与水接触，糖分没有损失。

王云阳等以马铃薯为原料，使用 27.12MHz 射频加热器，对马铃薯射频热烫加热均匀性和升温速率进行研究，与热水加热烫漂对比。结果表明：在极板间距为 115mm 的条件下，射频加热时间 5min 并热风保温 2.5min 的处理结果最理想。射频加热烫漂比热水加热烫漂用时略长，但处理结果优于热水烫漂，尤其是 V_C 的存留含量大幅提高。

三、技术优势和存在的瓶颈与局限性

（一）技术优势

a. 射频加热是一种全体积的加热技术，加热迅速、物料穿透深度大、加热均匀性好，成为最具潜力的固体半固体食品及农产品高效杀菌杀虫烫漂技术。

b. 非接触性加热，避免加热面物料黏滞附着、局部过度加热，避免食品污染，营养成分保存率高。

（二）存在的瓶颈与局限性

1. 缺乏专用设备

尽管大量研究报道表明射频加热的产品质量要比传统加热产品质量好或者二者一样好。但是大多数研究只使用实验室设备，这些研究结果难以放大用于工业生产。关于射频杀菌杀虫和烫漂等的研究，主要采用现有的用于木材和饼干干燥的设备，该设备是平行电极板型式，极板电压不可调、物料移动方式单一、加热速度难以控制，因此，缺乏专用设备严重制约了射频加热技术的研究进展和工业化应用进程。

2. 射频场中包装材料的局限

射频加热和微波加热类似，是一种电磁波加热方式，任何铁质器具和容器都不能用于射频加热应用的研究中，这大大加重了射频加热应用研究的难度。因此研究能用于射频电磁场中，在高温下具有较高强度和韧性的材料，以及研究用于射频食品包装的容器是发展射频加热技术产业化应用的迫切需求。

3. 电弧放电

对于老式的射频加热设备，电弧放电现象是最重要的问题。当由电极板向物料进行高电压放电时即可产生电弧放电。当大块不规则物料，如大块湿面团进入射频腔中时，常会产生电弧放电。射频能量优先加热物料中含湿量最大的部位，因此当一个含湿量为40%的面团夹杂在一堆含湿量为5%的物料中，经过射频加热腔时，将产生能量分配不均匀现象，在面团中产生电弧放电现象。若物料中含有碳化的部分，易导电的碳化部分很有可能产生电弧放电。射频腔清理不干净也有可能导致电弧放电。电弧放电时有发生，它可破坏食品或输送带，从而导致停工，因此设计制造更先进的射频加热设备，以减少或避免电弧放电现象，是一个重要课题。

四、发展趋势

（一）连续化专业化装备研制

现代食品企业倾向于连续生产线和在线生产控制，那么设计一个可靠的、经济的、能连续工业化生产的射频加热系统成为急需。随着计算机辅助设计的发展，设计能量分布更均匀的、能够更好控制的、先进的射频加热系统成为可能。

计算功能快速增强的笔记本电脑和商业数据处理软件（如COMSOL、FEMLAB和QW3D软件）可以用来研究复杂的微波和射频加热室内的电磁场分布。建立在商用专业软件基础上的数学模型和计算机模拟模型是很有价值的研究工具，可用于研究加工条件、干燥室构造及物料产品的性状、大小、介电特性和热力学性质等对电场分布和加热模式的影响。将更多的研究力量放在工业规模的射频系统的计算机辅助设计和加工工程设计方面。

（二）射频加热用于杀菌杀虫烫漂技术的研究

作为最具潜力的食品及农产品杀菌杀虫烫漂技术，需要深入研究食品及农产品射频杀菌、杀虫、烫漂的机制、工艺条件、专用装置，使其更高效。用大量的数据来说服工业界，使其乐于接受并使用射频加热技术用于工业生产。

（三）食品农产品介电特性研究

开展食品及包装材料介电特性的研究对于射频加热速度、均匀性和射频加热系统设计都具有重要意义。

（四）射频加热技术中试放大和产业化应用示范

研究人员在射频加热方面开展了大量的研究，但是大多数研究还仅限于使用实验室设备，这些研究结果难以放大用于商业生产。开展系统的工业放大研究很有必要，这有助于评价工业规模系统的经济性，有助于真正理解加工工艺对产品质量的影响。核心问题在于保证加热的均匀性，在物料中耦合足够大的能量，以便获得适合于连续化生产的干燥速度。总而言之，对于射频加热，需要投入更多的研究，充分利用其与微波加热相比更均匀的电场分布和在食品中更大的能量穿透深度的技术优势。

第三节　对策建议

一、射频加热装备和介电特性测定设备引进

设立引进国际先进农业科学技术计划项目，引进国外先进的 50Ω 射频加热设备和介电特性测定设备。

二、专用智能化射频加热高新技术装备研究

a. 设立国家高技术重点专项和技术创新引导专项，进行食品农产品射频杀菌专用高新技术装备研究。

b. 设立国家高技术重点专项和技术创新引导专项，进行食品农产品射频烫漂专用高新技术装备研究。

c. 设立国家高技术重点专项和技术创新引导专项，进行食品农产品射频杀虫专用高新技术装备研究。

三、射频加热杀菌杀虫烫漂工艺研究及产业化示范

a. 设立国家高技术重点专项和技术创新引导专项，进行食品农产品射频杀菌工艺研究、专用装置研制，进行技术中试试验与示范。

b. 设立国家高技术重点专项和技术创新引导专项，进行食品农产品射频烫漂工艺研究、专用装置研制，进行技术中试试验与示范。

c. 设立国家高技术重点专项和技术创新引导专项，进行食品农产品射频杀虫工艺研究、专用装置研制，进行技术中试试验与示范。

d. 设立国家高技术重点专项和技术创新引导专项，进行食品农产品微波射频加热专

用包装材料、包装容器研究、专用装置研制，进行技术中试试验与示范。

参考文献

王云阳 . 2012. 澳洲坚果射频干燥技术研究 . 杨凌 : 西北农林科技大学博士学位论文 .

彭沛夫 , 张桂芳 . 2013. 微波与射频技术 . 北京 : 清华大学出版社 : 19.

陈年 . 2014. 午餐肉软罐头射频加热工艺研究 . 杨凌 : 西北农林科技大学硕士学位论文 .

Abbasi S, Azari S. 2009. Novel microwave-freeze drying of onion slices. International Journal of Food Science and Technology, 44(5): 974-979.

Al-Holy M, Wang Y F, Tang J M, et al. 2005. Dielectric properties of salmon (*Oncorhynchus keta*) and sturgeon (*Acipenser transmontanus*) caviar at radio frequency (RF) and microwave (MW) pasteurization frequencies. Journal of Food Engineering, 70(4): 564-570.

Anon. 1987. An array of new applications are evolving for radio frequency drying. Food Engineering, 59(5): 180.

Anon. 1989. RF improves industrial drying and baking processes. Process Engineering, 70: 33.

Anonymous. 1993. Radio frequency ovens increase productivity and energy efficiency. Prepared Foods,(9): 125.

Avramidis S, Zwick R L. 1992. Exploratory radio frequency/vacuum drying of three B. C. coastal softwood. Forest Products Journal, 42(7-8): 17-24.

Awuah G B, Ramaswamy H S, Economides A, et al. 2005. Inactivation of *Escherichia coli* K-12 and *Listeria innocua* in milk using radio frequency (RF) heating. Innovative Food Science and Emerging Technologies, 6(4): 396-402.

Awuah G B, Ramaswamy H S, Piyasena P. 2002. Radio frequency (RF) heating of starch solutions under continuous flow conditions: effect of system and product parameters on temperature change across the applicator tube. Journal of Food Process Engineering, 25(3): 201-223.

Barber H. 1983. Electroheat. London: Granada Publishing Limited.

Basaran-Akgul N. 2006. Dielectric properties of muscle foods.Pullman Washington State University Degree of Doctor of Philosophy.

Birla S L, Wang S, Tang J, et al. 2004. Improving heating uniformity of fresh fruit in radio frequency treatments for pest control. Postharvest Biology and Technology, 33(2): 205-217.

Birla S L, Wang S, Tang J, et al. 2005. Quality of oranges as influenced by potential radio frequency heat treatments against Mediterranean fruit flies. Postharvest Biology and Technology 38(1): 66-79.

Biryukov V A. 1968. Dielectric Heating and Drying of Wood. Israel Program for Scientific Translations.

Brunton N P, Lyng J G, Li W, et al. 2005. Effect of radio frequency (RF) heating on the texture, colour and sensory properties of a comminuted pork meat product. Food Research International, 38(3): 337-344.

Byrne B, Lyng J G, Dunne G, et al. 2010. Radio frequency heating of comminuted meats-considerations in relation to microbial challenge studies. Food Control, 21(2): 125-131.

Demeczky M. 1974. Continuous pasteurization of bottled fruit juices by high frequency energy. Proceeding of Ⅳ International Congress on Food Science and Technology: 11-20.

Feng H, Tang J, Cavalieri R P. 2002. Dielectric properties of dehydrated apples as affected by moisture and temperature. Transactions of the Asae, 45(1): 129-135.

Guo W, Tiwari G, Tang J, et al. 2008. Frequency, moisture and temperature-dependent dielectric properties of chickpea flour. Biosystems Engineering, 101(2): 217-224.

IEEE Conference on Electric Process Heating in Industry. 2011. IEEE conference record. New York.

Jason A C, Sanders H R. 1962. Experiments with frozen white fish. Food Technology, 16(6): 101-112.

Jones P L, Rowley A T. 1996. Dielectric drying. Drying Technology, 14(5): 1063-1098.

Jumah R. 2005. Modelling and simulation of continuous and intermittent radio frequency-assisted fluidized bed drying of grains. Food and Bioproducts Processing, 83(C3): 203-210.

Kinn. 1947. Basic theory and limitations of high frequency heating equipment. Food Technology and Biotechnology, (1): 161-173.

Koral T. 2004. Radio frequency heating and post-baking. Biscuit World Issue, 7(4).

Kudra T, Mujumdar A S. 2009. Advanced Drying Technologies. 2nd ed. Bosa Roca: Taylor & Francis, Inc.

Kudra T, Strumillo C. 1988. Processing in high-frequency electromagnetic fields, thermal processing of bio-materials. CRC Press: 491-510.

Laborelec C J 2007. Dielectric Heating. Leonardo ENERGY Power Quality & Utilisation Guide Section 7: Energy Efficiency.

Laycock L, Piyasena P, Mittal G S. 2003. Radio frequency cooking of ground, comminuted and muscle meat products. Meat Science, 65(3): 959-965.

Liu Y H, Tang J M, Mao Z H. 2009. Analysis of bread dielectric properties using mixture equations. Journal of Food Engineering, 93(1): 72-79.

Lorrain P, Corson D R, Lorrain F. 1988. Electromagnetic fields and waves. New York, NY: W.H.

Freeman and Company.

Lyng J G. 2007. Rapid pasteurisation of meats using radio frequency or ohmicheating. New Food, 3: 58-62.

Manzocco L, Anese M, Cristina Nicoli M. 2008. Radiofrequency inactivation of oxidative food enzymes in model systems and apple derivatives. Food Research International, 41: 1044-1049.

Marchand C, Meunier T. 1990. Recent developments in industrial radio-frequency technology. Journal of Microwave Power and Electromagnetic Energy, 25(1): 39-46.

McKenna B M, Lyng J, Brunton N, et al. 2006. Advances in radio frequency and ohmic heating of meats. Journal of Food Engineering, 77(2): 215-229.

Mermelstein N H. 1998. Microwave and radio frequency drying. Food Technology, 52(11): 84-85.

Metaxas A C, Meredith R J. 1983. Industrial Microwave Heating. London: Peter Peregrinus Ltd.

Mitcham E J, Veltman R H, Feng X, et al. 2004. Application of radio frequency treatments to control insects in in-shell walnuts. Postharvest Biology and Technology, 33(1): 93-100.

Moyer J C, Stotz E. 1947. The blanching of vegetables by electronics. Food Technology,(1): 252-257.

Mudgett R E. 1986. Electrical properties of foods. New York, NY: Marcel Dekker, Inc.

Murphy A, Morrow R, Besley L. 1992. Combined radio frequency and forced-air drying of alfalfa. Journal of Microwave Power and Electromagnetic Energy, 27(4): 223-232.

Nyfors E G, Vainikainen P. 1989. Industrial Microwave Sensors. Chapter 2. Norwood: Artech House Publishers.

Ohlsson T. 1989. Dielectric properties and microwave processing. Amsterdam: Kluwer Academic Publishers.

Orfeuil M. 1987a. Electric process heating : technologies, equipment, applications. Columbus, Ohio: Battelle Press.

Orfeuil M. 1987b. Electric Process Heating: Technologies/Equipment/Applications. Columbus: Battelle Press.

Orsat V. 1999a. Radio-frequency thermal treatments for agri-food products. Québec: McGill University.

Orsat V. 1999b. Radio-frequency thermal treatments for agri-food products. Ste-Anne de Bellevue: McGill University Doctor of Philosophy.

Piyasena P, Dussault C, Koutchma T, et al. 2003. Radio frequency heating of foods: principles, applications and related properties-a review. Critical Reviews in Food Science and Nutrition,

43(6): 587-606.

Piyasena P, Dussault C. 2003. Continuous radio-frequency heating of a model viscous solution: influence of active current, flow rate, and salt content on temperature rise. Canadian Biosystem Engineering, 45: 327-334.

Pound J. 1973. Radio Frequency Heating in the Timber Industry. New York: John Wiley & Sons.

Ptasznik W, Zygmunt S, Kudra T. 1990. Simulation of rf-assisted convective drying for seed quality broad bean. Drying Technology, 8(5): 977-992.

Rice J. 1993. RF technology sharpens bakery' s competitive edge. Food Proc , 6: 18-24.

Ryynanen S. 1995. The electromagnetic properties of food materials-a review of the basic principles. Journal of Food Engineering, 26(4): 409-429.

Sadiku M N O. 2001. Elements of Electromagnetic. 3rd edition. New York: Oxford University Press Inc.

Sosa-Morales M E, Tiwari G, Wang S, et al. 2009. Dielectric heating as a potential post-harvest treatment of disinfesting mangoes, Part Ⅱ : development of RF-based protocols and quality evaluation of treated fruits. Biosystems Engineering, 103(3): 287-296.

Sosa-Morales M E, Valerio-Junco L, Lopez-Malo A, et al. 2010. Dielectric properties of foods: reported data in the 21st Century and their potential applications. LWT - Food Science and Technology, 43(8): 1169-1179.

Tang J, Hao F, Lau M. 2002. Microwave heating in food processing. *In*: Yang X, Tang J. Advances in Bioprocessing Engineering. World Scientific Publishing Co. Pte. Ltd.

Tang J, Wang Y, Chan T V C T. 2005b. Radio frequency heating in food processin,. *In*: Gustavo Barbosa-Cánovas G V, Tapia M S, Cano M P. Novel Food Processing Technologies. New York, NY: Marcel Dekke : 501-524.

Tang X, Cronin D A, Brunton N P. 2005a. The effect of radio frequency heating on chemical, physical and sensory aspects of quality in turkey breast rolls. Food Chemistry, 93(1): 1-7.

Tang X, Lyng J G, Cronin D A, et al. 2006. Radio frequency heating of beef rolls from *Biceps femoris* muscle. Meat Science, 72(3): 467-474.

Tiwari G, Wang S, Tang J, et al. 2011a. Analysis of radio frequency (RF) power distribution in dry food materials. Journal of Food Engineering, 104: 548-556.

Tiwari G, Wang S, Tang J, et al. 2011b. Computer simulation model development and validation for radio frequency (RF) heating of dry food materials. Journal of Food Engineering, 105: 48-55.

Vadivambal R, Jayas D S, White N D G. 2008. Mortality of stored-grain insects exposed to microwave energy. Transactions of the Asabe, 51(2): 641-647.

von Hippel R. 1954. Dielectric Materials and Applications. New York: the Technology Press and John Wiley and Son.

Wang S, Ikediala J N, Tang J, et al. 2002a. Thermal death kinetics and heating rate effects for fifth-instar *Cydia pomonella* (L.) (Lepidoptera : Tortricidae). Journal of Stored Products Research, 38(5): 441-453.

Wang S, Ikediala J N, Tang J, et al. 2001. Radio frequency treatments to control codling moth in in-shell walnuts. Postharvest Biology and Technology, 22(1): 29-38.

Wang S, Monzon A, Johnson J A, et al. 2007a. Industrial-scale radio frequency treatments for insect control in walnuts Ⅰ : heating uniformity and energy efficiency. Postharvest Biology and Technology, 45(2): 240-246.

Wang S, Monzon M, Gazit Y, et al. 2005. Temperature-dependent dielectric properties of selected subtropical and tropical fruits and associated insect pests. Transactions of the Asae, 48(5): 1873-1881.

Wang S, Monzon M, Johnson J A, et al. 2007b. Industrial-scale radio frequency treatments for insect control in walnuts: Ⅰ :heating uniformity and energy efficiency. Postharvest Biology and Technology, 45(2): 240-246.

Wang S, Monzon, M, Johnso, J A, et al. 2007c. Industrial-scale radio frequency treatments for insect control in walnuts Ⅱ : insect mortality and product quality. Postharvest Biology and Technology, 45: 247-253.

Wang S, Tang J, Johnson J A, et al. 2002b. Process protocols based on radio frequency energy to control field and storage pests in in-shell walnuts. Postharvest Biology and Technology, 26(3): 265-273.

Wang S, Tang J, Johnson J A, et al. 2003a. Dielectric properties of fruits and insect pests as related to radio frequency and microwave treatments. Biosystems Engineering, 85(2): 201-212.

Wang S, Tang J, Sun T, et al. 2006a. Considerations in design of commercial radio frequency treatments for postharvest pest control in in-shell walnuts. Journal of Food Engineering, 77(2): 304-312.

Wang S, Tang J, Sun T, et al. 2006b. Considerations in design of commercial radio frequency treatments for postharvest pest control in inshell walnuts. Jounal of Food Engineering, 77: 304-312.

Wang S, Tiwari G, Jiao S, et al. 2010. Developing postharvest disinfestation treatments for legumes using radio frequency energy. Biosystems Engineering, 105(3): 341-349.

Wang Y. 2002. Radio Frequency (RF) Heating of Food. Pullman: Washington State University

Doctor of Philosophy.

Wang Y, Li Y, Wang S, et al. 2011. Review of dielectric drying of foods and agricultural products. International Journal of Agricultural and Biological Engineering, 4(1): 1-19.

Wang Y, Li Y, Zhang L, et al. 2013a. Temperature and moisture dependent dielectric properties of macadamia nut kernels. Food and Bioprocess Technology, 6(8): 2165-2176.

Wang Y, Zhang L, Gao M, et al. 2014. Developing hot air-assisted radio frequency drying for in-shell Macadamia nuts. Food and Bioprocess Technology, 7(1): 277-288.

Wang Y, Zhang L, Gao M, et al. 2013b. Evaluating radio frequency heating uniformity using polyurethane foams. Jounal of Food Engineering: in review.

Wang Y L M H, Tang J, Mao R. 2004. Kinetics chemical marker M-1 formation in whey protein gels for developing sterilization processes based on dielectric heating. Journal of Food Engineering, 64: 111-118.

Wang Y, Wig T D, Tang M, et al. 2003c. Sterilization of foodstuffs using radio frequency heating. Journal of Food Science, 68(2): 539-544.

Wang, Wig T D, Tang M, et al. 2003b. Dielectric properties of foods relevant to RF and microwave pasteurization and sterilization. Journal of Food Engineering, 57(3): 257-268.

Wig T D. 2001. Sterilization and pasteurization of foods using radio frequency heating. Pullman: Washington State University Ph. D.

Yan W Q, Zhang M, Huang L L, et al. 2010. Study of the optimisation of puffing characteristics of potato cubes by spouted bed drying enhanced with microwave. Journal of the Science of Food and Agriculture, 90(8): 1300-1307.

Zamanian A, Hardiman C Y. 2005. Electromagneticradiation and human health: a review of sources and effects. EMR & Human Health,(16): 16-26.

Zhang L, Lyng J G, Brunton N P. 2004. Effect of radio frequency cooking on texture, colour and sensory properties of a large diameter comminuted meat product. Meat Science, 68(2): 257-268.

Zhang L, Lyng J G, Brunton N P. 2006. Quality of radio frequency heated pork leg and shoulder ham. Journal of Food Engineering, 75(2): 275-287.

[SAMGA], Association S A M G Southern African Macadamia Growers Association. Raw Macadamia Product Quality Specifications. http://www.samac.org.za/quality.html [2012-03-10].

第七章

动态高压微射流技术及装备研究进展

动态高压微射流均质机（dynamic high-pressure microfluidizer）集输送、混合、超微粉碎、加压、膨化等多种单元操作于一体，主要由高压泵和振荡反应腔组成。在振荡反应腔中，增至300m/s以上的液体在内部微孔流道中分成两股或更多股细流后进行强烈的垂直、Z形或Y形撞击，瞬间释放出大部分能量以产生巨大的压力降，释放压力高达100～300MPa，从而对物料起到很好的超微化、乳化、均一化或改性修饰的处理效果。动态高压微射流设备的应用主要包括：对液体悬浮液进行细化、均一化处理，以提高物料的稳定性；对物料进行改性，以改善物料的加工性能和营养特性；作为一种反应器，在对物料进行均匀混合的同时实现某些物理、化学反应。目前，动态高压微射流技术在食品领域中主要应用在物料乳化、大分子改性、辅助杀菌、营养物纳米粒和脂质体制备等方面。

第一节　基本概念与技术特征

一、基本概念

压力是指垂直作用在物体表面上的力，导致相互接触的两个物体互相挤压发生形变，其作用效果与受力面积成反比，即压强。在不少学科中常常把压强也称为压力，同时把压力称为总压力。对于流体（气体和液体）而言，当压力较小的时候，人们将压缩系数 K 较大的气体称为可压缩流体，而将压缩系数很小的液体称为不可压缩流体。当流体静止不动时，流体作用在容器底部的压力，称之为静压力（static pressure）。而流体动力学上的压力，则称为动态压力（dynamic pressure），这种流动流体中的压力是随着流体流速的增减而变化的。如食品工业中应用广泛的阀式高压均质机、射流装备和撞击流装备中流体承受的压力。

动态高压微射流技术（dynamic high-pressure microfluidization，DHPM），简称 high-pressure microfluidization（HPM）或 dynamic high-pressure（DHP），是集输送、混合、超微粉碎、加压、高速撞击、脉冲振动、均质等多单元操作于一体的动态高压技术，能对流体混合物料进行强烈剪切、高速撞击、压力瞬时释放、高频振荡、膨爆和气穴作用等一系列的综合作用，从而对物料起到很好的机械作用力，达到超微化、微乳化、均一化和改性修饰的效果。

从技术的正式命名上来说，动态高压微射流技术在国内和国际上有多种命名，且各名称间较为混乱，在各类文献报道中有各种称谓如 ultra high velocity jet homogenizer、high-pressure homogenizer、ultra-high-pressure homogenization、microfluidizer、microfluidization、dynamic high-pressure、high-pressure jet 等。目前，动态高压微射流技术（dynamic high-pressure microfluidization, DHPM）的称谓，简称动态高压技术（dynamic high-pressure, DHP）或高压微射流技术（high-pressure microfluidization, HPM）在国际上越来越获得普遍认可。

二、基本原理

动态高压微射流设备主要是由高压泵和振荡反应腔（interactive chamber）组成。其技术特性是基于其高压的获得能力和核心元件振荡反应腔几何学上的设计，其工作原理如图 7-1 所示。高压往复泵是动态高压微射流的动力传递及物料输送部件，其将物料输送至核心元件振荡反应腔。在振荡反应腔中（图 7-2），被增加到 300m/s 以上的液体分成两股或更多股细流，然后在极小空间进行强烈的垂直撞击或 Y 形撞击，在撞击的过程中瞬间释放出其大部分能量，产生巨大的压力降。两股沿同轴高速相向碰撞的流体在高速撞击过程中产生相对较高的碰撞速率、撞击力和强湍流作用，导致颗粒在碰撞中发生粉碎并因强湍流作用而很好地分散，其单相或多相流之间的撞击是“软性”的，这种撞击态不同于射流冲击固体表面的冲击射流（impinging jet）。动态高压微射流和冲击射流虽在英语中都使用 impinging，但后者具有高度强化传递和混合的特性。冲击射流的主要力学形式是采用高速液流喷射至坚固材料（如陶瓷和金刚石）上。在动态高压微射流中，当两股高速液流相向撞击时，会在撞击处产生一个驻点区，即滞流区。从出口到驻点这段区间内，射流速度逐渐降低，动压不断地转化为静压，静压在沿中心线接近撞击面处达到最高，形成一个压力区，等压线形状复杂，远离 x 轴处呈椭圆形。在撞击过程中，流体动能的一小部分转化为热能，绝大部分转化为压能蓄积起来，在撞击面处转化为动能，使流体产生径向速度，同时撞击区域附近出现撞击波。蓄积的压能迫使撞击形成，撞击波是两股射流混合的主要动力源。

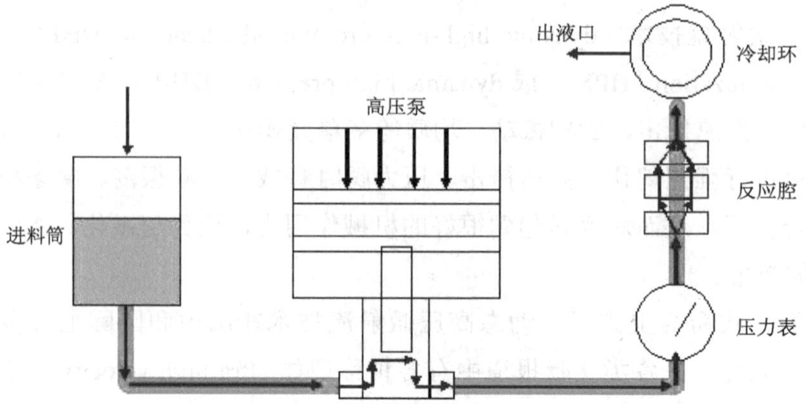

图 7-1　动态高压微射流设备工作原理图（美国 Microfluidics 公司）

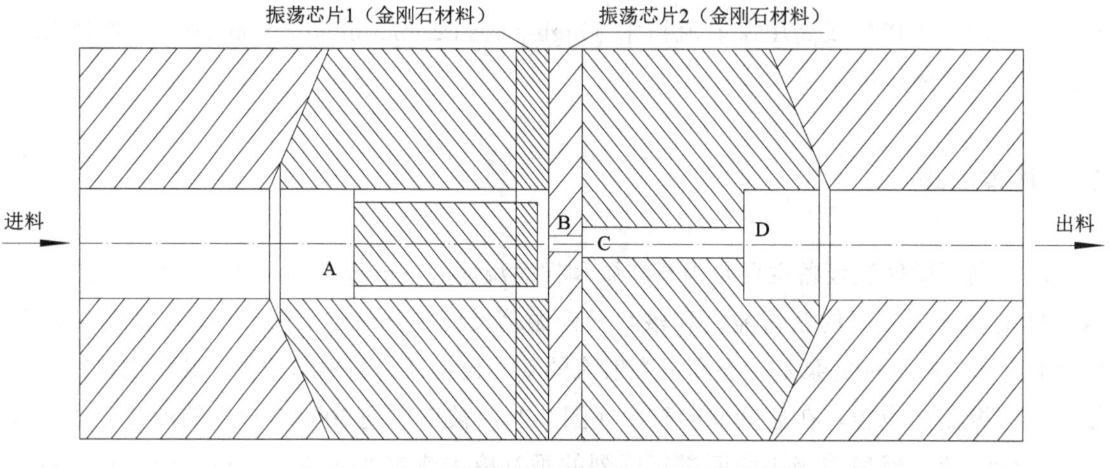

图 7-2　动态高压微射流设备核心元件和微管图

早期研究一般认为动态高压微射流技术主要作用力是剪切力和气穴作用力（Feijoo et al., 1997），Paquin（1999）认为气蚀现象是占 60% 的主要作用方式。刘伟等（2003）和刘成梅等（2004a）通过对振荡反应腔微孔流道各段流场的压力、能量及动力学行为进行分析，认为其主要的力学作用可能包括高速撞击作用、高频振荡、瞬时压力降、强剪切、气蚀作用等。许多学者也对动态高压微射流设备的作用机制进行了研究，例如，Mohr（1987）对高压均质过程中可能存在的高能振动作用和气穴现象进行了分析；Soon 等（2001）应用计算流体动力学手段对高速射流设备中有机相流场的流速与能量分散速率进行模拟；Håkansson 等（2009）采用动态仿真模型对高压均质过程中可能存在的吸附、重聚集和破碎现象进行了研究。刘伟（2012）等创建了动态高压微射流振荡反应腔内部孔道的几何模型和网格模型，选择 Simplec 算法和 RNG κ-ε 模型进行计算，设置边界条件及相关参数后，运用 FLUENT 软件对流场进行数值计算，模拟并揭示流场内各位置处静压和速度分布情况，验证动态高压微射流包括高速撞击作用、高频振荡、瞬时压力降、强剪切、气蚀作用等其主要作用机制，提出在设计反应腔内部孔道时，在保证撞击区速度的前提下，应适当减小进料速度和分流管进口拐角角度，并选用较短的出料管。

三、技术特征

动态高压微射流技术主要技术特点有：①连续性，该技术是集输送、混合、超微粉碎、加压、高速撞击、脉冲振动、均质等多单元操作于一体的连续操作；②处理过程的瞬时性，物料处理时间非常短暂（小于 1s）；③压力突变性，工作处理压力高达 150 ～ 200MPa，在物料撞击的过程中瞬间释放出大部分能量，产生巨大的压力降，压力变化率非常巨大；④可实现规模化生产，目前动态高压微射流装备可实现每小时处理 1000kg 物料；⑤处理成本不高，对于大颗粒纤维类物料，为了防止产生堵料现象，可能需要对物料进行预处理，但对于乳浊液物料的处理成本非常低；⑥装备购置成本目前可接受，一般中等处理规模的装备需要 10 万美元左右。总之，动态高压微射流技术是一种有效的物理改性手段，其撞击腔内多元化的作用形式可在对流体混合物料均匀化的同时实现杀菌、灭酶、超微化和改性的目的，且该方法操作简便、安全，易于实现大规模的生产，在食品大分子的改性和超微化领域具有广阔的应用前景。

四、发展历程

均质技术最初在 1560 年由 Ambroise Pare H. 用于描述制备乳白色药理学液体的手段。1900 年，在巴黎世界博览会上（French Patent no.295 596）由 Auguste Gaulin 展示由他发明的用于均质牛奶的装置，并且第一次使用了“homogenized”（均质）这个词。后来这种装置发展成为工业上广泛应用的均质机，均质技术在医药、化工、能源、生物、食品等诸多行业中逐步得到广泛商业化应用，主要用于对流态半流态物料进行均化、细化、乳化等处理。

从在第一台均质机发明到现在，均质技术已经得到长足的发展，当今世界各国已经能生产各种各样的均质器械。APV 是高压均质机的发明者，开发和制造高压均质机已经有 110 多年的历史，是高压均质机行业的领导者和技术规范的制定者，拥有领先的技术及顶级的质量品质。APV 高压均质机技术的发展历史，也可认为是高压均质机的发展历史。1900 年，Gaulin 在法国巴黎展览会展示世界第一台工业化机器；1909 年，Gaulin 开始批量生产均质机；1918 年，Rannie 开始批量生产均质机；1925 年，Gaulin 研制出世界首台具有二级均质的均质机；1945 年，Rannie 研制出世界首台能力达到 4000 LPH 的均质机；1950 年，Gaulin 研制出世界首台用于细胞破壁的高压均质机；1955 年，Rannie 高效均质阀 LW 获得世界专利；1971 年，宝洁公司在生产线开始使用 Gaulin 均质机；1972 年和 1987 年，APV 分别收购 Gaulin 和 Rannie；1990 年，APV 公司均质机压力达到 200MPa（应用于市场）。

而动态高压微射流技术正是基于高压均质的工业应用开发出来的，目前不同种类的动态高压微射流设备包括原型、实验室型或生产型。美国 Microfluidics 公司 Microfluidizer 将其注册为 Microfluid™ technology；日本タウテケノロヅ公司将其注册为 Nanojet™ jet homogenizers；加拿大 Avestin 公司将其生产的系列超高压均质机注册为 EmulsiFlex 等。这些类型的设备能够释放压力达 100MPa 甚至高达 300 ～ 500MPa。近来 Rannie 公司也已经生产出工业级的设备，其高压能力可超过 100MPa。另外，德国 APV 公司、英国 Stansted Fluid Power 公司和我国廊坊通用机械有限公司都在竞相研发。在这一装备领域里最具影响力的是美国 Microfluidics 公司生产的 Microfluidizer 和加拿大 Avestin 公司生产的 EmulsiFlex。

第二节　研究应用现状与进展

一、在食品工业中的应用领域

（一）作为乳化均质手段的应用

乳状液（emulsion）指一相（分散相）以液滴形式分散于另一相（连续相）中所形成的分散体系，分为水包油（O/W）和油包水（W/O）两种类型。乳状液广泛存在于日常生活及工业化生产中，如牛奶、化妆品等。在食品工业中，许多食品配料及功能成分以乳状液为载体添加到食品（保健品）中，可以在不影响食品体系稳定性前提下提升食品品质，因此乳化也是食品（配料）加工中常见的工艺之一。乳化的方式最传统的是采用搅拌乳化，现代研究和应用中较为广泛的是超声乳化、定转子乳化、膜乳化和微通道乳化和高压均质乳化等。动态高压微射流技术作为一种高压均质手段，应用于食品悬浊液、乳化液的均质具有非常好的效果，可以细化和均一化处理以提高体系的稳定性。如 Chandonnet 等（1985）采用动态高压微射流设备制备微乳；Perrier-Cornet 等（2005）对比了高压阀式均质机、动态高压微射流设备等不同乳化过程对水包油型乳状液的乳化效果，结果表明高压阀式均质机得到的乳液粒径更小，但微乳分散系数更大，而动态高压微射流则能得到分散系数相对较小的均匀乳液；Jafari 等（2007）采用超声波技术与动态高压微射流技术制备 D-柠檬精油的亚微乳状液，动态高压微射流 60MPa 处理一次可得到 500nm 亚微乳液，且微乳凝聚可能性较低，而超声波技术可通过增加输出能量和超声时间来降低乳液粒径，但其分散系数较大；Yuan 等（2008）对动态高压微射流技术在不同乳化条件下制得的 β-胡萝卜素纳米乳液的特性和稳定性进行了评价，随着处理压力和次数的增加，粒径减小，但存在制备过程中 β- 胡萝卜素降解的问题；Håkansson（2009）等对动态高压微射流均质处理过程中乳化液的形成过程进行了动态仿真研究，将其分为乳液裂解成碎片、碎片重新聚合形成较小的乳液和乳化剂吸附 3 个阶段。

纳米乳液（nanoemulsions）是指粒径小于 100nm 的乳液，相对于微乳，纳米乳液具有透明、稳定性高等优点。而纳米乳液的制备方法分为低能量输入和高能量输入两类，前者指通过改变条件如材料、温度等使其自发的形成水包油液滴。后者指通过机械装置产生剧烈的能量破坏微乳原有结构，形成小的乳液。动态高压微射流能在很短时间内输入大量能量制备得到粒径均匀的纳米乳液。动态高压微射流在国内外纳米乳液的制备中已被广泛应用。

Kotyla 等（2008）采用两种方法制备组分比例相同的维生素 E 乳膏，与传统的制备方法相比，动态高压微射流得到的是平均粒径为 65nm 纳米乳膏，而传统的方法制备得到的是 2788nm 微米乳膏，将制得的乳膏涂抹在已刮掉背毛仓鼠的背部，发现 2h 后纳米乳膏提高了血浆中 V_E 含量达 36 倍之多，而相同剂量的微米乳膏只提高了 9 倍，纳米乳膏能大大提高药物的生物利用率。Yang 等（2012b）用微射流技术与自发乳化两种技术制备纳米微乳，动态高压微射流只需要少量的乳化剂（1 ∶ 10）就能制备出稳定的纳米乳液，而要达到同样的粒径，自发乳化则需要超过 5 ∶ 10 的乳化剂。Qian 和 McClements（2011）考察了不同压力和处理次数对微乳粒径变化的影响。如图 7-3 所示，随着压力的增大和处理次数的增加，粒径减小，且处理压力的对数值与粒径的对数值呈线性关系。Salvia-Trujillo 等（2013）研究动态高压微射流技术对微乳的平均粒径、分散系数、ζ- 电位、黏度、透光率等参数的影响。结果表明随着压力和处理次数的增加，粒径逐渐降低，分散系数减小，黏度降低，透光率增加，用动态高压微射流技术 150MPa 处理乳液 3 次后，得到的乳液粒径为 7.35nm±1.67nm，分散系数为 0.34，ζ- 电位由原来的－17.61mV 变为－51.95mV，体系均匀稳定，清澈透明。ζ- 电位是分散体系稳定性的一个重要参数，电位绝对值越大，膜表面的电荷量越高，微粒间的排斥力就越大，体系就越稳定（Mu and Feng, 2002），因此该研究表明动态高压微射流技术能够促进乳液体系的稳定性。Lee 和 Norton（2013）用高压阀匀浆机（high-pressure valve homogeniser，HPH）与动态高压微射流两种技术制备微乳，处理 5 次后得到相同的平均粒径的乳液，而处理第一次后，动态高压微射流得到的乳液更小，分散系数也更小，这是因为动态高压微射流特殊的反应腔，使得同样的压力能产生更强的剪切力；作者同时比较了不同乳化剂对乳液的影响，发现动态高压微射流处理时，乳化剂不影响制备过程，而乳化剂为 SDS 时，HPH 处理两次后，粒径就不再变化，而吐温 -20 和酪蛋白酸钠作为乳化剂时，则需要处理 5 次。这是因为在 HPH 制备过程中，乳液凝聚，SDS 消除了这种影响，而动态高压微射流则不存在凝聚现象。Tang 等（2013）发现对微乳的预处理和载药后再用动态高压微射流处理与未载药相比会使得粒径略微上升。

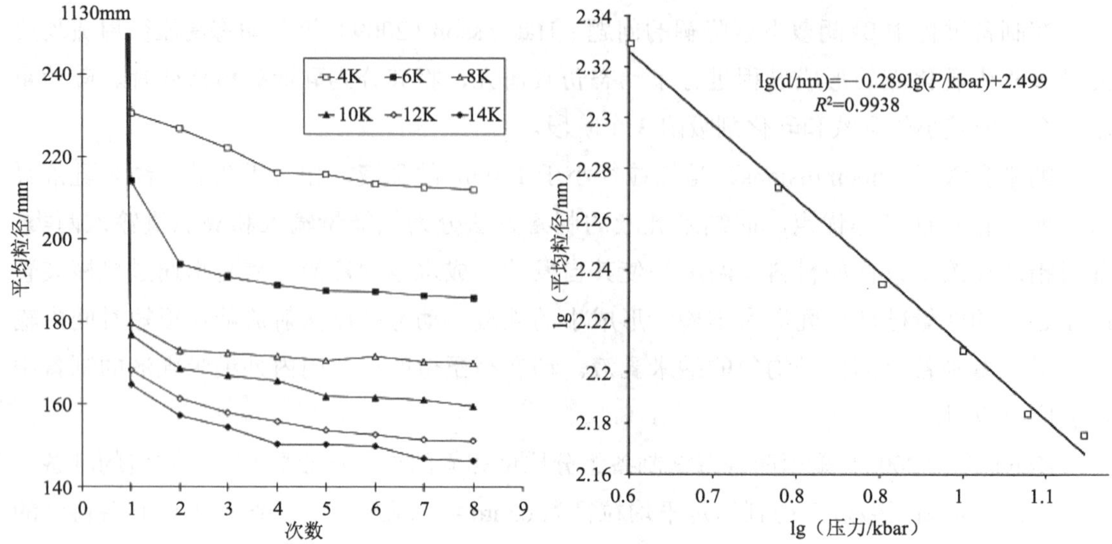

图 7-3　A. 不同处理压力（bar①）和处理次数对微乳粒径变化的影响；B. 压力的对数与粒径的对数的线性关系（Qian and McClements, 2011）

（二）作为辅助杀菌手段的应用

动态高压微射流技术应用于液料的杀菌方面也取得一定的进展，然而要达到商业无菌级的要求还需要其他手段的配合。Mermelstein（1999）等研究了高压（45 000psi②，约310.34MPa）均质处理的鲜橙汁货架期可达 6 个月；Feijoo（1997）等在用 Microfluidizer 处理冰淇淋时发现其对枯草芽孢杆菌有一定的杀灭作用，如在 50℃进料条件下施加 200MPa 压力使芽孢杆菌数下降为 63%；Randy Cronk 在 *A New Way to Pasteurize: Microfluidizer Processor Technology* 一文中专题讨论了这一问题；Guerzoni 等（1999）研究了高压微射流均质对微生物和山羊奶酪理化性质的影响，研究表明高压微射流均质 100MPa 处理能够有效控制山羊奶在短期储藏过程中肠球菌及葡萄球菌的生长，对山羊奶的杀菌保鲜起到较好的效果；Coca-Cola 公司于 1993 年申请了利用高压均质处理鲜橙汁来有效降低细菌活力的专利；杜军等（2002）以“动力作用”这一称谓初探了我国廊坊通用机械生产的 NCJJ 型纳米超高压均质机作为冷杀菌方法的可行性，研究发现牛乳经超高压均质机处理后，大肠杆菌和菌落总数均有所下降，获得比较理想的杀菌结果；Moroni 等（2002）研究了动态高压技术对牛奶中所含抗生素的灭活作用，发现其灭活作用随处

---

① $1bar=10^5Pa$
② $1psi=6.894\,76\times10^3Pa$

理压力及处理次数的增加而增强，在 200MPa 处理 5 次能达到最大抑制效果；Tahiri 等（2006）研究动态高压对果汁和磷酸缓冲液中的细菌及大肠杆菌 O157:H7 的杀灭效果，其中 200MPa 处理 5 次可以彻底杀灭果汁中的大肠杆菌 O157:H7，对其他菌如青霉菌等的杀灭效果则稍弱一些，由此可见动态高压是果汁比较有效的冷杀菌手段；Chaves-López 等（2009）就该技术对蜡状芽孢杆菌及其孢子的杀灭作用进行了研究，研究发现动态高压结合其他处理手段如热处理、过氧化氢、低 pH 等能够更好地杀灭蜡状芽孢杆菌及其孢子，这为芽孢杆菌及其孢子的杀灭提供了有效的处理手段；Guglielmotti 等（2012）对比了动态高压与热处理对牛奶中明串珠菌的影响，热处理对明串珠菌的抑制效果要好于动态高压处理，将动态高压与温和的热处理相结合可增强对明串珠菌的抑制效果；Donsì 等（2013）研究了高压均质机其阀构造的不同对抑菌效果的影响，结果显示活塞阀系统的抑菌效果较佳，其原因可能是活塞阀系统能使阀与细胞之间产生直接的相互机械作用，且活塞阀具有较高程度的空化作用；Patrignani 等（2013）研究显示动态高压能够显著降低杏汁中微生物的数量，动态高压（100MPa）结合柠檬醛（50mg/L）处理杏汁可有效抑制在杏汁中进行培养的酵母，酵母的生存能力随处理次数的增加而降低，且酵母数量下降的对数值与动态高压处理次数呈线性关系；Chen 等（2013b）研究发现高压均质可显著抑制酸土芽孢杆菌细胞，与二甲基二碳酸联合使用能够加强其抑制效果，但对孢子的抑制效果均不理想；类似的结果在程银棋等（2014）的研究中也有发现：200MPa 高压均质处理对荔枝汁中污染菌具有很好的杀菌效果，且随着均质次数的增加，荔枝中污染菌逐渐减少，200MPa 高压均质联合二甲基二碳酸处理后其微生物货架期明显比单独高压均质和单独二甲基二碳酸处理的货架期长，说明两者具有一定的联合相加作用；Poliseli-Scopel 等（2014）运用超高压均质（UHPH）处理豆奶以达到商业无菌要求，研究比较了 UHPH 灭菌（300MPa，进料温度 80℃，144℃下均质 0.7s）与高温瞬时灭菌（142℃，6s），发现两种灭菌手段处理后的豆奶在室温下保存 6 个月的过程中均无微生物生长，这表明超高压均质在一定的条件下是较好的灭菌手段。

（三）作为脂质体制备手段的应用

脂质体（liposome）又称为类脂小球或液晶微囊，是磷脂在水相中形成的一种球形类似于细胞的囊状结构。针对脂质体大小和脂质双层膜数目的划分模式，可将脂质体分为小单层脂质体（small unilamellar vesicle, SUV；含单个双分子层膜，粒径小于 100nm）、大单层脂质体（large unilamellar vesicle, LUV；含单个双分子层膜，粒径为 0.1 ～ 1μm）、多层脂质体（multilamellar vesicle, MLV；含多个同心双分子层膜，粒径为 1 ～ 5μm）和多泡脂质体（multivesicular vesicle, MVV；含多个非同心双分子层膜，粒径一般大于 1μm）等。脂质体在细胞膜结构研究、药物载体和活性分子隔离等方面的广泛应用需要有一种粗放式的大量生产技术。Gregoriadis 等（1990）利用动态高压微射流技术，生产了粒径在200nm以下、包封率在35%～78%的麦芽糖和破伤风毒素脂质体，Barenholz（1992）等发表了有关动态高压微射流技术生产大批量脂质体的文章。从此，利用动态高压微射流技术制备各种脂质体的研究和报道不断涌现。Barnadas-Rodrıguez和Sabés（2001）等研究了动态高压微射流技术制备脂质体的各种影响因素，张小宁等（2004）用动态高压微射流制备出平均粒径为88.1nm的莪术油纳米脂质体，稳定性高。通过透射电镜观察和激光纳米粒度仪测量发现，纳米脂质体的平均粒径明显减小。Thompson等（2006）利用高压微射流技术制备得到平均粒径为95nm的稳定纳米脂质体，Takahashi等（2008）通过动态高压微射流技术制备了Ukon extract脂质体并研究了它的物理化学和生物利用性质。Gibis等（2014a, 2014b）将磷脂溶于缓冲液中，并以均质机搅拌均匀，155MPa处理5次得到高包封率的纳米脂质体。相较传统的方法，用动态高压微射流技术制备脂质体有许多优点：①可避免使用大量的有毒有机试剂（Kim and Baianu, 1991）；②制得的脂质体样品粒径小，粒度分布较窄（Pupo et al., 2005）；③可提高脂质体的包封率（Zheng et al., 1999）；④可进行连续化大规模的商业化生产（Vuillemard, 1991）。但大量的科研资料证明，由于动态高压微射流的高剪切作用，若该技术控制不当将破坏包裹物的结构或功能（Kasaai et al., 2003），甚至导致物料的损失、污染以至于影响大规模生产。

除了生产脂质体外，还可以利用动态高压微射流对脂质体进行改性。Yang等（2012a）采用薄膜法制备得到粗脂质体，主要是LUV和MLV，再用动态高压微射流120MPa处理两次后得到粒径为73.9nm的SUV，透皮实验表明纳米脂质体提高了V_C的生物利用率。Liu等（2011b）采用薄膜法结合动态高压微射流制备出粒径为77.6nm的中链脂肪酸纳米脂质体。Zou等（2014）采用乙醇注入法制备出粗脂质体，利用动态高压微射流在120MPa的压力下处理两次，得到粒径为71.7nm的EGCG纳米脂质体。粗脂质体在动态高压微射流处理后，大量脂质体形成碎片，然后发生再次组装，自动弯曲、闭合，重新形成新的、颗粒较小的脂质体（图7-4），经过动态高压微射流得到的SUV分散均匀，相对粗脂质体清澈透亮，且稳定性提高。

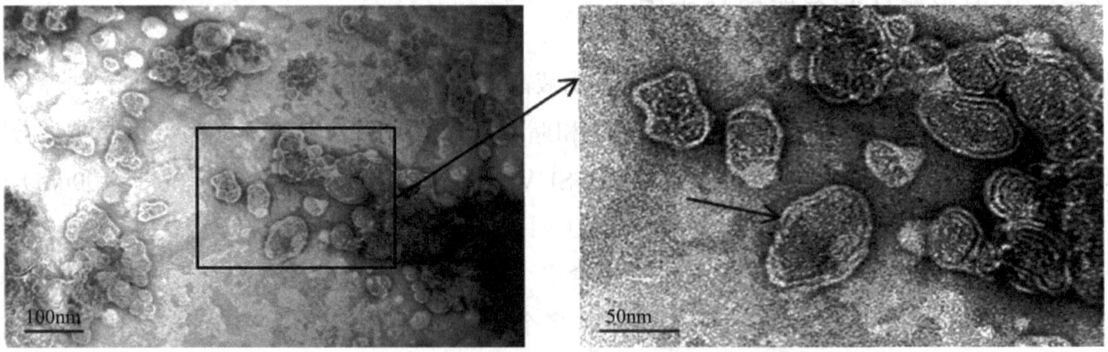

图7-4　EGCG纳米脂质体的透射电镜图

（四）作为天然产物辅助提取手段的应用

天然产物有效成分提取及农产品加工废弃物的高值化利用是目前研究的热点。传统提取方法主要采用有机溶剂浸提，长期研究表明，传统方法有许多缺点：①有机溶剂的大量使用，不但制造出污染环境的废液废渣，而且残留的溶剂会影响产物的质量和稳定性；②提取效率低、步骤多、选择性差，较难实现自动化或联用；③提取温度高、时间长、能耗大，且易造成热敏性成分分解和挥发性成分损失。因此，发展快速、高效、尽量不用或少用有害试剂、将环境污染减到最低限度的绿色产品处理技术，已成为该领域科学工作者追求的目标。李志（2011）利用动态高压微射流技术提取甘薯叶中黄酮类化合物，研究该处理技术对甘薯叶黄酮得率、结构和抗氧化性的影响。研究结果表明通过优化工艺参数，动态高压微射流可以提高黄酮的得率，可能是高压造成了细胞的破裂。该技术对甘薯叶黄酮结构和抗氧化性能并没有显著影响，但会使槲皮素比例下降，鼠李柠檬素比例增加（Huang et al., 2013b）。姜颖（2011）以香菇子实体为原料，将动态高压微射流技术应用于香菇多糖的提取，以动态高压微射流提取参数条件的优化和提取机制为研究重点，考察动态高压微射流提取对多糖得率、多糖理化性质、多糖初级结构及抗氧化性的影响。发现动态高压微射流提取提高了多糖的得率，可能是动态高压微射流作用加速了溶质香菇多糖的渗透和扩散过程，并且对样品细胞结构造成破坏（图 7-5）（Huang et al., 2012），减少了传质阻力，进一步增强渗透及扩散效果，从而提高得率。该技术未增加新的多糖组分，但导致多糖粒度分布相对不均，表观黏度降低，分子质量下降，多糖大分子链降解为较小分子，但动态高压微射流提取未破坏多糖结构及多糖溶液构象。因此动态高压微

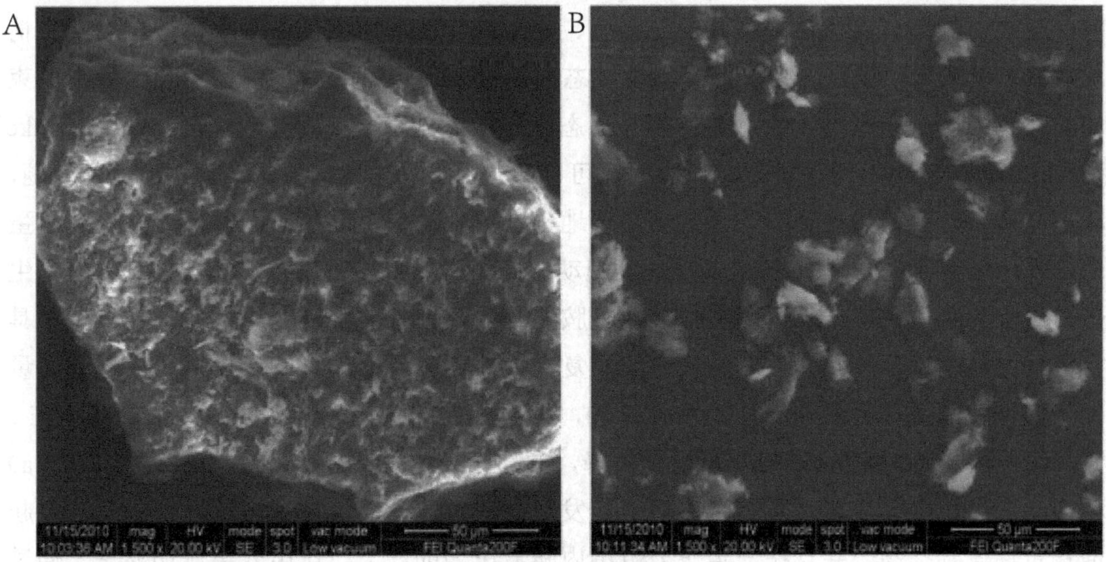

图 7-5　香菇子实体

A. 原料；B. 动态高压微射流处理后

射流这种特殊的高压均质技术，利用其强大的机械作用，使细胞破碎，促进细胞内容物溢出，从而提高有效成分的提取率。与传统提取技术相比，该技术具有提取效率高，得率高，生产成本低等优势，在天然产物的辅助提取方面值得深入研究。

（五）作为生物（食品）大分子改性的应用

动态高压微射流技术处理食品生物大分子如蛋白质、酶、多糖、膳食纤维等，会造成这些食物大分子的结构改变，且这些结构变化与其性质变化密切相关。

1. 蛋白质 / 酶改性方面

蛋白质的功能性质在食品加工中起着非常重要的作用，但不同食品体系和应用中要求蛋白质发挥不同的功能特性。蛋白质的功能特性与其结构直接相关。蛋白质的改性就是人为地对蛋白质结构进行修饰。从分子水平看，改性实质是切断蛋白质分子中主链或是对蛋白质分子侧链基团进行修饰，使其氨基酸残基和多肽链发生某种变化，从而引发蛋白质空间结构和理化性质改变，使蛋白质功能特性和营养特性得到改善。目前常用的蛋白质改性技术有物理改性、化学改性、酶法改性和基因工程改性等。随着人们对食品安全重视度的提高，物理改性逐渐受到青睐，采用超高压、超声波、挤压等物理技术对蛋白质进行改性的技术逐年增多。动态高压微射流这种特殊形式的物理改性技术也被用于蛋白质和酶类的改性中。

动态高压微射流技术处理蛋白质会对其功能性质及结构产生一定的影响。Bouaouina 等（2006）报道了动态高压处理使乳清分离蛋白中大蛋白聚合体内部包含的疏水性基团暴露，但不能使其在水中的溶解度增加。Grácia-Juliá 等（2008）对比了动态高压技术和瞬时热处理对乳清分离蛋白的溶解性、黏度、色泽等物理特性和蛋白聚集体的粒度分布情况的影响。Roach 和 Harte（2008）发现动态高压微射流可有效减小酪蛋白及酪蛋白胶束的粒径和粒度分布范围。通过热处理与动态高压微射流结合处理乳清蛋白，Dissanayake 和 Vasiljevic（2009）发现动态高压微射流可以改善热处理后乳清蛋白溶解性变低的问题，动态高压微射流与热处理的结合使用显著地延长了乳清蛋白的热凝结时间，并使乳清蛋白的乳化性得以提高。Hu 等（2011）利用动态高压微射流均质与转谷酰胺酶交联对花生蛋白进行复合改性，结果表明：与转谷酰胺酶交联改性相比，复合改性后的花生蛋白具有更好的溶解性及乳化活性。结构方面，复合改性更容易导致花生蛋白总游离巯基含量的下降，暴露巯基含量与表面疏水性增加，二级结构的变化也更加明显，主要表现在：其二级结构中 α - 螺旋及 β - 折叠含量下降，β - 转角及无规卷曲含量增加。Liu 等（2011a）利用动态高压微射流处理乳清蛋白溶液，发现处理后的乳清蛋白其溶解性、起泡性及起泡稳定性得到提高，并且在一定压力范围内随着压力的增大，作用效果愈加显著。通过扫描电子显微镜、粒径及疏水性分析推测乳清蛋白功能性质的改变可能是因为乳清蛋白在动态高压微射流处理后先发生了解聚作用，处理压力升高后乳清蛋白又发生重聚作用。图 7-6 为乳清蛋白在不同压力处理后的扫描电镜图。在大豆分离蛋白上也发现了类似的改

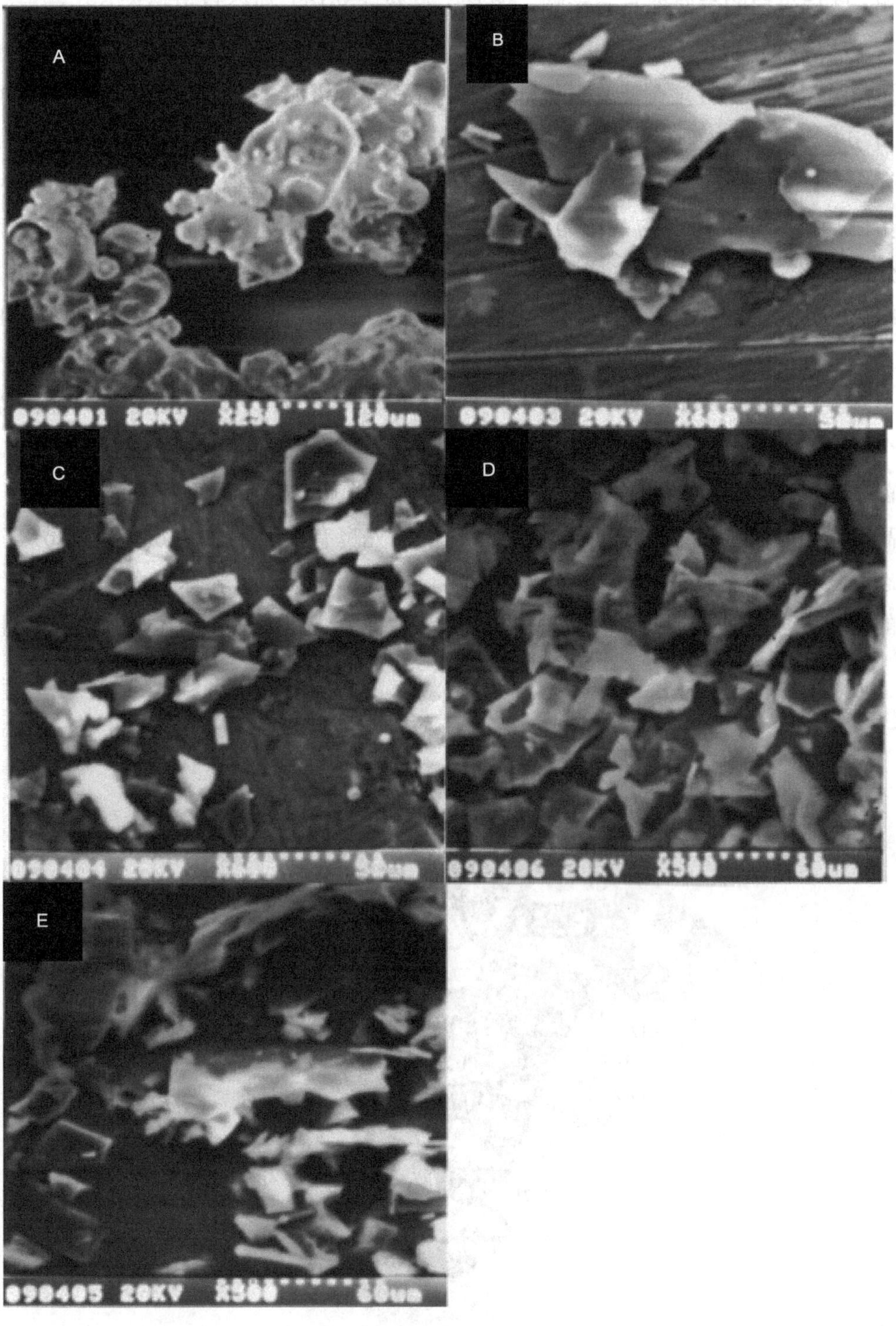

图 7-6　乳清蛋白的扫描电镜图

A. 乳清蛋白原样；B. 40MPa处理；C. 80MPa处理；D. 120MPa处理；E. 160MPa处理

变，Shen 和 Tang（2012）研究报道了动态高压微射流处理增强了大豆分离蛋白的溶解性及乳化性，处理后的大豆蛋白的表面疏水性及二硫键含量也相应增加。动态高压微射流处理对 β - 乳球蛋白的抗原性具有影响，如 Zhong 等（2012）研究报道动态高压微射流处理对 β - 乳球蛋白抗原性及结构的影响，结果表明：在低压段（0 ～ 80MPa）时，处理后的 β - 乳球蛋白分子其抗原性增强，游离巯基和 β - 折叠含量增加，而在高压段（80 ～ 160MPa）处理后 β - 乳球蛋白分子其抗原性降低，游离巯基和 β - 折叠含量下降。刘国琴（2013）等研究了动态高压微射流对小麦面筋蛋白功能性质的影响及其机制，动态高压微射流对面筋蛋白功能性质的改变与其压力及蛋白浓度密切相关。动态高压微射流使小麦面筋蛋白大分子质量亚基被破坏，生成更多的小分子质量亚基，进而形成新的具有更加紧凑的空间结构的水溶性聚集体，从而影响了小麦面筋蛋白的溶解度、起泡和乳化性能。Huang 等（2013a）测定了动态高压微射流处理前后牛血清白蛋白（BSA）糖基化位点数的变化，结果显示经 50MPa、100MPa 和 200MPa 的动态高压微射流处理后 BSA 的糖基化位点数从 7 个分别增加至 10 个、11 个和 11 个，图 7-7 展示了 BSA 在 100MPa 动态高压微射流处理前后其糖基化位点的变化，这表明动态高压微射流处理可以显著地促进美拉德反应。动态高压微射流结合糖基化处理β- 乳球蛋白的研究也有报道，如 Zhong 等（2014）报道了动态高压微射流在压力小于 120MPa 时结合糖基化可降低β- 乳球蛋白的抗原性，其抗原性的变化主要与处理后β- 乳球蛋白构象的变化有关。利用动态高压微射流改性蛋白质

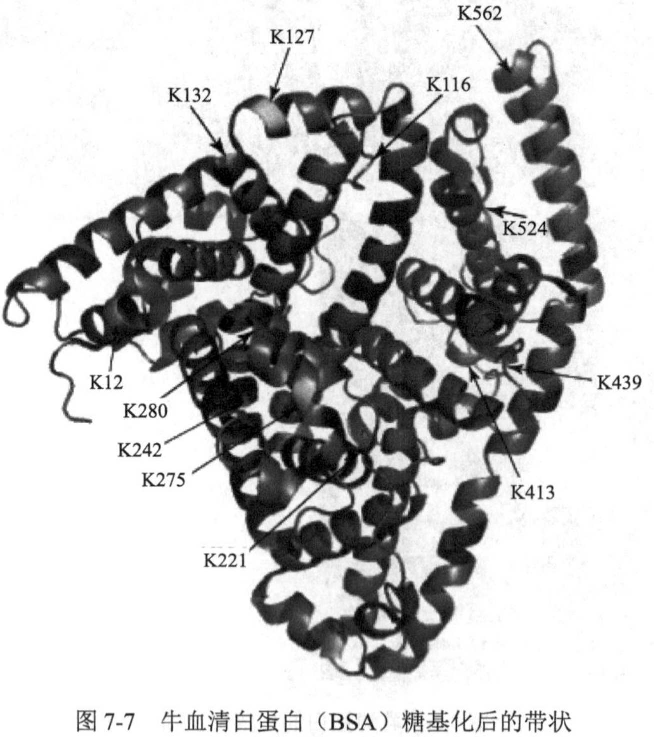

图 7-7　牛血清白蛋白（BSA）糖基化后的带状

绿色为未处理的BSA中糖基化的位点；粉色为BSA经100MPa动态高压微射流处理后增加的糖基化位点

一直是当前研究的热点问题，综上可知，动态高压微射流对不同种类蛋白质的功能性质如溶解性、起泡性、乳化性、抗原性等具有一定的影响，蛋白质结构也发生了改变。部分研究阐述了动态高压微射流处理对蛋白质功能性质的改变与蛋白质结构变化的关系。

动态高压微射流对酶学性质的影响主要体现在酶活、热稳定性及 pH 稳定性等方面。由于不同种类的酶本身结构的差异性，动态高压微射流处理对其产生的影响也不同。Liu 等（2009b）利用动态高压微射流对氧化还原酶如多酚氧化酶（PPO）进行了改性研究，发现随着动态高压微射流处理压力的升高，中国早酥梨 PPO 的活性逐渐增加，在压力为 180MPa 时，PPO 的活性是未处理前的 182.57%，同等压力下，相对活性随着处理次数的增加而增加。Liu 等（2009a）还研究了动态高压微射流处理对蘑菇 PPO 活性及结构的影响，在 90MPa、110MPa、130MPa、150MPa 下分别处理一次，其活性均有所升高，当压力为 110MPa 时蘑菇 PPO 表现出的最高活性为 110.74%。这与上述动态高压微射流处理后中国早酥梨 PPO 活性升高的程度相比具有较大的差异，其原因可能是 PPO 的来源不同。经动态高压微射流处理后，蘑菇 PPO 的 α- 螺旋含量降低，β- 折叠、β- 转角、无规卷曲的含量也发生一定程度的改变，通过荧光光谱和紫外吸收光谱分析发现蘑菇 PPO 的三、四级结构也发生了变化。在蛋白酶方面，Liu 等（2010a）对胰蛋白酶和木瓜蛋白酶进行了研究，结果显示动态高压微射流显著提高了胰蛋白酶在不同 pH 和温度下的稳定性，但对其活性无明显影响。动态高压微射流处理胰蛋白酶使其发生去折叠，游离巯基含量增加，总巯基含量减少，通过红外光谱分析发现 α - 螺旋含量降低。利用动态高压微射流处理木瓜蛋白酶，当压力为 180MPa 时，其相对活性降为 90.04%，通过荧光光谱分析发现酪氨酸和色氨酸残基的荧光强度在不同程度上都有所下降，但随着压力的上升，荧光强度逐渐增加。由此可见动态高压微射流对蛋白酶与 PPO 活性的影响并不相同，这可能是不同种类的酶本身结构的差异所致（Liu et al., 2010b）。王倩等（2011）采用动态高压微射流对富士苹果汁进行处理，结果显示动态高压微射流对苹果汁中过氧化物酶（POD）具有一定的钝化作用。动态高压微射流对 POD 酶学性质的影响与处理压力、处理次数和进料温度有很大关系。黄波等（2011）报道了聚半乳糖醛酸酶（PG）经过动态高压微射流处理后，其活性随处理压力和处理次数的增加均有不同程度的下降。酶的构象分析显示 PG 的二级结构中 β - 折叠含量降低，同时 PG 酶分子结构更为“松散”，原来包埋在分子内部的 Trp 和 Tyr 残基部分暴露出来，分子表面的二硫键被打断形成巯基，但从分子整体来看，新的二硫键形成的量要多于被打断的量。尹曼等（2011）以猪胰脂肪酶（PPL）为原料进行研究，发现动态高压微射流处理对 PPL 具有钝化作用，处理压力越大，钝化作用越小，4℃下储存 24h 后相对酶活有所回升。通过紫外光谱和圆二色谱分析动态高压微射流对 PPL 构象的影响，发现经 100MPa 动态高压微射流处理后 PPL 的紫外吸收强度降低，β - 折叠含量减少，但随着处理压力增大，紫外吸收强度和 β - 折叠含量逐渐增大；4℃放置 24h 后，紫外吸收强度和 β - 折叠含量进一步上升，PPL 的相对酶活与紫外吸收强度、β - 折叠含量呈一定的正相关。Liu 等（2012）将天然态的胰蛋白酶进行动态高压微射流处理后得到去折叠化的胰蛋白酶，以去折叠态胰蛋白酶为修饰对象进行化学修饰。用琥珀酰亚胺碳酸酯活化的单甲氧基聚乙二醇（mPEG-SC）作为分子补丁修饰经动态高压微射流诱导的去折叠态胰蛋白酶，其储藏稳定性得到提高，去折叠及修饰过程如图 7-8 所示。荧光猝灭现象表明 mPEG-SC 修饰能够抑制去折叠态的胰蛋白酶发生再折叠。在后续的研究中，Liu 等（2014）还发现去折叠态胰蛋白酶经 mPEG-SC 修饰后其热稳定性（45 ～ 70℃）比天然态胰蛋白酶更好，这可能是由于其表面疏水性降低、氢键含量升高所致。由圆二色谱分析可知修饰后的胰蛋白酶 β- 折叠含量增加，荧光光谱显示荧光强度减弱并发生蓝移，结合紫外吸收光谱分析表明去折叠态胰蛋白酶经过 mPEG-SC 修饰后能阻止疏水性氨基酸的暴露，从而降低其表面疏水性。

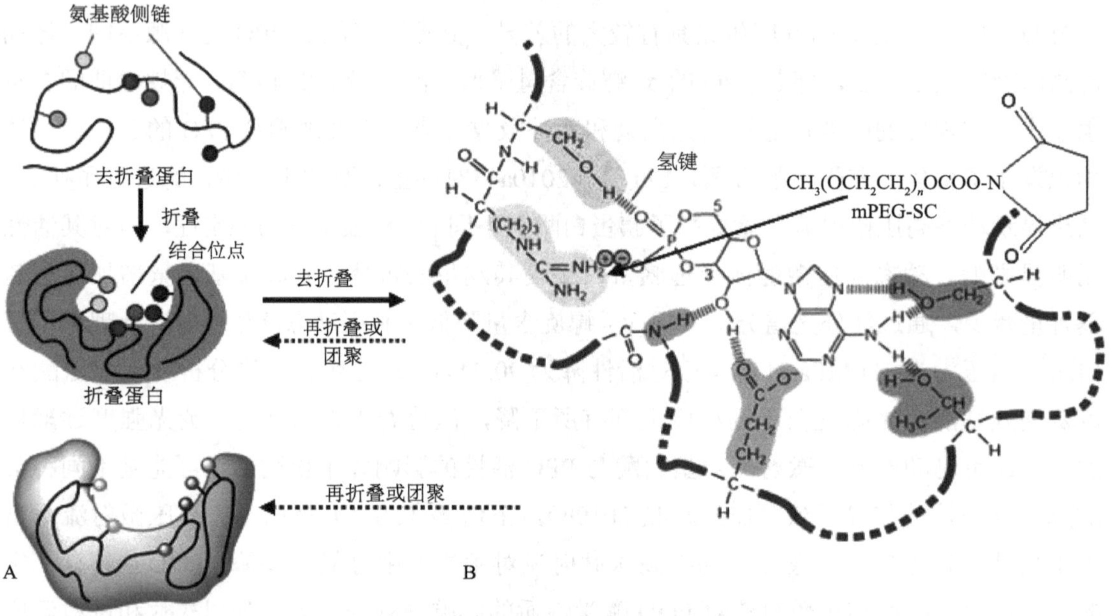

图 7-8　蛋白质于不同状态下的构象

2. 非淀粉多糖改性方面

多糖广泛参与细胞的各种生命活动而产生多种生物学功能，如增强免疫特性、抗肿瘤、抗病毒、抗凝血、延缓衰老等。在对多糖的结构及其活性的研究中，科技人员注意到以下问题：①自然界中存在的多糖并不都具有活性；②有些多糖由于结构或理化性质等障碍而不利于其生物学活性的发挥；③也有些多糖尽管药效良好，但同时也会产生一些不良反应，甚至毒副作用；④有些从天然生物体内分离的多糖活性较弱，有待进一步提高；⑤有些多糖的物理化学特性不适合工业加工过程，例如，黄原胶等的高黏度致使其在工业加工中的传输存在巨大问题。因此越来越多的研究集中在多糖的改性方面，包括物理改性、化学改性、酶法改性等。物理改性被认为是绿色安全的处理手段，受到越来越多的关注。动态高压微射流这一新兴的处理手段在非淀粉多糖的改性方面已经展现出优越的性能。

Lagoueyte 和 Paquin（1998）研究了动态高压微射流技术对黄原胶的流动性、持水性、吸水性和分子质量的影响，表明压力和循环次数使得黄原胶的所有这些功能性质都有所降低，并认为动态高压微射流处理过程中的高速剪切、涡流及空穴作用使得黄原胶构象从有序向无序转变（通过分子的打开），从而发生降解；Kasaai 等（2003）采用动态高压微射流降解壳聚糖，证明降解效果受压力、处理时间、分子质量及聚合物浓度影响，温度对其影响可以忽略。链的断裂随着压力和原始分子质量的升高而加剧，随着浓度的升高而降低，且处理后，分子质量分布更窄。该作者还发现分子质量大的分子更容易发生降解。另外，壳聚糖降解产物的乙酰化度在 0.1mol/L HAc 溶液处理时，有所升高，而在 0.04mol/L 的盐酸中则没有变化，表明动态高压微射流同时还可以作为一个反应器。

Silvestri 和 Gabrielson（1991）等利用 Microfluidizer M110T 动态高压微射流设备在不同压力下（51.7MPa、86.2MPa、120.7MPa）处理黄芪胶时发现 Microfluidization 处理过程中的剪切作用和振荡作用会使得黄芪胶的特性黏度下降，该作者认为动态高压微射流提供的最初能量一部分被用来打开长链，当链被打开后，黄原胶变得更容易受到动态高压微射流的机械作用，因为有更多的键可以直接暴露给机械力；Chen 等（2012）采用动态高压微射流法对高酯果胶进行处理，发现高酯果胶的表观黏度、分子质量（图 7-9）和粒径随压力的升高而降低，还原糖含量则随压力的升高而升高。同时果胶的表观形貌也由块状向多孔碎片转变。傅里叶红外光谱表明动态高压微射流对果胶的基本结构没有影响，同时由于还原糖的升高与分子质量的降低呈线性关系，表明果胶的降解可能源于分子内糖

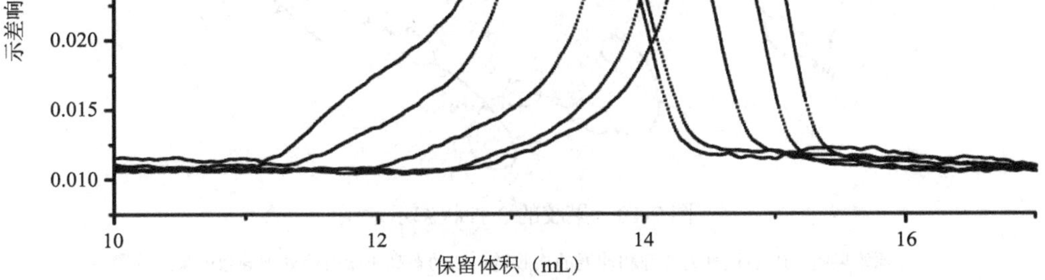

图 7-9　动态高压微射流压力对果胶分子质量分布的影响

苷键的断裂。当 H^+ 浓度降低时降解受到抑制，表明这种糖苷键的断裂可能不仅仅来自于强烈的机械力作用也可能来自于酸水解作用。因此，本研究认为机械力可以打开果胶分子或使果胶分子更加伸展，使得更多的糖苷键可以暴露给机械力和 H^+ 攻击（图 7-10）。

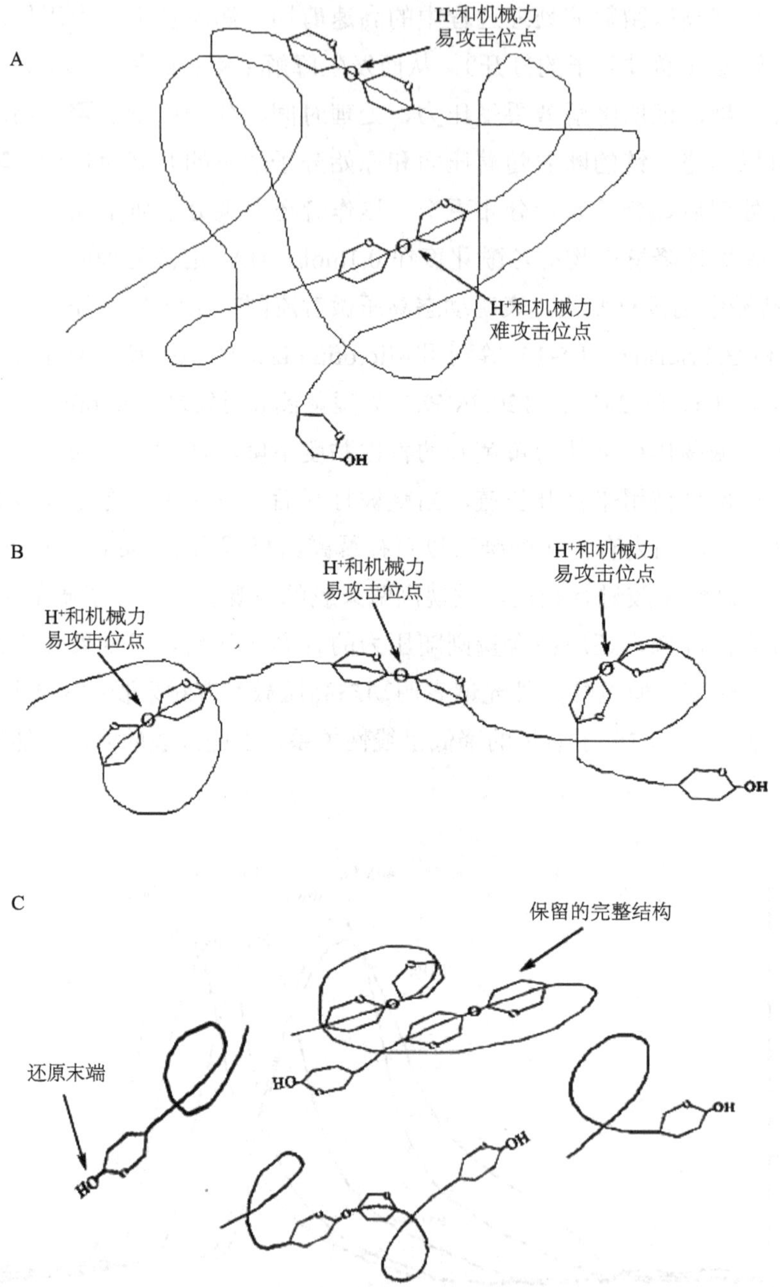

图 7-10　果胶的 3 种状态示意图

A. 原始果胶；B. 被机械力打开和伸展的果胶链；C.动态高压微射流处理导致的果胶片段

Cencia-Rohan 和 Silvestri（1993）研究了溶剂对动态高压微射流诱导的黄芪胶降解的影响，表明加入醇类提高了共溶剂的黏度及溶剂系统的排出体积。在低醇浓度，升高黏度提高了机械降解的速率；在高醇浓度，增大排出体积，降低机械降解速率。这些影响似乎与醇类的分子尺寸或亲水性有关。另外，该团队还研究了动态高压微射流对具有 A-B-A 块状结构聚合物（pluronic surfactant）的降解作用（A 为亲水性的 polyoxyethylene, B 为疏水性的 polyoxypropylene），结果表明 A 末端初始分子质量的不同对总体分子质量下降的比例具有重要影响，A 末端分子质量最大的 L64 降解得最剧烈。机械降解速率的不同可能反映了暴露在机械力中的平均分子表面积的不同（Silvestri et al., 1991）。Laneuville 等（2013）研究了动态高压微射流技术处理对黄原胶的影响，发现黄原胶的降解和团聚程度与流变和流动诱导的双折射间具有相关性，并提出了黄原胶的降解机制：起初，动态高压微射流处理减少了黄原胶的聚合状态，甚至可能引起双螺旋结向单链转变；随着处理加剧，主链发生降解。有趣的是，样品在高离子强度下经动态高压微射流处理更容易发生机械降解，作者认为刚性分子在有序构象时暴露更大的表面，使其能受到更大的剪切和空穴效应。从这几项研究可以看出，多糖的构象对其在动态高压微射流中的降解程度有重要的影响。

Tsai 等（2009）采用动态高压微射流结合超滤的方法来制备具有不同分子质量和分子质量分布的壳聚糖。结果表明反应速率常数在反应初期、高压阶段及采用超滤处理移除小分子片段时更大，且 30℃处理效果好于在 50℃和 0℃的处理。该作者还比较了动态高压微射流、超声及剪切处理在不同条件（如溶液浓度、温度、反应时间、是否采用超滤）下对壳聚糖降解的影响，结果表明在较高溶液浓度时，采用动态高压微射流的方式最为有效，剪切的作用机制主要是缠绕和拉伸，超声处理的机制是空穴作用，而动态高压微射流处理同时涉及缠绕、拉伸和空穴作用（Chen et al., 2011）。工业上制备不同分子质量壳聚糖的较优条件为：在初始阶段 50℃机械剪切结合超滤处理，然后 30℃动态高压微射流结合超滤处理。Chen（2013a）等也采用动态高压微射流对苹果果胶进行降解制备果胶低聚糖，在果胶浓度 1.84%，溶液温度 63℃，动态高压微射流处理压力 155MPa, 循环次数 6 次时，果胶制备成果胶低聚糖的转化率为 32.92%。所得果胶低聚糖含有 29.56% 的半乳糖醛酸及 58.53% 的中性糖。粪便发酵实验表明，该果胶低聚糖较母体果胶更能增加双歧杆菌和乳酸杆菌的数量，同时产生更多的乙酸、乳酸和丙酸，而且果胶低聚糖能抑制拟杆菌和梭状芽孢杆菌，但其母体果胶则促进这两种菌的生长。另外，果胶低聚糖对细菌生长的影响和短链脂肪酸的产生能力和最常用的益生元 - 低聚果糖相当。表明动态高压微射流是制备果胶低聚糖比较适合的手段，所得果胶低聚糖可能是一种有效的新型益生元。

Ronkart 等（2010）采用动态高压微射流处理菊糖 - 水系统，得出的结论却与以上研究完全不同，其认为高压处理并不会导致菊糖化学组成的变化，但是使得整个系统的凝胶性和菊糖溶液的黏度升高。黏度随着处理次数和浓度的升高而升高。粒度仪和显微观察表明粒径减小及由团聚物形成网络结构，导致系统质构发生改变。

综上所述，动态高压微射流对非淀粉多糖的作用受多种因素的影响，例如，外因包括动态高压微射流的压力、处理次数、溶液的浓度、pH、温度、溶剂性质（离子强度、溶剂极性）等。内因包括多糖的分子质量、结构组成、分子构象等。多糖分子构象在动态高压微射流处理多糖中所起的作用是目前研究的热点问题，而动态高压微射流对多糖的降解机制也不仅仅只是归因于该物理方式强大的机械力作用，H^+ 攻击等化学作用也被认为在其中扮演重要的角色。在动态高压微射流的应用方面，该技术可以用于多糖的降解，从而改变其流变性能或制备低分子质量的聚合物，甚至是低聚糖，或用于改变多糖类物质的物化性质，达到物理修饰的效果。然而，动态高压微射流在多糖方面的应用仍然比较局限，有待进一步的拓展。

3. 淀粉改性方面

天然淀粉是由葡萄糖组成的多糖高分子化合物，其在植物中以颗粒形式存在，大小一般为 1 ～ 100μm。天然淀粉具有直链淀粉和支链淀粉两种结构（涂宗财等，2009c）。由于分子结构的不同，直链淀粉和支链淀粉在功能特性上存在较大的差异。支链淀粉（蜡质淀粉）和普通淀粉相比具有较高的膨胀度、透明度、黏度和稳定性，其相对分子质量为 10^7 ～ 5×10^8，属于较大的分子之一，支链淀粉的分支以成簇和双螺旋形式存在，支链淀粉的侧链有序排列形成许多小结晶区；直链淀粉的相对分子质量约为 10^6，其含量的高低是影响淀粉糊化、胶凝、老化等性质的重要因素之一，影响淀粉作为添加剂和功能性组分方面的性质。天然淀粉不仅是重要的食品基料，而且是重要的化工原料，其理化性质直接影响到淀粉的应用范围和应用价值。天然淀粉具有许多性质上的不足之处，如不溶于冷水、淀粉糊易老化脱水、成膜性差、缺乏乳化力等（涂宗财等，2009b），通过化学或物理方法改性天然淀粉后，能改善其部分物理特性使之符合某种特性工业用途的要求，甚至增加新的性能，更加广泛地应用于工业生产各部门。国际上，化学改性的效果好、成果多，但是由于其安全性问题，在食品领域的应用较少（涂宗财等，2010），因此无任何化学物质添加的物理改性技术成为国际研究热点。

动态高压微射流也被用来修饰淀粉颗粒。Kasemwong 等（2011）研究了动态高压微射流对木薯淀粉结构、结晶性，以及热性质的影响。显微镜观察表明天然的淀粉颗粒是椭圆形的，经动态高压微射流处理后，大的淀粉颗粒部分凝胶化，在颗粒表面形成凝胶样结构。但是所有样品的 X 射线衍射类型都没有改变，均为 A 型。结晶度随着压力的升高而降低，同时，动态高压微射流处理降低了淀粉的熔化热。Wang 等（2008）考察了动态高压不同压力处理 1% 的玉米淀粉对其淀粉结构和热性能的影响，DSC 分析表明随着均质压力的上升，凝胶温度和凝胶热变下降，而对老化没有明显影响；光散射表明颗粒尺寸在 140MPa 处理后有所增加，这可能是由于淀粉颗粒的凝胶和团聚。Tu 等（2013）采用动态高压微射流（80MPa、120MPa、160MPa 和 200MPa）单次处理 6% 的玉米直链淀粉。用激光散射测定经动态高压微射流处理前后玉米直链淀粉的粒径，结果发现 80MPa 处理时平均粒径略微降低，而压力大于 120MPa 时粒径明显增大。扫描电镜显示玉米直链淀粉的表观形貌在动态高压微射流处理后发生明显变化，经处理后淀粉颗粒有部分糊化，且透光率和膨胀力增高，但是溶解性降低，冻融稳定性没有发生明显的变化。DSC 分析显示经动态高压微射流处理，支链淀粉的糊化温度和糊化热函降低。质构分析显示经动态高压微射流处理的支链淀粉凝胶具有高硬度和高黏性，低内聚性和弹性，表明动态高压微射流可能用于淀粉的物理修饰。

4. 膳食纤维改性方面

膳食纤维是人体不可缺少的重要营养素，被称为“第七营养素”，其对维持人体健康起着至关重要的作用。大量的研究证明，膳食纤维的摄入不足会增加肥胖、高血压、高血脂、糖尿病、心脑血管等疾病的患病风险，因此补充富含膳食纤维的食物就成为预防这些疾病的良好途径（Anderson et al., 2009）。按溶解性，膳食纤维可分为水溶性膳食纤维和水不溶性膳食纤维；按来源，膳食纤维可分为谷物纤维、豆类纤维、水果纤维、蔬菜类纤维、合成纤维、半合成纤维、其他天然纤维及微生物纤维。膳食纤维具有发酵性、黏性、高持水性、高膨胀性、阳离子交换作用及吸附作用等物化性质，不能被人体所消化、吸收，具有防治结肠癌、降低血糖、预防糖尿病和减少重金属等有毒物质的吸收等生理功能。膳食纤维的生理功能与其理化性质密切相关，不少天然膳食纤维的一些特性尚存在缺陷（Aravind et al., 2012），如口感粗糙，持水力、膨胀力差，生理活性更强的可溶性膳食纤维含量低等，限制了膳食纤维资源的开发和利用，因此膳食纤维改性成为研究热点之一（Rosell et al., 2009）。

膳食纤维的改性方法包括化学处理法、生物技术法和物理改性法，其中物理改性因其既避免了化学处理过程中的不安全因素，又突破了生物方法中对反应条件控制要求严格的局限性，被国际社会视为最具前瞻性的研究方向。动态高压微射流技术可以使植物细胞壁破碎，大大提高膳食纤维细腻度，促进可溶性膳食纤维转化，提高膳食纤维的加工性能和生理活性（常远等，1999）。目前研究主要集中在膳食纤维改性后功能性质和生理活性方面，对极端条件膳食纤维的改性机制研究极少，缺乏实践过程中对膳食纤维改性的理论指导。

刘成梅等（2006b, 2005, 2004b, 2004c）和熊慧薇（2006）将动态高压微射流用于大豆膳食纤维的改性，结果表明处理后的大豆膳食纤维溶液水化性能得到改善，具有更高的表观黏度、屈服应力和流变学模型拟合度，可溶性纤维含量显著增加，膳食纤维悬浮液具有更稳定的分散体系，纤维颗粒从局部凝集变成均匀分散。经动态高压微射流 - 酶解处理后的豆渣膳食纤维，结合水力、持水力和膨胀率均增大；通过镜检得出，膳食纤维纤维束未产生明显的截断痕迹，但动态高压微射流处理使得膳食纤维颗粒粒度降低，组织更加松散，透光率提高（熊慧薇，2006；刘成梅，2006）。由图 7-11 可以看出，未经动态高压微射流处理的 A 样品（麦麸膳食纤维）在放大 150 倍的透射电镜照片中存在很多长条细杆型纤维，在放大 1300 倍的照片中纤维结构规则而且一致；动态高压微射流处理后的 B 样品，其放大 150 倍的照片中已经很难发现长条细杆型纤维，其放大 1300 倍的照片中纤维素碎片已经呈现明显的断裂、破碎状，说明动态高压微射流 140MPa 处理从根本上改变了麦麸膳食纤维的形貌特征（刘伟等，2007）。

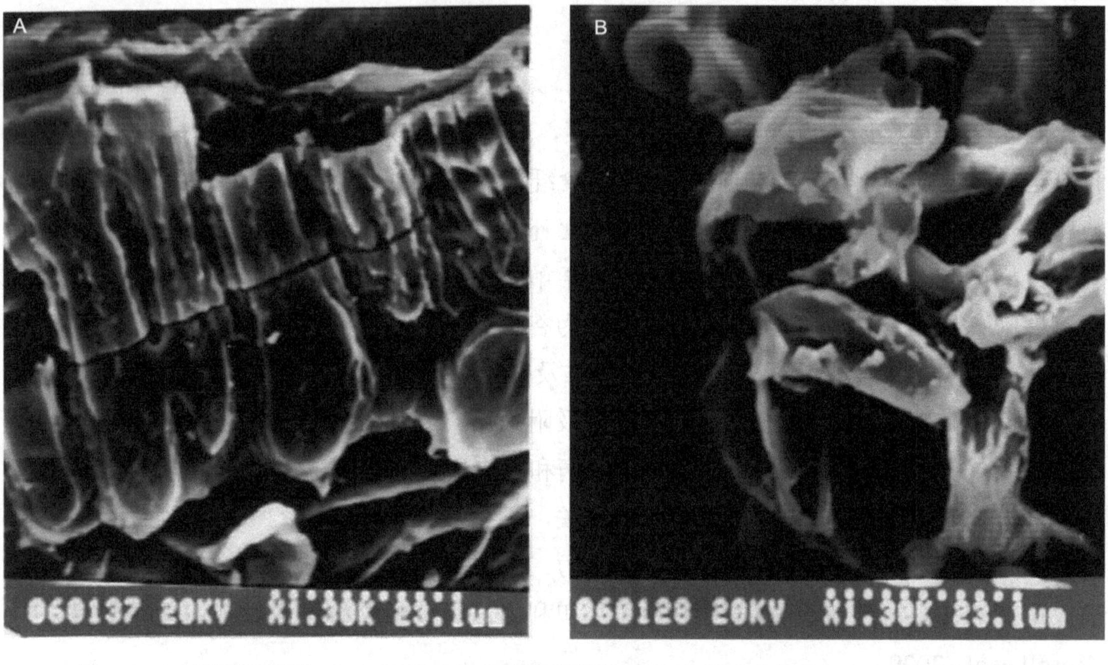

图 7-11　麦麸膳食纤维（A）和经动态高压微射流处理的麦麸膳食纤维（B）的透射电镜图

涂宗财等（2006）利用微生物（混合乳酸菌）发酵与动态高压微射流处理对大豆膳食纤维进行改性，其研究表明发酵处理后使得后续的动态高压微射流处理更容易，所得膳食纤维中可溶性成分从原料的 15% 提高到 37%。采用乳酸菌（保加利亚乳杆菌和嗜热链球菌）发酵结合动态高压微射流对豆渣进行改性，能使可溶性与不可溶性膳食纤维含量的比值最大达到 1 ∶ 2.6，而半纤维素含量下降，纤维素的含量无明显变化，微观结构和结晶结构分析表明动态高压微射流破坏了膳食纤维结构使其表面粗糙但并未改变膳食纤维的晶型，乳酸菌发酵结合动态高压微射流处理还能明显改善膳食纤维的水化性质和持油力，使豆渣膳食纤维结合胆汁酸的能力升高（涂宗财等，2014；Tu et al., 2012）。万婕等（2009）就动态高压微射流对膳食纤维酶解速度的影响进行了研究，发现动态高压微射流改性膳食纤维对纤维素酶的敏感性增加，酶解速度较改性前增大，且膳食纤维酶解速度的变化与处理后膳食纤维物料的破碎和膨化有关。万婕等（2012）还发现经动态高压微射流处理后，膳食纤维的晶型没有发生改变，但动态高压微射流处理可减弱膳食纤维样品分子内的氢键作用，破坏样品结构的有序性，使其表观结晶度降低，比表面积增大。

曾子聪等（2014）的研究结果表明经过动态高压微射流改性后，用电镜观察大豆膳食纤维的表面形态，如图 7-12 所示，未改性的可溶性大豆膳食纤维在电镜下为完整的块状结构（图 7-12A），经过动态高压微射流处理后基本上被粉碎成许多薄片，表面出现细小的孔洞（图 7-12B），说明在动态高压微射流的作用下，物料被细化，同时可溶性大豆膳食纤维内部发生膨化作用，结构变得松散。章文琴等（2010）发现可溶性膳食纤维经动态高压微射流改性后其分子氢键断裂重组，侧链断裂，分子结构中的羧基和羟基等基团更多地暴露出来，分子质量降低；动态高压微射流改变了可溶性膳食纤维糖苷键比例、单糖组成、官能团，使其粒径分布、表观黏度及乳化起泡能力等理化性质得到极大改善；同时，改性可溶性膳食纤维的生物活性得到提高：生理功能实验表明改性后可溶性膳食纤维对有益菌（双歧杆菌、乳酸菌）有增殖效果，对有害菌（大肠杆菌）有抑制效果，同时对胆汁酸及 Ca^{2+}、Mg^{2+}、Cu^{2+}、Pb^{2+} 等金属离子的吸附能力较可溶性膳食纤维增强了。涂宗财等（2009a）研究表明半纤维素 B（一种水溶性膳食纤维）经过动态高压微射流处理后，其物化性质得到了很大的改善；阚苗等（2010）用动态高压微射流对豆渣半纤维素 B 改性后发现，半纤维素 B 两个组分 HCLB-1、HCLB-2 分子发生降解产生了小分子碎片，且使 HCLB-1、HCLB-2 的官能团在红外谱图上的特征峰出现了红移或蓝移现象。

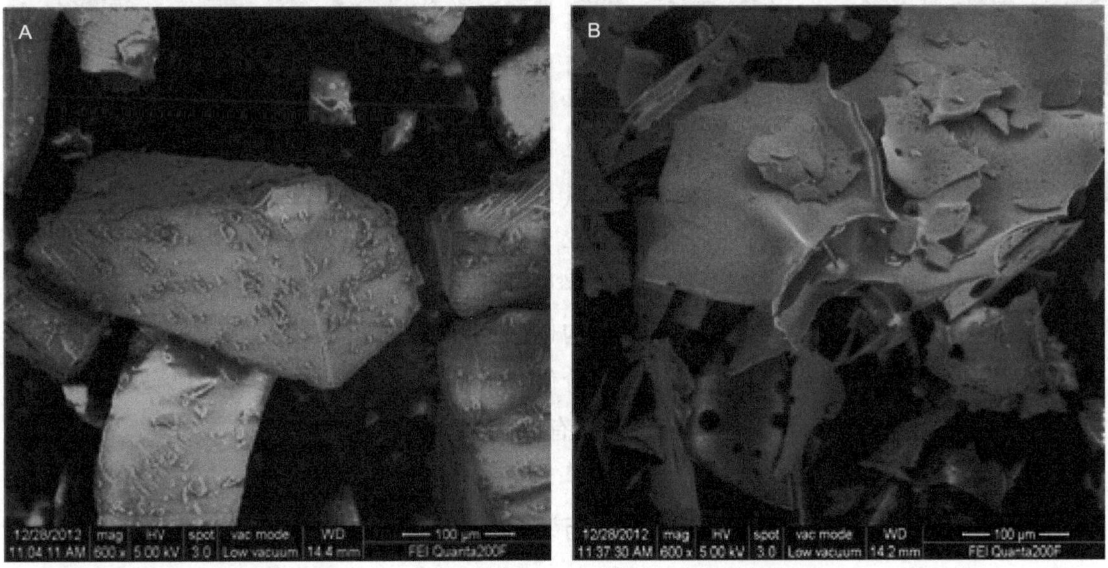

图 7-12　大豆膳食纤维在动态高压微射流 120MPa 处理前（A）后（B）的扫描电镜图

A.大豆膳食纤维; B.动态高压微射流处理后的大豆膳食纤维

已有研究表明动态高压微射流改性膳食纤维对食品的品质改善有较大影响。刘成梅等（2006a）的研究表明添加经动态高压微射流处理后膳食纤维的面包，其内部组织更致密均匀、咀嚼性更强、保存期增加。万婕等（2007）研究发现添加 0.6% 经动态高压微射流 140MPa 处理后的膳食纤维所制得的酸奶口感细腻、爽滑，无异味，质地均匀，乳清析出较少，且能有效提高酸奶凝胶的硬度，增加储运稳定性。余海霞（2008）等在酸奶中添加 0.6% 的经动态高压微射流 80MPa 处理的膳食纤维后，其黏度增大表现为触变性流体特性，可使酸奶口感纯正黏稠。汪志宇（2013）对可溶性和不溶性大豆膳食纤维进行动态高压微射流改性后，将其添加到大米淀粉中可较大程度地改善淀粉凝胶的理化性质，从大米淀粉和大米淀粉 - 改性膳食纤维凝胶的扫描电镜图（图 7-13）中可以看出，与图 7-13A 比较，图 7-13B 中凝胶基本上没有出现大空腔或大空腔壁薄片，它的空腔较小，而且分布均匀，说明修饰后的膳食纤维很好地抑制了凝胶老化而析出大量水分。而添加动态高压微射流改性的可溶性和不溶性大豆多糖后，大米淀粉的老化程度显著降低（$P< 0.05$），且改性压力增大，抑制老化的效果显著增强（$P < 0.05$）。

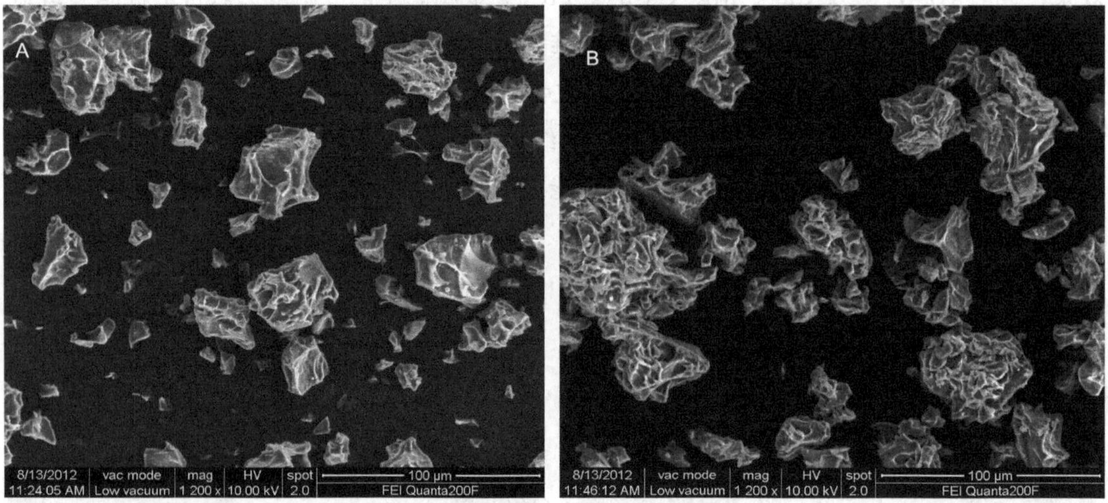

图 7-13　大米淀粉和改性膳食纤维 - 大米淀粉凝胶的微观结构（×1200）

A.大米淀粉凝胶；B.改性膳食纤维-大米淀粉凝胶

随着生活水平的提高，人们的膳食结构也在逐渐发生变化，膳食纤维在很多情况下作为功能因子添加到食品中以提高其营养价值。改性可以使膳食纤维更好地发挥其生理功能，从而拓宽其在食品加工中的应用，具有广阔的发展前景。

二、在主要应用领域理论研究、技术与装备开发及产业化推广的进展

（一）理论研究

为实现射流撞击这一作用，动态高压微射流装备主要的力学形式是采用高速液流喷

射至坚固材料（液 - 固相撞）或两股和多股高速流体相撞（液 - 液相撞）。因而，撞击腔的设计是决定动态高压微射流设备作用效果的核心元件。Håkansson 等（2009）采用动态仿真模型对高压均质过程中可能存在的吸附、重聚集和破碎现象进行了研究；Mohr 等（1987）对高压均质过程中可能存在的高能振动作用和气穴现象进行了分析。刘伟等（2003）、刘成梅等（2004a）、刘伟（2010）等对动态高压微射流设备撞击腔的内部孔道进行划分，并对各段流场的压力和能量及动力学行为进行了分析和模拟，认为动态高压微射流设备内主要的作用形式可能包括高速流体的撞击作用、气蚀作用、强剪切粉碎、振荡作用、膨化作用、涡旋现象等。

（二）技术与装备开发

动态高压微射流技术的应用技术开发主要体现在 3 个方面：①对液体悬浮液进行细化和均一化处理以提高物料的稳定性；②对物料进行改性处理，以改善物料的加工性能和营养特性；③作为一种反应器，在对物料进行均匀混合的同时，实现某些物理、化学反应。

由于动态微射流技术本身就不是单一的作用形式，因此这 3 种目的的实现往往是交织进行的。目前该技术在食品领域内的应用包括物料乳化均质、功能改性、辅助杀菌、营养物纳米粒制备等方面。

在动态高压微射流装备领域里最具影响力的是美国 Microfluidics 公司生产的 Microfluidizer（图 7-14）和加拿大 Avestin 公司生产的 EmulsiFlex（图 7-15），我国廊坊通用机械有限公司也推出了实验室的原型设备（图 7-16）。美国 Microfluidics 公司生产的 Microfluidizer 的设备草图如图 7-17 所示。目前，国际上使用动态高压微射流技术处理各种物料的各种报道中，控制的参数只有处理压力和处理次数，事实上动态高压微射流对物料的作用效果主要来自 3 方面：处理压力、处理次数及力学形式（即核心元件振荡反应腔的微孔流道中的尺寸和几何学设计），力学形式这一问题直接影响了流体的撞击方式和效果。

动态高压微射流设备的关键最主要是振荡反应腔（interactive chamber）的设计，影响处理效果的 3 个关键技术参数如下。①流体射流速度：射流的高速流动是通过外加的高压来实现的，提供足够的高压和确保系统的完好密封是其关键技术之一。②微孔流道孔径：对于微孔管直径，其数值越小就可能产生越大的剪切力，但加工越小的孔径一方面是工程学上的困难，另一方面在应用过程中对液料中的颗粒直径大小提出更高要求，大直径物料容易受堵而影响其应用范围。③微孔流道的几何学形式：目前主要有两种基本的形式（Y 形和 Z 形）（图 7-18），如图 7-19 和图 7-20 所示。微孔流道的几何学形式的设计是尽可能地充分利用各种力场的流道形式。

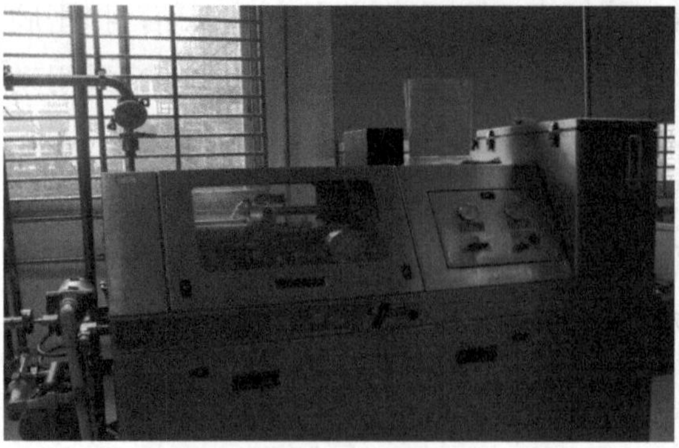

图 7-14　美国 Microfluidics 公司生产的微射流均质机

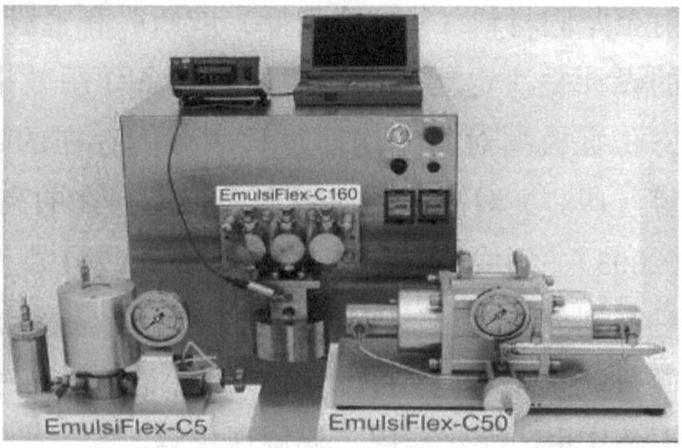

图 7-15　加大拿 Avestin 公司生产的微射流均质机

图 7-16　我国廊坊公司生产的微射流均质机

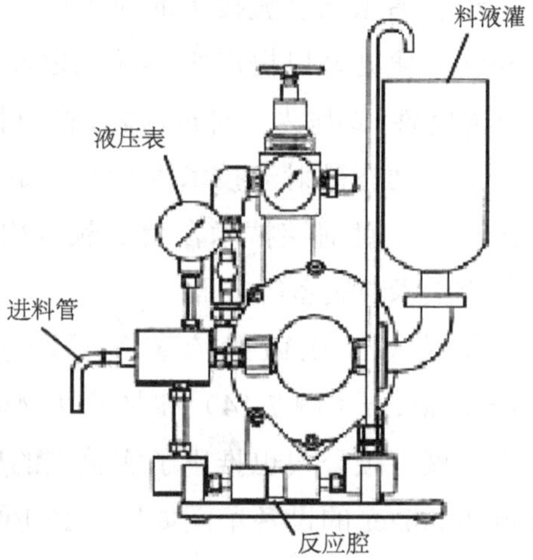

图 7-17　美国 Microfluidics 公司设备草图

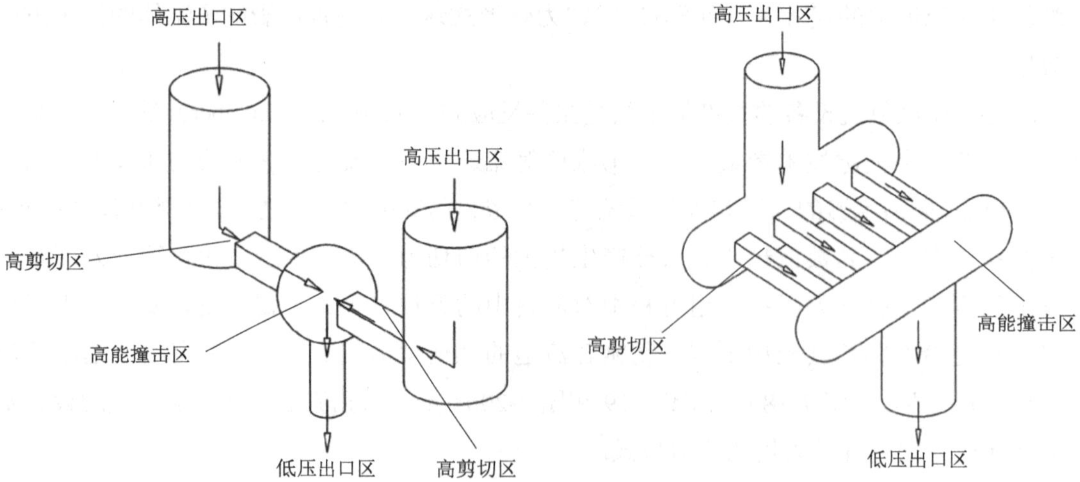

图 7-18　美国 Microfluidics 公司生产的两种 Y 形和 Z 形腔

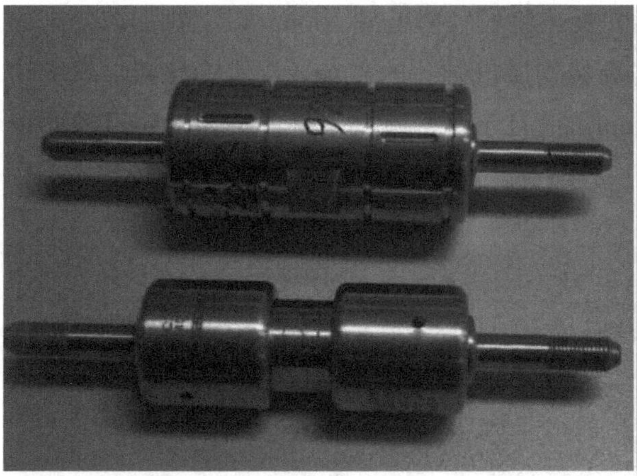
图 7-19　美国 Microfluidics 公司生产的反应腔

图 7-20　国产廊坊公司生产的反应腔

另外，制造孔径合适的经久耐用的振荡反应腔是其又一项关键技术，振荡反应腔内部一般是由两片单晶金刚石压制而成，中心用激光打两个贯通的十字形交叉通孔，通孔的结构尺寸非常重要，孔径的尺寸一般仅有几十到几百微米，以适于强化粉碎和分散。在流体的高压下，金刚石晶体片产生一定的应变并迅速回复，由此产生的强高压、空穴作用使得液料中颗粒粉碎和分散等效果更加明显。

（三）商业及产业化应用

动态高压微射流技术是集输送、混合、超微粉碎、加压、高速撞击、脉冲振动、均质等多单元操作于一体的全新技术，工作压力可达 200MPa，被认为是新兴食品加工与保藏技术中最有潜力和发展前途的一种技术。

在医药领域，全球众多的医药企业都在使用动态高压微射流技术来制备药物。据 Microfluidics 公司介绍，超过 1000 家医药公司（排名前 20 的有 17 家）在采用该公司的动态高压微射流设备来降低纳米乳液和分散液的粒径（图 7-21A），或用于纳米包埋（图 7-21B），或用于细胞破碎。另外，世界著名公司如 Abbott Laboratories、Bristol-Myers Squibbb、Eli Lilly、GlaxoSmithKline、Merck、Novartis、Pfizer、Schering-Plough、Wyeth 等采用该公司的动态高压微射流仪器制备目前市场上知名的药物和疫苗，如被用于制备流行病疫苗及猪的流感疫苗。在疫苗制备中，动态高压微射流一方面用于细胞破壁，许多疫苗的活性物质生长在大肠杆菌、酵母、哺乳类细胞或其他细胞内，每种细胞都需要特定的剪切处理。而动态高压微射流设备在细胞破壁方面非常有效（一次处理能达到 >99% 的破壁率），使得下游加工非常简单。而且，选择适当的加工能量水平，以及采用仪器佩带的热交换器瞬时降温，可以最大限度地保留蛋白质的完整性，从而达到细胞破裂又避免了蛋白质的变形。另一方面，动态高压微射流也被用来降低疫苗纳米乳液和纳米悬浮液的颗粒粒径，提高其均一性和稳定性。将粒径降低到 200nm 以下对疫苗生产的无菌过滤极其重要。将动态高压微射流与高级均质机制备的疫苗效果进行比较，表明动态高压微射流可以制备平均粒径小于 150nm，而几乎不影响其活性的疫苗，但过滤面积却比均质机小 38 倍。

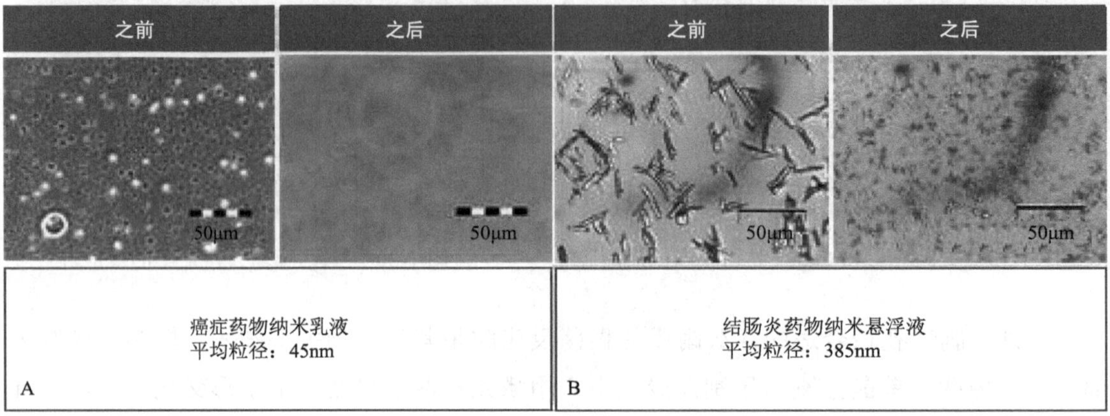

图 7-21　动态高压微射流处理前后癌症药物纳米乳液（A）和结肠炎药物纳米悬浮液（B）的显微镜图

在食品工业中，蛋白质、淀粉、膳食纤维广泛用于食品加工的各个领域。这些生物大分子在食品中可以体现出不同的功能特性，并影响食品的感官特性，而且对食品在制造、加工或保藏中的物理化学性质起着重要的作用。但是，不少天然蛋白质、淀粉、膳食纤维的这些特性尚不突出，其功能特性在某些方面还存在缺陷，往往不能满足现代食品开发与加工的需要。随着食品工业飞速发展，迫切需要大量具有功能特性和营养特性的蛋白质、淀粉和膳食纤维，作为食品原料成分或添加基料。因此，一方面要大力开发具有优良特性的蛋白质、淀粉和膳食纤维资源；另一方面要对现有蛋白质、淀粉、膳食纤维进行改性，以满足人们的特殊需求。

动态高压微射流技术可用于大分子如蛋白质、淀粉、膳食纤维等的结构改性，尤其是当物料受到强烈剪切、高速撞击、剧烈振荡、压力瞬间释放等动力作用时。尽管这些作用产生的基本条件仍为高压，但形式已经远远不止超高静压中单纯的挤压作用。相对而言，动态超高压技术使用压力仅为超高静压的下限压力，在技术措施和工程措施上更具可操作性。通过动态高压微射流技术能使蛋白质、淀粉、膳食纤维获得较理想的功能特性，拓宽蛋白质、淀粉、膳食纤维在食品工业中作为功能性食品基料（如在肉制品、乳制品、焙烤制品、营养配方食品等领域）中的应用，有效地提高蛋白质、淀粉、膳食纤维的综合利用价值，促进营养均衡，保障食品安全，对食品加工业的发展具有积极作用。

三、优势和存在的瓶颈与局限性

（一）技术优势

采用动态高压微射流这种物理处理手段，与化学处理法相比具有较高的转化率而且较少酸碱残留，极大地替代或优化了传统的化学处理手段。如在食品医药化工等领域经常大剂量使用乳化剂、表面活性剂和稳定剂等化学药品，采用动态高压微射流技术可以极大地减少这些化学药品在产品中的使用，从而为资源的综合利用、“三废”的处理、食品安全等提供新的技术手段。

1. 对食品大分子改性方面

动态高压微射流技术是一种新兴的物理处理手段，研究发现该方法较传统的干法碾磨式处理更有助于提高食品大分子（如蛋白质、淀粉、膳食纤维）的功能性质，如改性后的蛋白质可用作乳化剂、凝胶剂和速溶植物蛋白奶粉；改性后的淀粉具有颗粒小、抗老化和易糊化等功能，可用于脂肪代用品、火腿肠中抗老化和婴儿制品中；动态高压微射流技术处理可提高膳食纤维的膨胀力和持水力，且其可溶性膳食纤维占总膳食纤维比例大大提高，经超高压处理后的膳食纤维组织结构变得更加松散、多孔，改性后的膳食纤维口感好、生物活性高，可作为纤维素源用于高档保健品；动态高压微射流技术还可用于改良食品色泽和风味，能使引起不良风味的分解酶部分钝化。动态高压微射流处理后的蛋白质、淀粉、膳食纤维等改性产品的稳定性和风味得以明显提高，应用范围拓宽。

2. 乳化液和脂质体制备面

脂质体是近年来新兴的靶向输送技术，在食品工业、农业及医药等领域显示出广阔的应用前景。从 1988 年第一个脂质体药物在美国进入临床试验至今，已有美国脂质体公司等 10 多家专门从事脂质体研究的公司。纳米脂质体产品在全球的销售额 2000 年时为 12 亿美元，至 2012 年则达到约 100 亿美元，市场前景广阔。但脂质体制备过程中的关键“软件”技术，国外都是作为绝密高新知识产权加以保护的。目前，商品化的脂质体产品主要是包封脂溶性成分，亲水性成分则存在包封率低的问题。我国尚无较成熟的脂质体营养物制备技术，也未形成产业规模。主要原因在于常规工艺生产规模难于放大，且需大量使用有机溶剂，难以保证产品的安全性。以动态高压微射流技术为手段，包封水溶性药物或脂溶性药物，制备包封率高、稳定性好的脂质体及其粉剂是解决我国脂质体发展困境的有效途径。动态高压技术制备脂质体营养物可避免有机溶剂的使用，适宜连续化工业生产，开展攻克脂质体大规模制备的瓶颈技术极大地推动了纳米营养物载体制备技术的发展。

（二）发展瓶颈与局限性

1. 在动态高压微射流作用机制和制造方面

撞击腔是决定动态高压微射流装备作用效果的核心元件。动态高压微射流设备内主要的作用形式可能包括高速流体的撞击作用、气蚀作用、强剪切粉碎、振荡作用、膨化作用、涡旋现象等，但目前对动态高压微射流装备的作用机制还不清楚，足够的高压和确保系统的完好密封难，微孔流道的几何学形式的设计难，振荡反应腔单晶金刚石微孔流道的刻制加工难，以及内部制造孔径合适的经久耐用的振荡反应腔难等都是动态高压微射流装备制造的瓶颈性问题。

2. 在原料预处理方面

动态高压微射流装备微孔流道孔径直径非常小，其目的是为了产生流体高压高速和更大的剪切力。但加工越小的孔径一方面是工程学上的困难，另一方面在应用过程中对液料中的颗粒直径大小提出更高要求，特别是大颗粒纤维类物料，物料容易受堵而影响其应用范围。

3. 物料定向改性的控制方面

动态高压微射流本质上属于机械降解处理，在对食品大分子改性上有时无法定向，如采用动态高压微射流处理蛋白质改变其功能性质如溶解性、起泡性、乳化性等，但无法按需求进行特定的定向改性，往往需要与其他手段相结合处理。另外，影响改性效果的因素较多，如处理压力、处理次数，以及力学形式（即核心元件振荡反应腔的微孔流道的尺寸和几何学设计）、物料本身性质如黏度、分子尺寸、浓度等。而且，目前关于动态高压微射流对食品大分子的改性大多还停留在实验室研究阶段，在工业化应用中由于众多的影响因素及结果的不确定性大，严重阻碍了该技术在食品工业上的规模化应用。

第三节　国内外发展趋势

一、国际发展趋势

（一）理论与技术研究趋势

在动态高压微射流技术与装备开发方面，国际科技人员适应市场需求和行业发展的新动向，不断探索着发明、创造新型均质设备。另外根据生产应用过程中均质机存在的问题，对现有均质设备进行改进及均质工艺设计优化。然而在发展和改进新型动态高压微射流设备时，探索均质机制，提出一定的理论模型对设计新型均质设备、改进现有均质设备及均质工艺设计等具有十分重要的现实意义，而目前关于动态高压微射流机制的分析与探讨还偏少，因此国际科技人员在这方面的工作还难以寻找到强有力的理论支持，不易开展工作。进一步加速拓展动态高压微射流的作用机制研究是动态高压微射流技术与设备开发的必然选择和未来趋势。

在动态高压微射流技术的研究中，国际社会越来越关注均质物料的物理化学特性，同一动态高压微射流的机型在相同的作用条件下处理不同特性的物料，可能得到差异性很大的结果，因此随着动态高压微射流技术研究的深入，动态高压微射流技术的应用领域正在不断拓宽。动态高压微射流反应腔的结构应针对不同特性的物料，设计不同的流道结构，强化不同的机制作用，可达到更好的处理效果。因此，针对物料特异性设计动态高压微射流反应腔的结构是该技术发展的另一趋势。

（二）商业应用与产业化趋势

高压均质机的发明，最初是应用于牛奶的均质，后来越来越多地应用到各种食品物料的处理当中，然后又慢慢地应用于化工、医药和化妆品等行业。然而动态高压微射流设备的应用，一开始在医药（如疫苗、抗体、麻醉药、注射剂等）、生物技术（如细胞破碎、导入等）、化工（如碳纳米管、黏附剂等）等领域使用得较为广泛。后来随着动态高压微射流设备制备成本的降低，以及国内企业运营资本的提升，越来越多的食品，特别是营养品生产企业，也越来越多地采用动态高压微射流设备于其生产线中。在食品领域中，随着动态高压微射流的应用，使食品较好地保持了原有的营养价值、色泽和天然风味。动态高压微射流技术具有连续操作、过程瞬时、均质乳化和超微化、纳米化等优势，当物质颗粒小到超微化、纳米量级以后，会使物料的物化性能和加工特性发生巨大的变化。动态高压微射流技术也表现出对食品大分子改性和资源综合利用的独特加工方法。例如，在食品中采用动态高压微射流技术制备乳液时，在减少乳化剂等使用量的同时，也可以获得长时间稳定的乳化效果。采用动态高压微射流技术处理的物料随时间延长所发生的变化比用低压均质机处理少。而且由于实现了物料的细微化，提高了细微化食物在人体内的消化吸收率，因此非常适合于老年人食用的营养食品、患者食品、婴幼儿食品及流体食品和功能性食品等高附加值制品的开发与生产，市场的潜在需求甚高。总体而言，动态高压微射流技术在食品领域中的应用将不断扩大，应用前景良好。

近年来，随着越来越多的食品生产中也出现利用动态高压微射流技术处理的倾向。该设备生产企业也在不断设计新型设备，增加动态高压微射流设备的品种和规格，以及更新现有的设备，迎合市场的发展需求和趋势，将其推广到更多食品种类的生产当中，辐射更广泛的领域。

二、国内发展趋势

（一）理论与技术研究趋势

均质机的发展，一是根据实际应用的需求，二是要依托科技的发展，即需要有新工艺、新设备、新材料等作为保证。我国均质机产业起步较晚，较国外落后了五六十年，进展慢；60MPa 高压均质机的生产较国外落后了近 80 年，水平相对比较低，无论是材料选择、加工精度、使用寿命、规格品种、应用领域及能源消耗，都与国际先进水平有着不小的差距，这显示我国均质机产业的发展任重而道远。目前，我国还未见真正的动态高压微射流设备，比较相近的为廊坊通用制备的均质机。国内的高压均质机生产厂家如申鹿、东华和廊坊通用等一般生产压力在 100MPa 以下的阀式均质机，而国外企业如意大利 Niro Soavi 公司、德国 APV 公司、加拿大 Avestin 公司生产的高压阀式均质机压力可达 150MPa 甚至 200MPa。因此我国均质机与国外先进国家相比还有一定差距，在技术投入上还需要加强，在产品结构上还需要创新和改造，使之更趋于合理，降低产品消耗。加快关于动态高压微射流机制的分析与探讨，提高动态高压微射流设备的开发能力，设计具有更高压力处理能力的动态高压微射流设备是我国该技术发展的当务之急。

随着我国人民生活水准的普遍提升，对乳制品、饮料的需求急剧增加，每小时几吨的均质机已经不能适应大生产的需要，生产出质量好，性能稳定，每小时产量十几吨，乃至几十吨的特大型均质机替代进口，是我国均质机生产企业的一项紧迫任务。然而目前动态高压微射流设备的处理量还极其有限，发展大处理量的动态高压微射流设备是设备发展方面的另一趋势。

由于特大型均质机的能耗少则一二百千瓦，多则四五百千瓦，能源消耗矛盾十分突出，瞄准世界先进水平，研制高效节能型均质机（包括动态高压微射流设备），尽量缩小与国外先进水平的差距，对均质机（包括动态高压微射流设备）行业显得尤为迫切和重要，这是均质机（包括动态高压微射流均质设备）生产厂家需要花大力气尽快攻克的一个重要课题。生物工程、纳米技术将是本世纪有着长足发展的新兴产业。大肠杆菌、酶等细胞壁的粉碎，纳米级微粒的粉碎，几十兆帕压力的均质机显然是无能为力的，这就特别需要动态高压微射流设备这种超高压力的均质机。在国外，这种机器已经提供生产服务多年，而在我国几乎还是空白，这是我国均质机（包括动态高压微射流设备）发展的又一个方向。

（二）商业应用与产业化趋势

就国内的制造业而言，动态高压微射流设备的使用类似于该技术在国际上的商业应用和产业化趋势，其在各个领域的应用越来越广泛也是必然的趋势，但由于该设备价格仍然偏高，对高深技术集结程度不高、利润率低的行业，在其生产线上大规模使用动态高压微射流设备还难以实现。因此国内该技术将首先更多地运用到医药、化妆品行业。另外，由于该技术目前处理能力有限，而限制了其在食品大规模生产中的应用，但在营养保健品的生产方面前景光明。

三、下一步研究方向与重点

（一）动态高压微射流作用机制的理论研究

动态高压微射流作用机制的理论研究主要应包括以下几个方面：探讨动态高压微射流设备撞击腔内存在的各种作用形式及其作用效果，通过计算机程序模拟对各作用力的产生形式和作用效果进行评估，建立微管道设计参数与各种作用力间的联系，通过动态高压微射流装备核心部件撞击腔的流体力学分析，对撞击腔微管道各区的流场参数（能量数 Np、雷诺数 Re、弗劳德数 Fr）进行分析，从而探讨撞击腔内的主要力学作用，如高速撞击作用、振荡作用、气穴作用、剪切作用等。通过分析撞击腔内各种力学形式的影响因素，并对其进行计算机模拟和评估，将超高压理论、微射流理论、撞击理论和现有的微射流作用机制结合，依据 Hamilton 原理，结合有限单元法建立撞击腔的系统动力学方程，并合理地处理腔壁、流体和上下端边界条件，研究系统模型的求解方法，并借鉴部分实测数据进行模拟校验，计算撞击腔微管道单元的动力学特性参数（压力、速度、能量、摩阻、涡动规律）；通过仿真试验，研究不同输入参数下撞击腔的动力学特性，建立动态高压微射流均质系统动力学模型，为撞击腔的设计提供理论基础。采用模拟流体在撞击腔内各流段的状态，弄清撞击腔设计参数（微孔管径、管道长度、管径突变等）对各种力学作用的影响。通过对撞击腔内的压力变化、速度变化、温度变化和动能变化等参量进行测量和计算，弄清微管道内不同流段的速度场分布，以及射流速度与管道设计参数间的关系，建立射流速度与作用力间的联系，建立撞击腔微管道设计参数与流体速度分布和压力变化的关系。

（二）新型专用型动态高压微射流装备的研发

新型专用型动态高压微射流装备的研发，主要是开展动态高压微射流装备核心部件撞击腔的设计。射流速度、微孔流段孔径是影响动态高压微射流纳米化效果的两个关键技术参数。在仿真实验的基础上，对动态高压微射流撞击腔微孔流道的形式及参数进行再设计，使之能更充分利用各种力场从而加强所谓的“膨化”作用。通过对撞击腔的改进，达到增强或减弱某种力学作用的目的，使撞击腔能突出强化其微粉碎、气穴膨爆等作用。另外，还需要开展动态高压微射流装备其他配套系统的设计，在现有设备的基础上，根据动态高压微射流装备所需的工作条件，对现有的高压发生系统、信号采集处理系统和仪器自动控制系统进行改造，如高压泵的运动由电脑化模块控制（CNC 系统）；压力信号的采集、放大及处理软件可通过专用的信号处理软件进行编程；高压发生系统采用电机驱动高压泵推动柱塞运动，以保证新型专用型动态高压微射流装备能安全、高效运行。

（三）动态高压微射流技术在食品生物医药化工等领域的应用

新型专用型动态高压微射流装备的研发，需要研发其在食品大分子改性、营养物脂质体、高级油墨和感光材料超细化等方面的应用方法并且验证其效果。①食品原料的改性：选取膳食纤维、大豆蛋白等食品原料，检测其经不同压力处理、不同次数处理后的结构与性质变化及粒度分布情况，验证撞击腔的改性效果。②纳米脂质体的制备：采用制备脂质体专用的撞击腔分别制备包含油溶性内容物和水溶性内容物的脂质体，采用脂质体的平均粒径、包封率、稳定性等为指标考察撞击腔制备纳米脂质体的效果。③高级油墨和感光材料超细化：以常规油墨、银光增白剂等感光的材料为对照，在传统配方的工艺条件下，考察专用型动态高压微射流纳米制备仪处理后的材料的形貌分布和粒度分布情况，以及工业化应用性能。在食品领域，开展动态高压微射流技术在食品领域应用，通过设计和改造现有的设备，以发展不同的应用技术如生物（食品）大分子改性、物理辅助杀菌、湿法超微化、乳化、细胞破壁、微胶囊、脂质体的制备等多个生产与科研领域。

第四节　对 策 建 议

一、建议加强开展新型专用型动态高压微射流装备和核心元件的研发

作为一种新兴的超微化和纳米化、乳化、均一化的物理处理手段，动态高压微射流装备可以在食品、医药、生物、化工等领域广泛应用，可极大促进这些行业的技术进步。开展相应的新型专用型动态高压微射流装备和核心元件作用机制的理论研究；通过在国内相关的机械制造企业进行试制，生产出能与国外同类机型性能相近甚至某些专一化性能更优异的样机，在效果及产品性能上超越现有的动态高压微射流装备，打破国外在该领域的垄断和技术贸易壁垒，减轻我国对高性能动态高压微射流装备进口的依赖；进行产业化生产与销售，以及在我国其他相关制造企业中进行推广，提升我国高性能动态高压微射流装备的国际市场竞争力。动态高压微射流装备的规模化产业化生产，可提升我国食品化工、生物医药等领域装备的技术进步和产业升级，为改善我国高压技术研究提供科研条件上的保证。

二、建议加强开展动态高压微射流技术在食品领域中的应用

通过研究动态高压微射流技术对生物大分子（蛋白质、淀粉、膳食纤维）结构及功

能的改性，揭示动态高压技术对生物大分子结构及功能改性的规律；研制具有特殊功能性的蛋白质、淀粉、膳食纤维产品的动态高压技术制备条件；建立一套完整的可用于特殊用途的蛋白质、淀粉、膳食纤维产品开发的技术平台和技术体系；开发具有特殊功能的系列蛋白质、淀粉、膳食纤维等新产品，以提高蛋白质、淀粉、膳食纤维的综合利用价值，拓展其应用范围；以营养素为载体，研究各种营养物的纳米制备工艺，开发新型改性食品、纳米营养物；以材料为目标，研究和开发具有抗菌保鲜和抗氧化作用的纳米食品包装材料及制造技术；研究储存过程中纳米营养物的物理和化学稳定性、分布、吸收和代谢规律，以及功能与安全性评价。

参考文献

常远，周展明，魏家新，等 . 1999. 高压食品技术的发展及应用 . 郑州粮食学院学报，20(3): 72-76.

程银棋，余元善，吴继军，等 . 2014. 超高压均质联合二甲基二碳酸盐对荔枝汁中污染菌及其微生物货架期的影响 . 食品工业科技，35(11): 57-60.

杜军，戴元忠 . 2002. 动力作用作为冷杀菌方法的可行性初探 . 中国乳品工业，30(6): 25-27.

黄波，钟业俊，刘成梅，等 . 2011. 动态高压微射流对聚半乳糖醛酸酶的影响 . 食品与机械，27(2): 13-16.

姜颖 . 2011. 动态超高压微射流提取对香菇多糖得率、结构及性质的影响 . 南昌：南昌大学硕士学位论文 .

阚苗，张彧，刘成梅，等 . 2010. 动态高压微射流对豆渣半纤维素 B 的分子质量分布和官能团的影响 . 食品科学，31(11): 15-19.

刘成梅 . 2006. 瞬时高压作用的机制及杀菌和纤维改性研究 . 南昌：南昌大学博士学位论文 .

刘成梅，刘伟，万婕，等 . 2005. 瞬时高压作用对膳食纤维可溶性的影响 . 食品科学，26(8): 110-113.

刘成梅，刘伟，高荫榆，等 . 2004a. 微射流均质机的流体动力学行为分析 . 食品科学，25(4): 58-62.

刘成梅，刘伟，林向阳 . 2004b. Microfluidizer 对膳食纤维溶液物理性质的影响 . 食品科学，25(2): 72-75.

刘成梅，刘伟，林向阳 . 2004c. Microfluidizer 对膳食纤维微粒粒度分布的影响 . 食品科学，25(1): 52-55.

刘成梅，万婕，李资玲，等 . 2006a. 瞬时高压处理后膳食纤维对面包品质的影响 . 食品工业科技，27(8): 54-55.

刘成梅，熊慧薇，刘伟，等 . 2006b. IHP 处理对豆渣膳食纤维的改性研究 . 食品科学，26(9): 112-115.
刘国琴，阎乃珺，陈璐瑶 . 2013. 动态高压微射流对小麦面筋蛋白功能性质影响的研究 . 现代食品科技 , 29(5): 936-940.
刘伟，刘成梅，阮榕生，等 . 2003. 高压处理过程中的压力和能量分析 . 食品科学，24(7): 162-164.
刘伟，刘成梅，黎冬明，等 . 2007. 瞬时高压作用对麦麸膳食纤维改性的研究 . 食品科学，27(11): 82-85.
刘伟，李火坤，刘成梅，等 . 2012. 基于 FLUENT 的动态高压微射流内部孔道流场的数值模拟 . 高压物理学报，26(1): 113-120.
李志 . 2011. 动态超高压微射流对甘薯叶黄酮提取、结构以及抗氧化性的影响 . 南昌：南昌大学硕士学位论文 .
涂宗财，陈丽莉，王辉 . 2014. 发酵与动态高压微射流对豆渣膳食纤维理化特性的影响 . 高压物理学报，28(1): 113-119.
涂宗财，陈媛，刘成梅，等 . 2009a. 动态超高压微射流均质对半纤维素 B 理化性质的影响 . 食品工业科技，(3): 74-75.
涂宗财，黄小琴，刘成梅，等 . 2009b. 动态超高压微射流对蜡质大米淀粉理化性质的影响 . 食品工业科技，30(9): 65-66.
涂宗财，王强，张博，等 . 2009c. 动态超高压微射流对蜡质玉米淀粉颗粒结构的影响 . 食品与发酵工业，35(11): 1-4.
涂宗财，李金林，阮榕生，等 . 2006. 利用豆渣生产高活性膳食纤维的研究 . 食品科学，27(7): 144-147.
涂宗财，朱秀梅，陈钢，等 . 2010. 动态超高压微射流对糯米淀粉结构的影响 . 光谱学与光谱分析，30(3): 834-837.
万婕，刘成梅，蓝海军，等 . 2009. 动态瞬时高压作用对膳食纤维酶解速度的影响 . 高压物理学报，22(4): 439-444.
万婕，刘成梅，李俶，等 . 2012. 动态高压微射流作用对膳食纤维结晶结构的影响 . 高压物理学报，26(6): 639-644.
万婕，刘成梅，刘伟，等 . 2007. 动态超高压微射流处理后膳食纤维对酸奶品质的影响 . 食品科学，28(10): 139-142.
王倩，刘伟，刘成梅，等 . 2011. 苹果 POD 酶学性质及动态高压微射流对 POD 的影响 . 食品与机械，27(2): 4-7.
汪志宇 . 2013. 动态高压微射流改性膳食纤维对大米淀粉理化性质的影响 . 南昌：南昌大学硕士学位论文 .

熊慧薇 . 2006. 瞬时高压作用对膳食纤维改性的影响 . 南昌：南昌大学硕士学位论文 .
余海霞，刘成梅，万婕，等 . 2008. 动态超高压微射流技术改性膳食纤维对酸奶流变学特性的影响 . 食品科学 , 29(12): 227-230.
尹曼，刘伟，钟业俊，等 . 2011. 动态高压微射流对猪胰脂肪酶的影响 . 食品与机械，27(3): 3-6.
章文琴 . 2010. 动态高压微射流技术对大豆多糖组分、结构及功能特性的影响 . 南昌：南昌大学硕士学位论文 .
章文琴，刘成梅，刘伟，等 . 2010. 动态高压微射流技术对可溶性大豆多糖结构的影响 . 食品科学，(9): 30-34.
张小宁，张郁，姬海红，等 . 2004. 微射流法制备莪术油纳米脂质体的研究 . 中国药学杂志，39(5): 356-358.
曾子聪，刘成梅，罗舜菁，等 . 2014. 动态高压微射流改性可溶性大豆多糖对大米淀粉老化特性的影响 . 食品科学，(21).
Anderson J W, Baird P, Davis Jr R H, et al. 2009. Health benefits of dietary fiber. Nutrition Reviews, 67(4): 188-205.
Aravind N, Sissons M, Egan N, et al. 2012. Effect of insoluble dietary fibre addition on technological, sensory, and structural properties of durum wheat spaghetti. Food Chemistry, 130(2): 299-309.
Barenholz Y. 1992. Liposome production: historic aspects. *In:* Braun-Falco O, korting H C, Maibach H I. Liposome Dermatics. Berlin Heidelberg: Springer:69-81.
Barnadas-Rodrıguez R, Sabés M. 2001. Factors involved in the production of liposomes with a high-pressure homogenizer. International Journal of Pharmaceutics, 213(1): 175-186.
Bouaouina H, Desrumaux A, Loisel C, et al. 2006. Functional properties of whey proteins as affected by dynamic high-pressure treatment. International Dairy Journal, 16(4): 275-284.
Cencia-Rohan L, Silvestri S. 1993. Effect of solvent system on microfluidization-induced mechanical degradation. International Journal of Pharmaceutics, 95(1-3): 23-28.
Chandonnet S, Korstvedt H, Siciliano A. 1985. Preparation of microemulsions by microfluidization. Soap Cosmetics Chemical Specialties, 61(2): 37-38.
Chaves-López C, Lanciotti R, Serio A, et al. 2009. Effect of high pressure homogenization applied individually or in combination with other mild physical or chemical stresses on *Bacillus cereus* and *Bacillus subtilis* spore viability. Food Control, 20(8): 691-695.
Chen J, Liang R H, Liu W, et al. 2013a. Pectic-oligosaccharides prepared by dynamic high-pressure microfluidization and their *in vitro* fermentation properties. Carbohydrate Polymers, 91(1): 175-182.

Chen J, Liang R H, Liu W, et al. 2012. Degradation of high-methoxyl pectin by dynamic high pressure microfluidization and its mechanism. Food Hydrocolloids, 28(1): 121-129.

Chen R H, Huang J R, Tsai M L, et al. 2011. Differences in degradation kinetics for sonolysis, microfluidization and shearing treatments of chitosan. Polymer International, 60(6): 897-902.

Chen W, Harte F M, Davidson P, et al. 2013b. Inactivation of *Alicyclobacillus acidoterrestris* using high pressure homogenization and dimethyl dicarbonate. Journal of Food Protection, 76(6): 1041-1045.

Dissanayake M, Vasiljevic T. 2009. Functional properties of whey proteins affected by heat treatment and hydrodynamic high-pressure shearing. Journal of Dairy Science, 92(4): 1387-1397.

Donsì F, Annunziata M, Ferrari G. 2013. Microbial inactivation by high pressure homogenization: effect of the disruption valve geometry. Journal of Food Engineering, 115(3): 362-370.

Feijoo S, Hayes W, Watson C, et al. 1997. Effects of microfluidizer technology on *Bacillus licheniformis* spores in ice cream mix. Journal of Dairy Science, 80(9): 2184-2187.

Gibis M, Thellmann K, Thongkaew C, et al. 2014a. Interaction of polyphenols and multilayered liposomal-encapsulated grape seed extract with native and heat-treated proteins. Food Hydrocolloids, 41: 119-131.

Gibis M, Zeeb B, Weiss J. 2014b. Formation, characterization, and stability of encapsulated hibiscus extract in multilayered liposomes. Food Hydrocolloids, 38: 28-39.

Grácia-Juliá A, René M, Cortés-Muñoz M, et al. 2008. Effect of dynamic high pressure on whey protein aggregation: a comparison with the effect of continuous short-time thermal treatments. Food Hydrocolloids, 22(6): 1014-1032.

Gregoriadis G, da Silva H, Florence A T. 1990. A procedure for the efficient entrapment of drugs in dehydration-rehydration liposomes (DRVs). International Journal of Pharmaceutics, 65(3): 235-242.

Guerzoni M, Vannini L, Chaves Lopez C, et al. 1999. Effect of high pressure homogenization on microbial and chemico-physical characteristics of goat cheeses. Journal of Dairy Science, 82(5): 851-862.

Guglielmotti D, Patrignani F, Lanciotti R, et al. 2012. High pressure homogenization versus heat treatment: effect on survival, growth, and metabolism of dairy *Leuconostoc* strains. Journal of Food Protection, 75(9): 1634-1641.

Håkansson A, Trägårdh C, Bergenståhl B. 2009a. Dynamic simulation of emulsion formation in a high pressure homogenizer. Chemical Engineering Science, 64(12): 2915-2925.

Håkansson A, Trägårdh C, Bergenståhl B. 2009b. Studying the effects of adsorption, recoalescence and fragmentation in a high pressure homogenizer using a dynamic simulation model. Food Hydrocolloids, 23(4): 1177-1183.

Hu X, Zhao M, Sun W, et al. 2011. Effects of microfluidization treatment and transglutaminase cross-linking on physicochemical, functional, and conformational properties of peanut protein isolate. Journal of Agricultural and Food Chemistry, 59(16): 8886-8894.

Huang X, Tu Z, Jiang Y, et al. 2012. Dynamic high pressure microfluidization-assisted extraction and antioxidant activities of lentinan. International Journal of Biological Macromolecules, 51(5): 926-932.

Huang X, Tu Z, Wang H, et al. 2013a. Glycation promoted by dynamic high pressure microfluidisation pretreatment revealed by high resolution mass spectrometry. Food Chemistry, 141(3): 3250-3259.

Huang X, Tu Z, Xiao H, et al. 2013b. Dynamic high pressure microfluidization-assisted extraction and antioxidant activities of sweet potato (*Ipomoea batatas* L.) leaves flavonoid. Food and Bioproducts Processing, 91(1): 1-6.

Jafari S M, He Y, Bhandari B. 2007. Production of sub-micron emulsions by ultrasound and microfluidization techniques. Journal of Food Engineering, 82(4): 478-488.

Kasaai M R, Charlet G, Paquin P, et al. 2003. Fragmentation of chitosan by microfluidization process. Innovative Food Science & Emerging Technologies, 4(4): 403-413.

Kasemwong K, Ruktanonchai U R, Srinuanchai W, et al. 2011. Effect of high-pressure microfluidization on the structure of cassava starch granule. Starch-Stärke, 63(3): 160-170.

Kim H H Y, Baianu I C. 1991. Novel liposome microencapsulation techniques for food applications. Trends in Food Science & Technology, 2: 55-61.

Kotyla T, Kuo F, Moolchandani V, et al. 2008. Increased bioavailability of a transdermal application of a nano-sized emulsion preparation. International Journal of Pharmaceutics, 347(1): 144-148.

Lagoueyte N, Paquin P. 1998. Effects of microfluidization on the functional properties of xanthan gum. Food Hydrocolloids, 12(3): 365-371.

Laneuville S I, Turgeon S L, Paquin P. 2013. Changes in the physical properties of xanthan gum induced by a dynamic high-pressure treatment. Carbohydrate Polymers, 92(2): 2327-2336.

Tang L, Norton I T. 2013. Comparing droplet breakup for a high-pressure valve homogeniser and a microfluidizer for the potential production of food-grade nanoemulsions. Journal of Food Engineering, 114(2): 158-163.

Liu C M, Zhong J Z, Liu W, et al. 2011a. Relationship between functional properties and aggregation changes of whey protein induced by high pressure microfluidization. Journal of Food Science, 76(4): E341-E347.

Liu W, Liu J P, Zou L Q, et al. 2014. Stability and conformational change of ethoxypolyethylene glycol modification for native and unfolded trypsin. Food chemistry, 146: 278-283.

Liu W, Liu J, Liu C, et al. 2009a. Activation and conformational changes of mushroom polyphenoloxidase by high pressure microfluidization treatment. Innovative Food Science & Emerging Technologies, 10(2): 142-147.

Liu W, Liu J, Xie M, et al. 2009b. Characterization and high-pressure microfluidization-Induced activation of polyphenoloxidase from Chinese pear (*Pyrus pyrifolia* Nakai). Journal of Agricultural and Food Chemistry, 57(12): 5376-5380.

Liu W, Zhang Z Q, Liu C M, et al. 2012. Effect of molecular patch modification on the stability of dynamic high-pressure microfluidization treated trypsin. Innovative Food Science & Emerging Technologies, 16: 349-354.

Liu W, Zhang Z Q, Liu C M, et al. 2010a. The effect of dynamic high-pressure microfluidization on the activity, stability and conformation of trypsin. Food Chemistry, 123(3): 616-621.

Liu W, Zhong Y J, Liu C M, et al. 2010b. The effect of dynamic high pressure microfluidization on the activity of papain. Chinese Journal of High Pressure Physics, 24(2): 129-135.

Liu W L, Liu W, Liu C M, et al. 2011b. Medium-chain fatty acid nanoliposomes suppress body fat accumulation in mice. British Journal of Nutrition, 106(9): 1319-1320.

Mermelstein N H. 1999. High-pressure pasteurization of juice. Food Technology, 53(4): 86-90.

Mohr K H. 1987. High-pressure homogenization. Part Ⅰ. Liquid-liquid dispersion in turbulence fields of high energy density. Journal of Food Engineering, 6(3): 177-186.

Moroni O, Jean J, Autret J, et al. 2002. Inactivation of lactococcal bacteriophages in liquid media using dynamic high pressure. International Dairy Journal, 12(11): 907-913.

Mu L, Feng S. 2002. Vitamin E TPGS used as emulsifier in the solvent evaporation/extraction technique for fabrication of polymeric nanospheres for controlled release of paclitaxel (Taxol). Journal of Controlled Release, 80(1): 129-144.

Paquin P. 1999. Technological properties of high pressure homogenizers: the effect of fat globules, milk proteins, and polysaccharides. International Dairy Journal, 9(3): 329-335.

Patrignani F, Tabanelli G, Siroli L, et al. 2013. Combined effects of high pressure homogenization treatment and citral on microbiological quality of apricot juice. International Journal of Food Microbiology, 160(3): 273-281.

Perrier-Cornet J, Marie P, Gervais P. 2005. Comparison of emulsification efficiency of protein-stabilized oil-in-water emulsions using jet, high pressure and colloid mill homogenization.

Journal of Food Engineering, 66(2): 211-217.

Poliseli-Scopel F H, Hernández-Herrero M, Guamis B, et al. 2014. Sterilization and aseptic packaging of soymilk treated by ultra high pressure homogenization. Innovative Food Science & Emerging Technologies, 22: 81-88.

Pupo E, Padrón A, Santana E, et al. 2005. Preparation of plasmid DNA-containing liposomes using a high-pressure homogenization-extrusion technique. Journal of Controlled Release, 104(2): 379-396.

Qian C, McClements D J. 2011. Formation of nanoemulsions stabilized by model food-grade emulsifiers using high-pressure homogenization: factors affecting particle size. Food Hydrocolloids, 25(5): 1000-1008.

Roach A, Harte F. 2008. Disruption and sedimentation of casein micelles and casein micelle isolates under high-pressure homogenization. Innovative food Science & Emerging Technologies, 9(1): 1-8.

Ronkart S N, Paquot M, Deroanne C, et al. 2010. Development of gelling properties of inulin by microfluidization. Food Hydrocolloids, 24(4): 318-324.

Rosell C M, Santos E, Collar C. 2009. Physico-chemical properties of commercial fibres from different sources: a comparative approach. Food Research International, 42(1): 176-184.

Salvia-Trujillo L, Rojas-Graü M A, Soliva-Fortuny R, et al. 2013. Effect of processing parameters on physicochemical characteristics of microfluidized lemongrass essential oil-alginate nanoemulsions. Food Hydrocolloids, 30(1): 401-407.

Shen L, Tang C H. 2012. Microfluidization as a potential technique to modify surface properties of soy protein isolate. Food Research International, 48(1): 108-118.

Silvestri S, Gabrielson G. 1991. Degradation of tragacanth by high shear and turbulent forces during microfluidization. International Journal of Pharmaceutics, 73(2): 163-169.

Silvestri S, Gabrielson G, Wu L L. 1991. Effect of treminal block on the microfluidization induced degradation of a model A-B-A block copolyme. International Journal of Pharmaceutics, 71(1-2): 65-71.

Soon S Y, Harbidge J, Titchener-Hooker N J, et al. 2001. Prediction of drop breakage in an ultra high velocity jet homogenizer. Journal of Chemical Engineering of Japan, 34(5): 640-646.

Tahiri I, Makhlouf J, Paquin P, et al. 2006. Inactivation of food spoilage bacteria and *Escherichia coli* O157: H7 in phosphate buffer and orange juice using dynamic high pressure. Food Research International, 39(1): 98-105.

Takahashi M, Kitamoto D, Imura T, et al. 2008. Characterization and bioavailability of liposomes containing a ukon extract. Bioscience, Biotechnology, and Biochemistry, 72(5): 1199-1205.

Tang S Y, Shridharan P, Sivakumar M. 2013. Impact of process parameters in the generation of novel aspirin nanoemulsions-comparative studies between ultrasound cavitation and microfluidizer. Ultrasonics Sonochemistry, 20(1): 485-497.

Thompson A K, Hindmarsh J P, Haisman D, et al. 2006. Comparison of the structure and properties of liposomes prepared from milk fat globule membrane and soy phospholipids. Journal of Agricultural and Food Chemistry, 54(10): 3704-3711.

Tsai M L, Tseng L Z, Chang H W, et al. 2010. Facile method to manipulate the molecular weight and practical mass production of chitosan by mechanical shearing and concurrent ultrafiltration treatment. Journal of Applied Polymer Science, 118(3): 1442-1449.

Tsai M L, Tseng L Z, Chen R H. 2009. Two-stage microfluidization combined with ultrafiltration treatment for chitosan mass production and molecular weight manipulation. Carbohydrate Polymers, 77(4): 767-772.

Tu Z, Chen L, Wang H, et al. 2014. Effect of fermentation and dynamic high pressure microfluidization on dietary fibre of soybean residue. Journal of Food Science and Technology, 51(11): 3285-3292.

Tu Z, Yin Y, Wang H, et al. 2013. Effect of dynamic high-pressure microfluidization on the morphology characteristics and physicochemical properties of maize amylose. Starch-Stärke, 65(5-6): 390-397.

Vuillemard J C. 1991. Recent advances in the large-scale production of lipid vesicles for use in food products: microfluidization. Journal of Microencapsulation, 8(4): 547-562.

Wang B, Li D, Wang L J, et al. 2008. Effect of high-pressure homogenization on the structure and thermal properties of maize starch. Journal of Food Engineering, 87(3): 436-444.

Yang S B, Liu W, Liu C M, et al. 2012a. Characterization and bioavailability of vitamin C nanoliposomes prepared by film evaporation-dynamic high pressure microfluidization. Journal of Dispersion Science and Technology, 33(11): 1608-1614.

Yang Y, Marshall-Breton C, Leser M E, et al. 2012b. Fabrication of ultrafine edible emulsions: comparison of high-energy and low-energy homogenization methods. Food Hydrocolloids, 29(2): 398-406.

Yuan Y, Gao Y, Zhao J, et al. 2008. Characterization and stability evaluation of β-carotene nanoemulsions prepared by high pressure homogenization under various emulsifying conditions. Food Research International, 41(1): 61-68.

Zheng S, Alkan-Onyuksel H, Beissinger R, et al. 1999. Liposome microencapsulations without using any organic solvent. Journal of Dispersion Science and Technology, 20(4): 1189-1203.

Zhong J, Liu W, Liu C, et al. 2012. Aggregation and conformational changes of bovine β-lactoglobulin subjected to dynamic high-pressure microfluidization in relation to antigenicity. Journal of Dairy Science, 95(8): 4237-4245.

Zhong J, Tu Y, Liu W, et al. 2014. Antigenicity and conformational changes of β-lactoglobulin by dynamic high pressure microfluidization combining with glycation treatment. Journal of Dairy Science, 97(8): 4695-4702.

Zou L Q, Peng S F, Liu W, et al. 2014. Improved *in vitro* digestion stability of (–)-epigallocatechin gallate through nanoliposome encapsulation. Food Research International, 64: 492-499.

第八章

食品红外加工技术及装备

引　言

随着科学技术的高速发展和人们生活质量及环境保护要求的提高，对可持续的、新的食品加工技术的研发也显得更为迫切。传统的食品加热方法效率低、能耗大、环境污染严重且影响食品的品质。因此，为了满足现代食品加工行业发展的需求，新型加热技术应运而生且已逐步应用。其中，红外加热技术作为一种新型加热技术，不仅节能高效、清洁环保，而且可较好地保证产品品质。红外加热技术由于其自身的优点，已经在很多行业得到了广泛的应用，如塑料加工、印刷造纸、油漆涂饰、纺织印染、医疗卫生、机械制造等。自 20 世纪 80 年代初期开始，红外加热技术在食品加工中开始推广使用并不断有新的创新应用技术产生。本章通过对红外热技术在食品加工领域中的理论分析，以及最新的相关试验研究成果，揭示红外加热技术的基本原理，并阐述红外加热技术在食品加工过程中的相关应用和潜在的科学研究需求，以期为红外加热技术在食品加工中的推广使用提供一定的参考价值。

第一节　红外辐射的基本概念与技术特征

一、基本概念

红外（IR）辐射是以电磁辐射的方式产生能量。当红外线辐射到食品表面时，根据化学键的性质，红外能量以不同的频率通过能级间分子的跃迁被吸收。红外波长的范围在可见光和微波之间，可归纳为 3 个波段，即近红外（NIR）（0.76 ～ 2μm）、中红外（MIR）

（2 ～ 4μm）和远红外（FIR）（4 ～ 1000μm）（Sakai and Hanzawa, 1994）。一般来说，红外加热技术在食品加工行业中的应用主要以中、远红外辐射为主，因为大部分食品的组分吸收的红外辐射范围主要集中在中、远红外波段上。

二、基本原理

传热的发生主要通过以下 3 种方法实现：传导、对流和辐射。传统的加热方式主要通过燃烧燃料或是通电进行加热，物体外部受热产生热量并通过热空气对流或是传导的方式来传递到物料中。红外加热的原理实质是红外线的辐射传热过程，红外线作为一种电磁波，有一定的穿透性，能够通过辐射传递能量。当物体受到红外线照射时，会发生反射、吸收、穿透的现象，而判断红外加热是否有效，主要是通过红外线被物体所吸收的程度来决定的，红外线的吸收量越大，其加热的效果越好。

构成物质的基本质点是电子、原子或分子，这些质点即使处于基态都在不停地运动着——振动或转动，而且这些运动都有自己的固有频率。当采用某个频率的红外线辐射时，如果红外线的频率与基本质点的固有频率相等，则会发生与振动学中共振运动相似的情况，质点会吸收红外线并使运动进一步激化；如果二者的频率相差较大，那么红外线就不会被吸收而可能直接穿过。对红外线敏感的物质，其分子、原子吸收红外线后，不仅会发生能级的跃迁，而且也扩大了以平衡位置为中心的各种运动的幅度，质点的内能量加大，物体温度升高，即物质吸收红外线后，产生自发的热效应。由于这种热效应直接产生于物体的内部，因此能快速有效地对物质加热。

类似于其他电磁波，如微波和射频，红外线具有其独特的特征。两个关键的辐射内容是设计红外加热器要考虑的，即光谱分布和能量密度。红外辐射的光谱区域可以通过使用适当的光学滤镜，以及加热元件的表面温度来控制调节。根据 Jun 和 Irudayaraj（2004）的报道，当红外线发射光在 6 ～ 11μm 的窄波范围时，可以发现在许多复杂的食物关键成分中，蛋白质吸收的能量不同，而且食品材料辐射特征会随着水分含量的降低而变化，因此反射率增加，吸收率降低。从食品工程师的角度来看，完全了解以上光热现象与红外和食品的联系非常重要。本节将回顾和介绍红外加工对食品原料，以及红外辐射与食品成分之间相互作用的理论基础。

（一）辐射热传递的基本定律

红外辐射是电磁波，它是太阳热效应的主因，如图 8-1 所示（Modest, 1993）。由于红外辐射是电磁波的一种，因此它具有光谱和方向依赖性。红外线光谱依赖需要考虑从发射器中发出的能量具有不同的波长，在每个波段的辐射碎片依赖许多因素，如发射器的温度、灯管的辐射发射率等。因为辐射在物体表面的入射量不只有光谱依赖还有方向依赖，辐射现象变得更为复杂。

最大辐射处发生的波长是由加热器的温度所决定。这种关系在诸如普朗克定律、维恩位移定律，以及斯特凡 - 玻尔兹曼定律（Sakai and Hanzawa, 1994）中描述了黑体辐射的非基本规律。

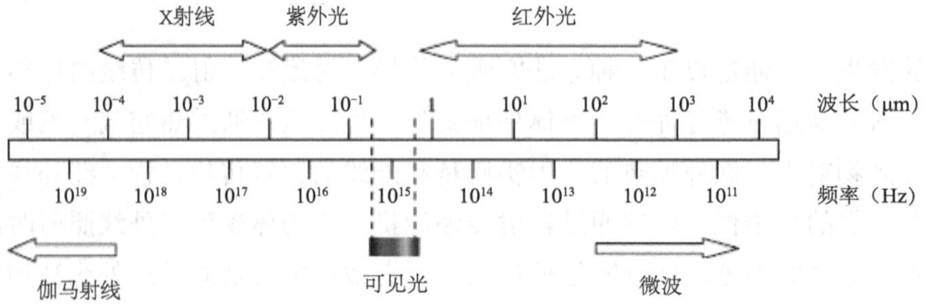

图 8-1　电磁波光谱

（二）普朗克定律

普朗克定律描述的是在给定的单一温度下从黑体源发射 100% 红外辐射光谱分布（Modest, 1993）。红外源由成千上万个不同温度的点光源组成。通过结合这些点光源，得到分布在特定区域的完整光谱。因此，可以使用一个接近平均表面温度和发射率值的光谱分布的近似值来表征红外辐射。普朗克于 1901 年报道了黑体辐射功率的光谱分布，现在通常被称为普朗克定律，对于一个黑色的表面透明介质折射率 n 为

$$E_{b\lambda}(T,\lambda)=\frac{2\pi hc_0^2}{n^2\lambda^5[\mathrm{e}^{hc_0/n\lambda kT}-1]} \tag{8-1}$$

式中，k 被称为玻尔兹曼常数（1.3806×10^{-23}J/K），n 是介质折射率。根据定义，真空折射率 n=1。对于多数气体，折射指数非常接近于一致，λ 为波长（μm），T 为源温度（K），c_0 为光速（km/s），h 为普朗克常量（6.626×10^{-34}J · s）。

图 8-2A 显示的是基于式 8-1 得到的不同黑体温度的普朗克曲线。总的来说，发射功率随着温度的升高而提高，同时相应的最大发射功率的波长趋向更短的波长。红外在一个特定区域发射的总功率可以通过结合普朗克定律在给定温度及相关波长来进行计算。

当已知一个特定加热元件的表面温度时，可以使用普朗克定律计算辐射热通量总量。接收端的物料表面被称为视点，因此通过计算总发射功率和从源到目标的视点可以评估物料实际吸收的总热通量。

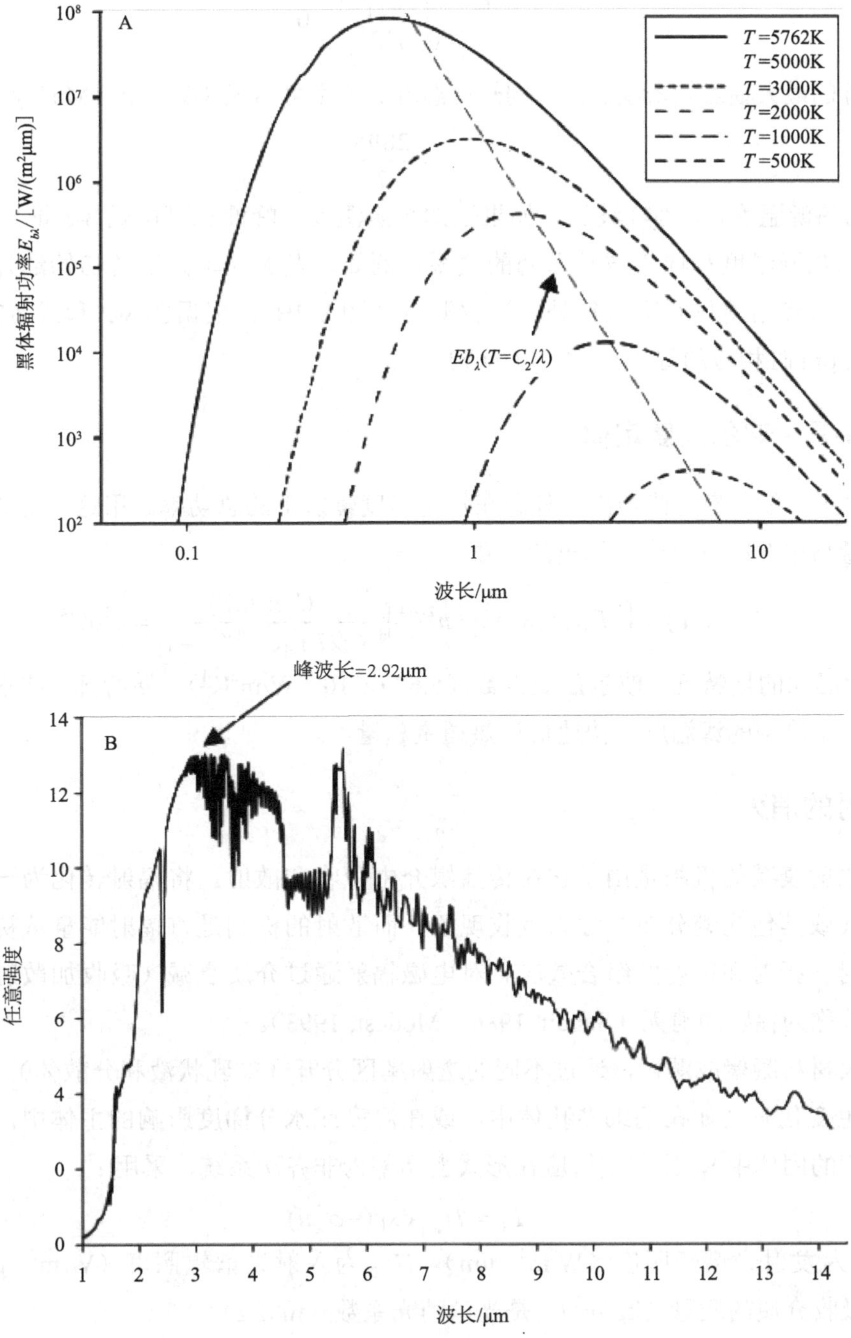

图 8-2　黑体辐射功率光谱（A）及测定红外加热元件发射功率谱（B）

（三）维恩位移定律

维恩位移定律给出黑体辐射达到最大发射功率发射的光谱分布波长（记为峰值波长）。曲线最大值（图 8-2）可通过微分方程 8-2 确定：

$$\frac{d}{d(n\lambda T)}\left(\frac{E_{b\lambda}}{n^3\lambda^5}\right)=0 \tag{8-2}$$

红外源的最大辐射能密度的光谱同热源温度的关系可用式 8-3 求出（Modest，1993）：

$$\lambda_{\max}=\frac{2898}{T} \tag{8-3}$$

式中，T 为热源温度，λ 为峰波长。如果已知热源温度，峰波长可由式 8-3 推导。图 8-2A 的虚线显示热源温度和峰值波长之间的关系。例如，发射功率光谱的初始红外源的表面温度未知，可使用傅里叶变换红外光谱仪测定（图 8-2B）。根据图 8-2 和式 8-3，可求出峰波长 2.92μm 时相应的红外热源温度为 720℃。

（四）斯特凡 - 玻尔兹曼定律

斯特凡 - 玻尔兹曼定律给出红外源在特定温度辐射下的总功率。用这一定律计算出的整个热通量与用普朗克定律计算出的一致：

$$E_b(T)=\int_0^{\infty}E_{b\lambda}(T,\lambda)d\lambda=n^2T^4\int_0^{\infty}\frac{C_1d(n\lambda T)}{(n\lambda T)^5[e^{C_2/(n\lambda T)}-1]}=n^2\sigma T^4 \tag{8-4}$$

式中，σ 为已知的斯特凡 - 玻尔兹曼常数（5.670×10^{-8} W/m^{2}K^4）。斯特凡 - 玻尔兹曼定律可用于在一个给定的源温度下快速估计热通量总量。

（五）辐射的消灭

电磁辐射衰减的机制是由于它在传播媒介中吸收和散射。将辐射转化为一些其他形式的能量（或其他光谱分布）称为吸收现象，而散射的机制是将辐射能量从初始传播方向产生反射、折射和衍射的组合效应。对电磁辐射通过介质衰减（吸收加散射）的机制总和一般被称为辐射的消灭（Sandu, 1986；Modest, 1993）。

当消灭材料凝聚成颗粒，通过不同的透射率区分开（如乳状液和分散体），或当样品的密度发生变化时（如在毛细多孔体中，或在温度或水分梯度影响的主体中，或在含有液体游离相的固体中），比尔定律应在形式上调整为非齐次系统，采用：

$$H_{\lambda}=H_{\lambda 0}\exp(-\sigma_{\lambda}^{*}u) \tag{8-5}$$

式中，H_λ 为发射光谱辐照度（W/m^2 · μm），$H_{\lambda 0}$ 为入射光谱辐照度（W/m^2 · μm），u 是单位面积吸收介质的质量（kg/m^2），是光谱消光系数（m^2/kg）。

比尔定律陈述了溶液对光的吸收量与溶液的浓度和光路长度呈指数变化。对于非齐次系统的光谱的消光系数 σ^*_λ（m^2/kg）是一个化学成分复杂辐射介质、辐射介质的理化状态和理化参数定义的辐射介质（密度，孔隙率，粒径，水含量等）的函数。

在辐射加热中，能量平衡可以通过物体与消灭之间的关系来定义。假设这一物体是给定的理化组合成分极大的平板，并且吸收的能量是辐射转换成体内的热量的总和，那么消灭的整个过程可以用辐射的反射、吸收和透射来定义。如图 8-3 所示，辐射的 3 个基

本的特性为反射率 ρ，入射辐射的反射部分占总入射辐射的比率；吸收率 α，入射辐射的吸收部分占总入射辐射的比率；透射率 τ，入射辐射的透射部分的总入射辐射的比率。在这些术语下，能量平衡导出的众所周知的关系式为

$$\rho+\alpha+\tau=1 \tag{8-6}$$

了解辐射消灭是至关重要的，因为大多数红外热传递模型依赖食品材料相对于穿透深度的局部热通量。

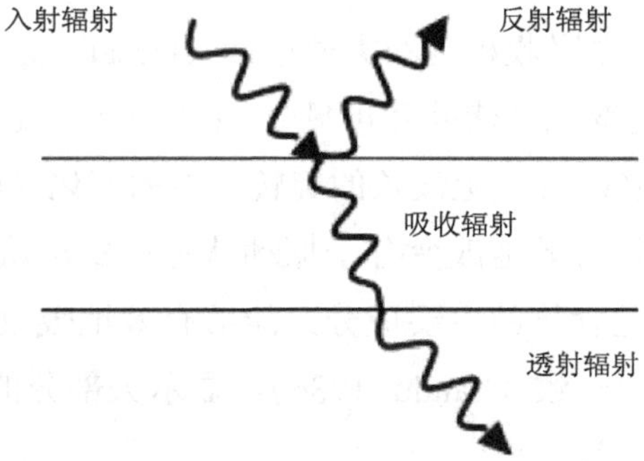

图 8-3　辐射的衰减（吸收、散射和反射）

三、技术特征

理论上来讲，红外加热不需经过热媒。红外线可以直接照射到物料上，传热直接由表面渗透到内部，另外有部分红外线直接穿透表面，进行内部加热。红外加工热辐射率高、热损失小、容易进行操作控制、加热速度快、加热均匀、传热效率高、有一定的穿透力、加热产品质量好。红外线中的光子能量低，在加热农产品和食品过程中，产品受热分解的可能性小，大部分产品对红外有很高的吸收率，加热效率高。红外辐射加热装置建造简便、投资小、建设费用低，符合环保的要求，对被加热物没有污染。红外加热的这些特性使其能够广泛地应用于农产品和食品的加工中。

食品是由不同的生化分子、生物高分子、无机盐和水组成的复杂的混合物。由于每种食品的组分、结构，以及表面状态都不一样，因此它们对红外线的吸收程度也不一样，故每种食品都拥有自己的红外吸收范围。科研人员通过研究发现，每种食品的红外吸收范围主要是其内部组分的红外吸收范围互相叠加的结果。由于食品所含的各种组分对不同波长的红外线吸收程度不同，但各组分所吸收的红外线的波段并不互补，而是相互重叠，因此整体来说，食品对各波段的红外线吸收程度不同，即食品组分对红外射线的吸收强度具有选择性。

红外辐射对食品材料的光学和物理性能的影响对于设计红外加热系统和热处理及实现食品的最佳处理是非常重要的。

食品中各种成分的混合物的红外光谱是分子机械振动或特定的分子聚集在一起相互重叠的非常复杂的现象（Halford, 1957）。吸收最强处往往发生在所谓的组频率，这是由这些分子聚集体的分子结构基团振动产生的。分子环境对复杂的生化物质的红外光谱影响的分析表明有两组参数作用影响组频率：分子内的环境参数及分子外的环境参数。第一组具有生化分子本身的相互作用的化学键特征，第二组具有众所周知的氢键（与分子外的环境相互作用的重要形式）。

当辐射电磁能量撞击食物表面后，它会引起电子振动和原子、分子旋转状态的变化。确定入射辐射能量波长范围能量吸收机制的类型包括（Decareau, 1985）：①相应波长范围为 0.2 ～ 0.7μm 时电子状态的变化（紫外和可见光）；②相应波长范围为 2.5 ～ 100μm 时振动状态的变化；③相应的 100μm 以上波长的旋转状态的变化（微波炉）。一般来说，物质通过红外吸收的能量能够最有效地改变分子振动状态机制，从而导致辐射加热。水和蛋白质等有机化合物和淀粉是食物的主要成分，能够有效地吸收波长大于 2.5μm 的红外能量。这一发现与以前的研究一致（Sandu, 1986），显示大部分的食物在波长小于 2.5μm 处有很高的透射率（即低吸收率）。

Sandu（1986）通过对食品中主要成分的红外吸收范围进行研究，研究发现水的吸收光谱与主要食品组分的红外吸收波段相比较，可以得出食品组分的吸收光谱，其中一部分在光谱区内存在重叠。其中水对红外入射光线吸收状况的影响在所有波长中占据主导地位（图 8-4），其红外辐射吸收范围在 2 ～ 11μm；氨基酸类、多肽和蛋白质的红外辐射

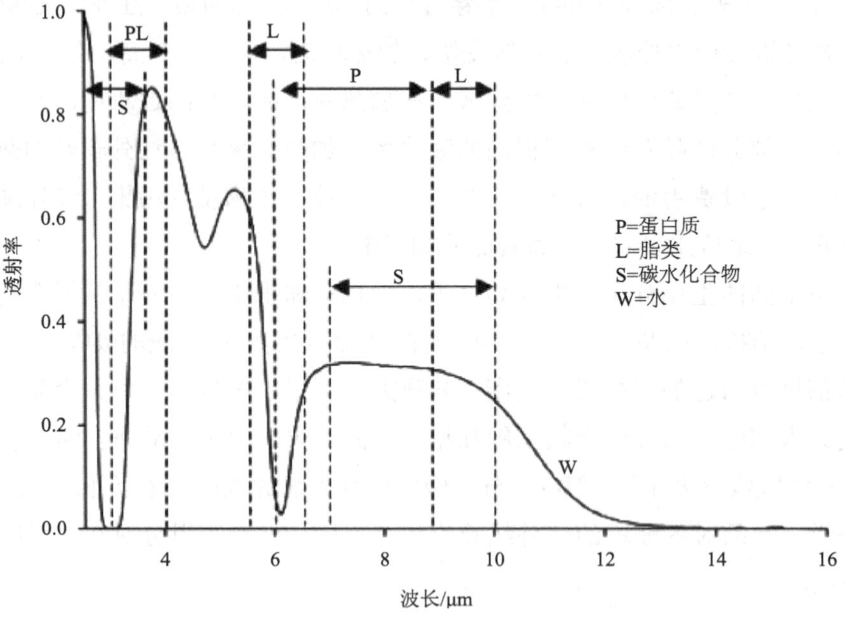

图 8-4　食品主要成分与水对比的吸收谱带

吸收范围在 3 ～ 4μm 和 6 ～ 9μm（Koegel et al., 1957；Blout, 1957），且该范围的吸收量最大；另外，脂类在整个红外辐射范围中的 3 ～ 4μm、6μm 和 9 ～ 10μm 的 3 个吸收波段呈现出强吸收现象（Schwarz et al., 1957；Freeman, 1957），而碳水化合物的吸收波段在 3μm 和 7 ～ 10μm（Manning, 1956）。目前，采用 FTIR 光谱通过对应的官能团的波长（或频率）来辨别食物相关成分（Sivakesava and Irudayaraj, 2000）。表 8-1 显示通过食品主要组分红外线吸收波段对比可以看出，食品的主要组分对红外线的吸收程度不同，都有自己的红外吸收范围，并且各组分的红外线吸收波段相互重叠，其中水的红外辐射吸收范围最大，基本囊括了其他食品主要组分的吸收波段（Rosenthal, 1992）。

表8-1　加热食品相关化学基团的红外吸收谱带（Rosenthal, 1992）

化学基团	吸收波长 /μm	相关食物组分
羟基（O-H）	2.7 ～ 3.3	水、碳水化合物
脂肪族碳氢键	3.25 ～ 3.7	脂类、碳水化合物、蛋白质
羰基（C-O）（酯）	5.71 ～ 5.76	脂类
羰基（C-O）（酰胺）	5.92	蛋白质
氮 - 氢（-NH-）	2.83 ～ 3.33	蛋白质
碳碳双键（C-C）	4.44 ～ 4.76	不饱和脂肪酸

Birth（1978）对光和食品材料的相互作用和对重要的光学原理，如规则反射、本体反射和光散射进行了阐述。规则反射发生在材料的表面。对于本体反射而言，光进入材料后由于散射发生扩散和吸收。剩余的光在接近入射处离开了材料。规则反射仅发生于具有光泽或抛光光泽的表面。粗糙表面的材料同时具有规则反射和本体扩散的漫反射。

Krust 等（1962）对不同介质的红外光学特性也做了理论上的分析，论证了测量时散射辐射的必要性。通过实验观察到，当层厚度增加的同时，发生透射减小、反射增加的现象，然而没有理论可以解释这一现象。

对食品在红外辐射处理后营养保持进行了估计，结果表明在强烈的红外辐射下能够大量脱水，水分含量可低至 3% ～ 7%（Keya and Sherman, 1997）。虽然发现一些蛋白质产生变质，但是豆类及相关食品中凝血素和胰蛋白酶抑制剂可因红外辐射充分失活，利用红外辐射进行预热可减少总烹饪时间。Krause 等（1983）研究了红外加热和空气对流加热对产品得率和食品原料营养的影响，包括肋眼、汉堡肉、土豆和新鲜番茄等。营养分析测定的项目包括：硫胺素、核黄素、维生素 C、β - 胡萝卜素、7 种脂肪酸、18 种氨基酸、氨、磷、铁、钠。结果表明红外加热处理后汉堡和番茄核黄素和维生素含量分别约增加 1.17% 和 11.18%。相比强制对流加热，红外加热处理后的汉堡和鳕鱼片总氨基酸含量分别增加了 1.3% 和 1.4%。

Cenkowski 和 Sosulski（1998）利用扫描电子显微镜（SEM）探索了高强度红外加热

对豌豆水合速率、烹调时间、蛋白质和淀粉组分的功能特性的影响。SEM 照片表明，辐射样品是由清晰分离的淀粉颗粒和其他游离的细胞粒子组成的，再通过吸水膨胀。Fasina 等（1999）采用扫描电镜技术分析了红外加热辐射处理后脱皮大麦仁和珠状大麦仁的细胞结构。红外加热比传统的方法更能使脱皮大麦仁样品扩充饱满。这是由于脱皮大麦仁的米糠层在加热时能够提供额外的阻力防止水分蒸发，这可能是通过形成的蒸汽压来使得脱皮大麦仁扩充得更加饱满。利用 SEM 研究放大的大麦仁淀粉蛋白形貌矩阵特点表明，未经处理大麦仁样品淀粉部分由呈椭圆形或圆形的直径范围在 2 ～ 25μm 的大小不同的颗粒组成。然而红外辐射后，颗粒直径膨胀到 50μm 最终破裂，代表淀粉糊化。通过研究红外辐射对细胞结构变化来探索红外加热的机制、营养变化、处理食品系统的持水在今后具有很好的发展潜力。

四、发展历程

红外辐射是一种最古老的热处理食品的方法之一。传统的干燥方法是将食品暴露于强烈的阳光下，目的是降低水分活度以最小的包装要求延长储存时间。红外辐射与对流加热相比具有很多优点：传热系数高、处理时间短、能源成本低等。因为红外辐射可以透过空气，如果空气中不含水分，该方法可以在不影响环境温度的情况下进行。

20 世纪 90 年代成功研制出远红外定向强辐射器后，红外辐射的加热方式由密闭保温型发展到了开放型（程晓燕和刘建学，2003）。辐射器的外形由最初的灯式发展到板式、管式、异性式。目前，红外的能源通常包括电和燃气。通过电红外灯或磁炉，以及燃气炉或催化器来产生红外辐射。典型的电红外是含有灯丝或陶瓷棒的白炽灯。燃气炉可以包含几层金属网夹层，天然气和空气混合后通过夹层到达点火装置，点火后产生密集的火焰，能产生 620 ～ 950℃的温度。催化式红外与上述红外不同，其是一种具有更多优点的加热方法，它利用天然气或石油液化气作为能源，经催化剂的催化作用，使天然气或石油液化气在低温下发生氧化反应，从而产生红外射线。Gabel 等（2006）报道了催化红外发射器的使用，即发射器中天然气或丙烷通过有孔的催化垫反应产生热量进行红外辐射。因为这种反应发生在气体燃点以下，所以这种发射器不产生火焰。这种催化红外发射器峰值波长与液态水的吸收峰相似，这可使水分子快速被加热。由于这种热效应直接自发产生于物体的内部，没有明火，因此安全且无温室气体排放。因此，催化式红外加热最近得到了科研工作者的广泛关注，且适用于多种食品的加工，比其他加热方式有着更低的使用成本，更高能效利用，环保无污染和安全的全面优势，并且显著缩短加热时间、提高加热效率和产品质量及安全，是一种具有发展前景和可以取代传统加工技术的有效手段。

第二节　研究应用现状与进展

一、红外加工技术在食品工业中的应用领域

（一）红外加工技术在灭酶中的应用

食品中的酶主要包括过氧化物酶、脂肪氧化酶、过氧化氢酶、抗坏血酸氧化酶、多酚氧化酶、蛋白酶等。酶蛋白所具有的特异活性构象是分子中许多基团相互作用的结果，当环境改变或一些基团的相互作用被减弱（或完全消失）时，就会引起大部分结构很快崩溃，从一种有秩序的构象过渡到一种杂乱构象，这一现象就称为酶变性。酶的空间结构一旦遭到破坏，活性中心的构象也就随之发生改变，酶因之失活，因此酶失活的实质是酶蛋白分子空间结构的改变或破坏。引起酶失活的因素主要包括如下几种。①蛋白水解酶：水解肽链。② pH 改变：催化必需基团电离，强酸强碱条件下出现肽键水解、脱氨基作用、消除和外消旋化、氨基酸变化等。③氧化作用：各种氧化剂可氧化芳香族氨基酸的侧链、蛋氨酸、半胱氨酸和胱氨酸残基或由于变性剂、去污剂、重金属离子、巯基试剂发生氧化作用。④热处理：高温导致氢键或疏水键破坏（周理红和许梓荣，2004）。

现在农产品和食品加工中使酶失活常用的方法有热处理法、添加抗氧化剂法或者酶抑制剂法（Adams, 1997）。一般来说，热处理法，如漂烫法或者热蒸汽处理能够减少由于过氧化物酶、多酚氧化酶及叶绿素等引起的酶促褐变过程，并且阻止由于脂肪氧化酶和蛋白酶引起的恶劣臭气的产生，阻止抗坏血酸的氧化，巩固产品的营养价值。漂烫灭酶通常是在冷冻、装罐、脱水干燥前对水果蔬菜的预处理，它使得酶失活并阻止了颜色的变黑和产生难闻的气味，排除物体组织中的气体而使包装更容易或者是使得在干燥过程速度更快（Bevilacqua et al., 2004）。对很多冷冻食品，在漂烫预后需进行部分脱水处理，使得运输过程中减轻质量、减少空间、降低冷冻耗能或引起在冷冻中的结霜问题。

1. 红外加热灭酶在谷物中的应用

谷物中含有多种影响其品质和储藏效果的酶类，如脂肪酶、淀粉酶、脂肪氧化酶等，因此对谷物进行灭酶处理可提高其品质、延长储藏时间。现阶段谷物中常用的灭酶方法主要是添加抗氧化剂法或酶抑制剂法等，但其效果不明显且污染原料，为了满足谷物加工发展的要求，相关研究人员正寻求新的灭酶方法。脂氧化酶是一种可以使大豆变质的酶，Kouzeh 等（1983）发现对大豆进行 60s 的红外辐照处理可使 95.5% 的脂氧化酶失活，而且与传统的灭酶工艺相比，不会影响大豆本身的品质。与此同时，相关研究人员对其他谷物进行红外加热试验还发现，在 30 ～ 40℃条件下，红外加热会对谷物中的脂肪酶和淀粉酶的酶化反应产生抑制作用，促进酶的灭活。综上所述，采用红外加热技术对谷物进

行灭酶处理不仅清洁环保，而且能保证谷物品质。

2. 红外加热灭酶在果蔬中的应用

果蔬中主要包含过氧化物酶、脂肪氧化酶、过氧化氢酶、抗坏血酸氧化酶、多酚氧化酶、蛋白酶等。这些酶在果蔬中作为生物催化剂促进其内部的生物化学反应，其中有些酶对果蔬的储藏效果和品质产生影响，例如，过氧化物酶、多酚氧化酶等会引起果蔬的褐变，影响其外观品质；脂肪氧化酶和蛋白酶会加快果蔬的劣变过程，并产生难闻的臭气；抗坏血酸氧化酶会引起抗坏血酸的氧化，造成果蔬内部 V_C 的流失。因此，在对水果和蔬菜进行冷冻、包装、干燥等过程前进行灭酶处理，可提高其品质并延长储藏时间。

张琥等（2002）以马铃薯为原料，研究抑制酶促褐变的方法。试验通过对马铃薯片采用红外和漂烫两种灭酶方法进行处理，比较其多酚氧化酶的相对活性，研究表明采用红外加热灭酶处理后的马铃薯片比传统方法处理的多酚氧化酶灭活率更高，且产品的热损伤率更低。Galindo 等（2005）在对胡萝卜片冷冻干燥之前，将经过红外加热处理后胡萝卜片的细胞和组织的破坏程度与传统热烫法处理后的胡萝卜片进行对比。通过研究发现，经过红外加热处理的胡萝卜片只有表面 0.5mm 深度的组织细胞被破坏，而传统的热烫方法处理的胡萝卜片其 60％的组织细胞被破坏，严重影响胡萝卜的品质。Pan 课题组以苹果、胡萝卜、马铃薯为原料，分别采用红外加热和传统蒸汽灭酶的方法进行试验，研究表明当物料达到一定温度时（≤ 80℃）可完全灭酶，而采用红外加热方法达到灭酶温度所需的时间比传统蒸汽灭酶方法节省一半以上。综上所述，在对果蔬进行冷冻、包装、干燥之前，对其进行红外加热灭酶处理，不仅可将原料中所含的影响其风味的酶类灭活，还可尽可能地减少加热过程对原料组织细胞的破坏，降低热损伤率，保证果蔬的品质和风味。与此同时，由于红外辐射不加热空气和介质且具有穿透性，因此能量利用率更高、更节能。

（二）红外加工技术在果蔬同步杀青脱水中的应用

在食品工业中，杀青是一个更加重要的单元操作过程。它可以消除酶的活性，改善食品的品质，保持食品的颜色、味道和营养价值。为了节约能源、减少废弃物，杀青装置的设计需要不断改善，采用一种新的方法，即用红外辐射实现果蔬的同步杀青和脱水，可以开发更多种具有高附加值的干燥、冷藏、冷冻和脱水冷冻处理的果蔬产品。“红外干法 - 漂烫”技术的开发目的在于替换现有的蒸汽、水及微波漂烫方法。目前，漂烫和脱水是两个独立分离的过程。通过对红外技术的研究发现，灭酶和脱水能够合为一步完成，美国农业部西部研究中心和加利福尼亚大学戴维斯分校发明了一种名为同步杀青脱水技术（IDBD），该技术能够应用中远红外技术进行灭酶而得到比传统的水或蒸汽灭酶更好的产品品质（Pan and McHugh, 2006）。

高水分含量的食品和农产品可以利用红外干法杀青和脱水。利用催化式红外设备进行干法杀青和脱水处理，红外辐射产生的红外线为 2 ～ 4μm，与水的吸收波长相匹配，从而使高水分含量的物料快速加热达到杀青脱水的目的。因此，较短的处理时间能够有效地阻止果蔬加工过程中营养成分和风味物质的损失，并且干法杀青减少了水的利用，避免了水溶性营养成分损失和产生废水导致环境问题。此催化式红外辐射器的红外辐射能量是由天然气或液化气在催化剂的作用下与氧气发生的氧化反应产生，较传统的电红外而言，具有更高的能量利用效率。

（三）红外加工技术在果蔬脱皮方面的应用

全世界水果和蔬菜资源十分丰富，除了鲜食以外，大量用于工业化生产加工。在水果加工过程中，如罐头和切块的产品等，脱皮处理是一道非常重要的加工工序。现在商业化应用的脱皮方法主要有热水漂烫、热蒸汽喷射、碱法浸泡等。热烫 / 热蒸汽可以实现脱皮，但是能量利用率较低，产品质量差，且对水果营养价值有较大影响，尤其是 V_C 的损失严重；碱液脱皮法能使果皮和果肉分离充分，但是碱液会造成水质污染，将导致后期水处理投入成本大量增加。

红外物理辐照技术可以克服碱液脱皮法对环境造成的污染问题，同时可生产比热水 / 热蒸汽脱皮法更高质量的产品。这主要是因为红外射线的波长为 1 ～ 3μm，具有较高的热能，可以使水果表皮裂开，通过辅助简单淋洗、毛刷摩擦等设备，就可以达到脱皮的效果。

（四）红外加工技术在食品表面杀菌中的应用

在食品保存过程中，细菌、霉菌和酵母菌等微生物都可能引起其变质，其中细菌是引起食物变质的主要微生物。为了延长食品的储藏时间，通常向食品中加入防腐剂或是杀菌剂来抑制微生物的侵袭，但这些制剂同时也会污染食品，带来安全隐患。而采用红外加热技术对食品进行杀菌处理则可以避免上述问题发生，食品中的微生物经红外辐射处理，使得其内部蛋白质受热凝固，导致新陈代谢受阻而死亡（曾庆孝等，2002）。红外辐射杀菌的机制主要是靠其热效应：受到红外辐射照射的食品，温度上升，同时附在食品上的微生物也发生自身热效应，它们的热量通过热传导共同作用于微生物，使其快速升温导致菌体蛋白质变性，活体死亡，或受到严重干扰，无法繁殖。

应用红外加热进行表面杀菌有潜力成为一种常见的工业实践。将食品暴露于红外加热源可引起表面温度增加，并进行内部的热传导。因为食物具有较低的导热系数，所以通过食品的传热速率很慢，因此大量热量可能会积累并引起表面温度迅速升高。如果红外暴露时间控制得当，表面温度可以升高到足够的程度，优先灭活目标病原微生物而基本上不增加食品内部温度。红外加热灭活引起病原微生物的细胞内成分如 DNA、RNA、核糖体、细胞膜和 / 或细胞蛋白质的损害（Krishnamurthy et al., 2008）。因为水吸收红外辐射导致的温度迅速增加，所以微生物中水分子吸收红外辐射是导致其失活的一个重要因素（Hamanaka et al., 2006a）。状态、位置和微生物体内的水分含量和结合情况是影响微生物对红外加热反应的重要因素（Hamanaka et al., 2006b）。尽管已知红外能灭活微生物是通过常规的热机制（蛋白质和核酸的变性），然而对酶的非热效应也曾报道过（Sakai and Mao, 2005）。Sawai 等（2000）确定远红外加热对营养细胞的杀菌比热传导加热杀菌更有效。日本的山野藤吾曾将细菌、酵母和霉菌悬浮液装入塑料袋中进行杀菌试验，结果表明：用远红外线照射后，能使不耐热细菌全部被杀死，使耐热细菌数量降低。对于霉菌，采用 8kW 以上的照射功率照射 10min 就可将活菌全部杀死（杨瑞金，1998）。

Rosenthal 等（1996）用红外热奶酪进行表面杀菌。Hamanaka 等（2000）采用红外热对小麦进行表面杀菌。Jun 和 Irudayaraj（2004）应用红外热对农产品真菌孢子消毒。Huang（2004）用红外加热作为一个可能的干预技术对土耳其香肠表面污染的李斯特菌进行杀灭。Sakai 和 Mao（2005）利用红外热对牡蛎、日本面条进行杀菌，对煮熟的鱼浆进行二次杀菌。Hamanaka 等（2006b）开发了一种可连续加工的红外热辐射谷物消毒器。他们认为初始水分含量较高的小麦籽粒过度的红外处理可得到一定的消毒效果但可能导致内部质量的下降。水活度低的农产品，随表面反射降低，传导降低，可引起更高的吸收率。

Tanaka 等（2007）采用了远红外辐射发展草莓表面净化新技术。相比空气对流加热，远红外加热可实现更均匀的表面加热，但发现该方法在水中的有效性和均匀性较差。Krishnamurthy 等（2008）研究了红外加热在牛奶加工过程中灭活潜在的金黄色葡萄球菌。Huang 和 Sites（2008）开发了一种红外灭活热狗单增李斯特菌的方法。Staack 等（2008a，2008b）研究了红外热对红辣椒粉质量和微生物消毒效果的影响。Brandl 等（2008）在美国大杏仁灭菌研究中发现，红外物理技术可高效杀灭存在于大杏仁表面及内部的沙门氏菌。该结论在 Bingol 等（2011）、Yang 等（2010）的研究中也得到了进一步的证实。Maria 等（2008）研究红外加热对大杏仁肠炎沙门氏菌的效果，结果显示，与未处理的样品相比，处理后大杏仁皮的形态、大杏仁肉的纹理和颜色无区别，表明红外加热技术在大杏仁干法杀菌方面具有可行性。红外加热也可以用于生产线，杀灭在食品接触面生长的真菌微生物来延长食品的货架期，如杀菌烤盘。

（五）红外加工技术对稻谷同步干燥、杀虫、灭菌

稻谷是人类主要的粮食之一，世界上约有 39 个国家是以稻谷为主要食粮，其消费人口高达 10 亿以上。由于部分地区高温高湿的气候特点和储藏保鲜技术还比较落后等，使得稻米在储藏过程中极易生虫霉变，品质发生劣变，造成粮食的严重损耗。因此稻米安全的高品质干燥杀虫技术成为国内外粮食储藏工作的重点和难点。目前国内外采用的杀虫技术，如熏蒸、化学防霉剂、^{60}Co 辐照等方法，虽可抑制仓储期间虫害的发生，但无法杀死谷粒内的虫卵。^{60}Co 辐照法还存在污染与残留、产品食用安全性等问题。Pan 等

（2008）在稻米加工研究中发现，红外物理技术具有较好的同步杀虫脱水效果，且无化学残留与污染。Khir 等（2011）在糙米干燥研究中证实红外物理技术可显著提高糙米中水分的扩散系数，提高干燥效率。食品安全问题已成为国际组织、各国政府、工商企业和消费者关注的焦点，也是目前研究的热点。Wang 等（2014）在对稻谷灭菌研究中发现，红外结合保温处理技术能够得到很好的杀菌效果，降低稻谷黄曲霉菌数量可高达 8-log cfu/g，并可进行同步干燥。稻谷红外杀虫灭菌技术，取代了传统的熏蒸、施用化学药剂等方法，避免了环境污染和食品安全问题。因此，红外物理加工技术将成为稻米干果杀虫灭菌处理的发展趋势。

（六）红外加工技术在食品解冻中的应用

随着冷冻技术的进步，冷冻食品的质量有了显著提高。大多数冷冻食品在使用或消费前必须进一步解冻，而在解冻时质量可能降低。许多食品通常是以冷冻食品为原料加工制造的，如以冷冻肉为原料制造香肠。同样的，鱼片是用大块冷冻鱼进一步处理加工成的。不同的解冻和缓苏的方法用于制备需进一步处理的冷冻食品，每一种技术都有其优点和缺点。解冻加工的主要目的是保持最短解冻时间，将食物质量的损失降到最小。然而，在解冻的过程中，水分（水滴）损失、蛋白质结构变化、微生物生长和质地的变化可造成质量下降。微波解冻是一种可以缩短解冻时间的方法，但是由于食品冷冻和未冷冻部分的介电性差异显著，因此表面附近可能会发生加热不足或加热过度的现象。在红外区域，冰和水的吸收系数大致相同（Sakai and Mao, 2005），可以防止加热不足，这使红外加热成为一种可能的解冻方法。Sakai 和 Mao（2005）引用文献中的研究结果，使用远红外加热解冻的金枪鱼没有造成滴水损失和变色。由于红外能量吸收引起的表面温度变化是一个利用红外能控制解冻的重要参数。

（七）红外冷冻干燥加工技术

红外辐射和冷冻干燥相结合是一种新的干燥方法，其具有很大的工业应用潜力。红外辐射和冷冻干燥按顺序操作，先进行红外预脱水，随后进行常规冷冻干燥。传统情况下，热风干燥和冷冻干燥已经应用到果蔬的脱水及干燥过程中。然而，热风干燥耗时耗能，严重影响产品的品质。冷冻干燥虽然成本高，但工业上仍采用其干燥高附加值产品。在所有干燥方法中，冷冻干燥使干燥产生的负面影响最小，并且能够生产高品质的食品。主要原因是：低温保证了产品结构在生化过程中不变；干制品不易破碎，形成的多孔结构提高了产品的复水性；产品收缩小；在成品中能很好地保留香气、风味和营养；可以提高产品的酥脆性；能在环境温度中储存。然而，冷冻干燥非常昂贵，其成本和操作费用很高（能源消耗量大），并且干燥时间很长（干燥速率低）。在工业中，冷冻干燥过程的操作费用是喷雾干燥的 4 ～ 5 倍。因此，冷冻干燥只用于高价值产品的生产。红外干燥处理使物料中水分吸收红外辐射能量，提高物料温度。物料水分从内部向表面扩散，然后从表面扩散到周围环境中。红外线能够穿透物料一定深度，并且水分子吸收波长与红外能量相匹配，能够很好地吸收红外能，从而使高水分含量的物料快速加热并使水分去除，获得较高的干燥速率。将红外和冷冻干燥顺序结合起来，不仅可以快速去除水分，同时可以保证产品的品质。

二、红外加工技术在主要应用领域理论研究、技术与装备开发，以及产业化推广的进展

（一）理论研究

1. 红外灭酶的理论研究

早在 1956 年就有应用近红外线对芹菜和苹果灭酶（Aselbergs and Powrie, 1956）的报道，但由于技术和经济的原因而没有成功。此后由于蒸汽灭酶方法存在的能源问题、废水处理问题，以及营养流失问题又引起应用红外能进行灭酶技术新的兴趣。Ponne 等（1994）发现，在红外能灭酶的条件下与微波方法、微波 - 蒸汽方法、无线电波方法、热水和蒸汽方法相比，叶菜类的蔬菜有着较强的坚挺性。红外装置能将热能转换成红外能，红外能不仅辐射到物体表面，而且穿透表面到达物体的内部。在灭酶脱水过程中红外能可使物体达到各种不同的温度。能量到达表面而且穿透到内部使得加热速率加快，这是灭酶和脱水所需的最理想的条件。同时近远红外波不加热空气和介质从而使得红外能的转换效率提高。和传统的高速率灭酶方法比较，红外能可在较低的温度下较快地降低水分含量而不用长时间暴露在高温状态下，使产品的热损伤降到了最低。实验研究表明，当物体达到一定温度（一般均低于 80℃）时可以完全达到灭酶的效果，而在红外能加热条件下，被加热的物体只需 3 ～ 5min 即可达到所需的温度而使得酶失活。例如，12.7mm×12.7mm 方块的苹果、胡萝卜、甜玉米和马铃薯在红外发生器表面温度 500℃，以及和发生器表面距离 115mm 的情况下分别只需 3min、4min、1min 和 3.5min，该方法要比传统蒸汽灭酶方法节省 2/3 以上时间。从能量利用效率看，不计算脱水能量消耗，红外灭酶的能量利用效率为 12.4%，而现在商业应用的漂烫和蒸汽灭酶方法能量利用效率仅为 3%（Pan and McHugh, 2006）。

2. 红外加工技术在果蔬杀青和脱水中的理论研究

为了研究该催化式红外设备在干法杀青和脱水的效果，Pan 课题组以黄褐色的土豆作为样品进行测试，为了获得产品的最优处理条件，在不同操作条件下进行了多组实验。实验测试结论为：通过设置合理的实验参数和操作条件，红外加热可以对切片或切碎的

土豆进行同步杀青和脱水。对于 2.89mm 厚的土豆片，当区域 1 的发射器打开，输送带速度为 1m/min，相对停留时间为 283s 时，多酚氧化酶（PPO）完全失活。然而，为了实现厚土豆片（6.42mm 和 9.03 mm）的充分灭酶，输送带速度要降到 0.7m/min 或 0.8m/min，相对停留时间增加为 370s 和 328s。为了获得高品质的灭酶产品且降低能耗，在初始阶段采用高温把土豆片加热到酶失活温度是必不可少的。可以通过控制加工条件控制灭酶和脱水中水分的损失。在美国，红外技术的研究已扩展到多种水果和蔬菜。实验装置和操作条件的优化需要根据产品的种类和最终产品品质的要求来确定。

Pan 课题组还对胡萝卜催化式红外干法杀青进行了研究，发现红外技术能够在完成胡萝卜干法杀青的同时，脱除部分水分，起到干燥的作用。处理参数与其 POD 灭活和水分去除量呈现显著相关性。增加胡萝卜片表面温度和减小胡萝卜片厚度可加快 POD 灭活速率和增加水分减少量。胡萝卜片表面温度、切片厚度对胡萝卜加工特性和产品质量有显著的影响。合适的处理温度（90℃）能够在较合适的时间对 POD 灭活，胡萝卜片维生素 C 保留量较高。胡萝卜片处理过程中，表面的颜色变化主要是由于酶促和非酶褐变引起 L*、a* 和 b* 值的减少导致。得出最适处理条件为：胡萝卜表面温度为 90℃，胡萝卜片厚度为 3 ～ 5mm。在此处理条件下，红外干法杀青技术用于生产可部分或者完全使胡萝卜片脱水。

Pan 课题组系统研究了胡萝卜片催化式红外干法杀青同步脱水过程中 POD 钝化动力学、干燥动力学、胡萝卜颜色变化动力学模型，发现两阶段模型、Midilli 模型、五阶多项式模型分别能够很好地预测 POD 钝化、水分去除、胡萝卜颜色变化的过程。通过动力学模型参数分析发现，酶钝化速率常数和限制时间可以用于恰当地解释杀青过程、水分有效扩散系数值随处理温度和胡萝卜片厚度的增加而增加。根据颜色变化动力学模型，可判定处理终点值，保证产品质量，对实际生产操作和控制有非常重要的意义。

3. 红外果蔬脱皮方面的理论研究

Li 等在番茄脱皮加工中采用红外物理技术，研究对比了传统碱法脱皮和无需碱液和水处理的红外干法脱皮加工方法（Li et al., 2014）。结果显示，当达到相同的脱皮效果时，红外干法脱皮采取 30 ～ 75s 加热时间得到较低的损失（8.3% ～ 13.5% 对 12.9% ～ 15.8%），较薄的脱皮厚度（0.39 ～ 0.91mm 对 0.38 ～ 1.06mm），以及脱皮后产物得到更加硬的质地（10.3 ～ 19.72N 对 9.42 ～ 13.73N）。结果证明与现在商业应用的脱皮技术相比，红外物理技术确实具有良好的脱皮效果，具有较高的能源利用率，且对番茄品质的影响小。红外干法番茄脱皮系统不需要使用大量化学物或水。红外脱皮得到的果皮可被重新利用来生产具有附加值的副产品，如番茄红素和膳食纤维。图 8-5 显示的是红外干法脱皮的效果。

根据对中试红外干法脱皮系统的实验室测试结果可知，可以对 3 排番茄同时加热，当处理 125s 时完全脱皮率可达 85%，总脱皮率可达 82%。脱皮的番茄有较高的硬度和较完整的表皮，表皮可进一步加工成为高附加值产品。现场实验结果表明，完全脱皮的番茄可以达到 70% ～ 85%，主要取决于品种、大小和成熟度。红外加热的平均完全脱皮百分比明显高于蒸汽脱皮。红外加热后番茄表面温度不应超过 107℃。红外脱皮后番茄的质地坚实性显著高于蒸汽脱皮处理的番茄。质地坚实度随果实体积的增加而增加。番茄直径在 38 ～ 46mm，红外脱皮和蒸汽脱皮得到的质地分别大约是 7N 和 5N。红外脱皮系统损失率在 21% ～ 35%，损失率随果实体积的增大而减小。可通过提高加热强度和控制温度降低脱皮损失率。关于脱皮番茄的颜色，红外脱皮比蒸汽脱皮番茄有较高的“*a*”值参数，然而红外和蒸汽脱皮在色相角值之间没有显著差异，因此红外脱皮与蒸汽脱皮后的番茄颜色相似。根据实验结果，设计了一种具有每小时处理 10t 番茄能力的商业规模系统。据预测，商业红外干法脱皮系统比蒸汽和碱液脱皮可以分别节省至少 22% 和 28% 的能源，并且不产生废水、不用处理污水及化学物质。

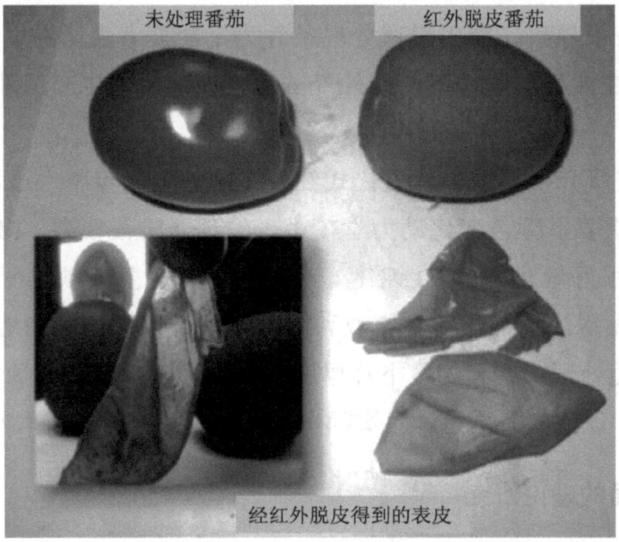

图 8-5　番茄红外脱皮效果

4. 红外表面杀菌理论研究

红外加热的杀菌效果主要受到下列因素的影响：辐射能量强弱、波长峰值、频带宽度、样品厚度。

（1）能量强弱的影响

Hamanaka 等（2006b）采用红外加热技术对小麦进行灭菌，并对其表面的杀菌过程进行研究。通过研究发现，红外加热过程中当辐射的能量分别达到 0.5kW、1.0kW、1.5kW、2.0kW 时，小麦颗粒的表面温度分别达到 45℃、65℃、95℃、120℃，其表面的菌落数依次减少。研究者曾对相同的细菌悬浮液进行红外辐射杀菌试验，其辐射的能量分别为6kW、8kW、10kW、12kW。试验证明辐射能量达到12kW时，被照射悬浮液的菌落数最少。因此，红外辐射的能量越高，病菌灭活的效果越好，提高红外辐射的能量可加速病菌的灭活。

（2）波长峰值的影响

Hamanaka等（2006a）对枯草杆菌的灭活效率进行研究，试验分别采用3个红外加热器（A、B、C），其波长分别为950nm、1100nm、1150nm，对同一样品进行红外辐射灭菌，在辐射温度相同的条件下，试验发现病菌的灭活率A要高于B和C。上述研究表明，随着波长峰值的增加，红外辐射所传递的能量会随之递减。因此，红外辐射的波长越短，其所传递的能量越大，同时病菌的灭活效率也越高。

（3）频带宽度的影响

食品与微生物所含的各种组分对不同波段的红外线吸收程度不同，为了确保病菌的灭活效果，对主要组分的红外吸收方式进行研究是非常有意义的。Jun和Irudayaraj（2004）用光学带通滤波器将红外加热过程中红外线的波长范围控制在5.88～6.66μm，并将该波段的红外辐射用于玉米粉中黑曲霉和镰刀菌的灭活。研究发现在上述波长范围内采用红外辐射灭菌可使微生物内的蛋白质变性，与正常波段的红外加热相比，黑曲霉与镰刀菌的灭活率能够提高到340%。因此，不同的微生物由于组分不同导致对红外辐射的吸收程度也不同，只有找到微生物对应的红外吸收波段，才能达到更好的杀菌效果。

（4）样品厚度的影响

Sawai等（2000）通过研究证明随着样品厚度的增加，其温度增加的程度降低。Hashimoto等（1991）研究发现红外辐射透过细菌悬液40mm的薄层后，能量衰减90%。相关研究人员同时还发现，减少样品的厚度可提高真菌孢子、大肠杆菌和金黄色葡萄球菌的灭活率。通过上述研究表明，由于红外线的穿透性较低，红外辐射对微生物灭活率的影响是随着样品厚度的增加而减小的。

5. 红外稻谷同步干燥、杀虫、灭菌理论研究

需要发展一种快速、非化学、安全并且同时保持稻谷高品质的方法以替代传统农药如甲基溴来消除稻谷害虫的方法。Pan等（2008）研究了用于稻谷同步杀虫脱水的方法。用催化红外发射器对单层稻谷进行干燥时，在短时间内，稻谷可以达到较高的温度。随着稻谷温度的升高，水分去除量增加。当只采用红外加热时，含水率低和高的稻谷温度升高到60℃只需要60s，并且水分去除率分别为1.7%和1.8%。快速红外加热后的缓苏处理对得到高品质的碾米，提高冷却过程中的水分去除率是非常必要的。图8-6显示的储藏水稻样品是红外处理后出现成虫的情况。在50℃以上处理的样品害虫完全去除。所需温度和保温时间分别为50℃和1min。在此条件下，稻米加工品质没有影响，但红外会导致

约 1% 的水分损失，这可以通过降低水稻床厚度和提高加热速率来减少（表 8-2）。通常，缓苏后的冷却可以去除大量的水分，并能保证碾米品质（图 8-7 ～图 8-9）。对刚收获的稻谷进行同步干燥、杀菌灭虫时，推荐的条件是将稻谷加热到 60℃，然后做缓苏和冷却处理。经此法干燥的水稻的储藏期大大加长，并使用在自然条件下储藏的经红外干燥的糙米具有比热风干燥的稻谷更长的储藏时间。

6. 红外冷冻干燥加工技术理论研究

以草莓片的红外冷冻干燥为例，为了研究红外冷冻干燥处理后草莓片的干燥特性和产品品质，对草莓片分别进行红外冷冻干燥（SIRFD）和热风冷冻干燥（SHAFD）。在冷冻干燥（FD）之前分别采用红外预脱水和热风预脱水，除去初始质量的 30%、40% 和 50%，预脱水后的相对水分含量分别为 86%、83% 和 80%。红外采用了 3 种不同的红外强度（3000W/m^2、4000W/m^2 和 5000W/m^2）。在冷冻干燥前，样品均冷却到−18℃，通过冷冻干燥，最终水分含量达到 5% 时进行产品品质的评价。产品主要从色泽、收缩性、复水性、易碎性及坚硬性等方面进行评价。

实验研究可得：红外干燥比热风干燥的干燥速率高，并且随着辐射强度的增强，干燥速率明显增高。红外干燥辐射强度为 5000W/m^2 时，质量减少率可以达到 30% ～ 40%。在红外预脱水过程中，过快的失水会导致收缩率增加，SIRFD 草莓样品的收缩率比 FD 草

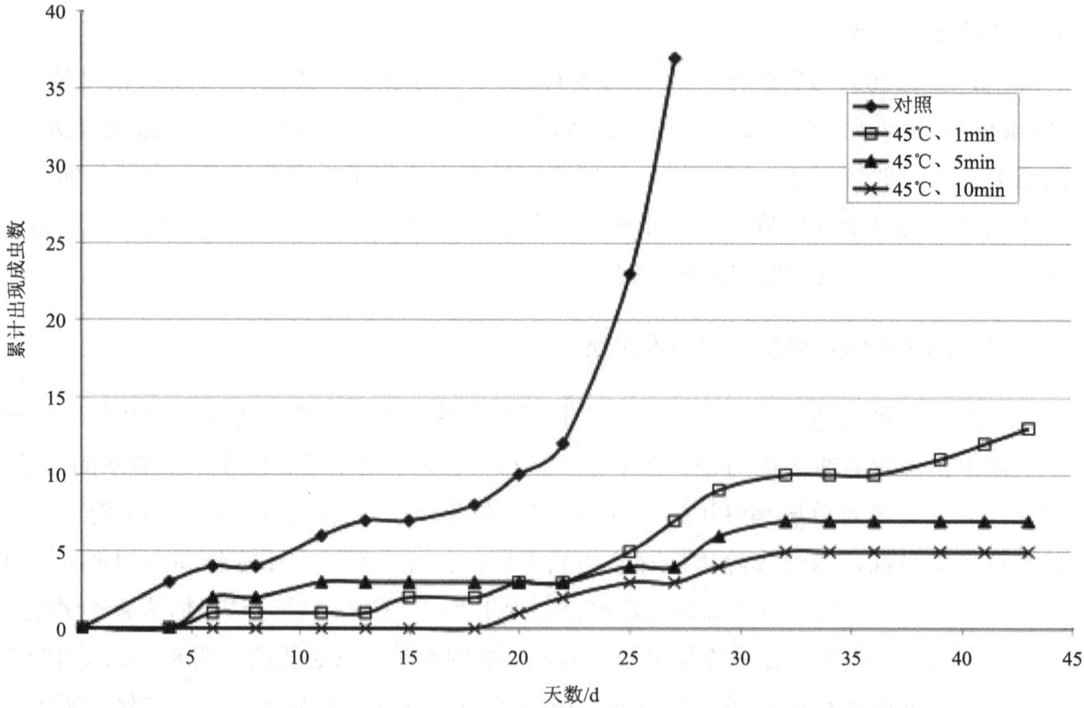

图 8-6　储藏水稻红外处理后的成虫出现情况（50℃及以上未发现成虫）

表8-2　红外处理加利福尼亚中粒米M202干稻谷样品水分和碾米质量变化

处理条件	水分含量 /%	整米率 /%	精米率 /%	白度指数
对照	13.5±0.1	68.5±0.4	54.1±0.7	44.4±0.3
50℃、1min	12.3±0.0	69.2±0.4	53.8±0.6	45.1±0.3
50℃、5min	12.0±0.0	69.5±0.2	54.6±0.1	44.7±0.3
60℃、1min	11.9±0.1	69.8±0.4	52.4±0.0	45.1±0.4
60℃、5min	11.4±0.1	70.3±0.4	44.9±0.4	44.5±0.2

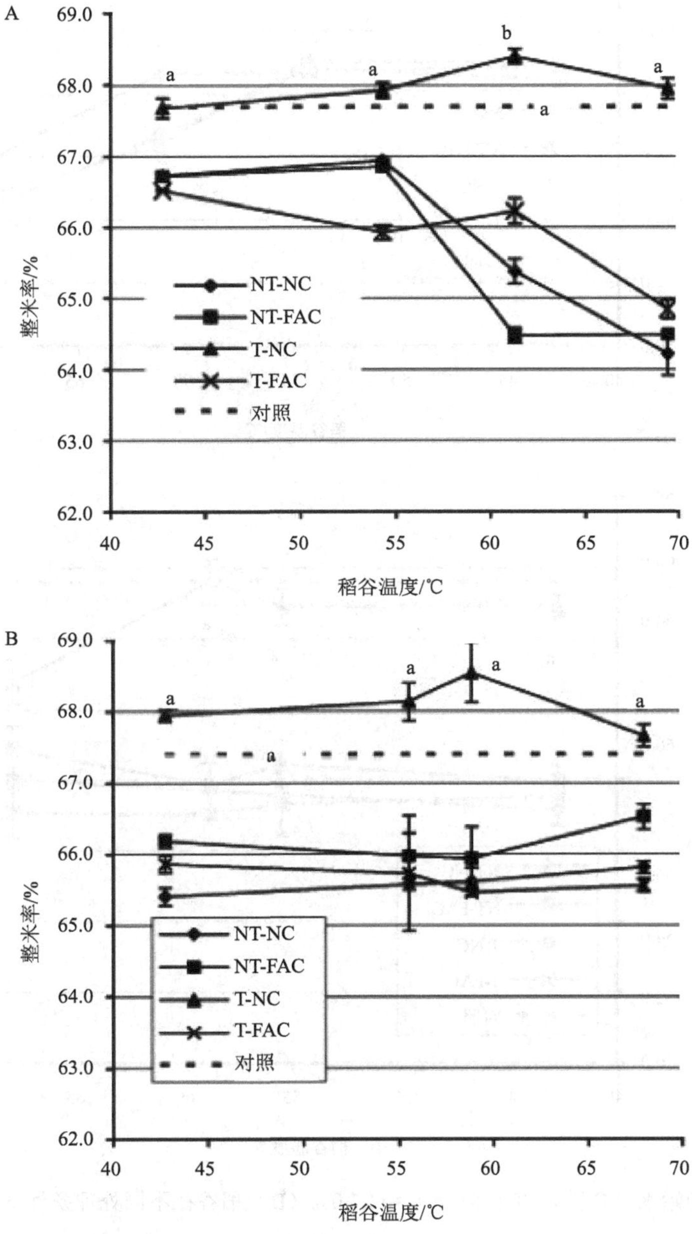

图 8-7　初始水分含量为 20.6%（A）和 25.0%（B）稻谷在不同处理条件下的整米率

T.保温；NT.不保温；NC.自然风降温；FAC.冷空气降温；“a”代表与对照差异的显著性（$P<0.05$）

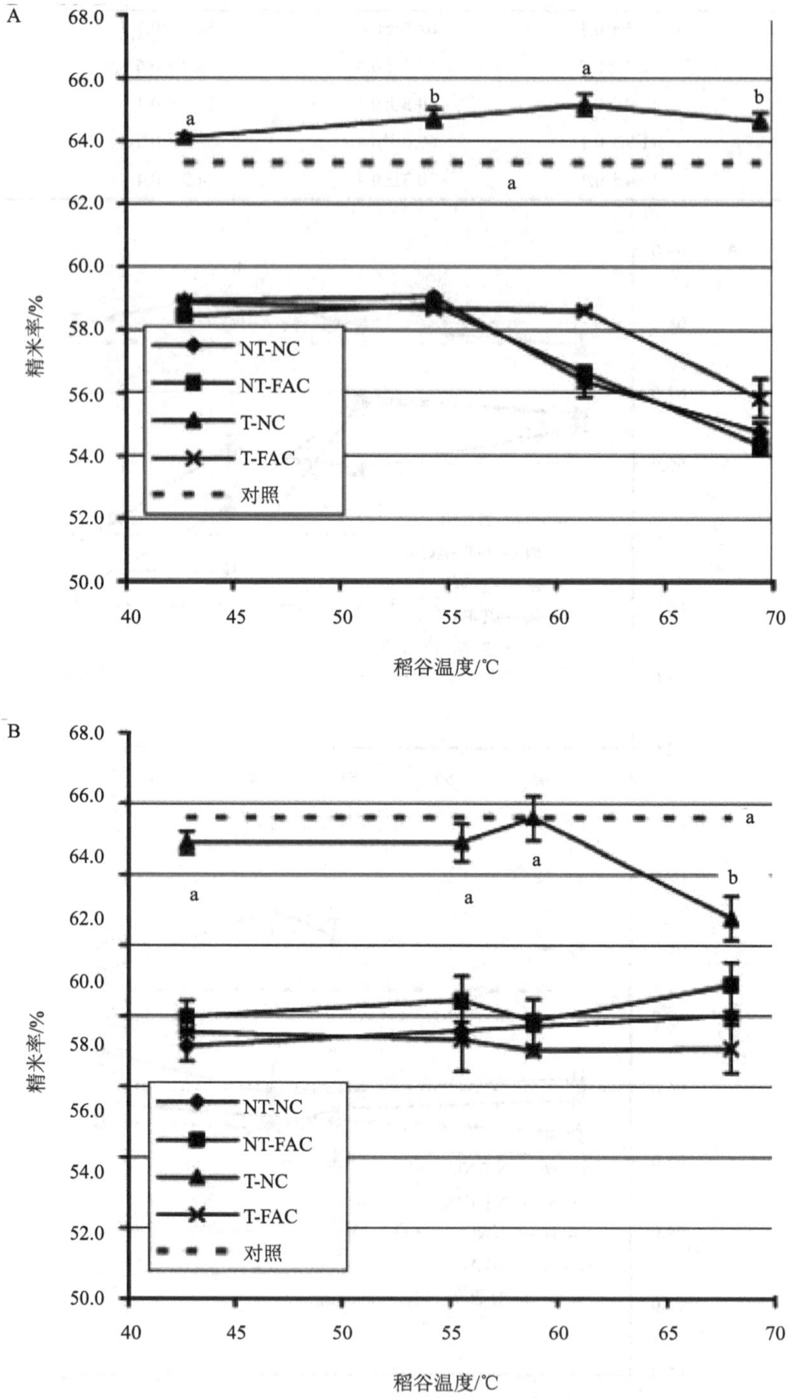

图 8-8　初始水分含量为 20.6%（A）和 25.0%（B）稻谷在不同处理条件下的精米率

T.保温；NT.不保温；NC.自然风降温；FAC.冷空气降温；“a”代表与对照差异的显著性（P<0.05）

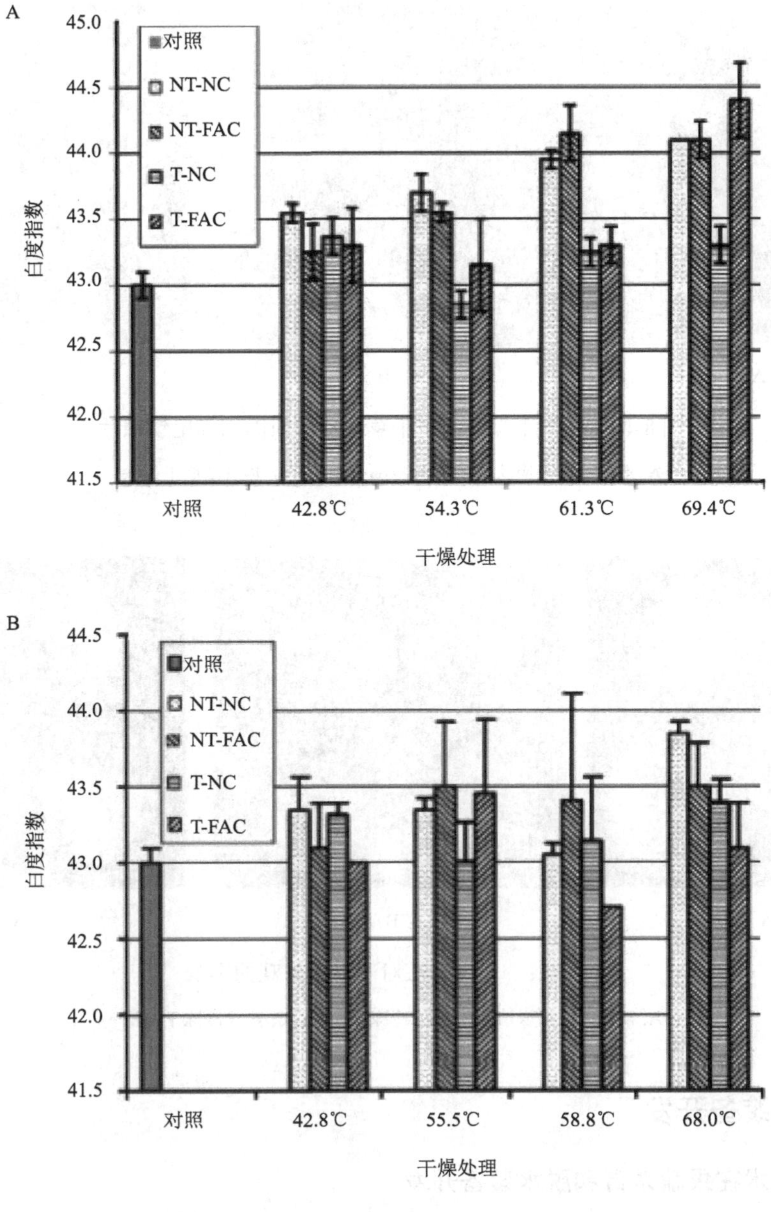

图 8-9　初始水分含量为 20.6%（A）和 25.0%（B）稻谷在不同处理条件下的白度指数

T.保温；NT.不保温；NC.自然风降温；FAC.冷空气降温

莓样品稍高，但比 SHAFD 样品低（图 8-10）。SIRFD 草莓样品的硬度比 FD 样品高。与新鲜草莓相比较，SIRFD 草莓样品的复水性低于 FD 样品，高于 SHAFD 样品。SIRFD 干燥后草莓的白色和红色有所加深，草莓芯为深红色，比 FD 和 SHAFD 处理的样品更加清脆（图 8-11）。SIRFD 处理方法也可以用于生产其他的酥脆果蔬片，该方法不仅可以提高产品品质，增加处理效率，还可减少能源损耗。

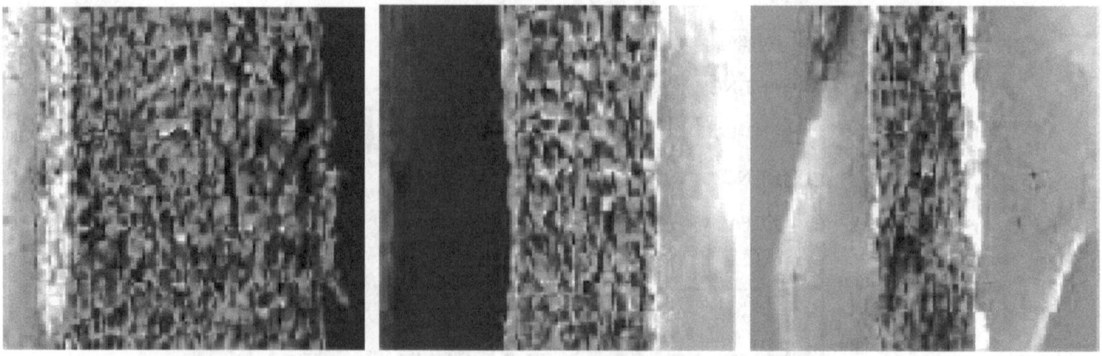

A　　B　　C

图 8-10　不同干燥方法下干草莓片的断面扫描电镜照片

A. 常规冷冻干燥法；B. 红外冷冻干燥法；C. 热风冷冻干燥法

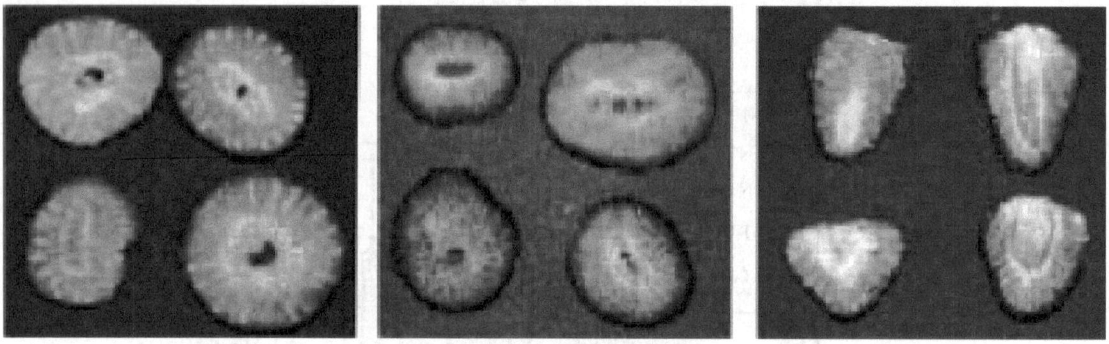

A　　B　　C

图 8-11　干燥方法对干草莓外观的影响

A. 常规冷冻干燥法；B. 红外冷冻干燥法；C. 热风冷冻干燥法

（二）技术与装备开发

1. 红外加工技术在果蔬杀青和脱水装备开发

在美国农业部西部研究中心和加州大学戴维斯分校已建立了工业规模的移动催化式红外加热系统，此商业规模的红外加热设备主要用于果蔬的红外干燥杀青和同步红外干燥杀青和脱水测试和技术展示（图 8-12）。设备在进行各种果蔬的红外干燥 - 杀青和同步红外干燥杀青和脱水操作时，可以显示连续红外加热系统的效率。新开发的中试规模的移动红外加热装置具有一个自动控制的变速输送带和催化红外发射器，由天然气提供动力，可用于加工各种果蔬产品。该设备的有效加热面积为 1.5m×4.6m（设备的长宽高分别为 6m、2m 和 2m，包括 2.4m 的控制面板），质量约为 2000kg，由分布在 4 个区域中的 8 个发射器组成，每个区域分布两个发射器。通过完全打开供气阀门（100%）可达到最高红外强度，8 个发射器能够提供约 607 714kJ/h 能量，将阀门调至 0% 能提供最低 303 857kJ/h 能量，控制器显示 0% 实际提供 50% 的气体流量。阀门控制面板从 0% 调至 100% 实际气体流量为 50% ～ 100%。顶部单元安装有风扇，必要时用于除去加热室空气中的高水分。在杀青阶段，当不需要流失过多水分时可关闭风扇以获得相对较高的湿度。

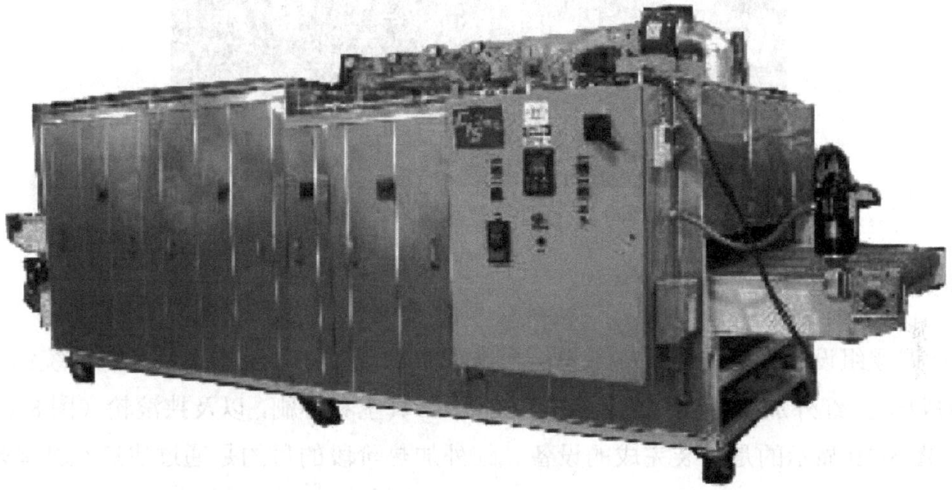

图 8-12　用于果蔬处理的移动催化式红外加热设备

中国引进此技术，于江苏镇江成立了专业生产红外加工设备的公司，该公司致力于提供创新型的催化式红外技术解决方案，与美国顶尖红外科技公司 CIS 合作，引进美国尖端技术无焰燃气红外线催化加热器（BruestHotCat），进行再开发、再创造，研发出适合中国市场的各种红外科技产品，广泛应用于食品加工等领域。该公司生产的多功能催化式红外系统由 3 个可独立实现加热功能的系统组成：①带式催化燃气红外干燥机；②带式电热红外干燥机；③带式循环热风干燥机（图 8-13）。每个单元既可以独立完成各自的加热处理功能，又可以相互组合，实现多组合下对不同物料不同环境下的加工。因此，对于物料的数量、温度、输送速度等参数，既可以独立控制，又可以进行联动控制，从而保证设备工作的可靠性和操作条件的优化。连续式的作业环境既可用作实验室数据的研究，又可模拟出工业化生产的数据来源，具有工业仿真功用。多功能催化带式加热系统工作时，物料由进料端经过加料装置被均匀分布在网链输送机上，输送带是由孔状网制成，由电机经变频器、变频电机、变速箱传动、变频调速。物料处理时逸出的湿热空气由风机排出或部分排出（热风干燥单元的部分热气再由风机送回热风器内加热，与热风器提供的新鲜热空气混合再行循环，达到节能的目的）。设备采用多段式传送的目的还在于使物料在干燥进程中实现物料翻动，使物料干燥更均匀，这是该设备独到的特点。

图 8-13　多功能带式催化红外系统

2. 红外果蔬脱皮技术与装备开发

Pan 课题组设计和制造了世界上第一台新型中试规模红外脱皮系统。该系统包括 3 个主要组成部分：红外加热部分（图 8-14，图 8-15）、真空和芯刷，以及挟滚轮（图 8-16 ～图 8-18）。图 8-19 显示的是组装完成的设备。红外加热阶段的目的是通过快速红外加热来使番茄表皮变得疏松。真空部分的主要功能是在加热后对番茄表面产生撕裂。真空系统含有连续转子能够使产品持续暴露于真空环境下。真空可以手动在 19 ～ 28 英寸[①]汞柱范围内调节。通过真空部分后，压缩空气吹向番茄进一步进行皮肉分离。随后表皮由机械挟滚轮去除。带有 IMDC 型橡胶的滚轮与市场现有的滚轮具有相同的尺寸和设计。该设计易于清洗并且配有收集槽用来收集脱下的皮。

图 8-14　红外输送轮

① 1 英寸 = 2.54cm

图 8-15　组装的加热部分的红外发射器

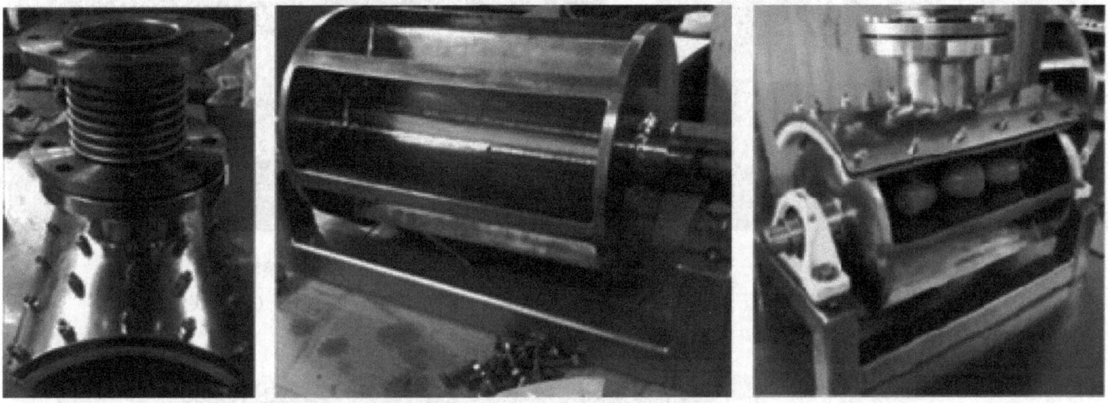

图 8-16　制造的真空室

图 8-17　组装的真空室、挟滚轮和控制单元

A 真空组件　　B 挟滚轮

图 8-18　组装的真空部分、挟滚轮和控制单元（A）及真空部分侧视图（B）挟滚轮部分

图 8-19　中试规模红外脱皮系统

图 8-20　中试规模催化红外加热设备

3. 红外稻谷同步干燥、杀虫、灭菌技术与装备开发

多项相关专利已被申请，包括滚筒式燃气催化红外干燥机、带式催化红外干燥设备、催化式燃气红外管道加热设备等。以催化式燃气红外管道加热设备（图 8-20）为例，其包括壳体，壳体内设有催化式燃气红外加热器、高压管道式换热器、压力表、温度传感器、电气控制装置、流量控制阀、管道。管道上设有催化式燃气红外加热器，高压管道式换热器设于催化式燃气红外加热器之间，压力表设于高压管道式换热器的进气口上，温度传感器设于高压管道式换热器内，电气控制装置与温度传感器电连接，流量控制阀设于管道上。设备节能环保，使用成本低，维护费用低。

（三）商业及产业化应用

1. 红外加工技术在果蔬杀青和脱水中的应用产业化推广进展

美国农业部西部研究中心和加州大学戴维斯分校获得专利“燃气催化式红外灭酶及干燥一体机”，将红外干法杀青成功应用于果蔬的杀青处理中进行灭酶。利用催化式红外发生器进行干法杀青比传统的蒸汽杀青节约 66% ～ 80% 的能源，这对于食品工业具有非常重要的意义。在此基础上，该课题组将红外干法杀青应用到苹果片（Zhu and Pan, 2009）和薯条（Bingol et al., 2014）及胡萝卜（Wu, 2014a, 2014b）等的研究中，并在工业生产中得到应用。果蔬红外干法杀青技术在达到果蔬杀青效果的同时，能够去除果蔬中部分水分，起到干燥的目的。此技术方法能够一步完成传统方法需两步完成的杀青和脱水过程，较传统方法具有更高的能量利用效率和加工效率。一个用来生产果蔬脆片的商业示范项目已经开始建设。

2. 红外果蔬脱皮技术产业化推广的进展

在加州能源委员会（CEC）、加州食品加工联盟（CLFP）、加工企业、设备生产和使用企业极大的支持下，新的水果和蔬菜红外脱皮方法的研究正在开展。最终的目标是开发出具有灵活操作参数来适应不同果蔬的红外干法脱皮设备。目前正在以番茄和梨为脱皮对象开发一种能够灵活调节红外加热参数的红外脱皮系统。

中试规模的红外番茄脱皮系统（图 8-21）的能耗为 486.2MJ/t。通过提高整个系统绝缘性并减少空气渗透可降低大量能耗。将红外脱皮系统安置在室内和室外的能耗分别为 117MJ/t 和 137.3MJ/t。相比碱液和蒸汽脱皮，预计红外脱皮系统可以分别节省 22% 和 28% 的能源。与碱液脱皮不同，红外干法脱皮不使用任何腐蚀性化学品。此外，红外干法脱皮系统也不需要水。这些特点使红外脱皮系统比蒸汽和碱液脱皮技术更节能和可持续发展。

图 8-21　中试规模红外脱皮系统

加利福尼亚每年生产的1300万t番茄中约25%用碱液或蒸汽方法脱皮。根据Ingomar Packing公司对每吨番茄85加仑[①]的需水量可知，仅在加利福尼亚一个州每年用于番茄脱皮的总用水量可达2.55亿加仑。太平洋成本生产商也提供类似数据，蒸汽脱皮每吨需水90～120加仑；碱液脱皮每吨需水36～48加仑。由于红外干法脱皮时不需要水，新的红外干法脱皮技术有望对加利福尼亚的节水带来显著的效果。当干法脱皮技术充分发展后，它可以延伸到其他水果和蔬菜方面的应用，这意味着未来加利福尼亚将节约更多的水。因为红外脱皮不需要碱液和其他化学物质，所以不会存在污水处理和相关的环境问题。因为使用新的红外干燥脱皮技术使整个番茄加工用水更少，用水和废水处理的相关用电也会减少。红外干法脱皮过程产生的副产物（番茄果皮和种子）含水更少且无任何化学物质，因此副产物可以简单有效地用于生产高附加值产品。由于红外干法脱皮技术减少了水的使用、无需污水处理、无需化学试剂并获得潜在的产品增值，因此新的脱皮方法将在环境、节水、节能方面带来重大效益。

三、优势和存在的瓶颈与局限性

（一）技术优势

1. 红外加工技术在果蔬杀青和脱水技术优势

同步干燥和杀青技术具有以下优势：不需要水和蒸汽，均匀加热，提高能量效率；产品质量高；防止食品中营养物质的流失；不产生废水，采用相同的设备可以处理不同尺寸的物料；对人类和社会无负面影响的安全过程；设备轻便。同时该技术一步完成了传统技术需要两步完成的杀青和脱水过程，使得过程时间、设备投资及占地面积大大缩小。催化式红外干法杀青同步脱水技术耗能较低，产品质量好，效果佳。

2. 红外果蔬脱皮技术技术优势

采用红外加热对果蔬进行干法脱皮是一种世界领先的技术，整个过程不使用化学物、水和水蒸气，不仅节约能源，还是一种环境友好的可持续加工技术，并且得到的产品品质优良，营养流失小。此项技术有望替代传统的碱法脱皮和蒸汽脱皮方式。因为红外脱皮不需要碱液和其他化学物质，所以不会存在污水处理和相关的环境问题。因为使用新的红外干燥脱皮技术，加工用水更少，用水和废水处理的相关用电也会减少。红外干法脱皮过程产生的副产物（果皮）含水更少且无任何化学物质，因此副产物可以简单有效地用于生产高附加值产品。由于红外干法脱皮技术减少了水的使用、无需污水处理、无需化学试剂并获得潜在的产品增值，因此新的脱皮方法将在环境、节水、节能方面带来

① 1加仑（美）=3.785L

重大效益。

3. 稻谷红外同步干燥、杀虫、灭酶和灭菌技术优势

利用红外处理稻谷和干果有以下技术优势：加热速率快，节约能源；能够提高碾米质量；在干燥的同时，实现对稻谷进行同步杀虫、灭酶和灭菌干燥的效果。在红外迅速将稻谷加热至一定温度并保温特定时间处理的条件下，表面微生物在短时间内由于蛋白质变性迅速失活，并且由于升温迅速，微生物热敏感性较高，死亡率较高；在保温过程中由于在相对密闭的环境中进行，水分含量和温度较高，能够形成一个湿热灭菌的环境，有利于降低微生物的热稳定性，同时也有利于微生物和虫卵中蛋白质失活。并且在保温过程中水分梯度逐渐变均匀，有利于水分扩散降低裂纹生产的可能性，在后续自然冷却的过程中可以不借助额外的能量而散失大量水分。在干燥过程中实现灭酶，可以实现用储藏糙米取代储藏稻谷，提高产品货架期和节能。红外干燥可以在一个加工环节同时达到多种目的。除稻谷外，红外干燥技术还可以应用于其他粮食的干燥、灭虫和灭菌。

（二）发展瓶颈与局限性

对于红外进行果蔬干法杀青，不同的物料和尺寸对加热和灭酶的速度影响较大。需要对不同物料的杀青效果进行进一步的研究，建立相关的优化模型。红外杀青不适于大尺寸的物料。

对于红外进行果蔬脱皮，因为红外通过辐射加热，达到表面均匀加热非常重要。同时，对尺寸及水果和蔬菜的成熟度需要严格控制以达到最佳效果。理论研究和设备设计刚刚开始。需要同时开发红外加热前的分类技术（尺寸、形状和成熟度）和加热后的去皮技术与设备。

对于红外进行稻谷同步干燥、杀虫、灭酶和灭菌技术，小试中试均取得了很好的实验结果，下一步需要进行更多的中试和设计商业规模的红外干燥装置。

第三节　国内外发展趋势

红外辐射加热技术是一种高效、节能同时又符合环保要求的新型无污染加热技术。在国外经过近些年的发展，新的红外加热技术在食品和农产品加工中的研发取得了许多新的进展，但在国内，很多研究还有待开展。很多的应用和红外发生器及装备，以及有关理论研究和开发还有待进一步进行。因此，加快红外辐射加热技术的研究，研制适合不同产品以满足不同的加工目的的红外发生加热装备，扩展红外辐射技术在农副产品加工中的应用领域，积极推广红外技术，必将推动中国农副产品加工业的快速发展。

红外加热技术作为一种新型的加热技术，与传统的加热技术相比存在不可比拟的优

势，包括提高能源使用效率、加热过程物料受热均匀、产品品质高、节省空间、不污染环境等，由于这些优势的存在，使得红外加热技术在食品加工行业中有着非常广泛的应用前景。但在中国，红外加热技术在食品加工中的应用仍处于起步阶段，还未形成规模，尤其是在各类食品的红外加热机制及工艺方法的基础理论和成套装备研究方面，与其他发达国家相比还存在很大的差距。因此，对红外加热技术在食品方面的应用加以深入研究、加强红外加热技术的理论研究和应用领域，以及成套装备的试验与探讨、学习发达国家的先进经验、大力推广新型加热工艺，是当前相关研究工作的主要任务。与此同时，红外加热技术的广泛应用也必将推动中国食品加工行业的快速发展。

一、下一步研究方向与重点

国际上，过去的几年中红外在食品和农产品加工中取得了巨大的突破，可以预见越来越多的商业应用将出现。中国在这方面的研究同国际上的研究有较大的差距，需要得到重视和更多的投入。

利用红外热能进行干燥目的应用已从早期的工业应用，如油漆、涂料、造纸、木材、空间加热干燥膨胀转为对食品和纤维加工。选择发射峰与水的吸收带波长相符合的红外发生器是实现食品高效率加热的关键。红外的加热控制非常方便，其加热机制和快速加热和冷却时间对于节约能源的过程管理十分重要。下一步的研究方向与重点为结合国外的科研进展，开展国际合作，根据中国的需求开展攻关研究。力争在短期内研发出节能、节水和环境友好的红外加工技术和装备用于谷物干燥、实现灭虫、灭菌和灭酶以提高食品的安全性和货架期，用于生产具有高价值和健康及安全的果蔬和坚果产品，以及果蔬的去皮。

二、对策建议

通过紧密的国际合作，确定红外加工技术在中国急需的应用领域及研发项目。

基于已经完成的研究可以确认红外灭酶干燥技术比传统的灭酶和干燥技术有着较高的过程效率和能量利用效率，能产生较高品质和较高营养价值的产品。在以后的研究中，还需要进行下述几方面的研究。

a. 进行红外灭酶和干燥的理论研究。获得各不同农产品在红外能加热条件下的传热传质参数。

b. 进行更多的试验以获得更佳的过程参数并设计出更优化的装置，需要对过程参数之间的关系，水果和蔬菜在红外能加热条件下的物性特征，以及最终的产品品质等做更深入的研究。

c. 利用改进的条件，如高湿度的空气包围样品，使得所获的产品在控制的失水量下进行灭酶和干燥研究。

d. 进行红外脱水干燥灭酶设备的优化设计并将该技术应用到农副产品加工业中。研发和生产成套的红外干燥和有关设备。

对于红外杀菌杀虫技术的研究已经获得良好的效果，在同步灭菌杀虫干燥的前提下能够提高碾米质量，即保证了稻谷的品质。在今后的研究中需要进行以下方面的研究。

a. 进行更多的试验和更加深入的理论研究，确定适用于不同谷物在不同水分含量下的灭菌杀虫参数条件。尤其是在灭黄曲霉方面的应用尤为重要。

b. 改进加工条件，探索红外结合其他处理方法对获得高品质产品的加工方式。

c. 开发适用于工业生产的低成本、适用范围广的红外干燥灭菌杀虫设备。

d. 开展除稻米外的红外在其他粮食干燥和安全方面的研发。

在红外用于果蔬去皮方面需要的研究如下。

a. 结合中国的果蔬品种和加工需要，优化加工参数，开发应用品种。

b. 开发红外成套加工设备。

c. 开发红外加热前和加热后的配套技术和装备。

对于催化式红外发生器，虽然已在国外成功生产，但中国还没有开始这方面的研究。在今后的研究中需要进行以下方面的研究。

a. 研究催化红外的发生机制和研发催化毯。

b. 研发催化式红外发生器。

c. 研发用于不同用途的红外成套装备。

参考文献

程晓燕，刘建学 . 2003. 远红外技术在食品工程中的应用与发展 . 食品科技 , 10: 14-16.

曾庆孝，芮汉明，李汴生 . 2002. 食品加工与保藏原理 . 北京 : 化学工业出版社 .

杨瑞金，邵佩兰 . 1998. 远红外干燥及杀菌 . 粮油食品科技 , 1:7-8.

张琥 . 2012. 红外辐照下马铃薯片灭酶工艺优化及多酚氧化酶失活机制的研究 . 北京 ：中国农业机械化科学研究院硕士毕业论文 .

周理红，许梓荣 . 2004. 酶的失活机制及稳定化技术 . 浙江畜牧兽医 , 6:7-8.

Adams J B. 1997. Regeneration and kinetics of peroxidase inactivation. Food Chemistry, 60:201-206.

Aselbergs E A, Powrie W P. 1956. The peeling of apples with infrared radiation. Food Technology, 297.

Bevilacqua M, D’Amore A, Polonara, F. 2004. A multi-criteria decision approach to choosing the optimal blanching freezing system. Journal of Food Engineering, 63:253-263.

Bingol G, Wang B, Zhang A, et al. 2014. Comparison of water and infrared blanching methods for processing performance and final product quality of French fries. Journal of Food Engineering, 121: 135-142.

Bingol G, Yang J, Brandl M T, et al. 2011. Infrared pasteurization of raw almonds. Journal of Food Engineering, 104: 387-393.

Birth G S. 1978. The light scattering properties of foods. Journal of Food Science, 43: 916-925.

Blout E R. 1957. Aqueous solution infrared spectroscopy of biochemical polymers. Annals of the New York Academy of Sciences, 69: 84-93.

Brandl M T, Pan Z, Huynh S, et al. 2008. Reduction of *Salmonella enteritidis* population sizes on almond kernels with infrared heat. Journal of Food Protection, 71: 897-902.

Cenkowski S, Sosulski F W. 1998. Cooking characteristics of split peas treated with infrared heat. Transactions of the ASAE, 41: 715-720.

Decareau R V. 1985. Microwaves in the Food Processing Industry. Orlando: Academic Press.

Fasina O O, Tyler R T, Pickard M D, et al. 1999. Infrared heating of hulless and pearled barley. Journal of Food Processing and Preservation, 23: 135-151.

Freeman N K. 1957. Infrared spectroscopy of serum lipids. Annals of the New York Academy of Sciences, 69: 131-144.

Gabel M M, Pan Z, Amartunga K S P, et al. 2006. Catalytic infrared dehydration of onions. Journal of food Science, 71:351-357.

Galindo F G, Toledo R T, Sjoholm I. 2005. Tissue damage in heated carrot slices. Comparing mild hot water blanching and infrared heating. Journal of Food Engineering, 67:381-385.

Halford R S. 1957. The influence of molecular environment on infrared spectra. Annals of the New York Academy of Sciences, 69: 63-69.

Hamanaka D, Uchino T, Furuse N, et al. 2006a. Effect of wavelength of infrared heaters on the inactivation of bacterial spores at various water activities, International Journal of Food Microbiology, 108(2), 281-285.

Hamanaka D, Uchino T, Inoue A, et al. 2006b. Development of the rotating type grain sterilizer using infrared radiation heating. Presented in IUFOST 13th World Congress Food Science and Technology: 1615-1616.

Hamanaka D, Dokan S, Yasunaga E, et al. 2000. The sterilization effects of infrared ray on the agricultural products spoilage microorganisms (part Ⅰ), An ASAE Meeting Presentation, Milwaukee, WI, July 9-12, No.006090.

Hashimoto A, Sawai J, Igarashi H, et al. 1991. Effect of far-infrared radiation on pasteurization of bacteria suspended in phosphate-buffered saline. Kagaku Kogaku Ronbunshu, 17:627-633.

Huang L. 2004. Infrared surface pasteurization of Turkey frankfurters: Innovation Food Science Emerging Technologies, 5:345.

Huang L, Sites J. 2008. Elimination of *Listeria monocytogenes on* hotdogs by infrared surface treatment. Journal of Food Science, 73(1): M27-M31.

Jun S, Irudayaraj J. 2003. A dynamic fungal inactivation approach using selective infrared heating. Transactions of the ASAE, 46:1407-1412.

Jun S, Irudayaraj J. 2004. Explore the mechanism of selective infrared heating on disinfection of fungal spores. Applied Engineering in Agriculture, 20: 481-485.

Keya E L, Sherman U. 1997. Effects of a brief, intense infrared radiation treatment on the nutritional quality of maize, rice, sorghum, and beans. Food and Nutrition Bulletin, 18: 382-387.

Khir R, Pan Z, Salim A, et al. 2011. Moisture diffusivity of rough rice under infrared radiation drying. LWT-Food Science and Technology, 44: 1126-1132.

Koegel R J, McCallum R A, Greenstein J P, et al. 1957. The solid-state infrared absorption of the optically active and racemic straightchain aamino acids. Annals of the New York Academy of Sciences, 69: 94-115.

Kouzeh-Kanani M, van Zuilichem D J, Roozen J P, et al. 1983. Infrared processing of soybeans. Plant Foods for Human Nutrition, 33:139-143.

Krause G, Unklesbay N, Davis M E. 1983. Nutrient retention of portioned menu items after infrared and convective heat processing. Journal of Food Science, 48:869-873.

Krishnamurthy K, Jun S, Irudayaraj J, et al. 2008. Infrared heat treatment for inactivation of *Staphylococcus aureus* in milk. Journal of Food Process Engineering. 31(6): 798-816.

Krust P W, McGlauchlin L D, Mcquistan R B. 1962. Elements of Infrared Technology. New York: John Wiley & Sons, Inc.

Li X, Pan Z, Atungulu G G, et al. 2014. Peeling of tomatoes using novel infrared radiation heating technology. Innovative Food Science and Emerging Technologies, 21:123-130.

Manning J J. 1956. Infrared spectra of some important narcotics. Applied Spectroscopy, 10:85-98.

Maria B T, Pan Z, Steven H, et al. 2008. Reduction of *Salmonella* enteritidis population sizes on almond kernels with infrared heat. Journal of Food Protection, 71(5): 897-902.

Modest M F. 1993. Radiative Heat Transfer. New York: McGraw-Hill International Editions.

Pan Z, Khir R, Godfrey L D, et al. 2008. Feasibility of simultaneous rough rice drying and disinfestations by infrared radiation heating and rice milling quality. Journal of Food

Engineering, 84:469-479.

Pan Z, McHugh T H. 2006. Novel infrared dry-blanching (IDB), infrared blanching, and infrared drying technologies for food processing: U.S., 10917, 797.

Ponne C T, Baysal T, Yuksel D. 1994. Blanching leafy vegetables with electromagnetic energy. Journal of Food Science, 59:1037-1041.

Rosenthal I. 1992. Electromagnetic Radiations in Food Science. Berlin Heidelberg: Springer-Verlag.

Rosenthal I, Rosen B, Berstein S. 1996. Surface pasteurization of cottage cheese. Milchwissenschaft, 51: 198-201.

Sakai N, Mao W. 2005. Infrared heating. *In*: Sun D W. Thermal Food Processing. Boca Raton: CRC Press.

Sakai N, Hanzawa T. 1994. Applications and advances in far-infrared heating in Japan. Trends in Food Science and Technology, 5: 357-362.

Sandu C. 1986. Infrared radiative drying in food engineering: a process analysis. Biotechnology Progress, 2: 109-119.

Sawai J, Sagara K, Kasai S, et al. 2000. Far-infrared irradiation-induced injuries to *Escherichia coli* at below the lethal temperature. Journal of Industrial Microbiology & Biotechnology, 24(1): 19-24.

Sawai J, Kojima H, Igarashi H, et al. 1997. Pasteurization of bacterial spores in liquid medium by far-infrared irradiation. Journal of Chemical Engineering of Japan, 30:170-172.

Schwarz H P, Dreisbach L, Childs R, et al. 1957. Infrared studies of tissue lipids. Annals of the New York Academy of Sciences, 69:116-130.

Sivakesava S, Irudayaraj J. 2000. Analysis of potato chips using FTIR photoacoustic spectroscopy. Journal of the Science of Food and Agriculture, 80:1805-1810.

Staack N, Ahrne L, Borch E, et al. 2008a. Effect of infrared heating on quality and microbial decontamination in paprika powder. Journal of Food Engineering, 86: 17-24.

Staack N, Ahrne L, Borch E, et al. 2008b. Effect of temperature, pH and controlled water activity on inactivation of spore of *Bacillus cereus* in paprika powder by near-IR radiation. Journal of Food Engineering, 89(3):319-324.

Tanaka F, Verboven P, Scheerlinck N, et al. 2007. Investigation of far infrared radiation as an alternative technique for surface decontamination of strawberry. Journal of Food Engineering, 79(2): 445452.

van Zuilichem D J, Van’ tReit K, Stolp W. 1986. An overview of new infrared radiation processes for various agricultural products. Food Engineering Process and Application,

1:595-610.

Wu B, Pan Z, Qu W, et al. 2014a. Effect of simultaneous infrared dry-blanching and dehydration on quality characteristics of carrot slices. LWT - Food Science and Technology, 57:90-98.

Wu B, Ma H, Qu W, et al. 2014b. Catalytic infrared and hot air dehydration of carrot slices. Journal of Food Process Engineering, 37:111-121.

Wang B, Khir R, Pan Z, et al. 2014. effective disinfection of rough rice using infrared radiation heating. Journal of Food Protection, 77:1538-1545.

Yang J, Bingol G, Pan Z, et al. 2010. Infrared heating for dry-roasting and pasteurization of almonds. Journal of Food Engineering, 101:273-280.

Zhu Y, Pan Z. 2009. Processing and quality characteristics of apple slices under simultaneous infrared dry-blanching and dehydration with continuous heating. Journal of Food Engineering, 90:441-452.

第九章

微波技术及装备研究进展

微波的传统应用主要在雷达、通信等方面，而近代应用中又将它扩展为一种新能源，在工农业上用作加热、干燥；在化学工业中催化化学反应；在科研中激发等离子体等。近年来微波作为一种能源新技术迅速发展，广泛应用于食品工业中，主要是用于食品的干燥与加热、解冻、消毒与灭菌等领域。现在微波技术又发展成为一种新的手段，广泛应用于食品加工、研究、分析等各个领域，因此全面地了解微波的基本原理，以及在食品工业中的应用，并了解微波技术的研究进展具有重要的意义（牛广财等，2003；高福成，1997）。

第一节　基本概念与技术特征

一、基本概念

微波是一种波长很短的电磁波，其波长在 1 ～ 1000mm，因为它的波长与长波、中波与短波相比来说，要“微小”得多，所以它也就得名为“微波”了。微波具有极高的频率，其范围在 300MHz ～ 3000GHz，故微波亦称为“超高频电磁波”。微波整体范围介于红外线与超短波之间，根据微波波长范围的不同，又可将微波分为分米波、厘米波、毫米波及亚毫米波。微波在整个电磁波频谱中所处的位置简图如图 9-1 所示（孙凤坤和邢泽炳，2014；徐锐敏等，2009）。

二、基本原理

（一）极性分子作用机制

极性分子在无电场的作用下，分子的正负电荷中心不重合，虽然整个分子不带电，但分子出现极性。由于极性的存在，整个极性分子存在偶极矩。当它们处于静电场时，极性分子将会呈现方向性排列，带正电的一端朝向负极，带负电的一端朝向正极；电磁场发生改变时，极性分子的排列方向将随之发生改变。例如，微波频率达到2450MHz时（相当于使水分子在1s内发生180°来回转动25亿次），分子发生高频转动，这种极性变更运动可能产生键的振动、撕裂和粒子之间的相互摩擦碰撞，促进分子活性部分更好地接触和反应，同时迅速产生大量的热能。

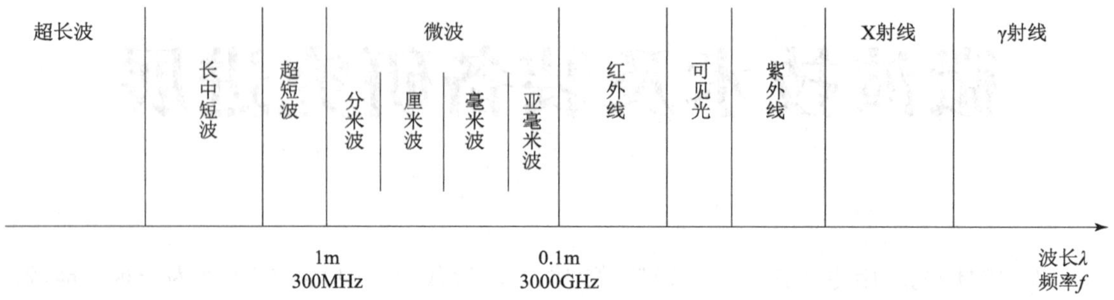

图 9-1　电磁波频谱分布图

（二）离子作用机制

关于离子作用机制，一般认为是通过离子的电泳产生热能的。如NaCl在水溶液中将会解离成Na^+和Cl^-，在电场存在的情况下，正离子沿着电力线方向移动，负离子逆着电力线移动。由于微波场中电场方向是变化的，因此离子将会做来回的振荡，使之与相邻的分子碰撞，这种碰撞将会产生能量。同时，它会造成水分子所形成的氢键瓦解从而释放能量。上述的两部分能量都以热量的形式释放出来，表现为物料的温度升高，从而达到将微波转化成热能的目的。

对于食品来说，一般它们都含有水分，水分子本身就是一种极性分子，故在微波场中发热机制以极性分子机制为主（Hong et al., 2006）。对盐分来说，通常认为它并不是食品加热的主要机制，但它的存在可以达到辅助加热的效果，使物料的加热升温速度加快。研究表明微波电磁场对物料相互作用产生两方面的效果：一是微波能量转化为物料热能而对物料加热；另一种是物料中生物活性组成部分（如蛋白质或酶）或混合物（如细菌、霉菌等）相互作用，使它们的生理活性得到抑制或激励。前者称为微波对物料的加热效应，后者称为非热或生物效应。

（三）技术特征（特点）

1. 似光性

微波波长非常小，当微波照射到某些物体上时，将产生显著的反射和折射，就和光线的反射、折射一样。同时微波传播的特性也和几何光学相似，能像光线一样直线传播和容易集中，即具有似光性。这样利用微波就可以获得方向性好、体积小的天线设备，用于接收地面上或宇宙空间中各种物体反射回来的微弱信号，从而确定该物体的方位和距离，这就是雷达导航技术的基础。

2. 穿透性

微波照射于介质物体时，能深入该物体内部的特性称为穿透性。例如，微波是射频波谱中唯一能穿透电离层的电磁波（光波除外），因而成为人类外层空间的“宇宙窗口”；微波能穿透生物体，成为医学透热疗法的重要手段；毫米波还能穿透等离子体，是远程导弹和航天器重返大气层时实现通信和末端制导的重要手段。

3. 信息性

微波波段的信息容量是非常巨大的，即使是很小的相对带宽，其可用的频带也是很宽的，可达数百甚至上千兆赫。所以现代多路通信系统，包括卫星通信系统，几乎无例外地都是在微波波段工作。此外，微波信号还可提供相位信息、极化信息、多普勒频率信息。这在目标探测、遥感、目标特征分析等应用中是十分重要的。

4. 非电离性

微波的量子能量不够大，因而不会改变物质分子的内部结构或破坏其分子的化学键，所以微波和物体之间的作用是非电离的。而由物理学可知，分子、原子和原子核在外加电磁场的周期力作用下所呈现的许多共振现象都发生在微波范围，因此微波为探索物质的内部结构和基本特性提供了有效的研究手段。

使用微波加热物体时，由于物体中含有可以吸收微波的物质，通过吸收微波能，将微波能转换成热能，从而使得物体内部发热，这种加热方式就是微波加热。微波具有比较良好的穿透性和被吸收性，它可以穿过陶瓷、玻璃、耐热塑料等容器，从而被物料吸收。在微波场中，食物中的极性分子被以极高的频率拉动，从而导致分子振荡、相互碰撞、互相挤压，最后重新排列组合，由于极性分子间发生相互摩擦，产生大量的摩擦热，从而使食物的每一个部分同时快速升温，最终达到加热的目的。同时，由于微波的频率很高，容器的外表面会反射小部分的微波，被加热的物质则被剩余的部分反射波穿透。绝大部分的微波直接到达内部，物质内部的能吸收微波介质会将其逐渐吸收，最终转化成为热能。微波吸收介质和电磁波频率决定了微波的穿透性，在常用的微波频率（2450MHz）下，穿过几厘米深度的食物是微波的极限。不同的物质吸收微波能力不同，所以使用微波这种加热方式对不同食物进行加热，得到的效果也是不同的。加热效果的好坏，主要是看这个物质的介质损耗如何。使用微波加热含水量高的物质效果较好，因为水分子是良好的吸收微波的介质。相反，干燥的、含水量少的物质使用微波加热效果较差（Cui et al., 2003, 2004a, 2004b, 2005, 2006, 2008; Li et al., 2007; Ikediala et al., 1996; Zhang et al., 2006; Wang and Sun, 2003; Li and Sun , 2002）。

相比传统加热方式，微波加工有着自己的特点。微波是一种非电离的辐射，其穿透力强、加热速度快、产热效率高，可减少热加工过程中食品营养成分、风味物质的损失和质地的变化。采用传统方法对果蔬样品进行加工处理，往往造成样品的风味和口感变差，尤其是硬度和脆度降低，而微波技术由于其快速、低温的特点，可以较好地保持样品的风味。肉制品的常规杀菌方法是高温杀菌，但其能耗大，对食品的营养成分和感官评价影响也较大。国内外已有许多采用微波对肉禽等食品的杀菌实例。例如，国内对软包装酱牛肉的微波杀菌表明，杀菌效果接近高温杀菌，感官评价也最高。由于其控制简便，且食品能够很大程度上保持原有的营养成分及色、香、味，因此目前在肉、鱼、豆制品、牛乳、水果及啤酒等的杀菌方面被广泛地应用。

（四）发展历程

对微波的理论研究及进行相关实验起步于20世纪初，但早期的设备不能满足实验的需要，主要表现为缺乏大功率的信号发生器和灵敏的信号接收器，因此早期的研究并没有取得实质性的进展。到了30年代，高频率的超外差接受器和半导体混频器的出现为微波技术的进一步发展提供了条件，使得微波技术的发展取得了一定的进步。1931年意大利科学家马可尼进行了距离为18英里①的无线通信实验，实验中使用600MHz的微波来传输具有较好质量的话音信号，信号源为巴克豪森管（Barkhausen tube）。这是首次利用300MHz以上的微波完成的无线通信实验。第2年，马可尼又利用57cm的微波，在相距15英里的梵蒂冈和冈多菲堡之间建立了无线电通信，并提供电话和电传打印机服务，从此微波技术由实验室走向了真正的实际应用。同一时期，雷达的相关概念和理论也逐渐形成，到了30年代中期，世界上已经有8个国家在进行相关的研究。

1. 高速发展的第二次世界大战时期

第二次世界大战（简称二战）时期普遍被认为是微波技术发展的黄金时期，其背后主要的推动力来自于军方对雷达的需求。雷达在二战中扮演着重要的角色，为此盟军投入了大量人力物力进行雷达的研究。在美国，雷达的相关研究主要是在麻省理工学院的辐射实验室进行，1945年其员工人数甚至达到4000余人，在该研究室工作过的科学家中，后来有9人获得了诺贝尔奖。战后，辐射实验室编著了28卷的《辐射实验室丛书》并于1947年出版，书中记录了二战期间辐射实验室及相关研究机构研究发展雷达的大量工作。

---

① 1英里=1.609 344km

1886 年，赫兹就已经发现电磁波会被固体反射回来，这实际就是雷达最基本的原理。到了 1903 年，德国的 Hulsmeyer 将其发明的用于航海的系统申请了专利，该系统利用无线电波的反射来检测障碍物的存在，并为船只进行导航。1933 年，美国海军实验室展示了发射 3MHz 无线电波的雷达，能够在 50 英里的范围内检测到飞机的存在。1934 年，英国物理学家和雷达技术专家沃森 · 瓦特建立了实验雷达站，1938 年组建了英国东海岸的防空雷达网，由 25MHz 的雷达构建而成。二战中英国战役的最终胜利，防空雷达网起了很大的作用。1939 年，美国军队装备了 105MHz 的 SCR 270 型雷达用作远程预警系统，该系统在后来的珍珠港战役中，成功地提前检测到了日军的飞机。1943 年辐射实验室研制出利用空腔磁控管的微波雷达 ——3GHz 的 SCR584 型雷达，同年投入生产并广泛应用在欧洲和太平洋战场，这种雷达能够有效地判断空中物体的位置并进行火力控制，在其帮助下伦敦战役中德军 85% 的 V-1 型飞弹被对空火力摧毁。

二战期间，微波技术在其他方面的应用也在继续向前发展。在无线通信方面，1943 年 AT&T 研制出 AN/TRC-6 型多频段微波无线电，该设备利用了脉冲位置调制和数字调制技术，美军和英军装备了这种型号的无线电设备。微波测量技术也在 40 年代发展起来，其中包括能量检测、能量测量、频率测量、相位测量和电压驻波比等技术。记录微波测量技术的最早文献是《辐射实验室丛书》第 11 卷。1944 年，Meyers、Charles 和 Julian 首次提出了反射计和阻抗测量技术。微波技术在生物和医学上的应用研究也在二战期间展开。1938 年，德国人 Hollman 和美国人 Hemingway 及 Stenstrom 共同提出将微波用于治疗的技术。 其原理在于，与其他电磁波相比，微波可以更好地集中能量进行透热疗法，而且使用微波在对深层的组织进行加热时，不会引起皮肤表面温度过高。

2. 微波技术战后的发展

微波技术在二战后的十几年间迅速地传播开来，并得到各个国家的重视。许多国家由政府进行资金支持，在大学、大型企业或是研究所里设置了微波技术的研究项目。特别是冷战时期为了提供对新武器系统的支持，进行了大量微波技术的相关研究，这些研究极大地促进了微波技术的发展。新的波导结构被提出，以替换那些体积过于庞大的矩形和圆形波导。许多新类型的微波管也投入了使用。信号发生器和接收器的体积也被大幅度减小，以降低生产整个微波系统的费用并使其增强了稳定性，以上的技术进步促进了微波集成电路技术的发展。雷达技术也在继续进步，1955 年，Page 发明了单脉冲雷达，美国无线电公司于 1958 年生产了高精度单脉冲追踪仪器雷达 AN/FPS-16，这是第一台达到 0.1m 级精度的雷达。

战后微波通讯技术飞速发展，1946 年美国军队成功接受到被月球表面反射回来的雷达微波信号。AT&T 于 1947 年在纽约和波士顿之间建立了 3.7 ～ 4.2GHz 的带中继器的视距无线电系统，该系统可传输 500 路电话或是一个黑白电视频道的节目。1965 年研制出第一颗商用地球同步轨道通信卫星“Early Bird”。

在微波测量技术方面，1951 年，Fellgett 提出了傅里叶变换光谱法。第一台应用分离振荡场方法的铯原子钟于 1952 年在美国国家标准局问世，随后的 1955 年，英国国家物理实验室的埃森等研制出超精细微波诱导跃迁铯原子钟，1960 年 Cutler 和 Bagley 引入原子钟作为原子频率标准，原子钟的发明和应用成为现代时间测量技术的里程碑。1966 年 Weinert 发明了射频向量伏特计。

微波技术在生物和医学上的应用研究在战后也在继续发展，1950 年，Gessler、McCarty 和 Parkinson 三位物理学家首次进行了利用微波能量治疗癌症的试验，并使用频率为 2450MHz 的微波辐射根治了白鼠身上的乳腺癌。1955 年，Allen 利用微波和 X 射线的混合辐射根治了鼠类身上的 S180 肿瘤，随后关于混合辐射疗法的研究大量展开。

3. 从军用到民用的转变

二战后微波技术的研究与应用逐渐从满足军事需求为主向民用领域过渡，具有代表性的便是微波炉的发明。从 20 世纪 40 年代开始，出现了许多利用微波进行加热的相关技术的专利，这标志着微波加热技术的起步。其中 Westinghouse 和 GE 公司侧重于工业加工方面的应用，如纺织品、轮胎和木材等的烘干，而 Raytheon 公司则致力于食品的烹饪和加热。1949 年，Raytheon 公司提出了微波炉的若干基本专利，但 Raytheon 公司专注于商业用微波炉的市场，没有涉足家用微波炉。到了 1960 年，在 Raytheon 公司的授权下，几家大的美国公司 Hotpoint、Westinghouse 和 Whirlpool 等开始生产面向普通消费者的家用微波炉。然而微波加热技术在工业加工方面的应用却比预想中增长得慢，在家用微波炉市场，消费者的需求也增长得有限，这主要是因为当时微波炉的主要元器件 —— 磁控管的成本一直居高不下。

历史性的转折发生在 1967 年，Raytheon 下属的 Amana 公司推出了一种家用台面式微波炉 RR-1，由于使用了成本大为降低的新型磁控管，使得整机的价格还不到以前微波炉的一半。RR-1 型微波炉一经推出便迅速地推动了家用微波炉市场的发展，不仅美国本土的公司迅速跟进，而且吸引了东芝、夏普、日立等日本公司也投入到这个市场中来。20 世纪 60 年代，美国的微波炉年销售量只有 1 万台左右，而到了 1975 年，这个数字超过了 100 万台，1985 年更是高达 500 万台。 其中，日本公司也在家用微波炉市场占领了很大的份额，根据夏普公司公布的数据，到 1977 年为止，夏普公司已经销售了 200 万台微波炉。随后，在日本、欧洲等地家用微波炉市场也发展起来。一项 1976 年的调查结果显示，日本已有 17%的家庭使用微波炉进行烹饪（Bih, 2003）。如今微波炉已经成为世界各地广泛使用的食品加工和烹饪器具，许多美国人甚至认为微波炉是 20 世纪 70 年代以来最重要的科学技术突破。在我国，微波炉在大中城市的普及率已经达到 80%（赵宝亮和赵峰，2007）。

第二节　研究应用现状与进展

一、在食品工业中的应用领域

（一）微波加热与解冻

微波可以应用于冻结食品的解冻处理，与传统的解冻方式相比，微波解冻具有解冻需要时间短、冻品水分散失少、工作环境整洁等优点。

微波用于解冻时，由于水和冰结构不同，其对微波的吸收效率有差别，已融化成水的部分会吸收较多能量，容易造成食物局部地区吸热太多，导致解冻效果与预期相差比较大，甚至出现熟化。与此同时，肉食品中蛋白质、脂肪和水分含量不同，吸热快慢也有所不同，易造成加热不均匀（Virtanen et al., 1997）。

（二）微波萃取

微波萃取又称微波辅助萃取，是一种非常具有发展潜力的新型萃取技术，即利用微波能加热与样品相接触的溶剂，将所需化合物从样品基体中分离出来并进入溶剂，是在传统萃取工艺的基础上强化传热、传质的一个过程。

缩短提取时间是将微波引入提取系统的优点之一。Brachet 等（2002）从可可叶中提取可卡因和苯甲酰芽子碱，考察了微波功率、照射时间、提取溶剂、粒径等参数对提取率的影响。结果表明，所得提取率与传统方法相当，且提取物的质量优于传统方法，微波浸提时间仅为 30s。

（三）微波辅助漂烫

Ponne 等（1994）对菠菜叶的不同漂烫方法进行了研究。试验结果表明，微波 - 蒸汽漂烫的菜叶具有更好的质构，维生素 C 含量最高。与热水和蒸汽漂烫相比，微波 - 蒸汽漂烫明显改善了产品质量，这个结果与 Dorantes-Alverez 等（2000）的报道相一致。而 Devece 等（1999）认为，微波漂烫整块水果或蔬菜时，由于物料体积较大，加热不均匀，导致物料表面过热，因此微波不适合于大块物料的漂烫。

（四）微波干燥

于秀荣等（1997）通过微波对玉米进行干燥处理，研究了不同加热功率和时间对玉米发芽率和过氧化氢酶活性的影响，研究结果表明，只要选择合适的加热功率和时间，在保持玉米良好品质的前提下，可实现对玉米的快速干燥。

（五）微波杀菌

郑诗超等（2003）采用微波对兔肉进行杀菌处理，从中筛选出最佳杀菌时间为16min。在此微波处理时间下既能保证产品的最优食用品质，又能够使经过微波杀菌产品在室温中的保质期延长到120d。

杨晓萍等（2002）用微波对茶叶进行处理，实验结果表明，微波加热处理可以在短时间内较低的温度下对茶叶进行杀菌，不仅灭菌效果好，而且可以在外包装呈密封状态下进行杀菌，可有效地避免二次污染。

（六）微波改性

赵冬艳等（2003）通过微波处理谷朊粉研究表明，微波加热能够显著提高谷朊粉的乳化性，其最佳作用条件是加热时间为100s，微波功率为560W，在这种最佳条件下，谷朊粉的乳化活性及稳定性均可高达100%，并且经过改性后，溶解度由7.67%提高到37.62%。

二、在主要应用领域理论研究、技术与装备开发及产业化推广的进展

（一）理论研究

近年来，研究者较为详细地研究了微波作用下食品品质的变化，以及蛋白质和脂肪等食物大分子的影响。

1. 微波加热对食品质构的影响

在用微波炉进行加热时，电磁波在部分位置会有叠加，部分位置会有减弱，理论上存在着“冷点”和“热点”之说。经过微波微波处理时，食品中的直链淀粉和支链淀粉分子间会出现局部结晶，食物中淀粉熔化和糊化程度会因为位置不一样而有显著差异，使食品的内部结构差异性较大，比较粗糙。

微波加热过程中，水分在食品中从内向外迁移和蒸发较快，所以微波食品很难形成松脆的表层，与此同时水分损失过快也使得制品的黏弹性增大，柔软性下降，膨胀率不够，使食品品质变得干硬，造成食品整体感官质量下降。

郭力等（2011）研究表明，经过微波中火加热，龙虾干燥速度较快，但对龙虾的外观和肉质影响较大。采用中火加热，干燥速率会有所变慢，但肉的质构会得到很大的改善。同时得出结论，微波时间的增加，龙虾肉的硬度变大，弹性先显著增大后会有所减小。

韩忠等（2014）研究微波加热对猪肉品质的影响，并从蒸煮损失、色差、持水能力、剪切力及加热至终点所耗电量进行对比和方差分析，最后得出变频微波炉（700W）功率

加热的样品品质最佳，消耗电能最少。

2. 微波加热对食品色泽的影响

食品表面产生诱人的金黄色泽和浓郁香味主要是靠加热过程中在食品表面美拉德反应和焦糖化反应。而微波加热食品是从内到外的加热方式，这种加热方法不具备传统加热方式产生较高环境温度，微波加热制品表面温度较低，很难达到美拉德反应和焦糖化反应所需的温度，很难使食物外焦内嫩。为了达到与传统加热相似的褐变效果，通常在用微波炉烹调食品时，要预先在食品中加入褐变剂，褐变剂通常是含有还原糖和氨基酸的物料，如淀粉糖浆和蜂蜜等。或者也可以在微波食品的表面涂抹较低比热容的涂层。

Claude 和 Joseph（1997）研究认为肉品色泽的变化主要与肌红蛋白含量、溶解度及金属离子的释放有关。肉制品的亮度增加是因为肌球蛋白结构遭到破坏，亚铁血红素被取代或被氧化所致，红度的下降可能是由于高铁肌红蛋白增加所致，而弹性与硬度的变化主要是与肌原纤维蛋白空间结构被瓦解和蛋白凝胶特性有关。

3. 微波加热对食品风味的影响

食品中的风味物质是一系列低沸点醇、醛、酯和芳香族杂环化合物等，部分是食物天然带有的，有些是酶促反应生成的，更多的是高温条件下通过化学反应生成的。而微波加热时间短，高温反应一般都进行得不完全，弱化了食品风味。同时，微波加热处理过程中随着水分的快速散失，风味物质也会因为水分蒸发而从食物中逸出，使食物的风味弱化。

4. 微波加热对蛋白质影响

Henrik 和 Jakob（2000）以 β - 乳球蛋白为研究对象，研究微波对球状蛋白构象影响，研究结果表明，在蛋白质可逆变性阶段，随着微波的加入，温度升高，促进了蛋白质的展开；随着温度的降低，在蛋白质折叠的过程中，微波的加入对蛋白质的折叠过程同样起到了促进作用。微波对蛋白质的影响存在非热效应。

蔡建荣等（2009）以大豆分离蛋白为研究对象，研究不同微波处理条件对蛋白起泡性、泡沫稳定性和乳化性的影响，结果表明，微波 1000W 条件下处理 40s 可改善大豆分离蛋白的功能特性。

微波加热对食品中蛋白质含量影响不大，但微波加热能够使物质温度迅速升高，蛋白酶遇热将会变性凝固然后丧失活性。

5. 微波加热对脂肪含量的影响

李朝霞和丁成（2000）研究表明，对于饱和度不同的大豆油、菜籽油和猪油，通过微波处理后其过氧化值的变化随油脂不饱和度值的增大而升高。因为不饱和度越大，共轭程度越高，进行自由基反应时需要的能量也相对更低，通过微波处理后易发生裂解反应。

6. 微波加热对维生素含量影响

微波加热速度快，所需处理时间短，能够很好地保护食品中的维生素特别是对热敏感的维生素。研究表明，适宜的微波辐射强度能很好地保留食品中的维生素 E，明显优于传统方法（鲁志成等，2003）。

（二）技术与装备开发

微波炉从发明到现在已 60 多年了，目前的产量与产值都是非常惊人的，由于价廉物美，受到国内外市场的普遍欢迎。近几年来，微波炉产品无论在性能还是外观上，由于采用新材料、新技术、新工艺满足社会上的多元化需求，已成为众多家庭厨具中不可缺少的家电用品。在产品技术方向上，一方面，在当前全球微波炉生产企业集中到我国后，我们不仅有广阔的国内市场，而且在北美、欧亚等国外市场还大于国内市场的背景下，在能源短缺和出口技术壁垒不断提升的今天，微波炉的几个最基本的技术参数和指标，例如，耦合效率和总效率、加热均匀性、煮食效果、电磁兼容（EMC）等技术有突破性的进展。从而对于现有微波炉技术和品质上有很大的升级。另一方面，围绕节能、环保、智能等方向开展微波能技术、变频技术、电子技术、能效技术、传感技术、仿真技术、材料技术、功能技术、理化技术、风道技术等价值创新研究和产品开发。

微波食品在发达国家发展很快。在美国、日本的食品市场上微波食品的种类繁多。美国是世界上家用微波炉普及率最高的国家，其微波食品的生产和销售量极大。美国有 200 多家企业共生产 300 多种在包装上标明“微波”标签的微波预制食品。产品涉及耐储存的精制菜肴、预制汤类、冷藏小包装速食小菜、蔬菜、配菜、餐后甜食、冷冻快餐、薄烤饼、炸土豆食品、脆花生等。日本作为亚洲最大的冷冻食品生产国和消费国，微波炉的家庭普及率为 88.4%，有 20 多家企业生产近 200 多种微波调理食品，共分为 5 大类品种：油炸肉饼、米饭类、面食类、汉堡馅饼和炸肉排。我国台湾市场上销售的微波加热和烹调食品有 30 多种，包括主食类炒饭、烩饭、炒面、水饺、春卷、烧卖、馒头、胡椒牛肉、扣肉、鸡丁、牛肉汤面、海鲜煲、牛肉煲、沙拉和葱油派等。

结合美国、日本等发达国家对于微波食品发展的成功经验，根据我国消费市场的实际情况，考虑到当前国内饮食结构、消费特点、习惯及现有生产手段和消费水平，应把大众喜爱的主食、点心和各种中式菜肴作为今后重点研究和开发的方向。今后微波方便食品的开发实际就是技术的开发。研究市场需求从食品自身微波加热特性和微波炉的使用等方面入手，加强技术创新、优化工艺流程，更好地适应微波方便食品的加热特性，并研究冷冻微波方便食品稳定的解冻和加热条件，保证其良好的品质，满足消费者对微波食品的方便、自然、美味的消费需求，解决加工中的关键工艺参数，其中包括调味料的量化、烹饪经验的规范化和标准化等问题。

（三）商业及产业化应用

1. 微波炉行业

近年来，我国微波炉产业强劲增长。以美的微波炉为例，目前年产销微波炉超过2500万台，总销售收入超过70亿元，为全球第一大集研发、生产、营销为一体的微波炉生产基地。早在2006年，美的公司通过将微波加热技术和中国传统饮食中的“蒸”文化结合，推出具有蒸功能的“食神蒸霸”，到2009年推出定位于中高端的“蒸立方”系列产品，再到2012年推出微波蒸三宝（蒸宝、蒸鱼宝、蒸饭宝），并将“蒸立方”升级为独立品牌，美的这一系列动作，正在持续推动微波炉作为“高端烹饪平台”的转型。而美的微波蒸三宝等微波炉专用炊具的推出，既可以用微波炉蒸米饭、馒头等主食，也可以蒸鱼、肉等菜肴，微波炉作为家庭厨房烹饪的主角地位开始显现。

在微波炉产业价值链再造的背后，美的在国内微波炉市场已经完成产业新升级。目前，美的“蒸立方”微波炉的市场售价均在千元以上，其中型号为X5的旗舰产品售价更超过1万元，全面拉动国内微波炉市场均价从百元级向千元级的跨越。

如果说从“热饭器具”到“烹饪主角”只是微波炉基于市场和用户需求的一次产业价值链再造，那么从磁控管和高压变压器到半导体，被认为是美的公司带给全球微波炉产业的一次革命性创新，这又将是一个在未来5～10年引领全球厨房潮流的革命性成果。2012年4月，美的微波炉一次性推出包括半导体微波炉、云技术微波炉、太阳能微波炉等面向未来的新技术产品。其中，半导体微波炉被誉为一款类似“从胶卷相机向数码相机”的创新产品，借鉴通信行业半导体应用的相关技术，应用全直流半导体芯片技术振荡发出的微波加热，替代传统的磁控管和高压电源的加热方式，让微波炉的外观款式可大可小、可圆可方，拥有极大的创新升级空间。而美的云技术微波炉是在单体智能微波炉基础上，应用云计算、云存储技术，通过云服务平台，带给用户的完美交互体验。此外，美的公司还突破了太阳能微波炉的关键技术，可以实现直流逆变、直流并网等技术解决方案，如今已有4款产品取得了国家强制的CCC认证（China Compulsory Certificate）。

微波炉产业链的发展不仅依靠微波炉制造业的发展，基于微波加工食品的诸多基础理论知识体系也急需发展完善。北美欧盟的人口总量不到8.5亿，比中国人口总量少近5亿，但他们每年消费微波炉超过5000万台，而国内市场还不到1500万台。差距这么大，原因到底是什么？调研发现，发达国家不仅微波炉卖得多，而且微波食品也卖得多。因此，仅仅关注微波炉产品是不够的，还必须关注微波食品。通过开展微波食品的基础研究，把相关研究成果推广到企业，从而促进微波食品产业的发展。

在此背景下，“华工大 - 美的微波食品研究中心”的建立，将联合国内微波炉生产龙头企业、微波食品研究科研院所及相关企业，在微波食品加工特性、微波加热食品的均匀性、微波加工对食品营养素的影响、微波食品安全性评估等方面及相关标准体系建设进行相关研究，并将研究成果授权给有意向的食品企业应用，推动微波食品产业化升级。

2. 微波中药提取技术与设备

中药是我国的国粹，在中药提取中，通常采用浸泡法、蒸汽蒸馏法、液 - 液萃取法等传统方法，时间长、浪费大、活性物质损耗大、降解失效多、劳动强度高，不能形成连续性自动化生产。利用微波技术进行提取具有效率高、速度快、损耗小、能形成连续性自动化生产规模、产量高、环保节能。因此，近年来，不仅我国在研究开发微波中药提取设备，日本、韩国、德国、加拿大等国外研究机构和企业都在进行基础性的理论和实验研究。天水华圆制药设备科技有限责任公司已在批量生产各种规格的微波中药提取设备，包括动态提取、逆流提取、多功能提取生产线等，但产品并未在中药生产部门得到较大推广。

3. 烟草行业

以成都宏普科技有限公司为代表的主要产品是烟梗膨化、烟包松散、烟叶灭虫、烟丝烘干等的微波烟草机械，这些微波设备填补了微波技术在烟草工业各生产阶段工艺中的应用空白，并申报了多项国家专利。其产品已在国内许多烟厂使用，如贵阳烟厂、开封烟厂、宝鸡烟厂、重庆烟厂、昆明烟草研究院等。

目前，这些设备中，多数采用 915MHz 功率为 25 ～ 200kW（多管组合）的 CW 磁控管，由于国产 75kW CW 大功率磁控管供应市场，并在 2009 年 7 月对智能型大功率磁控管电源进行了技术鉴定。亦正在考虑采用这种更大功率电平的微波源取代现有设备中的 25kW 微波源以减少电源数量和提高效率。从目前情况来看，真正全方位进军烟草行业，并以各种微波技术手段提高烟草品质，解决过去其他技术措施无法解决或效果不佳的生产工艺，提高工作效率，促进节能环保等措施，得到了烟草行业的首肯与支持，今后前景看好。正因为如此，广东一企业长期跟踪宏普公司，主动上门谈合作及投资问题，最终以控股 51% 的结果与宏普公司合资组建成新的宏翔益生微波科技有限公司。由于烟草行业很难进入，因此到目前为止，还未见到其他生产微波设备的企业生产上述各种烟草机械。

三、优势和存在的瓶颈与局限性

（一）技术优势

微波技术具有快速、高效、安全、保鲜等优点，相对热加工来说，微波技术具有加热时间短、升温速度快、杀菌均匀，食品营养成分和风味物质破坏和损失少等特点；与化学方法杀菌相比，微波杀菌无化学物质残留；与放射辐照杀菌相比，不存在放射性物质污染和残留。

1. 杀菌时间短，速度快

常规热力杀菌是通过热传导、对流、辐射等方式将热量从食品表面传进内部，往往需要较长时间内部才能达到杀菌温度。微波则利用其透射作用以热效应和非热效应共同作用，使食品内外均匀，迅速升温杀灭细菌，处理时间大大缩短，在高功率强度下，甚至只要几秒至数十秒即达到杀菌效果。

2. 低温杀菌可保持食品营养成分

微波热效应的快速升温和非热效应的生物化学与分子生物学效应，增强了杀菌功能。相比常规热力杀菌，其在较低温度、较短的时间内就能获得杀菌灭虫效果。微波特有的加工方式能保留更多的营养成分，保持原有的色、香、味、形等特征。如采用常规热力处理蔬菜保留的维生素 C 在 46% ～ 50%，微波处理能达到 60% ～ 90%；常规加热猪肝维生素 A 保持在 58%，而微波加热则在 84%。

3. 微波杀菌安全性高

微波杀菌无化学物质和放射性物质残留与污染。

4. 杀菌均匀彻底

常规热力杀菌是从物料表面开始，通过热传导，由表及里渐次加热，内外存在温差梯度，造成内外杀菌效果不一致，物料越厚问题就越突出。为保持食品风味并缩短处理时间，就得提高处理温度，然而这将使食品表面的色、香、味、形等品质下降，而微波的穿透性可使表面与内部同时受热，保证内外均匀杀菌。

5. 食品成分对微波具有选择吸收性

物料中某些成分非常容易吸收微波，而有些成分则不易吸收微波，这有利于产品质量的控制。如用微波干燥谷物，由于谷物的主要成分淀粉、蛋白质等对微波的吸收率比较小，谷物本身升温较慢。但谷物中的害虫及微生物一般含水分较多，介质损耗因子较大易吸收微波能，可使其内部温度急升而被杀死，既可达到杀菌灭虫的效果又可保持谷物特性。

6. 热效率高，节约能源

微波是直接对食品物料进行加热，无热辐射和其他热能损耗，仅在电源部分及电子管消耗一小部分能量，微波加热器本身不会被加热，因而不存在额外的热功耗，可节能省电 30% ～ 50%。

7. 易于瞬时控制，操作简便

微波加热的热惯性小，可以立即加热和升温，切断电源即可停止加热，易于控制，加之微波杀菌工艺操作简便、容易，可将设备制成隧道式，并实现生产过程自动化，减轻劳动强度，有利于标准化生产。

（二）发展瓶颈与局限性

虽然微波技术具有传统方法不可比拟的诸多优点，应用广泛，但作为一门新技术，其发展还处在初级阶段，依然有许多问题亟待解决。

a. 尽管微波技术已广泛应用于各大领域，但还缺少比较系统的理论作基础，尤其是对微波作用机制的认识还比较肤浅，对其解释也仅停留在实验基础上，有待使用更为精确的方法进行检测验证。所以，应加强对微波技术作用机制的研究，使其成为一套比较系统和完整的理论体系（杨中正和丁保华，2008）。

b. 与国外相比，我国微波设备的稳定性尚为欠缺（吴贺君，2012）。因此，应加强微波元器件及设备的研制，提高微波器件的适应性和兼容性，以便研制出稳定、经济、高效的微波设备。

c. 目前，微波设备是在家用设备基础上改造完成的，使其应用和推广受到限制，不能形成规模经济。故应重视微波过程与各大学科体系的交叉衔接，加强工程化研究，逐步实现微波理论成果产业化，形成经济规模，促进其在工业方面的应用。

同时，由于微波加热形式、加热速度的不同，因此在开发微波食品时会遇到一些技术上的难题，归结起来主要有以下几个方面。

1. 与微波炉相关的问题

a. 微波加热存在着不均匀性，尤其在大功率加热条件下更是如此，因此可尽量采用较低的功率输出或在烹调过程中将食物翻转几次，使热传导增加，使食物受热更均匀。

b. 不同的微波炉之间在功率输出上存在着较大差异，其标定也缺乏标准的规定。这给微波食品的加热指令的标示带来了困难。

c. 缺乏环境介质加热。在微波炉加热过程中，一般环境空气不被加热，几乎是室温，被加热的食物表面由于有一定程度的散热，其温度要比内部温度低，这样一些需在高温下发生的化学反应就不能进行，一些反应风味物质不能形成。此外，由于环境温度低，水蒸气遇冷凝结，使得食物表面潮湿柔软，也会影响到食品的感官品质。

d. 高功率下食物的加热程度难以控制。用微波加热常常出现加热过度或不足的问题，尤其是在高功率输出的情况下，在加热时间上稍有出入就会出现问题。

几十年来，微波炉的设计问题似乎早已得到解决，但实际上并非如此。众所周知，在 2450MHz 波段，无一例外都设计成多模式的矩形腔，而且希望腔内的模式数越多越好，这是希望能得到腔内场分布均匀性所提出的基本要求。在多模腔的设计上，原则上讲，腔的体积 $V=a\times b\times c$（这里 a、b、c 分别为矩形腔的宽、深和高 3 边的尺寸）越大，在腔中的模式数就会越多。但在微波功率一定的情况下，过大的体积 V 会使腔内的功率密度下降。因此，必须在这两个相互矛盾的因素中综合考虑，合理选择，这是问题的一个方面。另外，人们必须清醒地记住，目前绝大部分的微波炉电源仍采用半波倍压整流电路，加上炉用 CW 磁控管的特殊结构，因此，工作时从磁控管振荡器送入腔内的不是一个频率的单色波，而是频谱相当复杂的多基频波。本来，一个频率即能激发起许多模式的波，那么，许多基频可能激发起更多模式的波，初看起来似乎是件好事，但实际上要在同一腔体尺寸 a、b、c 情况下，每个频率都能处于谐振状态，可以说几乎是不可能的，更何况空载、轻载与重载等不同情况下，究竟腔内有多少模式？这些模式的标号为何？负载运动时或升温过程中的食品性能变化，都将引起对振荡源的频率牵引，并使频率产生 20 ～ 30MHz 的变化，这种频率变化又将引起腔内的模数和性质的变化，两者互为因果。由此可见，实际微波炉中的模式是很难事先设计或预测的，即使采用各种模型的数字求解或计算，或采用电磁仿真软件进行模拟，都很难得出实际荷载情况下的模式形态。唯一可靠的方法，就是先进行空腔单频时的模式设计，求取 3 边的最佳尺寸 a、b、c，然后加入有关“国标”中规定的负载进行实际测量，换算出加热的均匀性，以及磁控管和微波炉的效率。由此可见，多模腔的设计，特别是加载后的设计是非常困难的，从纯电磁学的理论出发，可以说几乎是不可能的，这就说明，微波炉的设计只能是近似的，至多是空腔及单频时的模式设计，这就是微波炉设计时的局限性所在。因此，针对微波食物加热过程不均匀性对食物营养、口感和卫生安全等的影响，通过微波炉炉腔本体几何与表面微功能结构优化，改善微波炉加热均匀程度，提升微波炉整体质量。

2. 与食品本身相关的问题

a. 色泽问题。微波焙烤制品色泽呈浅灰色，缺乏传统焙烤制品所具备的金黄色的特征颜色，微波加热肉制品也会出现同样的问题。

b. 风味问题。微波加热食品会出现风味问题，主要表现在风味异化、风味骤减和缺乏风味上。风味在食品的感官品质中占有相当重要的地位，如果微波加热食品不能达到或超过传统加热食品的风味，那它就不可能有市场。

c. 质构问题。用微波加热，食品中的水分损失得较快，使制品的柔软性下降，甚至变得干硬，造成其感官品质下降。

d. 多重组分食品的复杂性。在微波的开发中，多组分食品的情况最为复杂，因为体系中不同组分的介电常数、比热等都可能不同，而这些将影响到微波加热的效率、均匀度和最终效果。

探索不同微波条件（强度、频率和时间）的下的蛋白质、脂肪、碳水化合物三大营养物质等的变化规律，优化微波食品加工条件，并通过添加褐变剂、食用膜、乳化剂和调味香精等改善微波食品的色泽和风味等问题，进而开发出美味营养健康的微波食品。

3. 与包装或器具有关的问题

在微波食品的开发研究中，所用的包装材料必须能保护预制食品的质量、口味和安全性，同时提供诱人的外观，并具备可在微波炉和烤炉中加热的特性，包装材料不能因高温而变形、融化或着火，要防止塑料树脂中单体向食品中迁移，防止金属容器打火，防止食品的过度加热、烧焦或液体暴沸。

根据包装材料的耐寒、耐热、耐水、耐油、通透、密封、卫生、环保等性质，对各类微波食品的包装材料制订相应的标准，使微波包装材料规范化，同时，研制出多种适合微波食品加工的专用容器。

4. 微波食品安全标准与风险评估问题

一些谷类食品经烘烤或油炸后会产生丙烯酰胺等致癌性物质，并且含量大大超过WHO规定的最大残留量0.5g/L。米饭在经微波炉烹制后，会产生较常规加热方式更多的丙烯酰胺。这主要是由微波加热的宏观均匀与微观不均匀的特性和非热效应导致的，但丙烯酰胺的含量并未超标。杂环胺是一类在烹调过程中由蛋白质和氨基酸加热分解产生的具有致突变性、致癌性和肌毒性的化合物。相对反应时间而言，加工温度对杂环胺更为重要。由于微波处理时间短，且表面温度不会过高，因而产生的杂环胺较少。N-亚硝基化合物是一种具有致癌、致畸和致突变性的化学污染物，微波加工较常规更易减少咸肉中的N-亚硝胺。

针对微波食品残留物的影响，可采取以下防范措施：①借鉴别国的经验，加快微波食品的法律法规和标准的建设和修订；②结合我国实际积极开展微波食品安全性研究，特别是对微波食品中化学性、生物性危害的暴露评估和定量危险性评估研究；③运用HACCP、LISA方法等先进的食品安全控制技术，制订食品加工用微波设备的安全规范和使用规范，并严格要求生产企业按良好生产操作规范（GMP）执行；杜绝微波对食品的负面效应，让广大消费者放心地使用。

第三节　国内外发展趋势

一、国际发展趋势

（一）理论与技术研究趋势

微波作为一种重要的能源，在食品行业中的应用越来越广泛。传统的应用如微波干燥、杀菌和保鲜、焙烤、解冻等的发展日渐成熟，已成为食品行业的重要技术方法。在科技日益发展的今天，微波技术作为食品分析、检测、提取等领域的新方法、新研究手段，发挥了重要的作用，同样也取得了巨大的进步。

1. 微波无损检测技术

微波是介于红外线与无线电波之间的电磁辐射，由于它的波长短、频带宽，以及它与物质的相互作用而发展成为微波无损检测技术。微波无损检测不仅保证产品的质量符合标准，而且可以减少和避免不必要的经济损失，因此在我国微波无损检测能得以发展，在产品可靠性方面已经产生良好效益。展望微波无损检测发展前景，新成果、新装置将不断涌现。可以预计，微波无损检测的推广和普及工作将会有一个新浪潮（周在杞，2001）。

2. 脉冲微波技术

传统微波杀菌主要是利用微波的热效应，而使用脉冲微波杀菌主要是利用非热效应，脉冲微波的非热效应是生物电磁学一个最新的研究领域。脉冲微波杀菌技术能在较低的温度、较少的温升条件下对食品进行杀菌，对热敏性物料来说具有其他方法不可比拟的优势，因此，对脉冲微波杀菌技术进行研究，充分利用其非热效应在食品加工中具有十分广阔的应用前景（李清明等，2004）。

3. 微波辅助萃取技术

微波萃取不仅萃取效率高、产品纯度高、能耗低、操作费用少，而且符合环境保护要求，可广泛用于中草药、香料、食品和化妆品等领域。在天然产物的提取方面，提取的成分涉及生物碱类、蒽醌类、黄酮类、皂苷类、多糖、挥发油、色素等。现在的研究不仅注重于进一步探讨微波萃取的机制，更注重于开发微波萃取新技术和其他技术联用。现在已经有微波萃取与液体样品顶空萃取结合的报道，也有文献报道了用微波萃取代替固液萃取中的溶剂洗脱的研究，提出了固相萃取-微波萃取联用技术。如果用类似联用仪器分析天然植物中的化学成分及药物，特别是中药中的有效成分，将大大简化样品成分提取的前处理过程，提高分析效率，扩大样品适用范围。

4. 微波膨化技术

微波膨化技术作为一种新型食品生产技术逐步在食品工业特别是休闲膨化小食品生产中得到广泛应用。微波膨化是微波能量到达物料深层转换成热能，将使物料深层水分迅速蒸发形成较高的内部蒸汽压力条件，迫使物料膨化，利用微波膨化技术加工食品能最大限度地保存食品原有的营养成分，加工时间短，膨化、干燥、杀菌工艺同时完成。

微波膨化产品可以克服传统膨化产品油炸加工含油量高的缺点，能完整地保存原有的各种营养成分，将是膨化食品的一个重要发展方向。在今后微波膨化技术的研究中，如何解决食品膨化后易回潮发软问题，改善微波膨化产品的色泽，进一步进行微波膨化理论和应用技术的研究，拓宽微波膨化原料的来源，开发新型的膨化设备和技术将是微波膨化技术发展的重点和难点。

5. 微波消解技术

现代食品分析对灵敏度、精密度、微量、痕量、价态、形态及多元素分析提出了更高的要求。在微波技术中，样品的消解、干燥、萃取、蛋白质水解等方法，国外已采用计算机智能化；微波蛋白质水解技术可以和 HPLC 法联用，实现多组分同时测定和连测。

由于在密闭高压容器中，可快速将萃取液瞬间加热到其常压沸点以上，提高溶剂沸点，又不至于分解待测萃取物，提高萃取回收率和效率，从而大大提高了现代 GC/HPLC 法的精度和效率。也正因为采用密闭高压容器的技术，显著地促进了酸混合物加热消化过程，增进了 AAS/ICP-AES/ICP-MS 光谱分析效率，这些都展示了微波技术在食品分析中进一步应用的广阔前景。

（二）商业应用与产业化趋势

自 20 世纪 80 年代以来，微波食品在发达国家发展很快。在美国、日本的食品市场上微波食品的种类十分繁多，其中美国是世界上家用微波炉普及率最高的国家，其微波食品的生产和销售量极大。微波食品在美国属于预制方便食品，以上所述的 3 类微波食品在市场上共存。但以冷冻类预制食品中的冷冻蔬菜，包括多种煮熟并配有调料的混合蔬菜和冷冻调理食品的产量最大，发展速度最快。主要品种有蔬菜、馅饼，各种面包及点心用的生面团。目前，美国有 200 多家企业共生产 300 多种在包装上标明“微波”标签的微波预制食品。产品涉及耐储存的精制菜肴、预制汤类、冷藏小包装速食小菜、蔬菜、配菜，各种餐后甜食、冷冻快餐、薄烤饼、炸土豆食品、脆花生等。美国微波食品年销售额已超过了 200 亿美元。Bormel 公司生产的微波调理食品包括美国的各种传统菜、营养汤类、儿童营养食品、营养快餐系列和适合于早、中、晚餐的各种冷冻微波食品。

日本作为亚洲最大的冷冻食品生产国和消费国，微波炉的家庭普及率为 88.4 %，有 10 多家企业生产近 200 多种微波调理食品，共分为 5 大类品种：油炸肉饼、米饭类、面食类、汉堡馅饼和炸肉排。其中尤以米饭的销售量最大，各种口味的杂烩饭和日式米饭团都是主食制品。中国风味的面条（拉面）、西欧风味的快餐类食品和日式传统风味的快餐类食品，都受到日本消费者的欢迎。最近，日本市场上出现了可用微波炉加热的冷冻正餐食品，将主食和各式副食菜肴一同盛装在耐微波调理的容器里，进行冷冻储运和销售。

二、国内发展趋势

（一）理论与技术研究趋势

利用微波技术可进行玉米芯水解，玉米芯是一种可再生资源，用途非常广泛。以前，人们经常将其作为燃料烧掉或作为废物丢弃，造成资源的极大浪费，同时污染环境。利用微波技术可将玉米芯水解，从而利用其制备食品添加剂和化工原料，使玉米芯得到了充分利用（王成福等，2010）。采用微波技术可以对番薯片、花椒、金银花等进行干燥，还可进行油茶籽制油（尹先益等，2011；蒋玉萍和王俊，2009；赵超等，2007；肖宏儒等，2001）。利用微波技术还可以软化木材，改善木材的浸透性能，从而简化木材染色、浸渍处理等工艺。微波技术还可用于产品质量检测，如材料缺陷检测、竹木产品含水率检测、人造板甲醛释放量检测等（沈斌华等，2012）。

（二）商业应用与产业化趋势

我国台湾市场上销售的微波加热和烹调食品有 30 多种，包括主食类炒饭、烩饭、炒面、水饺、春卷、烧卖、馒头、胡椒牛肉、扣肉、鸡丁、牛肉汤面、海鲜煲、牛肉煲、沙拉和葱油派等。

我国大陆地区微波食品的起步较晚。目前只有点心类品种，如速冻包子、烧卖、蒸饺和少量烹调用的肉类预制品。现在，家用微波炉在大多数家庭中只用于加热牛奶和冷饭冷菜。我国专门生产微波食品的厂家几乎没有，有些冷冻食品虽然在外包装上注明可用微波炉加热后食用，但却从来没有认真探究这些食品在微波下的变化，也没有标明这种食品原料承受微波作用的程度如何？实际有可能并未达到微波食品的品质要求。

为适应微波食品的发展趋势，科技部已将微波食品技术的研究开发列入国家科技攻关计划，重点解决微波食品的风味、品质、包装及微波食品在家庭使用中的“后制”问题。当前，大力开发我国微波食品的条件日趋成熟，人们的食品消费正从“吃饱”向“吃好”转变，对食品“量”的要求已经转变为对“质”的要求，考虑得更多的是产品的“质量、外观、新颖、享受、保健、天然和方便”，微波食品正好完全满足了这种消费需求。随着微波炉的普及，部分发达地区和大中城市中微波食品的生产、储运、家庭或社会团体消费的整个“冷链”系统基本形成，这是发展微波食品的最好条件。微波食品的生产可以充分利用现有速冻食品厂的生产装备，经过适当改造和配套，即可投入微波食品的生产，有利于迅速占领市场。发展我国微波食品首先应该结合我国消费市场的实际情况，考虑到我国当前的饮食结构、消费特点、习惯及现有的生产手段和消费水平，应把大众喜爱的主食、点心和各式风味菜肴，作为重点开发的主攻方向。

三、下一步研究方向与重点

（一）微波技术

1. 高效节能技术

微波炉的高效节能技术涉及以下几大组件。

a. 必须拥有高效的 CW 磁控管。长期以来，微波炉用 CW 磁控管的总效率通常在 70% ～ 74%，不久前，松下已研发出效率为 78% ～ 80% 的 CW 磁控管。根据磁控管的理论，在 2450MHz 波段，要想超越 80% 的效率是非常困难的，即使还能提高一两个百分点，但却会带来一系列结构上与成本上的巨大障碍，这些后果完全抵消了能勉强得到的微小效果，反而得不偿失。如果拥有 80% 高效率的磁控管，那么，在其他任何条件不变的情况下，就会使微波炉的总效率提高一个很高的比例。因此加速研发高效磁控管就是当务之急。

b. 改善磁控管与炉腔的匹配。这种匹配不是一般意义的微波技术上的阻抗匹配，而是应该使炉腔阻抗真正位于相应磁控管雷基图中合适的阻抗区（即合适的驻波比与合适的相位上），这一点很多人并不理解其中的原因，主要是目前相当多从事微波炉设计者对磁控管的雷基图缺乏应有的和必要的了解，都误把磁控管当作一个恒定输出的功率源。而实际上，磁控管恰恰与此相反，它的输出功率是随着负载的变化而变化的，而且还有一个与众不同的特点，即当负载匹配（VSWR=1）时，它的输出功率不一定是最大的；而在某个驻波比时，其输出功率反而大于匹配时的功率。由此可见，到目前为止，至少在国内有关的企业内，还未看到哪家公司在设计微波炉时，曾对炉腔的阻抗特别是其动态阻抗进行过测量，也未发现哪家微波炉公司曾向磁控管公司索要过相应磁控管的雷基图，换句话说，这一本来可以发掘提高微波炉总效率的技术措施和手段被人们遗忘或被丢弃了。

c. 电源变压器及组件的效率同样是提高总效率中一个不可忽略的因素，低质的矽钢片甚至是一般的铁片是使铁耗增加的主要原因，加上采用铝线替代铜线是使线包损耗增大的明显原因，铁耗与线耗决定了变压器的总损耗。

其他如指示照明灯、旋转电机、控制面板等虽然耗电不大，但是否仍有潜力可挖？特别是磁控管的灯丝加热功率，虽然只有 30W 左右，如能研发出冷阴极的 CW 磁控管，岂非又节省了这 30W 的功率！这对高效节能又将作出很大的贡献。

2. 转波或旋波技术

炉腔内微波电场分布的均匀性是鉴别微波炉质量的重要指标之一，因为它直接影响到加热食物时的煮食效果。从微波炉发明至今已过去 60 多年了，解决腔内电场均匀性这个难题一直困扰着微波炉设计师，从单模腔到多模腔，早期一直延续至今的结构，几乎都是单馈口供送微波功率至腔内，由于带有介质（如微晶玻璃或普通玻璃）转盘的炉腔，通常转盘都位于底部，甚至位于底板的凹坑内，如不采用垂直极化的电场（即采用水平极化电场），那么，搁置于转盘内的靠近盘底部分的食物将无法被微波功率加热，除非在转盘内设置介质支架，使食物抬高到远离底板适当的高度上才行。

所以长期以来，这种采用一维垂直极化的传统微波炉，即使对多模腔进行了精心的设计与计算，但仍得不到理想的均匀场分布的结果。为了解决它，20 世纪 60 ～ 70 年代，人们设计了一种类似金属小风扇的东西，装置于顶部微波功率的馈口附近，使其以一定速度慢速旋转，同时使微波喷向扇叶端部，由于叶片的扭转，从而使投射到扭转一定角度的金属叶片上的微波向垂直于扭曲的叶片面上反射，由于叶片是旋转的，因此，这种从叶片上的反射波的极化就不再是特定方向上的一维的线极化波了，换句话说，这时在腔内的微波电场已经从一维线极化场改变成三维的线极化场了，这种三维线极化场对加热食物均匀性和煮食效果有了明显的改进与提高。但是由于叶片端部周期性地转过馈口，部分地挡住了微波功率的输出，产生了可观的反射。这一反射，一方面导致了输出功率的下降，造成效率的降低，另一方面却使磁控管阳极温升提高，寿命受到严重影响。这种称为“模式搅拌器”的小风扇，实质上是一种无源的旋转天线，它可以使极化方向改变，但它的作用却是被动的。因此试用了一段较长时间后，普遍认为缺点大于优点，权衡利弊，还是被后来的介质转盘所取代了。

但是，后来市场上出现的旋波炉或转波炉出现了两种实质上完全不同的结构和原理，一种为采用旋转的有源天线的真正旋波炉，另一类则采用无源的模式搅拌器的所谓旋波炉或平板炉，两类的主要差别在于旋转天线的转轴结构和材质上，前者转轴为金属导体制成，而后者则由塑料介质制成。目前市场上多数平板微波炉，位于介质板（微晶玻璃板）下面的旋波结构实质上是一种搅拌器，只是将数十年前装于炉腔内顶部微波喷口附近的模式搅拌器重新安置于炉腔内底部而已，原理上没有改变，因此仍属搅拌器类型，其缺点已如上述。我们认为：真正的旋波平板炉应该是由旋波的有源天线或圆极化天线构成的，这种微波炉才能解决加热的均匀性问题。

3. 宽电压电源技术

正如上述对国内三四级市场的分析，由于目前供电条件的限制，在广大中小城镇，特别是广大农村和边远地区，应保证微波炉能在较宽的电压范围内工作，当然没有必要像电脑、充电器那样宽的电压范围（100 ～ 240V），但至少应有 180 ～ 240V 的适应范围。为此，当前的半波倍压整流电源应当置换成变频电源，并在成本及可靠性上下功夫，以适应农村等地售后服务比较困难的实际情况。

4. 管炉匹配技术

长期以来，微波炉中的微波源（即磁控管）与炉腔之间的匹配连接问题始终是考核微波炉质量的重要指标之一，因为磁控管不同于任何其他的微波振荡器，它不是一只功率恒定的振荡源，换句话说，它的输出功率和振荡频率完全由其工作电压、电流，还有负载同时决定，不同的负载会有不同的功率输出。由此可见，同一磁控管配上不同的炉腔（即不同的微波负载）时会有不同的功率输出和工作效率，严重失配时，磁控管的功率输出几乎为零，这种情况下，磁控管极易受到损害，甚至烧毁。20 世纪 70 ～ 80 年代，日本东芝、松下等公司曾对微波炉炉腔的阻抗测量技术做过大量细致的研究，这对提高微波炉的总效率和磁控管的工作寿命都是至关重要的。遗憾的是目前国内几乎所有微波炉厂都未对这一技术问题引起足够的重视，更未采取具体的技术措施加以解决，最多是采用简单的手工方法，在波导喷口附近改变喷口形状，定性或半定量地测定输出功率大小，而未能从根本上解决管炉间的匹配问题。当前的问题存在于以下两个方面。

a. 对微波炉的阻抗特别是动态阻抗的测量原理、方法及技术缺乏必要的了解，更缺乏掌握这一技术的专业人才，致使这一研发微波炉过程中必不可少的技术程序沦为空白。

b. 对微波磁控管的负载特性曲线 [即雷基图（Rieke diagram）] 缺乏理解与掌握，磁控管公司也未提供过相应管型的雷基图，微波炉设计师对雷基图中的相位概念不熟悉，对如何选择炉腔阻抗配置到雷基图上最佳相位点缺乏判断能力。

5. 炉门密封技术

长期以来，炉门密封防漏技术问题一直是世界各国微波炉生产厂商极为关注和头痛的技术难题，早在 20 世纪 70 年代，日本曾因这一问题未能很好解决而出现微波炉市场销量急剧下降，一蹶不振的短暂局面，经过一年多的不断改进与提高，提出许多专利与设计，最终摆脱了市场与消费者的不信任感，重新使微波炉的销量逐步上升，恢复元气。

尽管此后有关炉门防止漏波的相关专利仍在申报，但由于微波炉炉腔内多模的复杂性，尤其是模式多少，模式标号，各不同模式的高频电流的流向，空炉与荷载炉的差异，不同负载时的模式变化与增减，负载放置位置及性质等对模式的影响等诸多问题都使防漏炉门的设计复杂化。因此，就目前情况来说，微波炉的炉门从防泄漏和 EMC 两个观点出发，应该说已得到基本解决，但从生产现场的实际情况来看，还经常发现，由于设计缺陷，或材料变形，或操作装配上的不慎等各种原因导致炉门局部泄漏超标，打火甚至烧蚀等故障，从而影响产品质量，严重时甚至造成停产的重大事故。由此可见，这一似乎早已解决的问题，实际上并未得到彻底的解决。无论从理论上、仿真上、实验上，仍有许多难题要做。更有甚者，达到国家标准的防漏功率密度似乎并不困难，但从 EMC 指标来看，由于微波源振荡的多基频特性，频率差异和频带之宽，同样的炉门就适应不了 EMC 的高标准要求，这就要求微波炉生产厂商必须在不同炉型情况下，同时兼顾漏波和 EMC 两个既有联系又有差别的炉门抗流结构的设计问题。

6. 改善腔内场分布均匀性的可能途径与技术

(1) 腔壁覆盖高介电常数介质板，改善场分布均匀性

在普通波导中，为了使主模 TE10 的电场沿波导管宽边分布不再是弦函数（正弦或余弦函数，取决于坐标原点的选择）规律，理论与实验表明（刘宏和宋文淼，1995），只要在矩形波导管两侧壁放置一高介电常数的低损耗介质板，这样即可使电场在波导宽边中部大部分空间内保持恒定不变的分布，如图 9-2 所示，黑线为原电场分布，而红线则为加介质板后的电场分布，两者的差异显而易见。

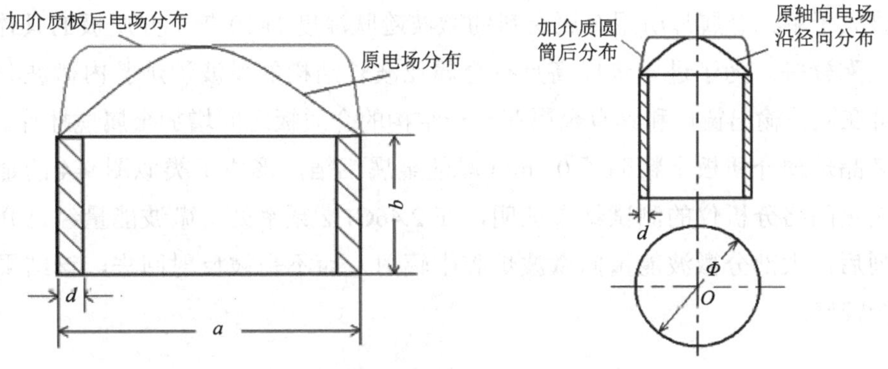

图 9-2　不同介质电场分布图（见图版）

在圆波导中，情况类似，如图 9-2 所示，电场沿径向分布规律也受介质板加载的影响。

在多模的微波炉中，在除炉门以外的三侧，如都安装有高介电常数的介质板，这样，是否能使炉腔中部，或至少在靠近炉壁附近处，其电场分布发生有利于均匀性改善的可能？因为在各炉壁处，电场必然下降为零，如何下降就是我们所关心的了，存在介质板后，电场在薄介质内急剧下降到零，而无此介质板时，电场下降是渐变的。由此可见，有了这些介质板后，在靠近板的原边缘处，电场相对增强了许多，这对放置于边缘处的食品的均匀加热，显然是有好处的。

现在的问题就归结为：高介电常数 ε（如大于 50）介质板的价格如何，会否增加微波

炉的成本？就目前来说，这种人工合成的可控介电常数 ε 的介质板造价确实不低，但大量生产后可能会被企业所接受，只要确实能改善炉腔内电场分布的均匀性即可。这是一种切实可行的技术措施，但仍需要做电磁仿真和实验的论证工作。

（2）金属亚波长结构改善场分布均匀性

改善炉腔内电场分布均匀性的另一个可行方案是电子科技大学物理电子学院吴喆博士等提出的“金属亚波长结构”作为介质板的构想（吴喆等，2009）。

图 9-3 中显示了具有金属亚波长结构的微波炉的结构。该微波炉的主要结构包括微波炉腔、磁控管、波导、微波输出窗口，还包括一个具有金属亚波长结构的介质板，该介质板通过支架固定在微波输出窗口前方的微波炉腔的腔壁上。金属亚波长结构为位于介质板表面且呈周性分布的金属片。单元金属片的形状可以是正方形、圆形、方环或圆环；相邻单元金属片之间的距离，即周期性尺寸 D 的尺寸范围是：

$$\frac{\lambda}{20} \leqslant D \leqslant \frac{\lambda}{2} \tag{9-1}$$

式中，λ 为微波波长；金属亚波长结构的占空比，即单元金属片外边界所包围的面积与周期性尺寸面积 D 的比值的取值范围是 0.2 ～ 0.9；单元金属片的厚度 h 应大于单元金属片所用金属材料的微波趋肤深度。为了节约成本，希望单元金属片的厚度 h 越小越好，但至少应该大于单元金属片所用金属材料的微波趋肤深度的 10 倍。介质板的具体材料为微晶玻璃或陶瓷等。为了进一步提高具有金属亚波长结构的微波炉炉腔内微波分布的均匀性，也可在微波输出窗口和具有金属亚波长结构的介质板之间增加金属搅拌片。

在微晶玻璃介质板上粘贴了 0.1mm 厚的金属铝箔，形成了类似图 9-4 的金属亚波长结构。矢量网络分析仪的测试结果证明，在 2.46GHz 频率处，微波能量经过介质板上的铝箔阵列后，大部分微波能量向微波炉腔中辐射，而不是被反射回去，该结果与仿真的结果符合较好。

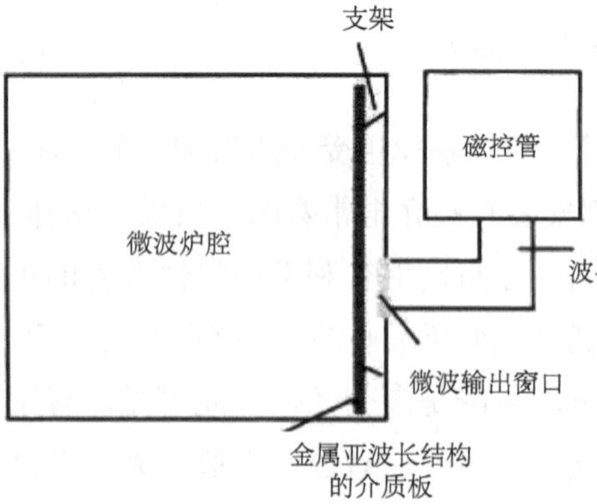

图 9-3　金属亚波长结构的微波炉

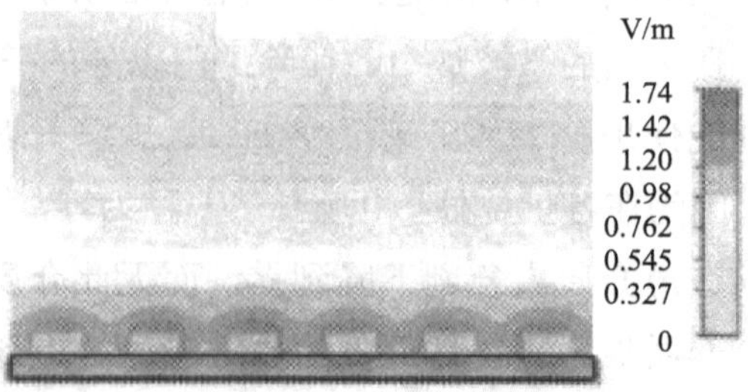

图 9-4　电磁仿真得到的金属亚波长结构的微波场分布图

（3）微波陶瓷能量俘获原理改善场分布技术

将微波陶瓷置于谐振腔内，当微波陶瓷的固有谐振频率等于外界激励的工作频率时，就会产生谐振，相当于在微波炉腔内增加了若干个小型的微波辐射源。因此在微波炉腔内，在场强较弱处放置介电常数较高的微波陶瓷介质谐振器，俘获加强场强的能力就大，反之，在场强较强处不放或放置介电常数较低的微波陶瓷介质谐振器，俘获场强的能力就弱。其目的是破坏干扰原有腔内的驻波场，使腔内场的振荡模式更多、更复杂，这就等效于腔内场分布更为均匀（吴喆等，2009）。

7. 介质板或介质转盘材质的检测技术

普通微波炉中的转盘或平板微波炉中的底板，通常都由玻璃或微晶玻璃材料制成，它们的材质性能直接影响炉子的使用安全和可靠性。这些无机材料在微波场中的介电常数（$\varepsilon=\varepsilon'-j\varepsilon''$）是其基本的介电特性，其实部 ε' 对微波电场在腔内的分布有关，而其虚部 ε'' 则对微波功率的吸收特性有关。通常对实部 ε' 的绝对大小不是非常临界的，大些有聚能效应，但唯一要求是在盘内或板内应均匀，不希望大小分布不均；另外，其虚部 ε'' 应尽量小，同时亦应分布均匀，否则会引起空炉长时间运行时的炸盘、熔洞等毁坏事件。炸盘现象是非常复杂的。它与腔内的微波电场分布有关，同时又与材质的介电特性特别是其均匀性有关。当遇到两种不均匀性质重合时，更易产生炸盘现象。为了掌握盘板材料的介电特性，应当建立起一套专门在线测量各生产批次的材料的介电特性设备，如能检测盘板面积上各处的介电特性差异则更好。

8. 微波解冻技术

微波炉发明不久，即被用来对冷冻食品进行解冻，功率控制旋钮的倒数第二档即为解冻档，其输出功率为满功率的 1/4 左右，在电脑控制型面板上则有解冻按钮。但是从多数使用者反馈信息和情况来看，普遍反映解冻效果不理想，经常发现，要么不是完全被解冻，要么就是解冻过头，并有局部烧熟现象。造成这种情况的原因是多方面的：①冷冻食品的性质、质量、体积甚至形状千差万别；②冷冻温度高低不同；③放置位置产生的差异性；④微波输出功率的不可调性，唯一可选择的就是解冻时间，要想利用一个参数（解冻时间）来满足不同材质、不同质量、不同形状、不同温度的冷冻食品，显然是极其困难的。还有一个原因是多数人对解冻技术及期望得到的结果有一定的误解，多数人期望解冻后的鱼肉能像新鲜食品那样柔软鲜活，但人们并不了解固态冰与液态水在微波波段的电学性质相差悬殊，无论是介电常数的实部还是虚部，都有天壤之别（水与冰的实部差 26 倍，而虚部则高达 4000 倍），实部与微波传播时的阻抗匹配特性有关，而虚部则直接决定了微波损耗的大小，而冰的实部（3.2）与虚部（0.003）都很小，一般来说，不易吸收微波功率，当微波照射到深度冷冻食品时，反而是这些冻鱼或冻肉本身吸收了大部分微波功率，使其温度逐渐升高，但由于其材质本身的不均匀性，如肥瘦之分，鸡胸与鸡翅鸡脚之分等，解冻过程中，温升肯定是不均衡的，只要冷冻食品某处温度达到零度这一临界点时，固态冰即转化为液态水，这时由于介电常数虚部发生 4000 倍的巨变，就会使该处的局部产生了大量的温升，从而产生了热斑，换句话说，该处被烧熟了。实际上，最佳的解冻温度不是零度，而是 –2 ～ 4℃，这时，冻品虽未完全软化，但已完全可以切割，而且还比鲜活材质更易加工，由此可见，这完全是人们对解冻的一个认识误区。

肖芬等（2009）利用微波陶瓷聚集微波能量的原理，研制成微波炉快速解冻板，实验表明，解冻时间缩短 1/2 以上，这就为微波解冻技术提供了一种新的思路，尽管理论上及工程上尚有待进一步的分析与实验，但总算走出了可喜的一步。

9. 微波炉动态特性测试技术

微波炉动态测试技术是微波炉生产厂商必须具备的核心技术之一，通过各种负载条件下（包括空载、半负载、全负载、特殊负载等），对微波炉各种基本特性的跟踪测试，可以观察到如输出功率、磁控管效率、炉子总效率、负载驻波比等参数和特性，根据这些特性可以分析与判断炉子与管子的匹配情况，以及最直观、最直接的负载加热情况等。

（二）微波食品加工与安全控制技术

1. 微波食品加工技术研究

探索不同微波条件（强度、频率和时间）下的蛋白质、脂肪、碳水化合物三大营养物质等的变化规律，建立微波食品营养和安全性（生物、化学和物理）对应关系并建立相应数据库，进而开发出营养健康的微波食品。

2. 微波食品高光谱无损快速检测技术研究

针对微波食品物料表面特性与分布复杂性，不同微生物及同一微生物在不同生理期的光谱学特征，提出新的图像分割算法，研制出适用于食品外观品质与微生物状况及残留物快速检测的计算机图像处理识别系统，实现微波食品品质的在线监控与品质溯源。

3. 微波食品安全检测与控制技术方案

针对不同微波处理条件下的微波食品质量建立微波食品安全检测和控制技术，并对其存在的潜在性危害成分和形成机制，结合快速筛选技术和超痕量分析等高技术检测手段，建立相关风险评估体系。

第四节　对 策 建 议

微波技术毕竟是一门新兴的科学技术，还处于发展的初级阶段，科技工作者仍有很多工作要做。

a. 应加强微波技术的基础理论研究。目前，微波作用机制的解释还停留在实验事实的积累上，尚需采用精确的检测方法来验证。另外，还应加强材料与微波的作用机制研究，找出其化学反应规律，从而有效地控制材料的化学反应，更有利于反应条件的优化和能耗的降低，以及微波的更好利用。目前，美国的一些实验室已开始在统计学、严格的热力学监测和功率控制的基础上采用结果反推法来预测微波的作用机制。

b. 应加强微波设备的研制。微波设备对微波技术的发展起着至关重要的作用，而微波设备对产品的选择性强，不同的产品需要微波设备的参数差异很大，造成微波设备研制投资增大。因此，今后应采用模块化设计与计算机控制相结合进行研制微波设备，以期研制出价低、高效、安全的微波设备。

c. 应加强工程化技术研究。目前，微波技术的应用研究多处于实验室探索研究阶段，还需经过工程化技术研究，进而优化工艺技术参数，推进工业应用。

微波炉经历了半个多世纪的不断改进与提高，特别在材质、工艺和关键技术上突破，目前市场上的微波炉五彩缤纷、款式众多、琳琅满目而且价格低廉，非几十年前可比。但从专业角度上来看，炉内几个最基本的技术参数和指标，例如，耦合效率和总效率、加热均匀性、煮食效果、电磁兼容（EMC）等仍或多或少存在这样或那样的问题与不足，有些问题甚至长期未得到彻底的解决。尤其在当前全球微波炉生产企业集中到我国后，由于历史原因，过去我们都采取全盘引进技术或合资的方式进行建厂、生产，自主研发的水平不高，创新技术所占比例不大。在变成产能大国后的今天，我们不仅有广阔的国内市场，而且北美、欧亚等国外市场还大于国内市场（至少在相当长的一段时间内），如果我们不在一些老大难的技术领域内进行必要的基础性研究，特别在能源短缺的今天，对这种家家需要的节能、环保和绿色的厨房家电，进行卓有成效的工作，今后出口的技术壁垒将无法突破，特别是在高效微波炉和电磁兼容这两个考核指标上。由于节能和蓝牙技术及无线路由器与无线网卡的使用与普及，对微波炉的总效率和 EMC 提出了很高的要求，因此在近期内，对高效微波炉及低噪声微波炉应予以高度的重视，应投入必要的资金和人力，在高效节能和降低电磁干扰（EMI）两个领域内作出重大突破，并拥有自主的知识产权。

微波食品在发达国家发展很快。在美国，每年产销的微波食品规模超过 200 亿美元，美国总人口近 3 亿，人均消费超过 60 美元。以此推算，我国国内微波食品产业蕴藏的价值超过 800 亿美元，合人民币将近 5000 亿元，保守估算，即便人均消费量为美国的 1/5，市场价值也接近 1000 亿元。面对如此巨大的市场前景，为何中国企业却甚少进入？主要原因正是由于国内一直没有微波食品的基础研究机构，因此在微波食品营养、储存、检测、解冻、加热等影响产业发展多方面的研究多为空白，这已经成为了企业进入微波食品产业的最大障碍。建议政府重点扶植这一方向，在“十三五”期间着重建立2～3个微波食品研究基地，如江苏大学微波食品研究中心、华南理工大学微波食品研究中心等，各中心分工合作、联合攻关、协同创新，并将研究成果授权给有意向的食品企业应用，推动微波食品产业化升级。

参考文献

蔡建荣，张银志，孙秀兰. 2009. 微波处理对大豆分离蛋白功能特性的影响. 安徽农业科学，37(2): 453-454.

高福成. 1997. 现代食品工程高新技术. 北京：中国轻工业出版社.

郭力，过世东，刘海英. 2011. 盐煮和微波加热对即食龙虾质构的影响. 食品与生物技术学报，30(3): 376-380.

韩忠，罗嫚，唐相伟，等. 2014. SDS-PAGE 电泳法对微波加热猪肉终点温度的鉴定及其品质特性的研究. 现代食品科技，30(6): 181-185.

蒋玉萍，王俊. 2009. 番薯片微波干燥特性及干燥模型. 浙江农业学报，21(4): 407-410.

李朝霞，丁成. 2000. 微波辐射对油脂稳定性影响的研究. 盐城工学院学报，13(2): 22-24.

李清明，谭兴和，何煜波，等. 2004. 微波杀菌技术研究进展. 食品与发酵工业，29(10): 86-88.

刘宏，宋文淼. 1995. 传输均匀场的加载介质壁矩形波导的研究. 电子学报，23(9): 92-94.

鲁志成，谷克仁，邓芳. 2003. 天然维生素 E 的抗氧化性及其影响因素的分析与探讨. 中国油脂，28(8): 59-62.

牛广财，周丽萍，李春花. 2003. 微波技术在食品工业中的应用. 延边大学农学学报，25(4): 295-297.

沈斌华，李小科，单志超，等. 2012. 微波技术在我国木材加工与产品检测中的应用. 浙江林业科技，32 (5): 75-78.

孙凤坤，邢泽炳. 2014. 微波技术原理及其发展与应用. 科技创新与应用，(6): 3-4.

王成福，赵光辉，修秀红. 2010. 微波技术在玉米芯水解中的应用. 中国食品添加剂，(3): 203-206.

吴贺君. 2012. 我国微波技术应用的发展现状及市场前景. 长春师范学院学报（自然科学版），31(6): 45-46, 44.

吴喆，曾葆青，黎晓云，等. 2009. 金属亚波长结构改善微波炉均匀性的研究. 材料导报，23 (11A): 46-48.

肖芬，熊兆贤，郑建森，等．2009. 微波炉快速解冻板的研制．材料导报，23(11A): 55-57.
肖宏儒，王立富，吴家兵．2001. 微波干燥技术在金银花烘干中的应用研究．食品科学，22(5): 41-43.
徐锐敏，唐璞，薛正辉，等．2009. 微波技术基础．北京：科学出版社．
杨晓萍，郭大勇，黄友谊．2002. 微波加热技术在茶叶加工中的应用．茶叶机械杂志，(3): 4-6.
杨中正，丁保华．2008. 微波技术的研究进展．中国陶瓷，(10):3-5.
尹先益，胡晓中，尹志明．2011. 微波技术在油茶籽制油工艺中的应用．中国油脂，36(2): 34-35.
于秀荣，赵思孟，周长智，等．1997. 微波干燥稻谷的研究．郑州粮食学院学报，18(1): 63-67.
赵宝亮，赵峰．2007. 微波技术发展及应用综述．中国科技信息，(20): 272-275.
赵超，陈建，邱兵，等．2007. 花椒微波干燥特性试验．农业机械学报，38(3): 99-101.
赵冬艳，王金水，叶涛．2003. 微波处理提高谷朊粉乳化性的研究．食品科学，24(5): 25-28.
郑诗超，汪学荣，屠大伟，等．2003. 飘香兔肉的加工工艺．肉类研究，(1): 21-23.
周在杞．2001. 微波检测技术研究进展．无损探伤，(1): 22-24.
Bih J Z. 2003. The microwave technology. 13th international crimean conference on microwave and telecommunication technology: 15-21.
Brachet A, Christen P, Veuthey J L, et al. 2002. Focused microwave-assisted extraction of cocaine and benzoylecgonine from coca leaves. Phytochemistry Analysis, 13(3) :162
Claude J C, Joseph C. 1997. Effects of high pressure on meat: a review. Meat Science, 46(3): 211-236.
Cui Z W, Xu S Y, Sun D W. 2003. Dehydration of garlic slices by combined microwave-vacuum and air drying. Drying Technology, 21(7):1173-1184.
Cui Z W, Xu S Y, Sun D W. 2004a. Microwave-vacuum drying kinetics of carrot slices. Journal of Food Engineering, 65(2):157-164.
Cui Z W, Xu S Y, Sun D W. 2004b. Effect of microwave-vacuum drying on the carotenoids retention of carrot slices and chlorophyll retention of chinese chive leaves. Drying Technology, 22(3):561-574.
Cui Z W, Xu S Y, Sun D W, et al. 2005. Temperature changes during microwave-vacuum drying of sliced carrots. Drying Technology, 23(5): 1057-1074.
Cui Z W, Sun L J, Chen W, et al. 2008. Preparation of dry honey by microwave-vacuum drying. Journal of Food Engineering, 84(4): 582-590.
Cui Z W, Xu S Y, Sun D W, et al. 2006. Dehydration of concentrated ganoderma lucidum extraction by combined microwave-vacuum and conventional vacuum drying. Drying

Technology, 24(5): 595-599.

Devece C, Rodriguez-Lopez J N, Fenoll L G, et al. 1999. Enzyme inactivation analysis for industrial blanching application: comparison of microwave, conventional, and combination heat treatments on mushroom polyphenoloxidase activity. Journal of agricultural and food chemistry, 47 (11): 4506-4551.

Dorantes-Alverez, Barbosa-Caa Novas G. 2000. Blanching of fruits and vegetables using microwave. Innovations of food processing, 56(7): 149-162.

Henrik B, Jakob B. 2000. Microwave-enhanced folding and denaturation of globular proteins. Physical Review E, 61(4): 4310-4314.

Hong S M, Park J K, Teeradej N, et al. 2006. Pretreatment of sludge with microwaves for pathogen destruction and improved anaerobic digestion performance. Water Research, 78 (1): 76-83.

Ikediala J N, Tang J, Neven L G, et al. 1999. Quarantine treatment of cherries using 915MHz microwave: temperature mapping, codling moth mortality and fruit quality. Postharvest Biology and Technology, 16(2):127-137.

Li B, Sun D W. 2002. Novel methods for rapid freezing and thawing of foods-a review. Journal of Food Engineering, 54(3): 175-182.

Li Y, Xu S Y, Sun D W. 2007. Preparation of garlic powder with high allicin content by using combined microwave-vacuum and vacuum drying as well as microencapsulation. Journal of Food Engineering, 83(1):76-83.

Ponne C T, Baysal T, Yuksel D. 1994. Bleaching leafy vegetables with electromagnetic energy. Food Science, 59 (5): 1037-1041.

Virtanen A J, Goedeken D L, Tong C H. 1997. Microwave assisted thawing of model frozen foods using feed-back temperature control and surface cooling. Journal of Food Science, 62 (1): 150-154.

Wang L J, Sun D W. 2003. Recent developments in numerical modelling of heating and cooling processes in the food industry-a review. Trends in Food Science & Technology, 14(3): 408-423.

Zhang M, Tang J, Mujumdar A S, et al. 2006. Trends in microwave-related drying of fruits and vegetables. Trends in food Science and Technology, 17(10): 524-534.

第十章

食品农产品无损检测技术及装备研究进展

食品农产品无损检测技术及装备的研发是国家科技发展战略的需要，与国家中长期科学和技术发展规划纲要（2006—2020）中的重点领域与优先主题相契合，也是863计划农业领域“十二五”战略研究和规划的重要组成部分。在农业部制定的《农业科技发展规划（2006—2020年）》中“农产品质量与安全检测、农产品中化学污染物快速在线检测等检测技术”被列为重点任务之一。“十一五”期间，我国在农产品质量与安全检测技术方面取得了长足的进步，形成了一系列单项技术成果，建立了一定的技术储备。但必须认识到，同发达国家相比，我国这方面技术总体水平还有较大差距，关键技术自给率低，发明专利数量少。从国际上看，我国也将长期面临发达国家在这方面占有优势的巨大压力。因此加快食品农产品质量无损与快速检测技术及装备的研发，缩小与发达国家的差距，还需要较长时期的艰苦努力。

食品农产品质量无损检测技术及装备的研发是食品安全、国家安全的需要。农产品、食品质量与安全直接关系到消费者的健康和生命安全，关系到经济发展和社会稳定和谐，关系到政府和国家形象。近年来，世界范围内不断出现食品安全事件，食品安全问题作为一个全球性的难题，已经受到世界各国和国际组织的普遍重视。我国食品农产品安全形势也十分严峻，近年来，“苏丹红”鸭蛋、“嗑药”多宝鱼、陈化粮、三聚氰胺奶粉、海南毒豇豆、猪肉瘦肉精等此起彼伏的风波、事件使得农产品、食品的安全成为人们最担心的问题，极易触发民众不稳情绪和社会群发事件。日益加剧的环境污染和频繁发生的食品安全事件已经构成巨大的威胁，食品安全上升到国家安全的高度。我国《食品工业“十二五”发展规划》在“存在问题”的第一条中指出：“我国食品安全保障体系不够完善。目前，技术保障能力尚难以满足食品安全监管需要，检测技术相对落后，检测能力亟需加强”。食品农产品质量安全问题的存在，除了管理机制方面的原因外，主要是科技储备严重不足，科技支撑乏力，特别是缺乏农产品质量安全无损快速检测的创新性实用技术和装备。因此，提高食品农产品检测技术水平和检测能力，加快形成符合国情、科学完善的食品农产品安全体系，不断提高我国食品农产品质量安全水平已成为当务之急。

食品农产品质量无损与快速检测技术及装备的研发是现代农业发展的需要。由全国现代农业发展规划（2011—2015 年）可知，农产品质量安全检验检测能力建设工程，是我国“十二五”期间围绕重点建设任务组织实施的一批重大工程之一，是全面夯实现代农业发展的物质基础的需要。农产品质量无损与快速检测技术与装备是实现农产品从原料到生产加工过程、运输，以及市场销售等各环节中内部自我监控和外部检查监督的重要手段，是增强农产品质量安全保障能力，加强农产品质量安全监管的技术支撑。利用自动检测技术和装备替代随机抽检的人工生化检验，能实现食品农产品品质和安全指标的快速、无损伤检测，保障食品农产品品质与安全；能降低人工工作强度、改善劳动者工作环境、改变劳动者工作状态、维护劳动者尊严，使其在愉快劳动中创造财富；可实现农产品加工增值、延长农业产业链、推动农产品加工业乃至整个现代农业的发展，具有重要的经济效益和社会意义。

无损与快速检测技术及装备的研发是食品农产品质量安全评价技术发展的重要方向。经济全球化加剧了农业的国际竞争，农业竞争实质上就是科技竞争，也就是农业科技自主创新能力的较量。随着我国加入 WTO 后的过渡期结束，要在国际竞争中占据有利地位，必须加快农业领域的原始创新，抢占农业科技制高点，有效增加科技储备，从总体上提升我国农业科技水平，增强农业竞争优势。我国现有传统的农产品检测技术和设备，主要依赖国外进口，价格昂贵，对操作人员的专业技术要求高，且核心技术受制于人。若依赖人工生化检验，则前处理复杂、化学试剂用量多、相当耗时，还要破坏样品，不能对所有产品逐一检测。这无形中埋下食品、农产品质量安全事故隐患。因为众所周知，农产品个体差异很大，抽样检验合格，不能保证个个合格。快速、无损伤、可在线检测技术是解决这一难题的有效手段，也是实现食品农产品优质生产的有效途径；是食品农产品质量安全检测技术与装备研发的发展趋势。主要先进国家，已在该研究领域投入大量的人力和物力。在我国自主开展食品农产品质量安全检测技术与装备的研发，将提升我国食品农产品加工与检测的整体研发水平和自主创新能力，引领我国传统食品农产品加工装备的升级换代。

第一节　基本概念与技术特征

一、基本概念

食品农产品无损检测技术是指在不破坏受检对象原来的物理状态和化学性质的前提

下，利用声、光、电、磁等各种特性对食品农产品进行检测分析的技术。

食品农产品无损检测技术不是仅指某个单一性的技术，它是对基于不同检测原理的多种无损伤检测技术的总称。根据检测原理的不同，食品农产品无损检测技术大致可分为光学特性检测技术、声学特性检测技术、电学特性检测技术、电磁与射线检测技术、视觉（图像）信息检测技术、嗅觉味觉信息检测技术、生物传感器技术等几大类。基于光学特性的无损检测技术主要有：直接利用光的反射、透射、折射等特性进行检测的传统光学检测技术、紫外光谱法、可见光谱法、近红外光谱法、高光谱技术、激光拉曼光谱法和 X 射线荧光光谱法等。基于声学特性的无损检测技术主要有振动声学检测技术、超声波检测技术等。基于电学特性的无损检测技术主要利用食品农产品物料的导电特性和介电特性与食品农产品物料的结构、组成、状态间的密切关系来判别其质量的变化。电磁与射线检测技术中，电磁特性法是利用食品农产品本身在电磁场中的电、磁特性参数的变化来反映其品质，主要有核磁共振波谱法检测技术。射线法主要有射频识别、软 X 射线和 CT 检测技术等。视觉（图像）信息检测技术是利用计算机模拟人的视觉功能，对待测对象物进行成像，从图像中提取特征信息进行处理，从而对待测对象物进行识别或对其品质作出判断的无损检测技术。嗅觉、味觉信息检测技术是指模拟人的嗅觉或味觉传感机制进行检测的电子鼻和电子舌等技术。生物传感器技术是利用酶、免疫制剂、组织、细胞器或全细胞等生物识别元件的特异性生化反应，借助电、热、光等各种信号对食品农产品进行检测的技术。

二、基本原理

由于无损检测技术中各具体的单一检测技术的原理相差甚远，不能用简单的几句话来统一涵盖，因此按照上一节中提到的分类顺序进行描述。

光学特性的无损检测技术的基本原理为：物质受光作用后能量状态发生变化，或吸收一定频率的光，从低能态向高能态跃迁;或从激发态向基态跃迁，辐射出一定频率的光;吸收光和辐射光的频率与构成物质的分子、原子的种类性质有关，具有高度选择性。因此，根据食品农产品的光特性可以鉴定其性质。

基于声学特性的无损检测技术主要利用食品农产品在声波作用下的反射特性、散射特性、透射特性、吸收特性、衰减系数、传播速度及其本身的声阻抗与固有频率等建立声波与食品农产品相互作用的响应模型。食品农产品的声学特性随食品农产品内部组织的变化而变化，不同食品农产品的声学特性不同，同一种类而品质不同的食品农产品其声学特性往往也存在差异，故根据食品农产品的声学特性即可对其品质进行判断、分级。

软 X 射线技术利用穿透能力较弱的 X 射线作为光源进行透视探查。因食品农产品密度与金属等物质相比要小得多，所需 X 射线强度较小，故通常称其为软 X 射线。

视觉（图像）信息检测技术也就是通常所称的计算机视觉技术或机器视觉技术，基本原理就是用摄像头、扫描仪等各种成像装置代替人类视觉器官采集受检对象的图像，通过采集卡等模数转换装置将图像变换成数字信息传输给计算机，由计算机对数字图像信息进行处理，结合模式识别方法代替大脑完成对受检对象的识别、分类等。

嗅觉信息检测技术以电子鼻技术为代表，基本原理是采用由若干个气敏传感器组成的传感器阵列采集受检对象的挥发性气味信息并将其转换成电信号，计算机借助数据分析方法对传感器响应信号进行处理，结合模式识别方法实现对气味的定性或定量分析。传感器阵列中的各个气敏器件不只对某种成分产生响应，对复杂成分气体都有响应却又互不相同。因此传感器阵列实现的不是对混合气体成分的辨析，而是对复杂气味信息的整体响应，实现对受检对象的总体判断。

味觉信息检测技术也称为电子舌技术，基本原理是由味觉传感器阵列感受液体试样中的不同成分，对受检试样作出响应，将味觉信号转换成电信号输入计算机，通过数据处理和模式识别后，得出反映试样味觉特征或整体感官性质的结果。

生物传感器技术的基本原理为：当待测物质经扩散作用，进入固定化生物敏感膜时，经分子识别，发生生物学反应，产生的信息被相应的化学或物理学转换器转变成可定量和可处理的电信号，再经仪表二次放大并输出，以电子计算机处理后，即完成对产生信号的检测程序，由此可获得待测物质的种类及浓度的结果。

三、技术特征

无损检测技术在获取样品信息的同时保证了样品的完整性，检测速度较传统的化学方法迅速，且能有效地判断出某些从外观无法得出的样品内部品质信息。非破坏性是无损检测技术有别于传统化学检测方法的最显著技术特征。传统的化学检测方法一般是对待测样品进行破坏性处理，如剪切、粉碎、分离、提取、水解、浓缩、消化、干燥、灼烧灰化等。检测完成后，食品的物理性状甚至化学性状遭到破坏，样品不再以原貌呈现，不可能原样再行出售。而且化学方法在分析过程中会用到相关的化学试剂，会产生废液、废气等污染环境的有害物质。

虽然多种食品无损检测技术的原理各不相同，但无损检测技术有其共同特征，可归纳为：利用某种特性与食品物料的结构、组成、状态，以及理化性质间的相关性来实现食品质量的无损检测。与传统检测方法相比，显著特征如下：①无损：不破坏被检样品、食品可原样销售。②智能：很多无损检测技术能模拟人工感官识别机制，实现对样本整体信息的类人工智能的识别。③省时：无需复杂的前处理工序、检测速度更快。④省力：人工强度低、易于实现自动化。⑤环保：无化学试剂、少污染。

四、发展历程

20 世纪 30 年代美国开始研究大豆和花生电子分选机，40 年代研制水果成熟度检测仪，1953 年开始使用商品化的电子色选机，60 年代开发了与计算机相连的高密度分光光度计用以测定樱桃、苹果、番茄、鸡蛋等多种农产品的光特性。日本从 70 年代起开展了大量农产品的光特性检测研究。这些就是典型的利用基本特性进行的无损检测。70 年代初，国外学者开始采用计算机视觉技术对食品、农产品外观特征进行检测、分级。计算机视觉技术的引入，标志着现代意义上的食品农产品无损检测技术正式形成。与此同时，伴随着电子技术、计算机技术的飞速发展，基于光学、声学、力学等特性的基础型的无损检测技术也突破传统模式进入新的发展阶段。70 年代中后期开始研究近红外技术在食品成分分析中的应用，最初主要应用于小麦中蛋白质的定量分析，之后应用范围不断扩大。90 年代初电子鼻进入食品农产品领域，为涉及气味的食品农产品品质无损检测提供了新的检测途径；电子舌紧随其后；CT、核磁共振等多种高新技术陆续在食品工业得到开发应用；21 世纪伊始，嗅觉可视化技术开创了电子鼻技术的新纪元（Rakow and Suslick，2000）；近十年来，高光谱技术在食品农产品无损检测领域崭露头角，以二维成像技术和光谱技术有机地结合在一起而形成的先进技术展示了其对食品农产品内外品质同时检测的独特优势。食品农产品无损检测发展到今天，越来越先进的技术手段被采用，越来越高端的检测技术被开发，形成了多学科交叉、融合的先进检测技术。在食品农产品质量安全评判中所起的作用越来越大。食品农产品无损检测技术与装备是当前农产品生产、加工和消费产业的发展需求，是我国农畜产品进出口贸易发展的长远战略利益的需要，是食品农产品检测技术的发展趋势。

第二节　研究进展

一、在食品工业中的应用领域

食品农产品经过无损检测、分等分级后，产品附加值得到提高。另外，食品农产品无损检测也促进生产者加快对农产品加工业的改进，使农产品更趋近工业产品，更加标准、规范、统一，提高了农产品的附加值。

食品农产品无损检测技术发展至今，几乎覆盖了农产品加工业和食品工业中各个应用领域（方如明等，1999；Reich，2005；Nicola et al., 2007，刘东红和朱潘炜，2009；刘嫣红等，2010；Gonzalez，2010；陈天华和唐海涛，2011；彭珍华等，2012；彭彦昆和张雷蕾，2012；韩小珍等，2013；孙玉侠等，2013；王雪莹等，2013；谢丽娟等，2013；杨智灵等，2013；孙力等，2014）。

生产领域：食品原材料的品质检测、分级评定（黄星奕，1999，2008；Devrim et al., 2011；Muhammad and Peeyush，2013）；食品原材料外部品质（主要有颜色、光泽、表面平整度、外观形状，以及尺寸大小、表面缺陷及表面污染物等）（居荣华和董必华，1992；Du，2004；秦文等，2005；Wang，2006；Pan et al., 2009；Quevedo and Aguilera，2010；John et al., 2011）和内部品质（主要有成熟度、新鲜度、内部缺陷、味觉、口感等）的检测（Leemans et al., 1998；Zhang and Suslick，2007; Cosio et al., 2009，Diaset al., 2009；Paolo，2009；Peres，2009；Inmaculada，2010；Wei，2011；Liu，2012；Tian et al., 2012；Zhang，2006，2012；Han et al., 2014）；食品原材料营养成分分析（东野广智等，2002；Shimamoto et al., 2003；Sun et al., 2008，2009；Huo et al., 2010）、食用指标测定（Slaughter and Crisosto，1998；吴瑞梅，2012）；农产品、食品品种识别与鉴定（Zion et al., 1999；Chen et al., 2009；Sergio et al., 2011；Dmitry et al., 2012；Teye et al., 2013；Qin et al., 2013）等；在食用安全性的检测方面涉及农药残留检测、重金属污染测定等（Wei，2011；杜美红和孙永军，2013；蒋雪松等，2013）。

加工领域：食品加工过程中的食品质量抽检、品质监控（Abdullah et al., 2006；余筱洁等，2012；Teye et al., 2013；Xu et al., 2014）等。

储藏领域：用于常规成分测定（Huang et al., 2012；Gu et al., 2014）、内外部品质鉴定评价（黄星奕，2009），以及储藏过程中的安全控制（Zhou et al., 2004；Huang et al., 2011）等。

流通领域：农产品品种辨别（Delwiche and Graybosch，2002；Zion et al., 2007；Javier，2013）、食品货架期判断（Valentina et al., 2009；Huang et al., 2011）、食品品质检测（章程辉，2005；Marc et al., 2009；黄星奕，2009）、分等分级与食用安全性评定（Giunchi et al., 2008；黄星奕，2010，2013；冯甲一，2012；Majid，2013）等。

二、在主要应用领域理论研究、技术与装备开发及产业化推广的进展

（一）理论研究

对食品农产品无损检测技术的理论研究，在我国应该从 20 世纪 80 年代算起。虽然在此之前，已有不少对于食品农产品与光、声、电特性等关系的研究，但那时尚未有现代意义上的食品农产品无损检测的概念。食品农产品无损检测技术包含了基于不同检测机制的众多技术，涉及食品农产品物性学、电子技术、计算机技术、应用物理、应用数学及人工智能等多个学科领域。无损检测研究中的科学问题相对集中在以下几个方面：①单一无损检测技术中内在检测机制的研究；多技术融合使用中的多信息融合理论的研究；②从海量参数中迅速挖掘有用信息的理论与方法研究；③速度更快、精度更高、鲁棒性好的判别模型研究。基于以上 3 点可知，无损检测理论研究的难度相对于单一性加工技术的研究来说要复杂得多。

基于各大分类技术，目前的理论研究进展程度也是参差不齐的。其中，对基于光学特性、声学特性、电学特性、电磁与射线的检测理论的研究相对比较广泛和深入；计算机图像检测技术的理论研究起步较早，近年来已趋于成熟；由于人类嗅觉、味觉传感机制的复杂性，使得基于嗅觉、味觉信息的检测技术的作用机制尚未达到昭然若揭的程度，还有待进一步明晰，但同时，由于食品农产品品质在很多时候与嗅觉、味觉信息密切相关，使得基于嗅觉、味觉信息的食品农产品质量评判显得尤为重要。生物传感检测技术进入食品农产品无损检测领域的时间不长，但国内外相关学科可资借鉴的东西较多，近年来已进入市场应用阶段。

近年来，有关无损检测理论的研究已成为食品科学与工程的一个重要研究热点。体现多学科间的交叉渗透是食品农产品无损检测理论研究的特点之一；涉及各学科的理论问题往往又是该学科的前沿科学问题，这是食品农产品无损检测理论研究的又一特点；数据的分析和处理是无损检测技术不可分割的一部分，更便捷、更高效的信息处理手段和方法的研究是食品农产品无损检测理论研究的特点之三。随着农产品加工业和食品工业的发展，研究越来越深入，食品农产品无损检测机制将越来越明晰。

（二）技术与装备开发

随着研究的逐步深入和相关学科、技术的迅速发展，研究者渐渐不仅进行纯粹的理论研究，而且同时致力于技术与装备的开发。21 世纪初，科技部有关方面对食品农产品无损检测技术的发展前景给予了高度关注，首次通过 863 计划正式设立食品农产品无损检测技术专项，2002 年江苏大学赵杰文教授领衔的食品农产品无损检测科研团队在国内第一个获得 863 计划该方面的资助。可以认为，科技部以此拉开了我国食品农产品无损检测技术全面开发的序幕,大大激发了该领域科研工作者的研究热情。经过十多年的努力，我国食品农产品无损检测技术的开发取得了长足的进步。其中，计算机图像检测技术的开发起步早，研究广泛而深入，发展较为完善，技术上已达到国际先进水平。嗅觉可视化技术紧跟国际前沿发展潮流，起步早、开发起点高，在技术层面上已经与国际领先水平齐平。电子鼻、电子舌技术、高光谱技术、核磁共振技术等离国际先进水平还有一些距离。基于光学特性、声学特性、电学特性等一些较为基础性、通适性的研究，在深度上仍然没能达到国际先进水平。

与世界发达国家工程化能力的差距是我国很多领域远远落后的主因，目前国内食品农产品无损检测装备的开发水平无法与国际先进水平相提并论。从全国整体来讲，食品农产品无损检测装备的开发尚处在初始阶段，绝大多数的研究目前仍然在实验室搭建的研究平台上进行。江苏大学、浙江大学、中国农业大学等在装备开发方面走在全国同行的前列。其中，江苏大学近年来开发了基于计算机视觉、近红外光谱、电子鼻、嗅觉可视化等多种技术多个类别的食品农产品无损检测装备。其中“全信息拍摄的苹果在线检测分级装置”相对国外单摄像系统分级装置，获取的信息完全，可检项目多，科技含量高（图 10-1）。三技术融合的水果无损检测系统，通过计算机视觉、电子嗅觉和近红外技术实现人体对应感官（眼、鼻、舌等）功能的全方位扩展，可同时获取水果内外质量信息，一次即可实现水果内外品质的多项目无损检测和综合判别（图 10-2）。鱼新鲜度及食用安全性检测的电子鼻装备突破了嗅觉信息实时在线检测的技术瓶颈（图 10-3）。禽蛋检测分级装置分别实现了微裂纹在线检测、大小头自动排列及质量自动分级（图 10-4）。浙江大学开发了基于计算机视觉的苹果检测装备、西瓜分选装备。中国农业大学开发出基于近红外光谱的牛肉检测装备，可以检测水分、嫩度等多个指标。

图 10-1　全信息拍摄的苹果在线检测分级装置

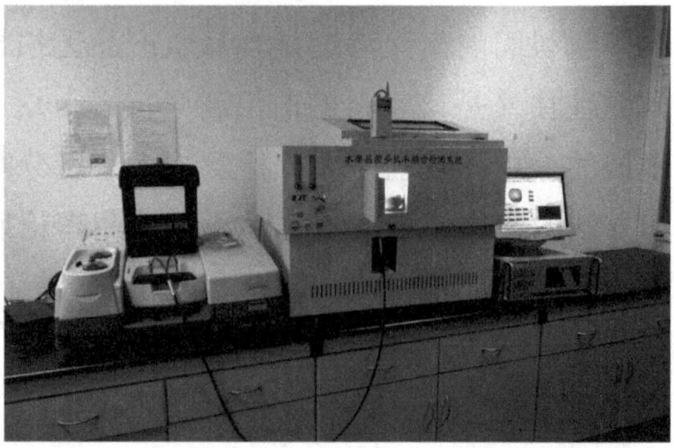

图 10-2　三技术融合的水果无损检测系统

图 10-3　鱼新鲜度在线检测电子鼻装备

图 10-4　禽蛋检测分级装置

在食品无损检测装备开发的同时，快速、便捷的检测仪器的开发也形成一个亮点。如江苏大学开发的便携式茶粉无损检测仪（Chen Quansheng ）、黄酒酒龄、醋龄检测仪等（图 10-5）；中国农业大学开发的手持式猪牛肉背膘厚检测仪等，逐渐弥补了国内本领域的一些空白。

图 10-5　便携式气味检测仪

与无损检测的理论研究、技术与装备开发相比较，食品无损检测技术产业化推广工作起步更晚。纵观全国该领域，绝大部分技术尚处于实验室研究阶段，少部分技术刚刚开启产业化推广的进程。江苏大学开发的小型水果分选技术已经投入到科研型装备的生产中，并销售到部分高校与研究单位；研发的微型近红外光谱检测仪及移动云服务系统开始进入产业化进程；基于嗅觉可视化技术的鱼新鲜度检测装备进入中试阶段，已经在示范基地运行。浙江大学开发的苹果分级装备进入产业化阶段；中国农业大学开发的便携式牛肉检测装置在示范企业投入使用；浙江工商大学开发的智舌系统已经进入市场销售，这是目前产业化步子较快的例子。

具体案例：江苏恒顺集团有限公司是镇江香醋的创始者，有着百年历史的中华老字号。开发的醋胶囊出口到日本、东南亚国家，对胶囊内容量的要求极为严格。传统的人工分选方式（图 10-6）使检验工的眼睛极易疲劳，劳动强度大，检验结果根本无法满足对质量的一致性要求，成为制约产量提高的瓶颈。江苏大学无损检测团队将图像处理技术用于软胶囊的分拣，开发出基于计算机视觉的软胶囊分选系统（图 10-7），在该公司投产使用已有十年。设计的旋转振动上料机构将胶囊自动逐粒排列后输送至成像区域，计算机视觉装置采集胶囊图像，实时提取其特征进行处理，执行部件根据分析结果完成分类操作。合格品直接输送至包装位置，不合格品由气动装置吹走，掉入相应分选框。与人工分选相比，大大提高了检测速度和精度，降低了劳动成本，保证了产品质量要求。

图 10-6　人工分选

图 10-7　软胶囊自动分选机

三、优势和存在的瓶颈与局限性

（一）技术优势

与传统化学分析或大型仪器分析方法相比，食品农产品无损检测技术有其明显优势。

1. 省时、简便、直观

无损检测无需复杂的前处理，节省时间。检测人员一般不需要经过特别训练，操作简便。检测结果通常以直接明了的方式显现，不需要像大型仪器分析那样解谱。

2. 检测结果与人类识别体系最接近，智能化程度高

食品农产品无损检测技术中有多种技术是模拟人类感官评判机制进行的，得到的检测结果不是对样本某一成分的认定，而是对整体信息的判别结果。与化学分析或大型仪器分析相比，更加接近人工智能。

3. 无损、可实时、全数检测，应用范围广

对受检样本不产生任何破坏，可实现全数检查。在生产、加工、储藏、流通等食品工业的各个环节均可实施，应用范围广。

4. 易于数字化、自动化

几乎所有食品农产品无损检测技术都直接采用计算机技术，因此检测结果易于量化，相比人工感官评定，精度和准确性都得到提高。为食品农产品加工自动化、品质控制精确化提供了重要手段。适用于大规模、集约化程度较高的生产、经营、贸易。发展空间大，市场潜力乐观，代表着食品工业化生产的发展方向。

5. 污染小，环保好

食品农产品无损检测不采用化学试剂，几乎不产生环境污染，利于环保。

（二）发展瓶颈与局限性

各种无损检测方法各有优缺点。例如，声学特性是实现硬度自动检测的有效方法，但多种声学特性对食品某一内部品质指标或多种内部品质指标的综合影响还未见研究。近红外主要应用于有机物的定性鉴定和定量分析，可在瞬时同时分析多组成分的含量，但由于农产品形状各异、内部成分的复杂且含量极少等因素，成分分析的精度需进一步提高。高光谱成像技术因其同时具有图像与光谱两类信息，在食品检测中具有内外品质同时检测的优势，但同时，两类信息所携带的海量数据也带来了处理上的困扰。介电特性检测法可以迅速简便地确定食品的含水率、吸湿性，检测其品质、确定其成熟度等，但目前状况下，基于介电特性的无损检测系统远没有达到实用阶段。计算机视觉技术是实现农产品自动识别和分级的有效方法，是解决不规则形状分析的一种可行手段，可有效地实现检测的智能化，但视觉技术毕竟通过“看”来作出判断，很多内部品质目前还看不透。软 X 射线图像无损检测系统能看到普通视觉系统看不到的东西，但没有“色彩”，对图像的分辨能力受到很大限制；加上食品是种特殊的商品，对于安全性的顾虑限制了其大范围的应用。超声波检测技术只能检测某部位的化学成分，且易受超声波频率、测量部位、被测物组织分布均匀性等因素影响。核磁共振技术可在不侵入和不破坏样品的前提下，对样品进行全方位和定量的测定分析，正成为分析食品中不均匀系列复杂特性的最佳研究手段之一，但是制造成本很高。电子鼻和电子舌在一定程度上减小了人工感官对食品品质评价的主观性，但对于成分分析有其局限性。试纸法虽不需用贵重仪器，操作简单、携带方便，适用于现场实时快速检测，但存在着承载反应试剂量有限的问题，并且检测的精密度不够，检出限也相对较高。免疫分析法具有高度特异性和灵敏度等优点，但金属离子单克隆抗体的制备非常困难，而较容易制备的多克隆抗体无法满足对金属离子的特异性要求。

虽然食品无损检测方法各异，但归纳来说，与传统分析方法相比，食品无损检测技术存在一些薄弱点。

1. 分析精度

与经典的化学分析方法相比，多数无损检测技术都不同程度地存在分析精度方面的不足。最低检出限、有效检测范围、方法精密度、准确度和重复检测稳定性等是目前困扰多数新型无损检测技术的主要问题。

2. 研究基础

与本研究领域中走在世界前列的美国、日本及欧洲部分先进国家相比，国内食品无损检测研究开展较晚，基础较为薄弱。理论研究不够细化和透彻，过于粗略、表面化。

3. 系统性

食品无损检测技术目前还没有形成理论完善的学科。国内在食品无损检测方面没有建立任何标准。研究方向散乱，基本呈无政府状态。尤其那些后起展开的研究，在低水平上重复较多。阶段成果难以共享，相关学科交流困难，造成资源浪费。

4. 自主开发能力

目前多数先进的无损检测仪器设备都是国外进口，价格高，对其基础数据库和应用软件的依赖程度高，二次开发在技术上受到限制。对于某些检测机制还不完全清楚，参数控制等比较困难。整体来讲，国内大多追随国外研究，自主开发能力还比较薄弱，从而制约了发展。

第三节　国内外发展趋势

一、国际发展趋势

（一）理论与技术研究趋势

食品农产品无损检测技术综合了农产品物性、食品、化学、电子技术、传感技术、计算机技术、人工智能等多个学科领域知识，属多学科交叉渗透融合，具有重要的理论价值和学术意义。随着电子技术、传感技术、计算机技术等日新月异的变化，食品农产品无损检测技术得到了飞速发展，正在逐步走向成熟和完善。

对无损检测理论的研究更加深入和细致。从早期粗犷地利用食品农产品物性与声光电等单一基本特性之间的简单相关关系，到逐步深入研究各检测技术机制，沿着全面深入掌握人类感官响应机制方向展开纵深研究。

检测技术的研究从检测食品农产品某个单一指标出发，转向多指标同时检测技术的开发；从静态检测技术研究向动态实时监控技术研发；从外观特征检测向内外部品质同时检测方向发展；从单一检测技术的研究向多信息融合检测技术方向发展。

（二）商业应用与产业化趋势

国外无损检测技术商业应用与产业化的历史较长，几乎从食品无损检测技术形成之时就同时开始了商业应用与产业化开发。多年来已有数十种无损检测技术投入商业应用，如光电分选、超声检测、紫外可见光谱检测、红外光谱分析、高光谱、激光拉曼光谱法、X射线荧光光谱法、振动声学检测、核磁共振波谱法检测、射频识别、软X射线检测、CT检测、计算机视觉技术、电子鼻、电子舌、各种生物传感器等。这些已经开发成为仪器设备的，正向着专门化、小型化、便携化等几个方向发展。还有越来越多的无损检测技术将被投入商业化应用。而另一些适用于快速、在线、全数无损检测的技术正在逐步产业化。已经产业化的则向着大型化、规模化、综合化的方向发展，随着劳动力价格上涨，食品生产成本增加，近年来食品农产品无损检测技术产业化的进程也在逐步加快。

二、国内发展趋势

（一）理论与技术研究趋势

国内食品农产品无损检测技术的研究比国外起步要晚得多，但随着国际交流的日益增加、通信方式的革命性变化，尤其是网络技术的飞速发展，加上国内研究者的辛勤努力，与国外的差距正在逐步缩短。从发展趋势看没有根本性的差异，在理论研究方面目前仍有一定的差距，在技术开发方面，有些已经接近国际先进水平，少数已跨入国际领先行列。正从仅使用单一检测技术向多技术共用或融合方向发展，从单纯采用无损检测或非无损、快速技术向无损与非无损快速技术并用方向发展。

（二）商业应用与产业化趋势

与理论与技术研究相比，国内食品农产品无损检测技术商业应用与产业化程度与发达国家的差距更大。投入商业应用的大多数是进口仪器设备，只有少量国产化且精度与可靠性至少差一个数量级。已经实现产业化的更是寥寥无几。

概括来说，建议今后中国食品无损检测朝如下的方向发展。

1. 由于食品种类繁多，对应的检测指标复杂，目前常用的检测手段和方法越来越不适应食品工业迅速发展的形势。开发基于新的理论和原理的新技术，特别是针对食品内部品质的无损检测新方法，以及开发精度更高的检测技术，扩大食品无损检测技术对于食品安全控制的贡献度，是大势所趋。

2. 对于有多项指标检测要求的复杂体系来说，往往需要采用多种技术的联用来克服单一技术的不足。进一步加强多传感器信息的融合、集成测量技术的研究，显得十分必要和迫切。可为实现食品内外品质同时自动检测与分级打下基础。

3. 开发经济合理的简单、快速、无损检测装备，全面实现产业化，尽可能扩大其在食品领域的应用面，提高其对食品工业的贡献度。

4. 积极推进食品无损检测技术的产业化进程，将现有较为成熟的食品无损检测技术开发成能真正投入使用的食品无损检测装备，在提高自动化程度的同时尽量降低装备的复杂度和经济成本。

第四节 对策建议

1. 与传统化学分析方法不同，食品无损检测技术大多不是对样本具体成分的测量，而是对样本整体信息的解析。目标成分含量信息有时淹没在大量冗余信息中，因此应通过不断优化特征信息提取和处理技术，进一步提高分析精度。

另外，目前无损检测技术多是对一种产品某一单个项目进行检测，而对食品多种内在品质的综合检测方法研究得不多。由单项目检测向综合全方位检测转化，多种传感融合技术的应用将对提高精度起到积极作用。

2. 改变囫囵吞枣式引用国外技术的方式，同时杜绝在低水平上重复研究。提倡在高起点上自主消化、脚踏实地开展理论研究。不求全面开花，力争在某些无损检测理论和技术上取得突破性进展，获得高水平的自主知识产权。

3. 装备的开发采取自主开发和从国外引进相结合的方式。

技术上从对样本的单一参数检测向多参数同时检测、从外部品质检测向内外部品质安全参数同时检测、从静态检测向动态检测方向发展。装备结构向便携化、数字化、智能化方向迈进。

4. 以产业化为目标，有针对性地培育一些基本成熟的检测技术，资助其逐步完善和走向实用。

改变那种脱离食品加工实际需求，埋头实验室，在一些局部算法上打转转，发表既无理论高度又无实用价值的论文的状况。以实际运用为导向、以在线检测为目标，研发集品质检测、安全评定、质量分级于一体的新型实用装置。

5. 大力推进食品无损检测技术应用标准体系的构建，这将在整个行业起到引领作用，大力促进食品无损检测技术的产业化进程。

参考文献

陈天华，唐海涛. 2011. 射频识别技术在食品安全控制中的应用. 北京工商大学学报（自然科学版），05：69-73.

东野广智，王琪，周群，等. 2002. 亚麻籽油成分的近红外分析研究. 计算机与应用化学，19(3)：227-228.

杜美红，孙永军. 2013. 低分辨核磁共振技术在食品安全分析检测中的应用. 食品工业科技，21：374-376.

方如明，蔡健荣，许俐，等．1999. 计算机图像处理技术及其在农业工程中的应用．北京：清华大学出版社：104-107.

冯甲一．2012．基于计算机视觉技术的叶类蔬菜新鲜度检测分级研究．南京：南京农业大学硕士学位论文．

韩小珍，辛世华，王松磊，等．2013. 高光谱在农产品无损检测中的应用展望．宁夏工程技术，04：379-384.

黄星奕．1999．基于计算机视觉的大米分级系统研究．镇江：江苏理工大学博士学位论文．

黄星奕，姜爽，陈全胜，等．2010. 基于机器视觉技术的畸形秀珍菇识别．农业工程学报，26(10)：350-355.

黄星奕，穆丽君，姚丽娅．2013. 可视传感器技术快速测定淡水鱼细菌总数．食品科学，34(24)：83-87.

黄星奕，钱媚，徐富斌．2012. 基于机器视觉和近红外光谱技术的杏干品质无损检测．农业工程学报，8(7)：260-265.

黄星奕，魏海丽，赵杰文．2008. 脱水蒜片在线分选技术及装置研究．农业工程学报，24(3)：278-281.

黄星奕，辛君伟，赵杰文．2009. 可视化传感技术在桃子质量评价中的应用，江苏大学学报（自然科学版），30(5)：433-436.

蒋雪松，许林云，卢利群，等．2013. 生物传感器在食品污染物检测中的应用研究进展．食品科学，23：357-362.

居荣华，董必华．1992. 略论无损检测技术在食品工业中的应用．包装与食品机械，04：24-27.

刘东红，朱潘炜．2009. 超声检测技术及在食品安全检测中的研究进展．食品工业科技，09：373-376.

刘嫣红，杨宝玲，毛志怀．2010. 射频技术在农产品和食品加工中的应用．农业机械学报，08：115-120.

彭彦昆，张雷蕾．2012. 农畜产品品质安全光学无损检测技术的进展和趋势．食品安全质量检测学报，06：561-568, 560.

彭珍华，杨凡，王仕兴．2012. 近红外光谱技术在食品安全领域的最新应用与展望．现代仪器，06：14-18.

秦文，Yoshio Hugura，Kanichi Suzuki．2005. 利用介电特性对食品加工过程进行非破坏性检测技术的研究．农产品加工（学刊），04：8-11.

孙力，林颢，蔡健荣，等．2014. 现代成像技术在食品 / 农产品无损检测中的研究进展．食品安全质量检测学报，03：643-650.

孙玉侠，荣臻，王健，等．2013. 热成像技术在食品质量安全控制中的应用．食品科学，

05：318-321.
王雪莹，罗佳丽，黄明亮，等．2013. 热成像技术在食品工业中的研究进展．食品工业科技，01：397-400.
吴瑞梅．2012．名优绿茶品质感官评价的仪器化表征研究．镇江：江苏大学博士学位论文．
谢丽娟，徐文道，应义斌，等．2013. 太赫兹波谱无损检测技术研究进展．农业机械学报，07：246-255.
杨智灵，李涛，任保增．2013. 近红外光谱技术在食品安全检测中的最新研究进展．食品与机械，05：237-240.
余筱洁，黄星奕，徐富斌，等．2012. 基于颜色特征的雷笋切割方法研究．食品与机械，28(6):171-173.
章程辉．2005．红毛丹品质的机器视觉检测技术研究．北京：中国农业大学博士学位论文．
Abdullah M Z, Mohamad-Saleh J, Fathinul-Syahir A S. 2006. Discrimination and classification of fresh-cut starfruits (*Averrhoa carambola* L.) using automated machine vision system. Journal of Food Engineering, (76): 506-523.
Chen Q S, Zhao J W, Lin H. 2009. Study on discrimination of Roast green tea (*Camellia sinensis* L.) according to geographical origin by FT-NIR spectroscopy and supervised pattern recognition. Spectrochimica Acta Part A, (72): 845-850.
Cosio M S, Ballabio D, Benedetti S, et al. 2007. Evaluation of different storage conditions of extra virgin olive oils with an innovative recognition tool built by means of electronic nose and electronic tongue. Food Chemistry, 101:485-491.
Delwiche S R, Graybosch R A. 2002. Identification of waxy wheat by near-infrared reflectance spectroscopy. Journal of Cereal Science, 35(1):29-38.
Devrim U, Bernard G, Olivier K, et al. 2011. Automatic grading of Bi-colored apples by multispectral machine vision. Computers and Electronics in Agriculture, (75): 204-212.
Dias L A, Peres A M, Veloso A C A, et al. 2009. An electronic tongue taste evaluation: identification of goat milk adulteration with bovine milk. Sensors and Actuators B，136:209-217.
Dmitry K, Olga M, Vladimir V, et al. 2012. Towards reliable estimation of an "electronic tongue" predictive ability from PLS regression models in wine analysis. Talanta，90:109-116.
Du Ch J, Sun D W. 2004. Shape extraction and classification of pizza base using computer vision. Journal of Food Engineering, 64:489-496.
Giunchi A, Annachiara B, Luigi R. 2008. Non-destructive freshness assessment of shell eggs using FT-NIR spectroscopy. Journal of Food Engineering, 89: 142-148.
Gonzalez R C, Woods R E. 2010. Digital Image Processing. 3rd Edition. Publishing House of Electronics Industry.

Gu H Y, Huang X Y, Yao L Y, et al. 2014. Probing the reactions of colorimetric sensor array and volatile organic compounds using time-dependent density-functional theory. Journal of Computational and Theoretical Nanoscience, 11:1-5.

Han F K，Huang X Y，Ernest T, et al. 2014. Nondestructive detection of fish freshness during its preservation by combining electronic nose and electronic tongue techniques in conjunction with chemometric analysis. Analytical Methods，6(2):529-536.

Huang X Y, Jiang F Y, Mu L J, et al. 2012. Prediction of total volatile basic nitrogen in seafish using olfaction visualization technique. 2012 ASABE Annual International Meeting.

Huang X Y, Xin J W, Zhao J W. 2011. A novel technique for rapid evaluation of fish freshness using colorimetric sensor array. Journal of Food Engineering, 105(4): 632-637.

Huo D Q, Zhang G P, Hou Ch J, et al. 2010. A colorimetric sensor array for identification of natural amino acids. Chin J Anal Chem, 38 (8):1115-1120.

Inmaculada C, Rafael M, Miguel A, et al. 2010. Accurate concentration determination of anions nitrate，nitrite and chloride in minced meat using a voltammetric electronic tongue. Sensors and Actuators B，149:71-78.

Javier C, Nuria N, José-Antonio G, et al. 2013. An active contour computer algorithm for the classification of cucumbers. Computers and Electronics in Agriculture, 92: 75-81.

John R M, Ekrem M, Bendik T, et al. 2011. High-speed weight estimation of whole herring (*Clupea harengus*) using 3D machine vision. Journal of Food Science, 76(6):E458-E464.

Lawal A T, Adeloju S B. 2010. Comparison of polypyrrole-based xanthine oxidase amperometric and potentiometric biosensors for hypoxanthine. Journal of Molecular Catalysis B: Enzymatic, 66(3): 270-275.

Leemans V, Magein H, Destain M F. 1998. Defects segmentation on 'Golden Delicious' apples by using colour machine vision. Computers and Electronics in Agriculture, 20: 117-130.

Liu M, Wang J, Li D, et al. 2012. Electronic tongue coupled with physicochemical analysis for the recognition of orange beverages. Journal of Food Quality, 35(6)：429-441.

Majid D, Seyed S M, Mahmoud O, et al. 2013. Freshness assessment of gilthead sea bream (*Sparus aurata*) by machine vision based on gill and eye color changes. Journal of Food Engineering, 119(2): 277-287.

Marc V, Riccardo L, Guy S. 2009. Multivariate calibration of mango firmness using vis/NIR spectroscopyand acoustic impulse method. Journal of Food Engineering, 94: 7-13.

Muhammad M, Peeyush S. 2013. Development of an automatic grading machine for oil palm fresh fruits bunches (FFBs) based on machine vision. Computers and Electronics in Agriculture, 93: 129-139.

Nicola B M, Katrien B, Els B, et al. 2007. Nondestructive measurement of fruit and vegetable quality by means of NIR spectroscopy: a review. Postharvest Biology and Technology, 46: 99-118.

Pan P M, Li J P, Lv G L, et al. 2009. Prediction of shelled shrimp weight by machine vision. Journal of Zhejiang University Science B, 10(8):589-94.

Paolo O , Baldo M A, Daniele S, et al. 2009. Development of a voltammetric electronic tongue for discrimination of edible oils. Anal Bioanal Chem，395:1135-1143.

Peres A M, Dias L G, Barcelos T P, et al. 2009. An electronic tongue for juice level evaluation in non-alcoholic beverages. Procedia Chemistry，1 ：1023-1026.

Qin O Y, Zhao J W, Chen Q S. 2013. Classification of rice wine according to different marked ages using a portable multi-electrodeelectronic tongue coupled with multivariate analysis. Food Research International, 51:633-640.

Quevedo R, Aguilera J M. 2010. Computer vision and stereoscopy for estimating firmness in the salmon (*Salmon salar*) fillets. Food and Bioprocess Technology, 3(4):561-567.

Rakow N A, Suslick K S. 2000. A colorimetric sensor array for odour visualization. Nature, 406(6797):710-713.

Reich G. 2005. Near-infrared spectroscopy and imaging: basic principles and pharmaceutical applications. Advanced Drug Delivery Reviews, 57: 1109-1143.

Sergio C, Nuria A, Enrique M, et al. 2011. Advances in machine vision applications for automatic inspection and quality evaluation of fruits and vegetables. Food Bioprocess Technol, 4:487-504.

Shimamoto J, Hasegawa K, Hattori S, et al. 2003. Non-destructive determination of the fat content in glazed bigeye tuna by portable near infrared spectrophotometer. Fisheries Science, 69(6): 1247-1256.

Slaughter D C, Crisosto C H. 1998. Nondestructive internal quality assessment of kiwifruit using near-infrared spectroscopy. Seminars in Food Analysis, 3:131-140.

Sun F Q, Huang X Y, Xin J W. 2008. Feasibility study on colorimetric sensor arrays for the analysis of agricultural products. Proceedings of the 2008 International Conference on Sensors, 1: 829-834.

Sun Z B, Huang X Y, Sun F Q. 2009. Analysis on physicochemical indexes of Zhenjiang fragrance vinegar during processing and their relationships with aroma components. Food Science, 31(10):59-62.

Teye E, Huang X Y, Dai H, et al. 2013. Rapid differentiation of Ghana cocoa beans by FT-NIR spectroscopy coupled with multivariate classification. Spectrochimica Acta Part A: Molecular and Biomolecular Spectroscopy, 114: 183-189.

Teye E, Huang X Y, Han F K, et al. 2014. Discrimination of cocoa beans according to geographical origin by electronic tongue and multivariate algorithms. Food Analytical Methods, 7(2): 360-365.

Tian S Y，Xiao X，Deng S P. 2012. Sinusoidal envelope voltammetry as a new readout technique for electronic tongues. Microchimica Acta, 178:315-321.

Valentina D E, Nicoletta S, Sara L, et al. 2009. Evaluation of shelf-life of fresh-cut pineapple using FT-NIR and FT-IR spectroscopy. Postharvest Biology and Technology, 54: 87-92.

Wang Y, Yang W, Winter P, et al. 2006. Non-contact sensing of hog weights by machine vision. American Society of Agricultural and Biological Engineers, 22(4):577-582.

Wei Z B, Jun W. 2011. Detection of antibiotic residues in bovine milk by a voltammetric electronic tongue system. Analytica Chimica Acta，694:46-56.

Wei Z B，Wang J，Ye L Sh. 2011. Classification and prediction of rice wines with different marked ages by using a voltammetric electronic tongue. Biosensors & Bioelectronics, 26(12):4767-4773.

Xu F B, Huang X Y, Dai H, et al. 2014. Nondestructive determination of bamboo shoots lignification using FT-NIR with efficient variables selection algorithms. Analytical Methods, 6: 1090-1095.

Zhang A X，Tian Sh Y，Deng Sh P, et al. 2012. The differential degree test: a novel methodology for electronic tongue applications. Sensors and Materials, 24(8):457-469.

Zhang C, Bailey D P, Suslick K S. 2006. Colorimetric sensor arrays for the analysis of beers: a feasibility study. J Agric Food Chem，54:4925-4931.

Zhang C, Suslick K S. 2007. Colorimetric sensor array for soft drink analysis. J Agric Food Chem，55:237-242.

Zhou T, Harrison A D, McKellar R, et al. 2004. Determination of acceptability and shelf life of ready-to-use lettuce by digital image analysis. Food Research International, 37(9): 875-881.

Zion B, Alchanatis V, Ostrovsky V, et al. 2007. Real-time underwater sorting of edible fish species. Computers and Electronics in Agriculture, 56(1):34-45.

Zion B, Shklyar A, Karplus I. 1999. Sorting fish by computer vision. Computers and Electronics in Agriculture, 23(3):175-187.

第十一章

食品物理加工技术态势分析

食品物理加工（food physical processing）分为非热物理加工（non-thermal physical processing）和热物理加工（thermal physical processing）。非热物理加工主要包括利用超高压、超声波、紫外线、激光、电场、磁场等物理学手段，进行食品的杀菌钝酶、分离提取、酶解反应、微生物发酵、常温非催化反应、生物大分子改性修饰、均质乳化、膜分离、消泡、陈酿等加工；热物理加工主要包括利用微波、红外、射频、脉冲强光等物理学方法，进行干燥、杀菌、灭酶、杀虫、脱皮等加工。

本章重点针对超高压技术（high pressure processing，HPP）、超声波（ultrasound）、脉冲电场（pulsed electric field, PEF）、脉冲磁场（pulsed magnetic field，PMF）、高压微射流技术（high-pressure microfluidization，HPM）、射频（radio frequenc）、红外加热（infrared heating）、微波（microwave）等技术开展技术趋势分析。

第一节　食品物理加工技术基础研究分析

为检索出与食品物理加工技术相关的研究与综述论文，根据专家提供的检索词，构建检索策略①，在 SCI 数据库中，共检索到 10 251 篇论文（检索时间为 2014 年 11 月）。对检索出的数据采用美国汤森路透公司文献分析工具 Thomson data analyzer（简称 TDA）和微软公司的 Excel 进行分析。

---

① 第一步，通过主题检索（Microwave* OR“Infrare* Radiation”or infrare near heat* OR“high pressure”near microfluidizat* OR“Radio Frequenc*”OR Pulse* near“magnetic field*”OR“Pulsed Electric Field*”OR ultrasound or ultrasoun* OR“High hydrostat* Pressur*”or“High Pressure Processing”)，第二步进行领域精炼，Web of Science 类别：(AGRICULTURE DAIRY ANIMAL SCIENCE OR NUTRITION DIETETICS OR FOOD SCIENCE TECHNOLOGY) AND 文献类型：(ARTICLE OR REVIEW)

（一）技术发展时间趋势

食品物理加工技术发展的萌芽期最早可追溯至 20 世纪 50 ～ 60 年代（图 11-1），当时文献研究数量年产不足 10 篇。研究的成长期出现在 90 年代，美国对技术发展起到了较大的促进作用。技术的腾飞期在 2000 年以后，特别是 2003 年和 2007 年，全球论文发表数量年增长率超过 20%，2013 年论文发表量达到最高值，为 949 篇。由此看出，食品物理加工技术随着全球技术创新的快速发展，也得到了各国普遍的重视。

由图 11-1 还可以看到发文量排在全球前 6 位的国家的技术发展趋势，其中，美国是从 80 年代就持续开展该技术领域的研究，并处于全球的领先地位；西班牙则是在近 20 年发展迅速，成为该技术领域重要的研究国家；中国是近 10 年研究贡献突出，2012 年起年发文量已经超越美国，为全球第一位。

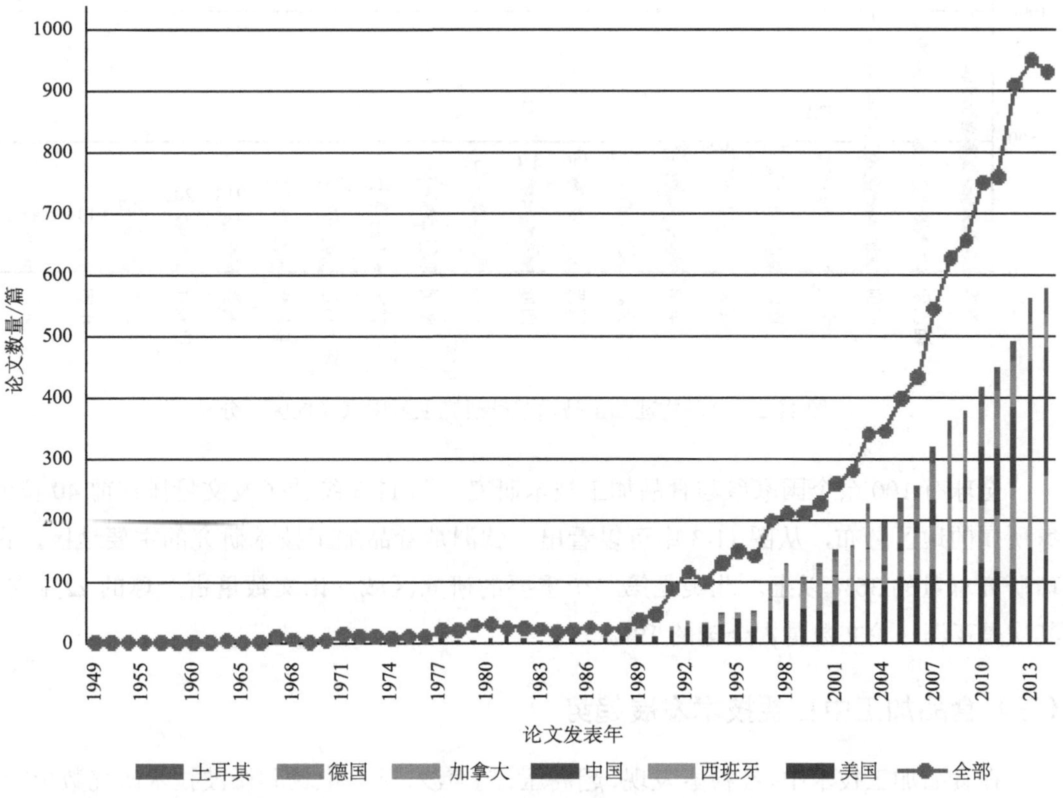

图 11-1　食品物理加工技术基础研究演化趋势与主要国家技术趋势

（二）主要国家或地区分布

通过 SCI 论文国家或地区分布统计，食品物理加工技术基础研究排名前 20 位的国家中，美国实力最强（图 11-2），其论文数量占全球数量 20% 左右。西班牙和中国分列第二和第三位，这两个国家研究论文总量占全球 20% 左右。加拿大、德国、土耳其、英国、意大利、巴西和印度分列第四至第十位。

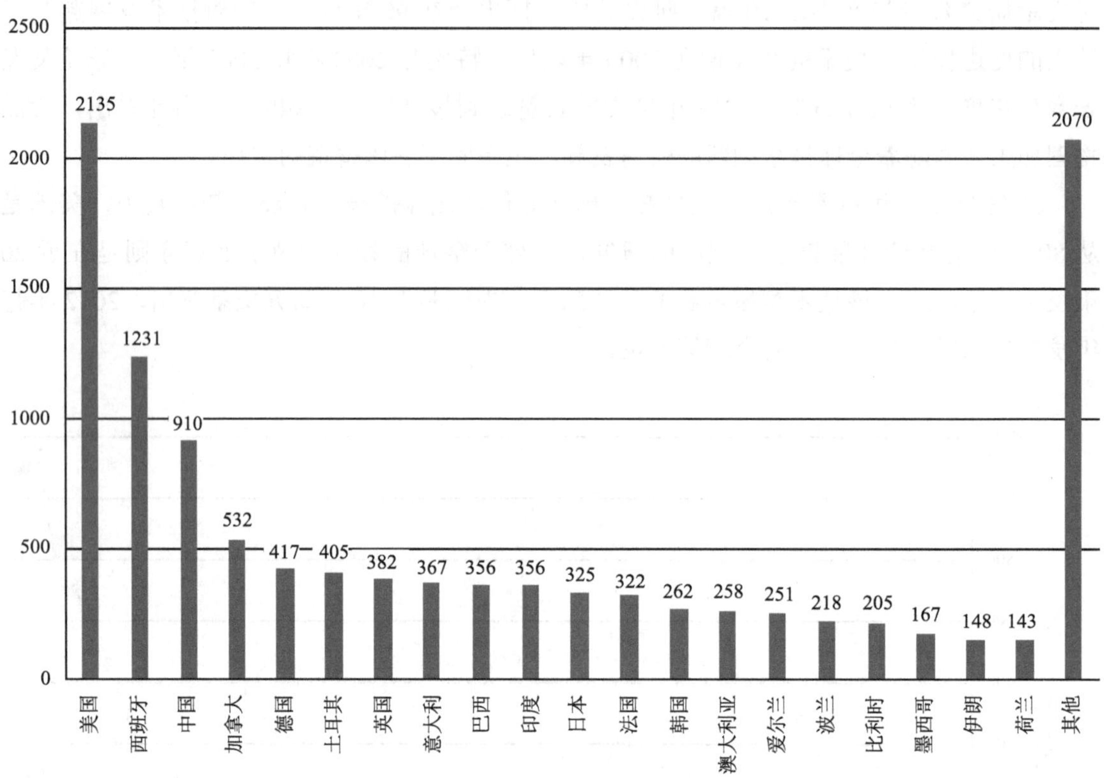

图 11-2　食品物理加工技术基础研究主要国家（地区）分布

全球有 100 余个国家参与食品加工技术研究，图 11-3 统计了发文量排在前 40 位的国家所属的地区分布，从图 11-3 中可以看出，欧洲是食品加工技术研究的主要地区，占全球研究总量的 36% 以上，北美是第二个重要的研究区域，论文数量占全球的 22% 左右。其次是亚洲，论文数量占全球的 19%。

（三）食品加工中主要技术发展趋势

在食品加工技术中，经检索发现，超高压、超声波、脉冲电场和微波技术研究数量较多，其中微波和超声波技术由于在各个行业都有较广泛的应用，针对这两个方向的食品加工技术研究数量也较多，均超过 4000 篇。而超高压作为食品领域较为新兴的技术，也得到了较广泛的重视，研究论文数量超过 2000 篇。脉冲电场技术则有 930 篇论文。其他技术由于研究数量相对较少，均未超过 400 篇，故重点针对上述 4 种技术进行趋势比较分析。

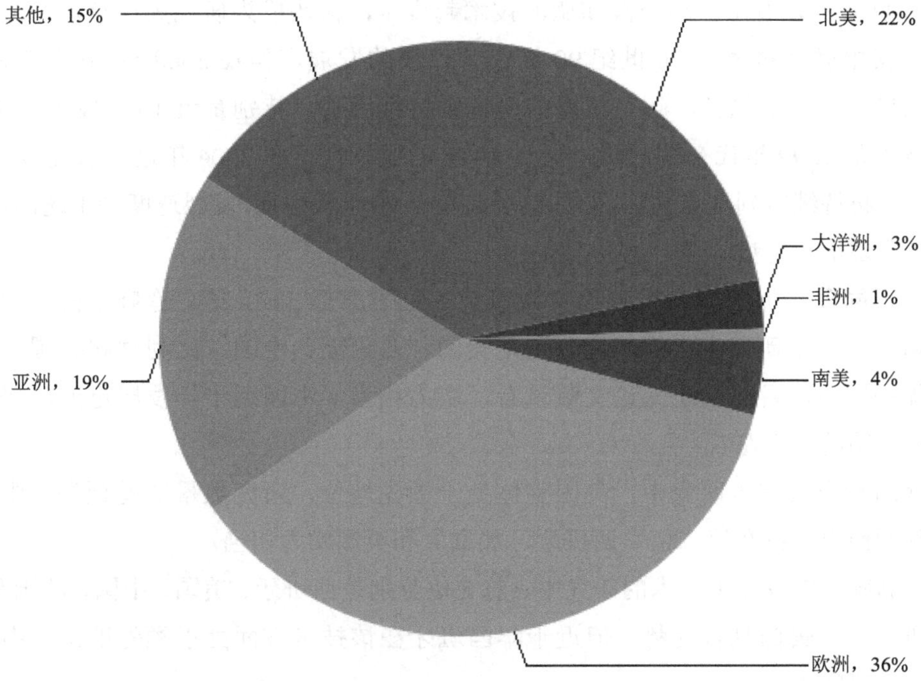

图 11-3　食品物理加工技术基础研究区域分布

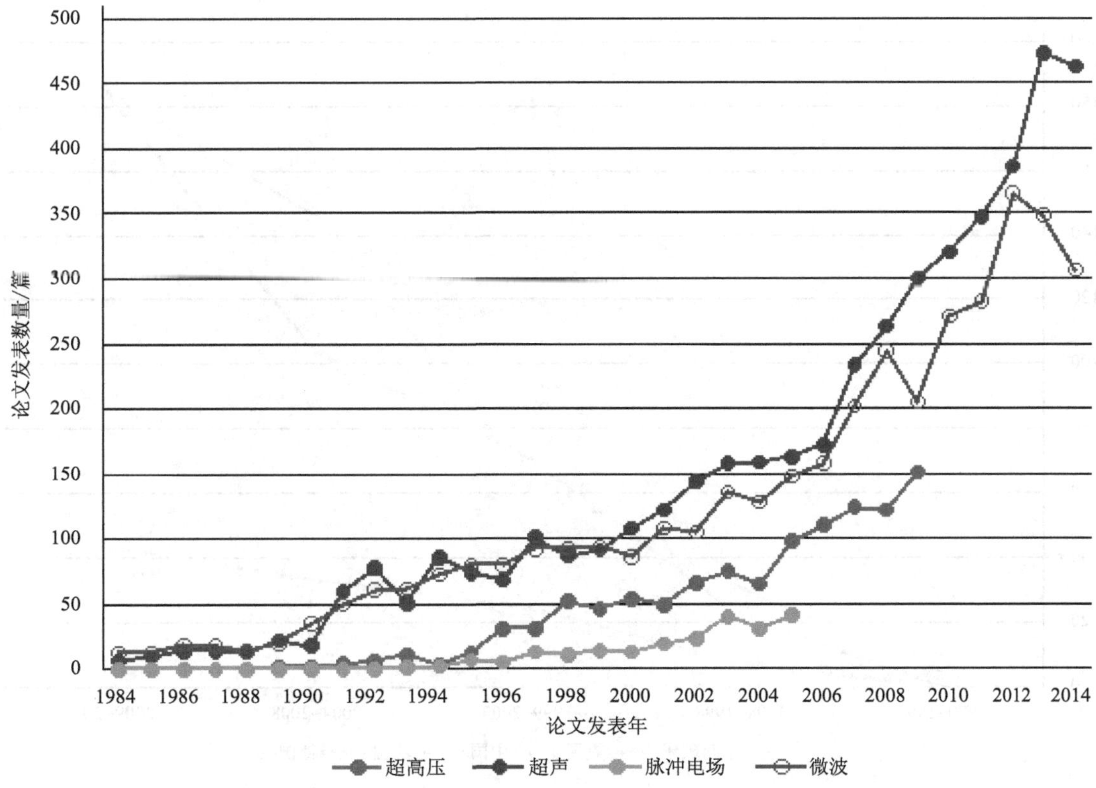

图 11-4　4 类食品物理加工技术发展趋势（1984 ～ 2014 年）

从图 11-4 可以看出，超声波和微波技术起步早，很快成为研究关注点，发文数量增长迅速。其中微波技术在 20 世纪 90 年代有较快的发展，但在 2008 ～ 2010 年有起伏，近两年也呈现下降的趋势。超声技术的研究则持续增长，特别是近 10 年发展更加迅速。超高压技术是在 90 年代初期起步，通过 10 年的成长期，在 2004 年进行快速发展阶段，并且未来还将持续得到重点关注。脉冲电场起步于 90 年代中期，发展速度慢于超高压技术，未来也将呈现增长趋势。

针对不同食品加工技术发表论文数量前 5 位国家近 30 年发文趋势分析（图 11-5)，在食品超高压技术研究中，前 5 位分别是美国、西班牙、中国、比利时和德国，美国和西班牙优势明显，目前从研究论文数量看，实力相当；中国近十年发展迅速，研究论文数量达到美国的一半左右。

在食品超声波技术研究中，美国整体处于领先地位，研究数量遥遥领先，中国则在近 5 年脱颖而出，排在第二位；西班牙、加拿大和英国实力相当。

在食品脉冲电场加工技术的研究中，前 5 位分别是西班牙、美国、中国、法国和德国。在前期研究中，美国具有优势，但近十年西班牙在该技术方面处于领先地位。中国则在近十年初具研究实力。

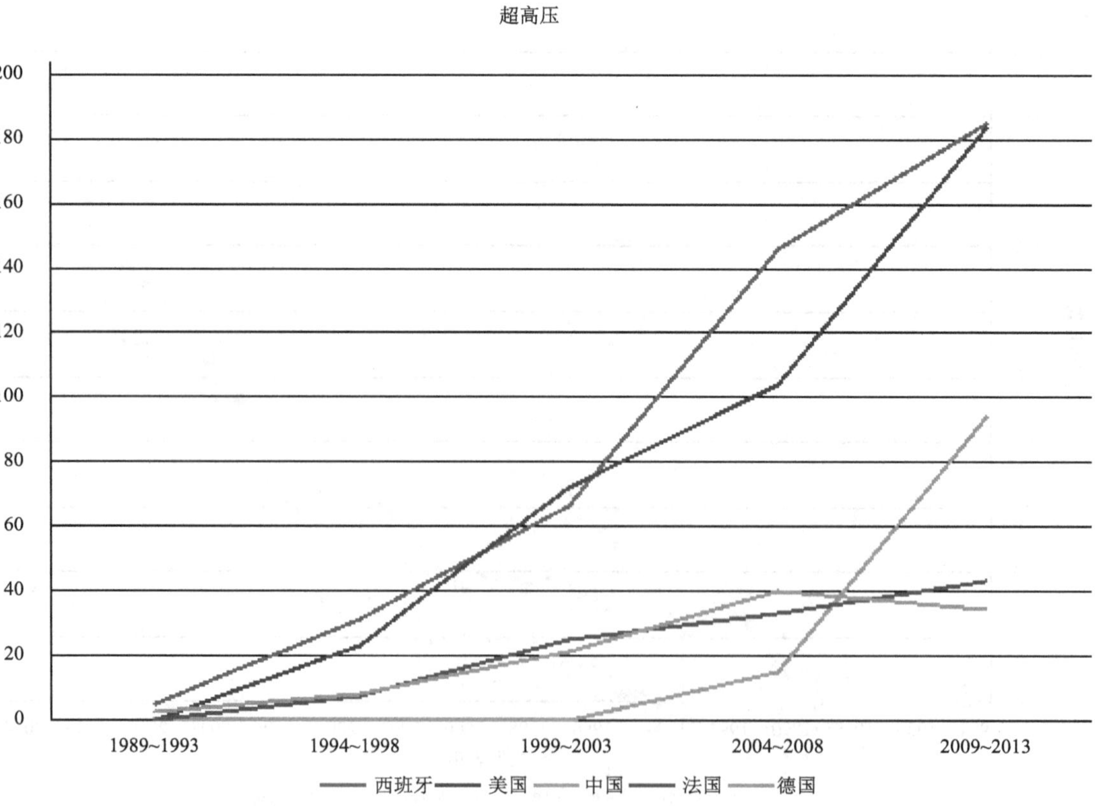

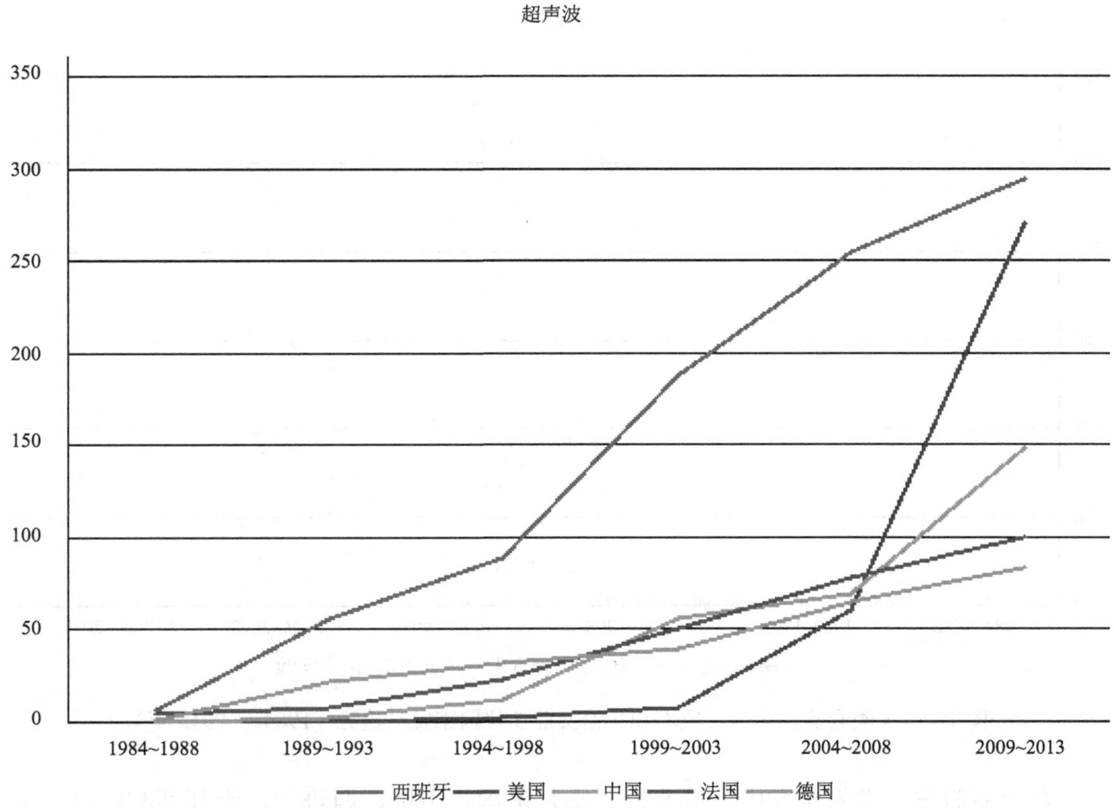
超声波
350
300
250
200
150
100
50
0
1984~1988
1989~1993
1994~1998
1999~2003
2004~2008
2009~2013
西班牙
美国
中国
法国
德国

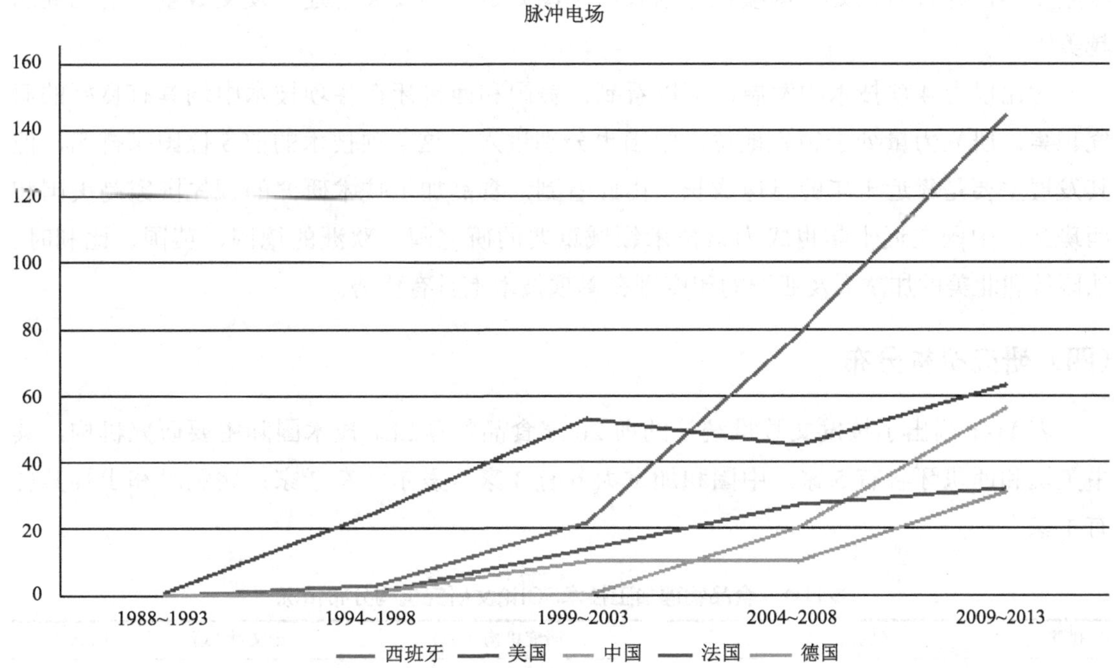
脉冲电场
160
140
120
100
80
60
40
20
0
1988~1993
1994~1998
1999~2003
2004~2008
2009~2013
西班牙
美国
中国
法国
德国

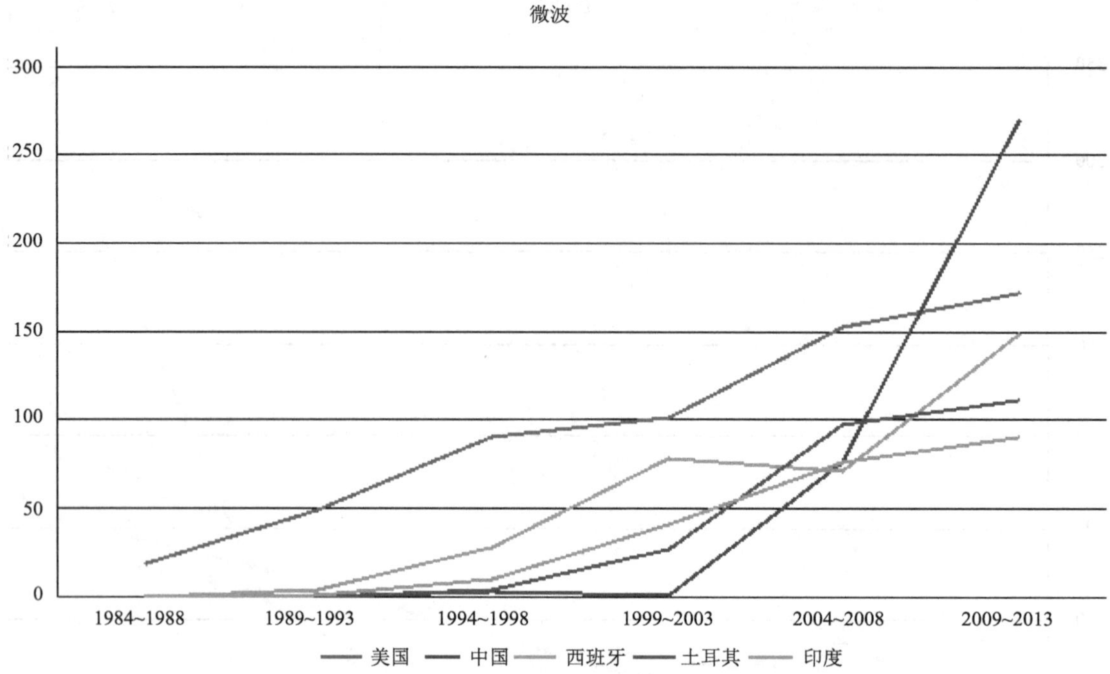

图 11-5　4 类食品物理加工技术 SCI 论文前 5 位国家发文趋势（1984 ～ 2013 年）

在食品微波技术的研究中，前 5 位分别是美国、中国、西班牙、土耳其和印度。美国起步早，并且研究处于持续稳定增长。中国则近十年发展迅速，发文数量目前已经超越美国。

对比以上 4 项技术的发展，可以看到，美国和西班牙在各项技术中均具有良好的研究积累，研究力量处于领先地位。中国也分别进入了这 4 项技术的前 5 位国家排名，但其发展主要是靠近十年的迅速成长。由此看到，食品加工技术研究的领先国家是美国和西班牙，中国在近十年也成为该技术领域重要的研究国。欧洲的德国、英国、比利时、法国等和北美的加拿大及亚洲的印度则在单项技术上具有优势。

（四）研究机构分布

表 11-1 列出了按发文数量统计的前 20 家食品物理加工技术国际主要研究机构，其中美国和西班牙各有 5 家，中国和加拿大各有 3 家，爱尔兰有 2 家，比利时和土耳其各有 1 家。

表11-1　食品物理加工技术SCI论文研究机构分布情况

排序	研究机构（英）	研究机构（中）	论文量 / 篇	国家
1	Washington State Univ	华盛顿州立大学	265	美国
2	CSIC	西班牙国家研究委员会	246	西班牙
3	USDA ARS	美国农业部农业研究院	225	美国

续表

排序	研究机构（英）	研究机构（中）	论文量 / 篇	国家
4	Ohio State Univ	俄亥俄州立大学	161	美国
5	McGill Univ	麦吉尔大学	134	加拿大
6	Univ Politecn Valencia	瓦伦西亚工业大学	131	西班牙
7	Univ Lleida	莱利达大学	123	西班牙
8	Katholieke Univ Leuven	鲁汶大学	115	比利时
8	Agr & Agri Food Canada	加拿大农业及农业食品部	112	加拿大
10	Jiangnan Univ	江南大学	109	中国
10	China Agr Univ	中国农业大学	107	中国
12	Univ Zaragoza	热拉哥萨大学	104	西班牙
12	Natl Univ Ireland	爱尔兰国立大学	99	爱尔兰
14	Univ Guelph	贵湖大学	95	加拿大
15	Middle E Tech Univ	中东技术大学	92	土耳其
16	Univ Calif Davis	加州大学戴维斯分校	86	美国
17	Univ Coll Dublin	都柏林学院大学	83	爱尔兰
18	Univ Autonoma Barcelona	巴塞罗那自治大学	74	西班牙
19	Univ Georgia	乔治亚大学	72	美国
20	S China Univ Technol	华南理工大学	71	中国

其中，美国在食品物理加工方面的主要研究机构有：华盛顿州立大学、美国农业部农业研究院、俄亥俄州立大学、加州大学戴维斯分校和佐治亚大学。排在第一位的加州大学戴维斯分校针对食品加工技术方面的研究主要在农业食品中心和生物系统工程系开展，Juming Tang 是食品加工领域的首席专家。

西班牙在食品物理加工方面的主要研究机构有：西班牙国家研究委员会、瓦伦西亚工业大学、莱利达大学、热拉哥萨大学和巴塞罗那自治大学。由政府和大学组成的食品物理加工领域研究力量，形成了西班牙在该领域的研究特色。

加拿大在食品物理加工方面的主要研究机构有：麦吉尔大学、加拿大农业及农业食品部和贵湖大学。

中国在食品物理加工方面的主要研究机构有：江南大学、中国农业大学和华南理工大学。

（五）食品物理加工技术各国研究影响力

从研究论文的被引用频次可以大体判断研究对象的影响力，图 11-6 反映了发文数量排在前 10 位的国家论文的被引用情况。美国发文量与总被引频次均远超其他国家，列在第一，表明其研究实力和影响力都十分出众。西班牙的总被引次数居第二位。加拿大、德国、英国的总被引次数超过 6000 次以上，处于第三梯队。中国、土耳其、意大利的总被引次数超过 4000 次以上，处于第四梯队。巴西和印度的总被引次数在 2000 次以上。

从篇均被引统计看（图 11-6 中球形直径的大小代表篇均被引次数多少），美国和英国的篇均被引相对较高，反映其研究质量较好，而中国的篇均被引较低，表明与其他发达国家研究总体上有一定差距。

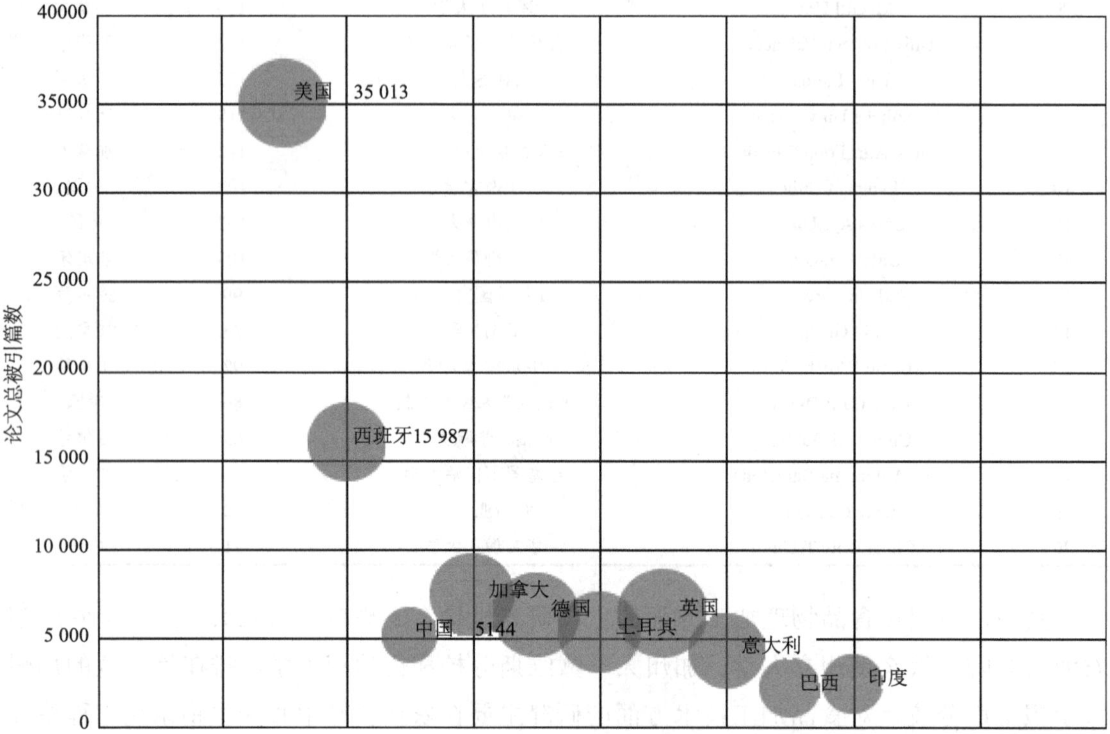

图 11-6 食品物理加工技术 SCI 论文前 10 位国家总被引频次 - 篇均被引频次分析

横坐标表示发文量排在前10位国家，纵坐标表示总被引频次，气泡大小表示篇均被引频次

第二节 食品物理加工专利技术分析

在 ISI derwent innovations index（简称 DII）专利数据库中，根据专家意见构建检索策略[①]，共检索到 19 921 项专利文献（检索时间 2014 年 12 月）。对检索出的数据采用美国汤森路透公司文献分析工具 Thomson innovation（简称 TI）、TDA 及 Excel 等工具进行分析。

① 第一步进行主题检索，主题：（“High hydrostat* Pressur*” or “High Pressure Processing” or Ultrasound or ultrasonic* or sonication or “Pulsed Electric Field*” or “Pulsed Magnetic Field*” or “Radio Frequenc*” or “high pressure” same microfluidizat* or “Infrare* Radiation” or infrare same heat* or Microwave）AND 主题：（food or foodstuff or protein or flavonoid or polyphenols or greenstuff or vegetable* or fruit* or apple or strawberry or meat or beef or bovine or buffalo* or cattle or cow or swine or pig or goat or sheep or oil or egg or Dairy or milk or cheese or wine or juice or “marine product*” or seafood or plant or coffee）；第二步进行分类检索，主题：（“High hydrostat* Pressur*” or “High Pressure Processing” or Ultrasound or ultrasonic* or sonication or “Pulsed Electric Field*” or “Pulsed Magnetic Field*” or “Radio Frequenc*” or “high pressure” same microfluidizat* or “Infrare* Radiation” or infrare same heat* or Microwave）AND 德温特手工代码：（D01* OR D02* OR D03* OR D05* OR D06* OR D10-A* OR D10-B*）；第三步，合并前两步结果，再进行学科精炼，精炼依据：学科类别：（ FOOD SCIENCE & TECHNOLOGY ）

（一）专利申请时间分布

从全球专利申请来看（图 11-7），食品物理加工技术在从 1960 ～ 1980 年一直处于极为缓慢的萌芽阶段，1981 ～ 2007 年专利数量逐渐上升，这一阶段出现新的物理加工技术，如超高压技术，主要的贡献来自于美国和日本。2007 ～ 2010 年专利出现了突增，这其中俄罗斯和中国申请专利数量增长快速，美国和日本保持较平稳的增速。

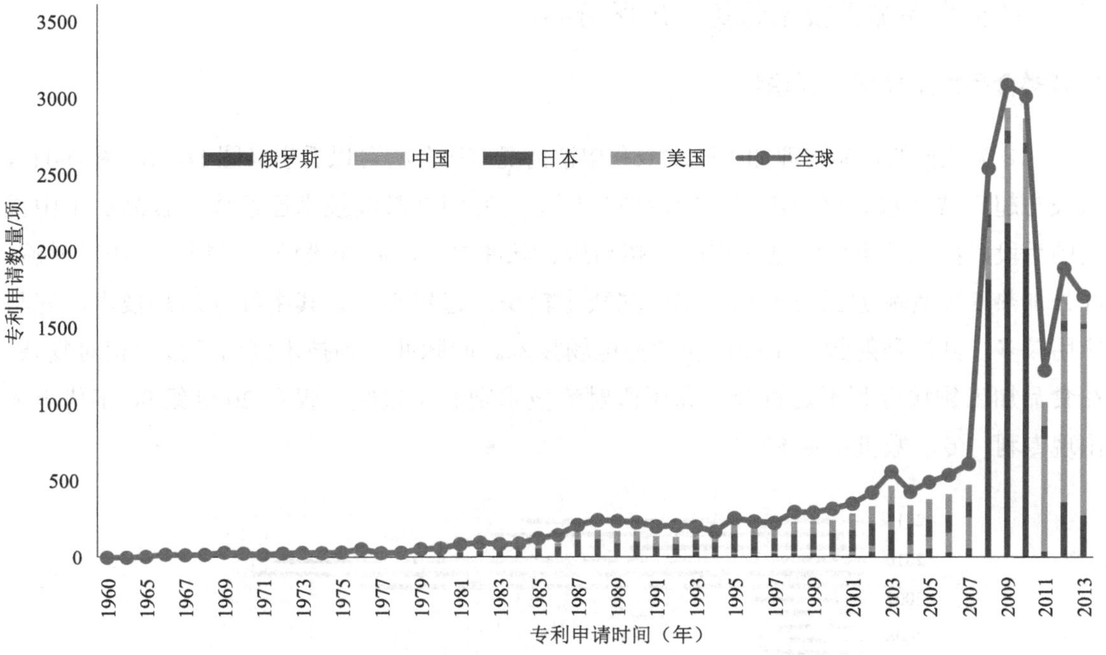

图 11-7　食品物理加工国际专利申请时间趋势

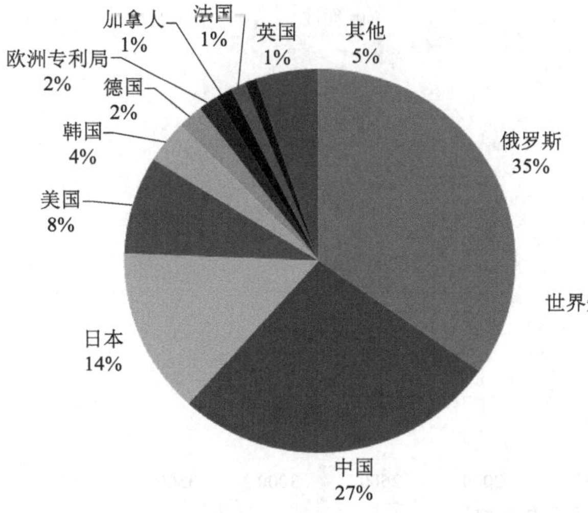

图 11-8　专利技术来源国家（地区）分布

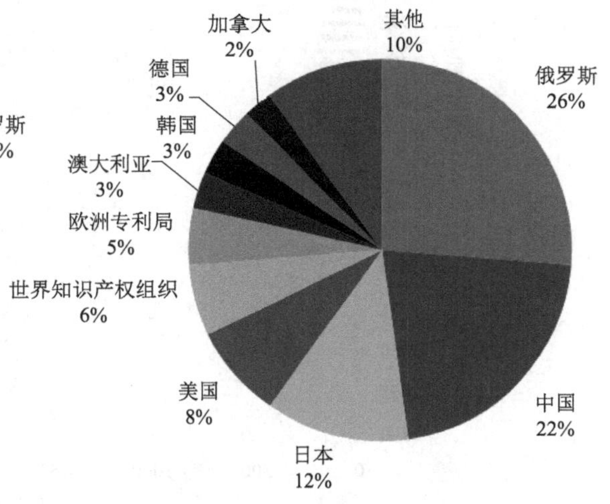

图 11-9　专利技术市场分布

（二）专利技术区域分布

从专利技术的国家或地区来源来看（图 11-8），俄罗斯专利技术最多，占总数的 35%；其次是中国，占总数的 27%，日本排在第 3 位，占总数的 14%，美国和韩国分列第四位和第五位，分占总数的 8% 和 4%。

从专利技术的市场分布来看，专利主要分布于俄罗斯、中国、日本、美国等（图 11-9）。

（三）各类食品加工技术趋势与地区分布

1. 各类食品加工技术专利趋势

对 8 类主要的食品物理加工技术专利申请情况对比分析可以看出（图 11-10，图 11-11），微波与超声波技术研究起步早，应用较为广泛，特别是微波技术已经成为食品加工中重要的手段，微波炉也广泛进入家庭。超高压、脉冲电场、脉冲磁场、射频、高压微射流、红外加热 6 项食品加工技术相比则研究数量较少，起步不一。其中红外加热技术研究与应用较多，其次是射频、超高压和脉冲电场技术。而脉冲磁场技术则由于技术相对复杂，在食品加工领域专利不足百篇。高压微射流技术则起步很晚，仅在 20 世纪 90 年代末才出现专利，专利数量不足 50 项。

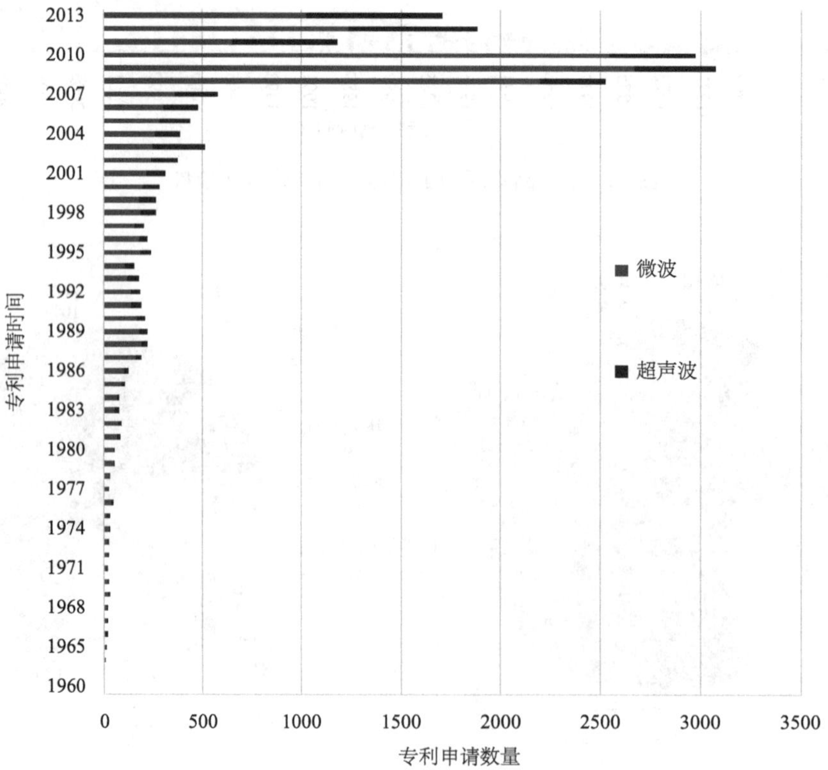

图 11-10　微波、超声波食品加工技术专利申请趋势

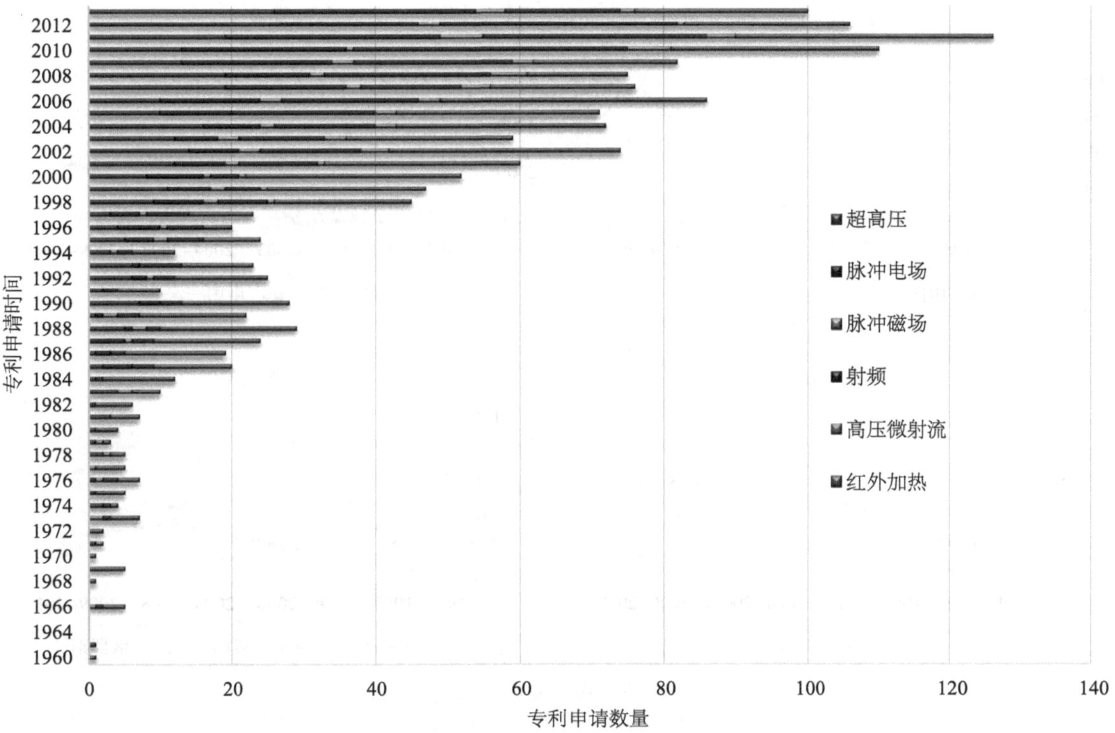

图 11-11　超高压、脉冲电场、脉冲磁场、射频、高压微射流、红外加热食品加工技术专利申请趋势

2. 各类食品加工技术主要申请国技术趋势

对各类技术专利申请量排在前 3 位的国家技术发展趋势进行分析（图 11-12），中国除红外加热技术外，有 5 项技术进入专利排名前 3 位，其中超声波技术排在第一位，微波、脉冲电场和射频技术排在第二位，超高压技术排在第三位。美国除微波技术外，也有 5 项技术专利申请量排在前 3 位，其中脉冲电场和射频技术排在第一位，超高压和红外加热技术排在第二位，超声波技术排在第三位。日本有 4 项技术专利申请量排在前 3 位，其中超高压和红外加热技术排在第一位，超声波技术排在第二位，微波技术排在第三位。俄罗斯有 2 项技术专利申请量排在前 3 位，其中微波排在第一位，红外加热技术排在第三位。西班牙和英国各有 1 项技术专利申请量排在前 3 位，西班牙在脉冲电场技术方面有优势，英国则在射频技术方面有优势。

从各项技术时间趋势看，在超声波技术趋势上，中国有明显的优势，目前专利申请量占全球第一位。微波技术方面，俄罗斯有优势，专利申请量超过 4000 项，中国次之。超高压技术方面，日本起步早，但美国和中国近年发展迅速，超过日本。红外加热技术，日本具有技术优势，但近年来申请量下降明显。脉冲电场技术和射频技术美国都有较明显的优势，专利申请量一直保持领先。

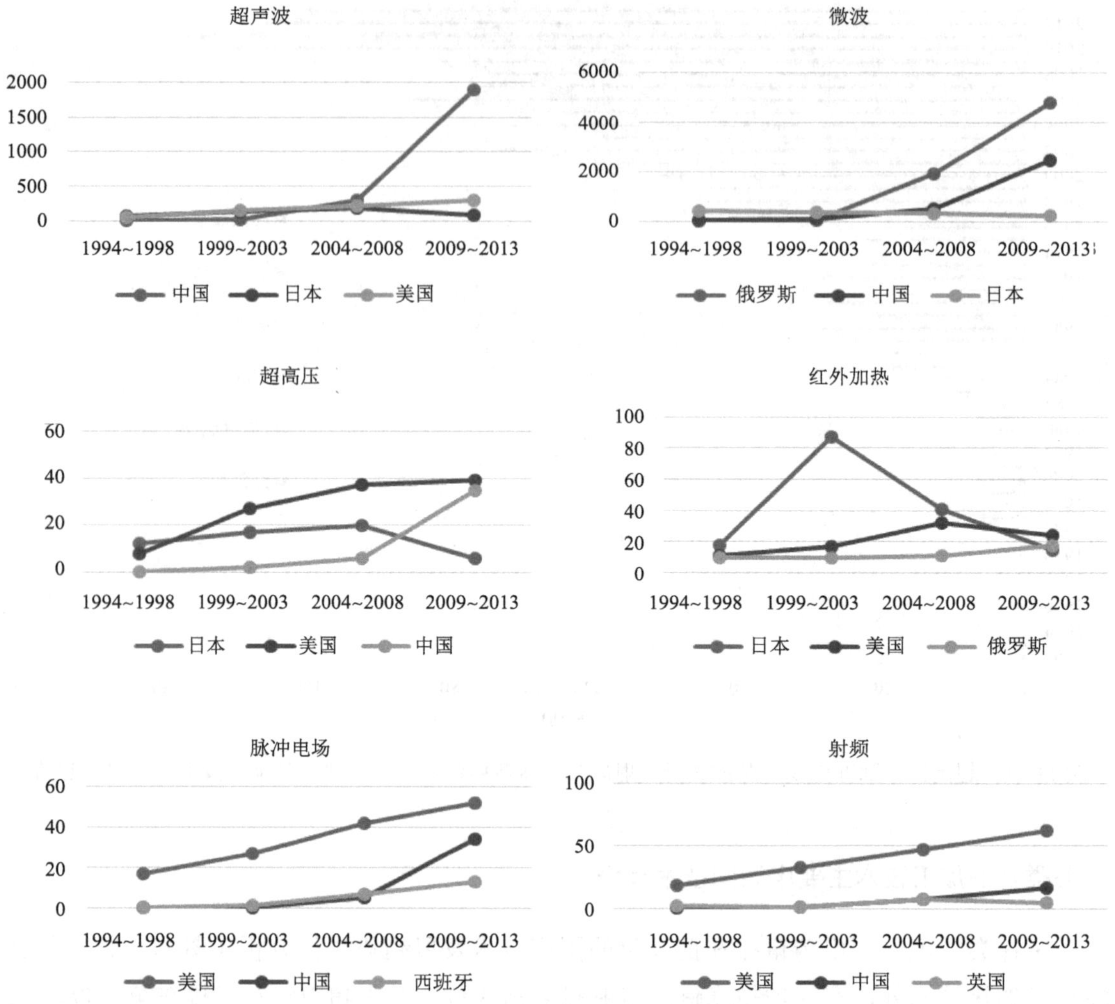

图 11-12　各类食品物理加工技术前 3 位国家专利申请趋势（1994 ～ 2013 年）

（四）专利技术竞争对手分析

从专利权人检索结果看，食品物理加工技术领域活跃着数千个研发机构。专利申请数量位居前 20 位机构如表 11-2 所示，其中不乏全球知名的食品企业，如卡夫、联合利华、雀巢、味之素等品牌。排名第一的专利权人为来自俄罗斯的 Kvasenkov O. I.，该发明家曾服务于多家公司，在食品物理加工领域申请了 6000 多项专利，专利内容涉及各种食物的加工与制作。排在第二位的是中国的江南大学，其拥有食品科学与技术国家重点实验室，是中国食品加工领域重点的研究机构。排在第三位的是俄罗斯的达吉斯坦技术大学。

对机构所属国家分布统计，日本有 7 家机构入选全球前 20 位排名，包括：凸版印刷株式会社、味之素株式会社、花王株式会社、日本食品化工株式会社、日清制粉株式会社、QP 公司和雪印惠乳业株式会社，表明日本研发机构综合实力较强。中国有 6 家机构进入前 20 位排名，全部为大学和国立科研机构，包括：江南大学、华南理工大学、福建农林大学、南昌大学、中国科学院和南京农业大学，表明中国政府对食品加工领域研发投入重视度高。俄罗斯有 3 家机构进入前 20 位排名，除 Kvasenkov O. I. 和达吉斯坦技术大学外，罐装蔬菜干燥工业研究所排在第 16 位。美国有 2 家机构进入前 20 位排名，分别是卡夫食品有限公司和吉米尔斯公司，均进入前 10 名。其他还有英国的联合利华公司和瑞士的雀巢公司进入全球前 20 位排名。

表11-2　食品物理加工技术的主要专利权人

排序	专利权人		国别	专利申请量 / 项
1	Kvasenkov O. I.	个人	俄罗斯	6525
2	Univ Jiangnan	江南大学	中国	200
3	Univ Dagestan Tech	达吉斯坦技术大学	俄罗斯	144
4	Nestec Sa	雀巢公司	瑞士	82
5	Kraft Foods Inc	卡夫食品有限公司	美国	69
6	Unilever NV	联合利华公司	英国	66
7	Toppan Printing Co Ltd	凸版印刷株式会社	日本	65
8	Univ South China Technology	华南理工大学	中国	65
9	Gen Mills Inc	吉米尔斯公司	美国	54
10	Ajinomoto KK	味之素株式会社	日本	53
11	Univ Fujian Agric&Forestry	福建农林大学	中国	49
12	Kao Corp	花王株式会社	日本	48
13	House Shokuhin Kogyo KK	日本食品化工株式会社	日本	47
14	Nisshin Flour Milling Co	日清制粉株式会社	日本	46
15	QP Corp	QP 公司	日本	46
16	Canning Vegetables Drying Ind	罐装蔬菜干燥工业研究所	俄罗斯	45
17	Snow Brand Milk Prod Co Ltd	雪印惠乳业株式会社	日本	44
18	Univ Nanchang	南昌大学	中国	42
19	Chinese Acad Sci	中国科学院	中国	41
20	Univ Nanjing Agric	南京农业大学	中国	41

（五）专利技术主题分析

1. 专利技术 IPC 分布

根据国际专利分类表（IPC 分类表），统计了食品物理加工所涉及的专利数量最多的前 20 类的 IPC 技术主题（表 11-3），其中焙烤成品或半成品、咖啡、水果或蔬菜的制备的相关专利申请量分列前 3 位，专利申请总量均超过 2000 项。其他还有咖啡代用品、非酒精饮料干组合物或浓缩物等主题也排在前列。从列表中可以看出，食品加工主要对象是面粉或面食、咖啡、水果或蔬菜、饮料等。

表11-3 食品物理加工技术IPC主题分布

序号	IPC 分类号	专利量	技术主题
1	A21D-013/08	2274	焙烤成品或半成品，如蛋糕、饼干、油酥点心
2	A23F-005/00	2195	咖啡；咖啡代用品；其配制品
3	A23L-001/212	2101	水果或蔬菜制备
4	A23F-005/44	2089	咖啡代用品
5	A23L-002/39	1479	非酒精饮料干组合物
6	A23L-002/385	1408	非酒精饮料浓缩物
7	A23L-001/29	1108	食品或食料及它们的制备或处理，改变食品的营养性质
8	A21D-013/00	971	焙烤成品或半成品
9	A23L-001/30	697	含添加剂的食品或食料；它们的制备或处理
10	A23L-001/01	625	食品或食料；它们的制备或处理
11	A23L-001/10	578	含有源自谷类产品烹调的一般方法
12	A23L-001/00	467	食品或食料；它们的制备或处理
13	A23L-003/00	406	食品或食料的一般保存，如专门适用于食品或食料的巴氏法灭菌、杀菌
14	A21D-002/36	400	焙烤前或焙烤期间通过添加入材料来处理面粉或面团
15	A21D-008/02	374	制备面团的方法
16	A23L-001/025	370	食品或食料的物理处理
17	B65D-081/34	361	用于包装打算在包装件内烹调或加热的食物
18	A23L-003/01	349	利用微波或电介质加热
19	A23L-001/48	307	食品或食料；它们的制备或处理
20	A23L-001/16	282	面条的制备或处理

2. 国家技术主题分布

表 11-4 列出专利申请量排在前 5 位国家的食品物理加工领域 IPC 技术分布情况。俄罗斯的专利主要分布在焙烤成品或半成品加工、咖啡及咖啡代用品、水果或蔬菜制备和非酒精饮料的合成方面，即表中排在前 6 行的 IPC 主题。

中国的专利主要分布在：改变食品的营养性质的食品或食料及它们的制备或处理（A23L-001/29）、含添加剂的食品或食料（A23L-001/30）、水果或蔬菜制备（A23L-001/212）等方面。

日本的专利主要分布在：食品或食料制备或处理（A23L-001/01 和 A23L-001/48）、含有源自谷类的产品的烹调一般方法（A23L-001/10）、在包装件内烹调或加热的食物（B65D-081/34）等方面。

美国的专利主要分布在：食品或食料制备或处理（A23L-001/00 和 A23L-001/01）、焙烤成品或半成品（A21D-013/00）、在包装件内烹调或加热的食物（B65D-081/34）等方面。

韩国的专利主要分布与中国相同，包括含添加剂的食品或食料（A23L-001/30）、改变食品的营养性质的食品或食料，以及它们的制备或处理（A23L-001/29）、水果或蔬菜制备（A23L-001/212）等方面。

通过以上技术主题分布可以看出，食品加工的方式与各国的饮食和烹饪习俗有一定的关系。中国和韩国的专利申请方向相类似，日本与美国的专利申请方向类似。

其中 IPC 分类号 A23L-001/025 和 A23L-003/01 分别涉及食品物理加工的相关技术，如微波和电介质加热、辐射、磁场等，在这两类技术中，中国、日本和美国申请的专利较多，体现出这 3 个国家比较注重采用物理加工技术手段加工和处理食品。

表11-4　食品物理加工技术主要国家IPC主题分布

IPC 分类号	俄罗斯	中国	日本	美国	韩国
A21D-013/08	2069	57	58	46	4
A23F-005/00	2180	2	3	5	1
A23L-001/212	1520	357	99	33	54
A23F-005/44	2085	1			
A23L-002/39	1418	55	3	3	
A23L-002/385	1368	31	2	2	2
A23L-001/29	51	950	15	18	55
A21D-013/00	654	26	93	117	11
A23L-001/30	12	399	151	37	58
A23L-001/01	1	68	347	101	11
A23L-001/10	3	148	312	40	41
A23L-001/00	67	22	114	150	17
A23L-003/00	176	17	72	82	6
A21D-002/36	303	40	30	13	3
A21D-008/02	268	5	20	41	2
A23L-001/025	51	85	44	98	8
B65D-081/34		7	191	108	3
A23L-003/01	57	92	91	33	11
A23L-001/48	1	50	200	18	8
A23L-001/16	2	43	175	25	7